可充锌基电池原理及关键材料

Principle and
Key Materials of
Rechargeable
Zinc-based
Battery

崔宝臣
刘淑芝 | 编著

化学工业出版社

·北京·

内容简介

本书系统总结了可充锌基电池基础电化学理论知识,结合笔者的工作,重点对各类锌基二次电池,包括锌-锰电池、锌-镍电池、锌-空气电池和锌离子电池体系的储能原理及关键材料进行了详细的阐述。可供新能源科学与工程、储能科学与工程、能源化学工程、电化学工程、新能源材料与器件等相关专业的师生学习使用,也可供从事可充锌基电池研究的科研人员和企业技术人员参考。

图书在版编目(CIP)数据

可充锌基电池原理及关键材料 / 崔宝臣,刘淑芝编著. —北京:化学工业出版社,2023.9
　ISBN 978-7-122-43701-3

Ⅰ.①可… Ⅱ.①崔… ②刘… Ⅲ.①储能-电池-研究 Ⅳ.①TM911

中国国家版本馆 CIP 数据核字（2023）第 116726 号

责任编辑:李晓红　　　　　　　　　　文字编辑:任雅航
责任校对:李露洁　　　　　　　　　　装帧设计:刘丽华

出版发行:化学工业出版社（北京市东城区青年湖南街 13 号　邮政编码 100011）
印　　装:北京盛通数码印刷有限公司
710mm×1000mm　1/16　印张 16¾　字数 308 千字　　2023 年 9 月北京第 1 版第 1 次印刷

购书咨询:010-64518888　　　　　　　　　售后服务:010-64518899
网　　址:http://www.cip.com.cn

凡购买本书,如有缺损质量问题,本社销售中心负责调换。

定　　价:128.00 元　　　　　　　　　　　　　版权所有　违者必究

国际能源格局正在发生重大变革，能源系统从化石能源绝对主导向低碳多能融合方向转变的趋势已经不可逆转，世界各主要经济体都将风能和太阳能等可再生能源的大规模利用列入能源革命的重大战略问题。以可充电池为代表的电化学储能技术不受地理环境限制，可以对风能和太阳能等转化的电能直接进行高效存储和释放，是建立"安全、经济、高效、低碳、共享"能源体系的关键环节，也是践行和落实能源革命战略的必由之路。同时，可充电池也是手机、笔记本电脑等移动终端的主要动力源，正逐步成为电动汽车用动力电池的理想之选。锂离子电池是目前市场上占主导地位的可充电池。然而，锂离子电池存在资源短缺、成本高、安全性差等多种问题，极大促进了人们对后锂电技术的期盼与研发。

金属锌氧化还原电位低，能量密度高，资源丰富，成本低，环境友好，与水兼容，易于制备组装，在电池安全方面具有极大优势。可充锌基电池是未来锂离子电池的理想替代，被认为是新兴电化学储能技术中最具应用前景的电池之一。有些类型的可充锌基电池虽然已经商业化，但仍存在一系列科学和技术上的问题需要解决，有些类型尚处于研究开发阶段。可充锌基电池的诱人前景，使得近年来新的研究成果层出不穷，相关技术发展突飞猛进。本书荟萃了国内外众多学者多年的心血，体现了可充锌基电池原理及电极、电解液和隔膜等关键材料的新发展，也是该领域最新科研成果的集中体现。

笔者多年从事锌-空气电池、锌杂化电池、锌离子电池等高能电池及其关键材料和电催化等领域研究与开发工作，取得了一些研究成果，积累了一定经验和资料，以此为基础，并结合相关领域的研究进展编写成本书。对收入本书的相关文献资料的作者表示衷心感谢！同时，由于篇幅有限，未能将全部文献一一列出而深表歉意。感谢广东石油化工学院高层次人才科研启动金对本书出版的资助，同时特别感谢化学工业出版社相关编辑在本书编写及出版过程中所给予的帮助和支持！

　　由于可充锌基电池原理与材料的科学研究仍处于迅猛发展阶段，是目前最前沿研究领域之一，新概念、新知识、新原理和新材料不断涌现，加之笔者的水平和经验有限，书中难免有不妥之处，敬请同行专家学者与广大读者批评指正。

编著者

2023 年 6 月

目 录

第5章 水系锌离子电池 / 189

第1章
锌基电池概论

能源和环境问题是当今人类生存与社会发展必须面对的两个重大问题，随着石油、煤炭和天然气等化石资源的枯竭和环境的日益恶化，太阳能、风能、潮汐能等大自然提供的清洁可再生能源在世界能源供给中的比重正在迅速增加。由于太阳能、风能和潮汐能具有随机性、间歇性、波动性的特点，增加了电网运行控制的难度和安全稳定运行的风险。为了解决能源供给与能源消费在时间与空间上的不匹配，开发与利用安全、低成本的储能技术至关重要。在众多的储能技术中，可充电池由于其高效率、可扩展性和容易部署，被认为是最具吸引力的选择。同时，可充电池作为动力电池也广泛应用于电动汽车、航空航天和便携式设备。目前广泛使用的锂离子电池由于具有能量密度高、平均输出电压和输出功率高、可快速充电、无记忆效应、自放电率小、使用寿命长等优点，几乎主导了整个可充电池市场。然而锂离子电池的资源短缺、成本高、安全性差等局限性问题，促使人们将研究的焦点转向能量密度高、绿色安全、可持续发展的新型可充电池以替代锂离子电池。锌基可充电池由于金属锌资源丰富、价格低廉、本质安全性好、性价比高等优点，是目前最有前途的替代储能技术。

1.1 锌基电池的发展历史

锌基电池是指以金属锌为负极的化学电源的统称。金属锌作为电池负极具有自身的特点和优势：锌电极电势较负，为 $-0.76V$（相对于标准氢电极 SHE），电池工作中电极极化较小，电极反应过程可逆；锌电极的电化当量小，即相同质量的电极材料可以具有较高的电池容量，锌的理论比容量高达 $820mA \cdot h/g$ 或 $5854mA \cdot h/cm^3$；

锌在氧化还原反应期间发生双电子转移，能量密度高；锌资源丰富，是地壳中第四丰富的元素，约为锂的 300 倍，且成本低、无毒性。因此，金属锌是一种比较理想的电池负极材料，迄今仍有许多电池系列采用锌作为负极材料，与其它正极材料配对，构成各种一次和二次锌电池，包括锌-锰干电池、碱性锌-锰电池、锌-银电池、锌-镍电池、锌-空气电池和锌离子电池等。如今，世界一次电池市场的三分之一由锌基电池系统构成，突显了锌基电池的重要地位。

Zn 最早作为电池负极材料可上溯到十九世纪初，1800 年，意大利物理学家 Alessandro Volta 发明了世界上第一个真正意义上的电池。如图 1-1 所示，它是由几组锌和银的圆板堆叠而成，在所有的圆板之间夹放着几层经盐水浸渍的布，称为"伏打电池"。伏打电池是最早的化学电源，为电学研究提供了稳定的、容量较大的电源，成为电磁学发展的基础（伏打电池的电压为 1.1V）。此后，以锌为负极的锌基电池得到了迅速发展。1836 年，英国物理学家约翰·弗雷德里克·丹尼尔（John Frederic Daniell）对伏打电池进行了改良，即著名的丹尼尔电池。该电池用硫酸酸化的硫酸锌水溶液与硫酸铜水溶液替代稀硫酸溶液，以硫酸铜作正极的去极化剂，在其间加一个多孔性隔板以避免正极与负极接触，改善了正极极化，减少了自放电。丹尼尔电池也称锌-铜电池，是最早的能进行长时间工作的实用电池，早期成功用于铁路信号灯。1866 年，法国工程师勒克朗谢（G. L. Leclanche）发明了以锌为负极、二氧化锰为正极、氯化铵水溶液为电解液拌以细砂或木屑做成糊状，制出锌-二氧化锰电池，命名为勒克朗谢电池。1888 年加斯纳（Gassner）做了进一步改进，制出了携带方便的锌-二氧化锰干电池，其用途更加广泛。此后，经过一百多年至今仍主要生产这种形式的干电池。

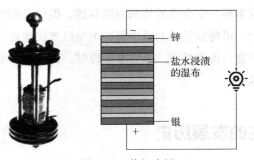

图 1-1　伏打电池

1869 年，一次锌-空气电池问世，并在 1932 年取得商业化应用，主要用于少数电子设备，如助听器、电子手表、铁路信号设备等。随后，相继开发出 $Zn-Br_2$ 电池、$Zn-NiOOH$ 电池与 $Zn-Ag_2O$ 电池等锌基电池体系，并成功商业化。经过不断发展，

1970 年，可充碱性 Zn-MnO$_2$ 电池被成功开发出来，但在碱性电解液中，正负极可逆性均较差，导致电池库仑效率低、循环性能差。1986 年，Yamamoto 等[1]首次采用微酸性电解液 ZnSO$_4$ 替代碱性电解液，设计了一种全新的水系可充 Zn-MnO$_2$ 电池。1997 年，斯洛文尼亚籍发明家 Miro Zoric[2]首次开发出可充电锌-空气电池，但受限于再充电成本高，且易与氧自发反应产生自放电等缺点。2012 年，Kang 等[3]首次提出"锌离子电池"（ZIBs）的概念，即 Zn^{2+}在 MnO$_2$ 正极可逆嵌入/脱出。此后，大量研究致力于开发各种可工作于中性或弱酸性电解液中的 ZIBs 体系，主要包括 Zn-Mn 基、Zn-普鲁士蓝类化合物（PBA）、Zn-V 基、Zn-Mo 基、Zn-Co 基和 Zn-醌类化合物电池。这些研究取得的进展大大加速了可充锌基电池（RZBs）的发展，为锂离子电池和锂金属电池提供了极具吸引力的补充或替代，以满足未来不断增长的储能需求。

1.2 锌基电池的种类

目前研究的锌基电池按其工作性质及贮存方式不同主要包括以下三类。

（1）一次电池

一次电池，又称"原电池"，即电池放电后不能用充电的方法使其复原的一类电池。换言之，这种电池只能使用而不能充电，电能耗尽后的电池只能被遗弃，这里的"一次"并不是指只能使用一次，而是指不能重生再用。一次电池不能再充电的原因或是电池反应本身不可逆，或是条件限制使可逆反应很难进行。被广泛使用的锌基一次电池主要有以下几类：

锌-锰干电池：$(-)Zn|NH_4Cl + ZnCl_2|MnO_2(C)(+)$；

碱性锌-锰电池：$(-)Zn|KOH|MnO_2(C)(+)$；

锌-汞电池：$(-)Zn|KOH|HgO(+)$；

锌-银电池：$(-)Zn|KOH|Ag_2O(+)$；

锌-空气电池：$(-)Zn|KOH|O_2 (空气)(+)$。

（2）二次电池

二次电池是可充电池，又称"蓄电池"，即电池放电后可用充电的方法使活性物质复原后能够再放电，且能反复多次充放电循环使用的一类电池。这类电池实际上是一个电化学能量贮存装置，用直流电把电池充足，这时能量以化学能的形式贮存在电池中，放电时化学能再转换为电能。

锌系列蓄电池种类繁多，虽然其性能并不十分理想，但由于其具有低成本、高安全性、无毒、环保等优势，受到人们的极大关注。法国教授 Henri Andre 早在 1941 年就发明了具有很高功率的锌-银蓄电池，但由于其价格昂贵，在商业中的应用相当有限，目前常被用于军事装备。Zn-NiOOH 电池原料价格比 Ni-Cd 电池或 MH-Ni 电池便宜，而且其电压也比后者高，但循环寿命较差。可充碱性 Zn-MnO$_2$（RAM）电池已经进入市场，目前主要以圆柱电池和扣式电池为主。近年来，可充电中性水系锌离子电池及可充锌-空气电池由于其良好的性能也得到了持续关注。以锌为负极的蓄电池如：

碱性锌-锰电池：(−)Zn|KOH|MnO$_2$(C)(+)；

锌-银电池：(−)Zn|KOH|Ag$_2$O(+)；

锌-镍电池：(−)Zn|KOH|Ni(+)；

锌-空气电池：(−)Zn|KOH|O$_2$(空气)(+)；

锌离子电池：(−)Zn|ZnSO$_4$|MnO$_2$(或普鲁士蓝、钒基氧化物等)(+)。

（3）贮备电池

贮备电池，又称"激活电池"，即正负极活性物质和电解液在贮存期不直接接触或保持非活化状态，使用前临时注入电解液或用其它方法使电池激活的一类电池。这类电池由于与电解液的隔离，避免了电池自放电的发生及正负极活性物质的化学变质，使电池能长时间贮存，可作为恶劣条件下的长时间储能装置，被用于导弹武器系统、救生衣和救生筏的信号系统等。典型锌基贮备电池如：

锌-银电池：(−)Zn|KOH|Ag$_2$O(+)。

1.3　锌基电池的组成

各类锌基电池都是由四个基本的部分组成：电极（包括正极和负极）、电解质、将电极分隔在两个空间的隔膜和外壳。此外，还有一些附件，如连接件、支撑件和绝缘件等。

1.3.1　电极

电极是电池的核心部件，包括正极和负极。正极也称阴极，为氧化电极，从外电路接受电子通过电化学反应被还原；负极，又称阳极，为还原电极，自身通过电化学反应被氧化，同时将电子传给外电路。电极是由活性物质、集流体和添加剂等组成。电极的作用是参与电化学反应和电子导电。

活性物质是指电池放电时，通过化学反应能产生电能的电极材料，按其在电池充、放电过程中发生的电极反应（氧化反应或还原反应）性质的不同，可分为正极活性物质和负极活性物质。这些活性物质是化学能储存的场所，决定了电池的基本特性。在电池工作过程中，活性物质通过发生得失电子的电极反应，将化学能转化成电能并向外界输出。活性物质多为固体，但是也有液体和气体。电池对活性物质的基本要求是：

① 正极活性物质的电极电势尽可能正，负极活性物质的电极电势尽可能负，以便获得足够高的电池电动势；

② 活性物质的电化学活性高，即自发进行反应的能力强，电化学活性与活性物质的结构、组成有很大关系；

③ 活性物质的电化当量低，比容量大；

④ 活性物质在电解液中的化学稳定性好，不自溶或自溶速度低；

⑤ 活性物质自身导电性好，电池内阻低；

⑥ 资源丰富、价格便宜、环境友好是其可以广泛应用的基础。

要完全满足以上要求很难做到，必须综合考虑。锌基电池的负极活性物质是锌，正极活性物质主要包括金属的氧化物，例如二氧化锰、氧化镍、氧化银、四氧化三钴等，空气中的氧气、普鲁士蓝类似物及有机物等也被用作锌基电池正极活性材料。

集流体的作用是将活性物质与外电路接通并使电流分布均匀，另外还起到支撑活性物质的作用。集流体根据电极结构及使用条件不同，有网状、板栅、多孔管状等。理想的集流体要求机械强度好，具有良好的电子导电性，化学和电化学稳定性好，易于加工。常见的集流体有铜箔（网）、不锈钢网（箔）、镍网、钛箔和碳基材料等。

添加剂是为了起到某种特定作用而在电极中加入的少量物质，如黏结剂、电催化剂等。在负极中加入黏结剂可以使电极材料之间、电极与电池隔膜之间的接触更加紧密；电催化剂起到促进电极反应、减少极化的作用，如气体扩散电极负载的催化剂，通常采用加入贵金属或复合氧化物的形式改进其电催化性能；还可加入其它添加剂以提高析氢过电位，减少电池自放电。

1.3.2 电解质

电解质在电池内部正负极之间，其作用是保证正负极间的离子导电作用；有些电解质还参与成流反应——电池放电时，正、负极上发生的形成放电电流的主导电化学反应。针对不同电池类型，其电解质的性能要求不同。电极过程对电解质的基本要求如下：

① 电导率高，欧姆电压降小。

② 化学稳定性好，挥发性小，贮存期间电解质与活性物质界面不发生显著的电化学反应，从而减小电池的自放电。

不同电池采用的电解质不同，一般选用导电能力强的酸、碱、盐的水溶液作电解质溶液，在新型电源和特种电源中，还采用有机溶剂电解质、熔融盐电解质、固体电解质等非水溶液电解质。锌基电池，如锌-锰干电池使用 NH_4Cl 和 $ZnCl_2$ 水溶液作电解质溶液，碱性锌-锰电池、锌-镍电池、锌-汞电池、锌-银电池及锌-空气电池大多使用高浓度 KOH 水溶液作电解质溶液。

1.3.3 隔膜

隔膜也称隔板，置于电池两极之间，防止正负极接触造成电池内部短路，但应允许离子顺利通过。在特殊用途的电池中，隔膜还有吸附电解液的作用。隔膜的好坏将直接影响电池的性能和寿命。对隔膜的具体要求是：

① 应是电子的良好绝缘体，以防止电池内部短路；

② 具有足够的孔隙率和吸收电解质溶液的能力，对电解质离子迁移的阻力小，保证离子通过率，减小电池内阻，进而减少电池在大电流放电时的能量损失；

③ 具有良好的化学稳定性，能够耐受电解质（电解液）的腐蚀和电极活性物质的氧化与还原作用；

④ 具有一定的机械强度及抗弯曲能力，并能阻挡从电极上脱落的活性物质微粒和枝晶的生长；

⑤ 材料价格低廉，资源丰富。

常见的隔膜材料主要有多孔聚合物膜、无纺布隔膜以及无机复合膜等。根据电池系列的不同要求而选取不同材质、不同孔隙结构的电池隔膜。如商用可充碱性锌-锰电池通常使用聚酰胺作为非织造层，并与玻璃纸结合使用；锌-银电池使用水化纤维素膜、玻璃纸、棉纸等。隔膜的形状有薄膜、板状和棒状等。

1.3.4 外壳

外壳也是电池的容器，其作用是盛装和保护电池正负极、隔膜和电解质（电解液）等电池核心部分。对于碱性锌-锰电池来说，其不锈钢外壳兼具集流体功能，而锌-锰干电池是锌负极兼作外壳。电池外壳的选择应根据实际需要。对外壳材料的具体要求是：应该具有良好的机械强度，耐震动和耐冲击，并能耐受高低温环境的变化和电解液的腐蚀。常见的外壳材料有金属、塑料和硬橡胶等。

1.4 锌基电池的主要性能

电池的主要性能包括电性能和贮存性能。电性能包括电动势、电压、容量、内阻、能量密度、功率密度、使用寿命及荷电状态等；贮存性能则主要指电池的自放电率。电池种类不同，其性能指标也有差异。

1.4.1 电动势

在外电路开路时，即没有电流流过电池时，正负电极之间的平衡电极电势之差称为电池的电动势。电池电动势是电池产生电能的推动力，其大小由电池反应的性质和条件决定，与电池的形状和尺寸无关。电池反应确定之后，可根据能斯特方程计算电池电动势，通常有两种方式：一种是通过电池反应计算电池电动势；另一种是分别计算正负极电极电势，电池电动势为正负极电极电势之差。

（1）由电池反应计算电池电动势

在恒温恒压条件下，电池两电极上进行氧化还原总反应的吉布斯自由能的减少等于电池所能给出的最大电功，即：

$$-\Delta G_{T,p} = W_{\max} = nFE \tag{1-1}$$

若电池中所有物质都处于标准状态，则电池的电动势为标准电动势：

$$E^{\ominus} = \frac{-\Delta G_{T,p}^{\ominus}}{nF} \tag{1-2}$$

式中，$-\Delta G_{T,p}$ 为电池反应的吉布斯自由能变化，J/mol；$-\Delta G_{T,p}^{\ominus}$ 为电池反应的标准吉布斯自由能变化，J/mol；$W_{\max}$ 为电池所能给出的最大电功，W；E 为电池电动势，V；$E^{\ominus}$ 为标准电池电动势，V；F 为法拉第常数，96485C/mol；n 为电池反应中的得失电子数。

对于一个电池反应，电极反应是在分开的两个区域内进行的，否则可能会只发生化学反应而不能释放电能。电池反应的表达式如下：

$$a\text{A} + b\text{B} \longrightarrow c\text{C} + d\text{D}$$

则化学等温方程式为：

$$\Delta G = \Delta G^{\ominus} + RT \ln \frac{a_{\text{C}}^c a_{\text{D}}^d}{a_{\text{A}}^a a_{\text{B}}^b} = -nFE \tag{1-3}$$

式中，R 为气体常数，8.314J/(K·mol)；T 为热力学温度，K；a_i（a_C^c、a_D^d、a_B^b、a_A^a）为各组分的活度，对纯液体和纯固体，活度为 1。

结合标准电池电动势的计算方法式（1-2），得到电池电动势：

$$E = E^{\ominus} - RT \ln \frac{a_C^c a_D^d}{a_A^a a_B^b} \tag{1-4}$$

式（1-4）是参加电池反应的各物质活度与电池电动势 E 之间的关系式，也称为电池反应的能斯特方程。

（2）由电极电势计算电池电动势

利用能斯特方程分别计算电池的正负极电势，电极电势 φ 由下式计算：

$$\varphi = \varphi^{\ominus} + \frac{RT}{nF} \ln \frac{a_{Ox}}{a_{Re}} \tag{1-5}$$

式中，$\varphi^{\ominus}$ 为标准电极电势；a_{Ox} 为电极反应中氧化型物质的活度；a_{Re} 为电极反应中还原型物质的活度。

电池电动势为正极电极电势与负极电极电势之差，因此电池电动势可表示为：

$$E = \varphi_+ - \varphi_- \tag{1-6}$$

式中，φ_+ 为处于热力学平衡状态时正极的电极电势；φ_- 为处于热力学平衡状态时负极的电极电势。

根据热力学基本方程，由自由能变化的温度关系式得到电池反应中熵的变化（ΔS）：

$$\Delta S = -\left(\frac{\partial \Delta G}{\partial T}\right)_p = -nF\left(\frac{\partial E}{\partial T}\right)_p \tag{1-7}$$

式中，$\left(\frac{\partial E}{\partial T}\right)_p$ 为电池电动势的温度系数。式（1-7）表明电池电动势与反应体系的自由能之间存在内在联系。

由式（1-7）可知，某些条件下电动势的温度系数可由电池反应的熵变得到，即：

$$\left(\frac{\partial E}{\partial T}\right)_p = -\frac{\Delta S}{nF} \tag{1-8}$$

等温条件下，电池可逆反应的热效应（Q_R）为：

$$Q_R = T\Delta S = nFT\left(\frac{\partial E}{\partial T}\right)_p \tag{1-9}$$

当电池在可逆条件下放电时，如果电池的温度系数是正值，则温度升高时电池的电动势增大，这时 $Q_R>0$，除电池反应的反应热全部转变成电功之外，还要从环境中吸热来做电功。当电池的温度系数是负值，温度升高，电池的电动势将降低，这时 $Q_R<0$，电池反应时的反应热一部分转变为电功，另一部分以热的形式传给环境，此时电池需注意散热，否则可能导致电池过热失控，发生电池燃烧或爆炸等安全事故。当电池的温度系数为 0 时，$Q_R=0$，说明电池反应时释放的反应热全部转换成电功，电池与环境之间没有热交换。

电动势是电池在理论上输出能量大小的量度之一。若其它条件相同，电池电动势越高，理论上能输出的能量越大。电动势的大小与等温等压条件下电池体系的吉布斯自由能变化量有关。因此，不同的化学电源体系，其电动势不同。

由电动势的表达式可知，选择正极电极电位越正和负极电极电位越负的活性物质，组成的电池电动势越高。但是在水溶液电解质电池中，不能用比氧的电极电位更正和比氢的电极电位更负的物质作电极的活性物质，否则会引起水的分解。所以，为了获得高的电池电动势，可以采用以下策略：

① 对于水溶液电解质的电池，可以利用氧气和氢气在不同材料上析出时存在不同的过电位，最好用氧过电位高的物质作正极活性物质，用氢过电位高的物质作负极活性物质。

② 选择电极电位较氧电极电位更正和较氢电极电位更负的物质作电极活性物质时，可以采用非水电解质作电池的电解液。

1.4.2　电压

（1）开路电压

电池的开路电压是两极间连接的外电路断开时，电池正极与负极之间的电势差。开路电压的计算公式与电池电动势的计算方法相似，但是电池开路电压并不等于电池电动势。

开路电压等于组成电池的正极混合电势与负极混合电势之差。由于正极活性物质析氧的过电势大，故混合电势接近于正极平衡电极电势；负极材料析氢的过电势大，故混合电势接近于负极平衡电极电势，因此开路电压在数值上接近于电池电动势。由于实际电池的正负极在电解液中不一定处于热力学平衡状态，因此电池的开路电压总是小于电动势。如金属锌在酸性溶液中建立起的电极电位是锌自溶解和氢析出这一对共轭体系的稳定电位，而不是锌在酸性溶液中的热力学平衡电极电位；锌氧电池的电动势为 1.646V，而开路电压仅为 1.4～1.5V，主要原因是氧在碱性溶液中无法建立热力学平衡电位。电池开路电压大小取决于电池正负极材料的本性、电解质和温度条件，与电池的形状和尺寸无关。

必须指出，电池的电动势是从热力学函数计算得到的，而开路电压则是实际测量的。开路电压在实验室中可用电位差计精确测量，通常用高阻伏特计来测量。测量的关键是测量仪表内不得有电流流过，否则测得的电压是端电压，而不是开路电压。

（2）放电电压

电池的放电电压又称工作电压，也称负载电压，是指电池接通负荷后，有电流流过外电路，电池对外做功时正负两极之间的电势差。当电池内部有电流流过时，由于必须克服极化内阻和欧姆内阻所产生的阻力，工作电压总是小于开路电压，也低于电池电动势。因此，电池工作电压通常表示为：

$$U = E - IR_{内} = E - I(R_{\Omega} + R_{f}) \tag{1-10}$$

式中，U 为电池工作电压，V；I 为放电电流，A；R_{Ω} 为欧姆内阻，Ω；R_{f} 为极化内阻，Ω；$R_{内}$ 为电池内阻。

由式（1-10）可以看出，电池的内阻愈大，电池的工作电压就愈低，实际对外输出的能量就愈小，因此电池的内阻愈小愈好。同时，放电过程中损失的能量均以热量的形式留在电池内部，如果电池升温激烈，可能使电池无法继续工作。

电池通常采用恒电流放电和恒电阻放电两种方式放电。恒电流放电时，电池的工作电压随着放电时间的延长而下降；恒电阻放电时，工作电压和放电电流均随着放电时间的延长而下降。电池工作电压逐渐下降主要是由两个电极的极化造成的。在放电过程中由于传质条件变差，浓差极化逐渐加大；此外，随着活性物质的转化，电极反应的真实表面积越来越小，导致电化学极化增加。特别是在放电后期，电化学极化的影响更为突出。电池放电时，通常欧姆内阻也会不断增加，致使工作电压逐渐下降。

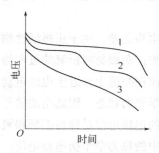

图 1-2　典型的电池放电曲线

电池在放电过程中，工作电压随放电时间的变化曲线称为放电曲线。电池放电制度不同，其放电曲线也会发生变化。放电制度通常包括放电方式、放电电流、终止电压、放电的环境温度等。典型的电池放电曲线如图 1-2 所示。

图 1-2 三条曲线中，平滑放电曲线（曲线 1）表示在放电终止前反应物和生成物的变化对电压的影响较小；阶坪放电曲线（曲线 2）表示活性物质是以两种

价态进行氧化或还原，即放电分两步进行，因而出现两个电压平台；倾斜放电曲线（曲线3）表示放电期间反应物、生成物和内阻的变化对电压影响较大。

放电曲线反映了电池在放电过程中工作电压的真实变化情况，所以放电曲线是电池性能的重要标志之一，曲线越平坦，电池的性能越好。有时为了分析和研究电池电压下降的原因，还需要测量单个电极的放电曲线，借以判断电池容量、寿命下降发生在哪一个电极上。

表征放电时电池放电特性的电压值包括额定电压、初始电压、中点电压和终止电压。分别介绍如下：

① 额定电压　又称为公称电压或标称电压，指某一电池开路电压的最低值或规定条件下电池的标准电压，用于简明区分电池系列，通常标注在出厂待售的电池上。例如锌-锰电池的标称电压为1.5V，这就意味着保证它的开路电压不小于1.5V，锌-锰干电池开路电压实际上总是大于1.5V。

② 初始电压　指电池在刚开始放电时的工作电压。

③ 中点电压　指电池在放电期间的平均电压或中心电压。

④ 终止电压　指电池放电时，其电压下降到不宜再继续放电的最低工作电压。电池终止电压的值与负载大小和使用要求有关，通常在低温或大电流放电时，规定的终止电压可低些，小电流放电时终止电压的规定值则可高些。因为低温或大电流放电时，电极的极化程度增大，电池的电压下降较快，活性物质利用不充分，所以把放电终止电压规定得低一些，有利于输出较大的能量。小电流放电时，电极的极化程度小，活性物质能得到充分利用，放电终止电压可适当提高一些，这样可以减轻深度放电引起的电池寿命下降。

（3）充电电压

充电电压仅对可充电池充电而言，是指可充电池充电时的端电压。当电池充电时，外电源提供的充电电压必须克服电池的电动势，以及欧姆电阻和极化电阻造成的阻力，因此，充电电压总是高于开路电压和电动势，即：

$$U_{充} = E + I_{充}R_{内} = E + I_{充}(R_{\Omega} + R_{f}) \tag{1-11}$$

式中，$U_{充}$ 为充电电压，V；$I_{充}$ 为充电电流，A。

电池的充电电压在充电过程中的变化情况可以用充电曲线来表示。充电曲线因充电方法的不同而不同，典型的电池充电曲线如图1-3所示。恒流充电时（曲线1），充电电压随充电时间的延长逐渐增高；恒压充电时（曲线2），充电电流随充电时间的延长而快速减小。

对于某些电池，为了保证电池能充足电，并保护电池不过充或抑制气体析出，规定了充电的终止电压。必须指出，充电时外部充电设备施加的电压必须超过该电池（或电池组）的充电终止电压。

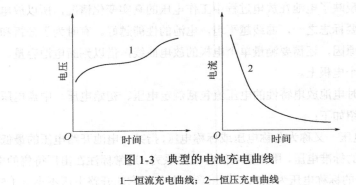

图1-3　典型的电池充电曲线

1—恒流充电曲线；2—恒压充电曲线

1.4.3　电池容量

电池容量是指电池在特定的放电条件下，能够释放的全部电量，通常用符号 C 表示，单位为安培小时（A·h）或毫安小时（mA·h）。

（1）理论容量

理论容量是指电极上的活性物质全部参加电池反应所能提供的电量，常用 C_0 表示。电量大小可依据活性物质的质量按照法拉第定律计算求得。

根据法拉第定律，电流通过电解液时，电极上参加反应的物质的质量与通过的电量成正比，即 1mol 的活性物质参加电池的成流反应，所释放出的电量为 1F（96485C=26.8A·h）。因此，电池的理论容量可用下式计算：

$$C_0 = 26.8n\frac{m}{M} \tag{1-12}$$

式中，m 为活性物质完全反应时的质量；n 为电池反应的得失电子数；M 为活性物质的摩尔质量。

令 $K = \dfrac{M}{26.8n}$ ，则：

$$C_0 = \frac{m}{K}$$

式中，K 为活性物质的电化当量， g/A·h，指通过 1A·h 的电量时，电极上析出或溶解物质的质量；单位的倒数为 A·h/g，指每克物质理论上给出的电量。活性物质的摩尔质量越小、电池反应的得失电子数越大时，其电化当量越小，即产生相同电量所需要的这类活性物质的质量越少。如金属 Zn 的摩尔质量为 65.4g/mol，金属 Pb 的摩尔质量为 207.2g/mol，因此 Zn 的电化当量（1.22g/A·h）小于 Pb 的电化当量（3.866g/A·h），即产生相同电量时需要 Zn 的质量小于 Pb。在活性物质质量相同的情况下，电化当量越小的物质，理论容量越大。

（2）实际容量

实际容量是指在一定的放电条件下（放电率、温度和终止电压）电池实际能够放出的电量。电池的实际容量除了受理论容量的制约外，还与电池的放电条件有很大关系。按放电方法的不同，实际容量分别采用以下公式进行计算：

恒电流放电时：

$$C = \int_0^t I \mathrm{d}t = It$$

恒电阻放电时：

$$C = \int_0^t I(t)\mathrm{d}t = \frac{1}{R}\int_0^t U(t)\mathrm{d}t = \frac{\overline{U}}{R}t$$

式中，I 为放电电流，A；R 为放电电阻，Ω；t 为放电至终止电压时的时间，h；$\overline{U}$ 为电池的平均放电电压，即初始放电电压和终止电压的平均值。

电池的实际容量总是低于理论容量，实际容量与活性物质的数量及活性、电池的结构及制造工艺、电池的放电条件（放电电流与温度）等因素有关。

影响电池容量的综合指标是活性物质的利用率。换言之，活性物质利用得越充分，电池容量也就越高。

活性物质的利用率（$\eta_{利用率}$）定义为实际容量与理论容量的比值（或活性物质理论用量与实际用量的比值），即：

$$\eta_{利用率} = \frac{C}{C_0} \times 100\% = \frac{m_0}{m} \times 100\% \qquad (1\text{-}13)$$

式中，C_0、C 分别为电池的理论容量和实际容量；m_0、m 分别为活性物质的理论用量和实际用量。

提高正负极活性物质的利用率是提高电池容量、降低电池成本的重要途径。活性物质的利用率取决于电池的结构、放电制度及制造工艺。当电池结构、活性物质的质量和制造工艺确定后，电池容量就与放电制度有关，其中放电电流的大小对电池容量的影响较大，因此在谈到电池容量时，必须指出放电电流大小或放电条件，通常用放电率表示。放电率指放电时的速率，常用"时率"和"倍率"表示。

① 放电时率　指以放电时间（h）表示的放电速率，或以一定的放电电流放完

额定容量所需的时间。例如，电池的额定容量为 30A·h，以 2A 电流放电，则时率为 15h，称电池以 15h 率放电。

② 放电倍率　指电池在规定时间内放出其额定容量时所输出的电流值，数值上等于额定容量的倍数，通常以字母 C 表示。充放电倍率=充放电电流/额定容量，例如，额定容量为 100mA·h 的电池以 20mA 的电流放电时，其放电倍率为 0.2C。

通常采用小电流和在较高温度下放电，可提高活性物质的利用率。显然，在相同的放电制度下，活性物质的利用率越高说明电池结构设计越合理。

（3）额定容量

额定容量指设计和制造电池时，按国家或有关部门颁布的标准，保证电池在指定的放电条件（温度、放电率、放电终止电压等）下应该放出的最低限度的电量，又称保证容量，常用 C_s 表示。额定容量通常标注在电池的型号上。

电池的额定容量和实际容量的关系为：

① 当实际放电条件与指定放电条件相同时，实际容量等于额定容量。

② 当实际温度高于指定温度或放电电流小于指定放电电流时，实际容量大于额定容量，这种放电容量超过额定容量的放电称为过量放电，会导致内部活性物质损耗，从而影响容量。通常应避免这种情况的发生，可通过提高放电终止电压来防止过量放电。

③ 当实际温度低于指定温度或放电电流大于指定放电电流时，实际容量小于额定容量，此时，可通过适当降低放电终止电压的方法来提高放电容量。

电池的容量由电极的容量决定，当正极和负极的容量不相等时，电池的容量取决于容量小的那个电极，而不是正负极容量之和。考虑到经济、安全、密封等问题，电池往往特意设计成一个电极容量稍大，通常是正极容量控制整个电池的容量，而负极容量过量。正负极活性物质有各自的利用率和比容量，可以分别测定和计算。

电池容量是电池性能的重要指标，其影响因素很多，主要包括两方面：一是活性物质的数量，二是活性物质的利用率。通常，电池中活性物质的数量越多，电池放出的容量越大，但二者并不是严格成正比关系。就同一类电池而言，大电池放出的容量要比小电池多。电池被设计制造出来以后，电池中活性物质的质量确定，理论容量也随之确定，而实际容量则主要取决于活性物质的利用率。

活性物质的利用率主要受其活性及电极和电池结构的影响。活性是指物质参加电化学反应的能力，活性物质的活性大小与晶型结构、制造方法、杂质含量以及表面状态有密切关系。活性高，利用率也高，放电容量大；电极结构包括电极的成型方法，极板的孔径、孔隙率、厚度及其真实表面积等。

在大多数电池中，电极是由粉状活性物质制成，电极中存在大量微孔，电解液在微孔中扩散和迁移存在一定的阻力，容易产生浓差极化，影响活性物质的利用率。如果电池反应产物在电极表面生成并覆盖电极表面的微孔，很难使内部的活性物质充分反应，也会影响活性物质的利用率，从而影响电池的容量。

（4）比容量

比容量是指单位质量或单位体积的电池所输出的容量，分别称为质量比容量和体积比容量，单位分别为 A·h/kg 和 A·h/L。电池的理论比容量是指单位质量或单位体积活性物质理论上能放出的容量；电池的实际比容量是指单位质量或单位体积电池输出的实际容量。

1.4.4 内阻

电池的内阻是指电池内部电流流过时受到的阻力，通常用 $R_内$ 表示。电池内阻为欧姆内阻 R_Ω 和极化内阻 R_f 之和。通常认为欧姆内阻由电池的欧姆极化引起，极化内阻则包括电化学极化内阻和浓差极化内阻。

（1）欧姆内阻

R_Ω 由正负极、电解液、隔膜等材料的电阻以及各部分零件的接触电阻构成，与电池的尺寸、结构、电极的成型方式以及装配的松紧有关。其中电解液的 R_Ω 与电解液的组成、浓度、温度有关。一般说来，电池用的电解液浓度值大都选在使其电导率最大的区间，另外还必须考虑电解液浓度对电池其它性能的影响，如对极化电阻、自放电、电池容量和使用寿命的影响。电极上的固相电阻包括活性物质粉粒本身的电阻，粉粒之间的接触电阻，活性物质与集流体间的接触电阻及集流体、导电排、端子的电阻总和。放电时，活性物质的成分及形态均可能变化，从而造成电阻阻值发生较大的变化。为了降低固相电阻，常常在活性物质中添加导电组分，如乙炔黑、石墨等，以增加活性物质粉粒间的导电能力。隔膜电阻指的是隔膜的孔隙率、孔径和孔的曲折程度对电解液离子迁移产生的阻力，即电流通过隔膜时微孔中电解液的电阻。隔膜的 R_Ω 与电解质种类、隔膜的材料、孔隙率和孔的曲折程度等因素有关，在电池生产中对隔膜材料都有电阻的要求。

（2）极化内阻

极化内阻也称表观电阻或假电阻，是指电池的正极与负极在进行电化学反应时因极化所引起的内阻，包括电化学极化和浓差极化。当电流流过电极时，电极上进行电化学反应的速度会滞后于电极上电子运动的速度，从而引起电化学极化，该内阻称为电化学极化内阻；由于参与反应的离子在固相中的扩散速度小于电极反应速度而造成的极化称为浓差极化，由浓差极化所产生的内阻称为浓差极化内阻。

极化内阻的大小与活性物质的本性、电极的结构、电池的制造工艺有关，特别是与电池的工作条件密切相关。极化内阻随充放电电流的增大而增加，但一般呈对数关系而非直线。降低温度对电池的电化学极化、离子扩散均不利，导致电池极化内阻增加，从而使电池全内阻增加。

为了减小电极的极化，必须提高电极的活性和降低真实电流密度，而降低真实电流密度可以通过增加电极面积来实现。因此，绝大多数电极采用多孔电极，其真实面积比表观面积大几十到几百倍。同时开发高活性电极材料也是降低电池内阻的有效途径。

总之，电池内阻是决定电池性能的一个重要指标，内阻越大，消耗的能量越多。因此，电池内阻直接影响电池的工作电压、输出功率、工作电流等。对于实际应用的电池，其内阻越小越好。

1.4.5　能量与比能量

（1）能量
电池的能量是指电池在一定放电条件下对外做功所能输出的电能，单位通常用瓦时（W·h）表示，电池的能量有理论能量与实际能量之分。

① 理论能量　当电池在放电过程中始终处于平衡状态，其放电电压始终保持其电动势的数值，且活性物质的利用率为100%时，电池输出的能量为理论能量（W_0），可表示为：

$$W_0 = C_0 E = 26.8 n \frac{m_0}{M} E = \frac{m_0}{K} E \tag{1-14}$$

由式（1-14）可知，电化当量越小的物质，产生的能量越大；电量越大和电动势越高的电池，产生的能量也越大。

② 实际能量　是指在一定放电制度下，电池实际输出的电能（W_h）。它在数值上等于电池实际容量与电池平均工作电压（$\bar{U}$）的乘积，即：

$$W_h = C\bar{U} \tag{1-15}$$

由于活性物质不可能完全被利用，而且电池的工作电压永远小于电动势，所以电池的实际能量总是小于理论能量。

（2）比能量
比能量也称能量密度，是指单位体积或单位质量的电池所能输出的能量，称为质量比能量或体积比能量，单位一般用 W·h/kg 或 W·h/L 表示，它是比较电池性能优劣的重要指标。用于系列电池性能比较时，可分别用理论比能量（W_0'）和实际比能量（W'）表示。

电池的理论质量比能量可以根据正负极两种活性物质的电化当量（K_+、K_-）和电池的电动势（E）来计算。如果电解质参加电池的反应，还需要加上电解质的理论用量。

$$W_0' = \frac{1000}{K_+ + K_-} E \qquad (1\text{-}16)$$

有电解质参加电池的反应时：

$$W_0' = \frac{1000}{\sum K_i} E \qquad (1\text{-}17)$$

式中，$\sum K_i$ 为正负极及参加电池反应的电解质的电化当量之和。

必须指出，单体电池和电池组的比能量是不同的。由于电池组合时有连接片、外部容器和内包装层等，故电池组的比能量总是小于单体电池的比能量。

1.4.6　功率与比功率

（1）功率

电池的功率是指在一定放电制度下，单位时间内电池输出的能量，单位为 W 或 kW。电池理论功率（P_0）可由式（1-18）计算：

$$P_0 = \frac{W_0}{t} = \frac{C_0 E}{t} = \frac{ItE}{t} = IE \qquad (1\text{-}18)$$

式中，t 为放电时间，s；C_0 为电池的理论容量，$A \cdot h$；I 为恒定放电电流，A；E 为电池电动势，V。

电池的实际功率（P）为：

$$P = IU = I(E - IR_{内}) = IE - I^2 R_{内} \qquad (1\text{-}19)$$

式中，$I^2 R_{内}$ 为消耗于电池全内阻上的功率。

将式（1-19）对电流 I 微分，并令 $\dfrac{\mathrm{d}P}{\mathrm{d}I} = 0$，可求出电池输出最大功率的条件，即：

$$\frac{\mathrm{d}P}{\mathrm{d}I} = E - 2IR_{内} = 0$$

因为 $E = I(R_{内} + R_{外})$，所以，$I(R_{内} + R_{外}) - 2IR_{内} = 0$，则有：

$$R_{内} = R_{外}$$

即 $R_{内} = R_{外}$ 是电池功率达到最大的必要条件。

（2）比功率

单位质量或单位体积电池输出的功率称为比功率或功率密度，单位为 W/kg 或 W/L。其值大小表征电池所能承受工作电流的大小，是电池的重要性能参数之一。如果一个电池的比功率较大，则表示在单位时间内，单位质量或单位体积电池中给出的能量较多，即表示此电池可以承受大电流放电。如锌-银电池，在中等电流密度下放电时，比功率可达 100W/kg，说明这种电池的内阻比较小，高速率放电的性能比较好；而锌-锰干电池即使在小电流密度下放电，比功率也只能达到 10W/kg，说明电池的内阻大，高速率放电性能差。

放电条件对电池的输出功率有显著影响。当以高倍率放电时，电池的比功率增大，但是因极化作用增强，电池的电压快速下降，比能量降低；反之，当电池以低倍率放电时，电池的功率密度降低，比能量却增大。

1.4.7　寿命

电池的寿命是指电池实际使用的时间长短。对一次电池而言，电池的寿命是表征输出额定容量的工作时间，与放电速率大小有关。二次电池的寿命分充放电循环寿命和湿搁置使用寿命两种。

充放电循环寿命是指在一定的充放电制度下，电池容量降至某一规定值之前所经历的充放电循环的次数。电池经受一次充电和放电，称为一次循环（或一个周期）。充放电循环寿命是衡量二次电池性能的一个重要参数。充放电循环寿命越长，电池的性能越好。

二次电池的充放电循环寿命与放电深度（depth of discharge，DOD）、温度、充放电制度等条件有关。所谓放电深度，是指电池放出的容量占额定容量的比例。减少 DOD，二次电池的充放电循环寿命可以大大延长。

湿搁置使用寿命是指电池被加入电解液后，开始进行充放电循环直至电池的放电容量降至某一规定值时的时间（包括充放电循环过程中电池进行放电态湿搁置的时间）。湿搁置使用寿命也是衡量二次电池性能的重要参数之一。湿搁置使用寿命越长，电池的性能越好。

1.4.8　荷电状态

电池荷电状态（state of charge，SOC）是指电池在使用一段时间或长时间搁置后，电池的剩余容量与电池完全充电状态时的比值。SOC 是电池使用过程中的重要参数，此参数与电池的使用过程以及在充放电过程中的电流大小有关。

SOC 是一个相对量，通常会用百分数来表示，SOC 的取值为：$0 \leqslant SOC \leqslant 100\%$。目前较统一的定义方法是从电量角度定义 SOC。如美国先进电池联合会（USABC）在其《电动汽车电池实验手册》中定义 SOC 为：电池在一定放电倍率下，剩余电量与相同条件下额定容量的比值。

1.4.9 贮存性能与自放电

电池在开路时容量不断下降的现象，称为自放电。自放电率指容量下降的速率，通常以百分数表示，如%/月。自放电率越低电池的贮存性能越好。

电池开路时，虽然没有对外输出电能，但是电池内部总是会发生自放电现象。自放电的产生主要是由于电极活性物质在电解液中的热力学不稳定性，电池的两个电极自行发生了氧化还原反应。即使是干贮存，也会由于密封不严，进入水分、空气等，使处于热力学不稳定状态的部分正极和负极活性物质自行发生氧化还原反应而消耗掉。如果是湿储存，更是如此。电池的负极活性物质多为活泼金属，其标准电极电位比氢电极负，在热力学上不稳定，而且当有正电性的金属杂质存在时，杂质与负极活性物质形成腐蚀微电池，发生阳极自溶，特别是在酸性电解液中，即使在碱性及中性电解液中也不是十分稳定。负极腐蚀通常是电池自放电的主要原因。

电池自放电的大小通常用自放电速率（或自放电率）来表示，即：

$$自放电率 = \frac{C_1 - C_2}{C_1 t} \times 100\% \tag{1-20}$$

式中，C_1 为贮存前的电池容量，$A \cdot h$；C_2 为贮存后的电池容量，$A \cdot h$；t 为贮存时间，常以天、周、月或年为单位。自放电率反映出电池容量下降的快慢。

自放电的大小也可用电池搁置至容量下降至某一规定容量时的时间来表示，称为搁置寿命或贮存寿命。贮存寿命有两种：干贮存寿命和湿贮存寿命。如使用前不加入电解液，使用时才加入电解液的贮备电池，可以储存很长时间，干贮存寿命一般都较长。对于出厂前已经加入电解液的电池寿命称为湿贮存寿命，自放电较严重，寿命较短。例如，锌-银电池的干贮存寿命可达 5～8 年，但它的湿贮存寿命通常只有几个月。

影响自放电的因素主要有储存温度、环境的相对湿度以及活性物质、电解液、隔膜和外壳等带入的有害杂质。减小电池自放电的措施，一般是采用纯度较高的原材料，或通过对原材料进行预先处理除去其中的有害杂质。也可以在负极中加入析氢过电位高的金属，如镉、汞、铅等，抑制析氢反应，减小负极自放电反应的速率，但这些物质对环境有较大的污染，逐步被其它缓蚀剂所代替。

参考文献

[1] Yamamoto T, Shoji T. Rechargeable Zn/ZnSO₄/MnO₂-type cells[J]. Inorg Chim Acta, 1986, 117: L27-L28.

[2] Garche J, Karden E, Moseley P T, et al. Lead-Acid Batteries for Future Automobiles[M]. 1st ed. Amsterdam: Elsevier, 2017.

[3] Xu C J, Li B H, Du H D, et al. Energetic zinc ion chemistry: The rechargeable zinc ion battery[J]. Angew Chem Int Ed, 2012, 51(4): 933-935.

第2章
可充碱性锌-锰电池

2.1 概述

　　锌-锰电池、镍-氢电池和锂离子电池是当今最普遍使用的三大系列电池。锌-锰电池（Zn-MnO$_2$）是以锌为负极、二氧化锰为正极，强碱溶液（通常为KOH）为电解质溶液的电池系列。碱性锌-锰电池的标称电压为1.5V，能量密度高达400W·h/L或150W·h/kg，理论比容量为820mA·h/g Zn或617mA·h/g MnO$_2$，功率密度为20～60W/kg。碱性锌-锰电池的保质期也很长，在室温下一年后仅损失4%～7%的初始容量，随后每年的容量损失约为2%。由于锌-锰电池原料丰富、结构简单、成本低廉、保质期长、携带方便以及相比其它类型的电池更安全环保，至今仍是一次电池中使用最广，产值、产量最大的一种电池。

　　可充碱性锌-锰（rechargeable alkaline manganese dioxide-zinc，RAM）电池是在一次碱性锌-锰电池的基础上发展起来的可充电池，它是继普通干电池、碱性电池之后的第三代锌-锰系列电池，在20世纪70年代投放市场。RAM电池首次放电时间相当于普通锌-锰电池的4倍、一次碱性锌-锰电池的70%～90%，而在RAM电池的可充寿命内，一只RAM电池可替代100～200只普通锌-锰电池或20～50只一次碱性锌-锰电池。RAM电池可多次使用，电池视使用情况，可反复充电25～500次。若每次使用时放电不完全，RAM电池可充电200～500次；若每次使用时容量放尽，RAM电池也能使用25次以上。RAM电池既保持了一次碱性锌-锰电池的优异性能，又能多次使用，不仅节约资源，而且可以减少由于废弃造成的环境污染，满足人类对电池行业可持续发展的要求。

2.1.1 锌-锰电池的发展

最早的锌-锰电池是由法国工程师乔治·勒克朗谢（George Leclanché）于 1868 年发明，也称为 Leclanché 电池。如图 2-1 所示，最初的 Leclanché 电池采用二氧化锰和炭粉作正极粉料，将其压入多孔陶瓷圆筒中，并插入炭棒集流体作正极，锌棒作负极，浸入 20%的氯化铵电解液中，电池的容器是用玻璃瓶，这成为第一个锌-锰湿电池，当年在欧洲至少有 2 万只这样的电池用于发报系统。此后，经历了漫长的发展与演变。1870 年，为了减小锌-锰电池的自放电，将锌负极汞齐化，即在电解液中加入氯化汞，它与锌负极接触时可置换出汞，在锌表面生成锌汞齐。1877 年，为了防止炭棒爬液，减轻对金属集流体的腐蚀，对炭棒进行浸蜡处理。1888 年，德国科学家卡尔·盖斯纳（Carl Gassner）改进"湿电池"，将电解液与熟石膏（后期改用淀粉）调成糊状，用锌皮封装起来，变成"干电池"，给电池的使用带来极大的方便，奠定了现代锌-锰电池结构的基础，并使得该类电池迅速进入大规模生产。1923 年，用乙炔黑代替石墨，由于乙炔黑具有良好的吸湿性和保液性，使电池容量提高 40%～50%。1945 年，用放电性能更好的电解二氧化锰代替天然二氧化锰。1950 年出现了碱性锌-锰电池，由于采用了导电性好的 KOH 溶液作电解液，同时使用电解二氧化锰，使得锌-锰电池的容量成倍提高，而且适合于较大电流连续放电，还具备优良的低温性能、贮存性能和防漏性能。20 世纪 60 年代出现了纸板式锌-锰电池，即用浆层纸代替糊式电池中的浆糊层作为隔离层，不仅使隔离层的厚度减薄至原来的 1/10 左右，有利于降低欧姆电阻，而且使二氧化锰正极的体积增大，电池的容量增加，电池性能显著提高。20 世纪 70 年代高氯化锌电池问世，使锌-锰电池的连续放电性能得到明显的改善。20 世纪 80 年代后期，随着人们节约资源、保护环境的意识不断增强，使得锌-锰电池向两个方向发展：RAM 电池和负极的低汞、无汞化。寻找有机或无机代汞缓蚀剂和锌粉中的合金元素（主要是 Al、Bi、In 和 Pb 等）成为主要的研究方向。到 20 世纪 90 年代中期，无汞碱性锌-锰电池进入市场，我国 2005 年禁止生产汞含量大于电池重量 0.0001%的碱性锌-锰电池，实现了碱性锌-锰电池无汞化。同时通过改性正极材料、使用耐枝晶隔膜、采用恒压充电模式等措施，使 RAM 电池达到深度放充电 50 次循环以上。20 世纪末以来，无汞碱性锌-锰电池的性能再度获得了大幅度的提高，LR6 型碱性锌-锰电池的容量达到了 2.3A·h，比之前提高了 20%～30%。此外，无汞碱性锌-锰电池在重负荷（较大电流）连续放电方面进步明显，重负荷工作时电池放电容量显著增加，放电电压显著提高。

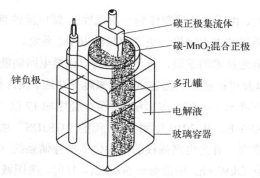

图 2-1　最初的 Leclanché 湿电池

2.1.2　可充碱性锌-锰电池现状

RAM 电池是在一次碱性电池的基础上，经过碱性电池发明人 Kordesch 教授等世界著名的电化学专家，在加拿大 BTI 组织的领导下，经过 20 多年的研制与开发，于 1994 年正式大批量投入生产。从 20 世纪 60 年代开始，人们对 RAM 电池开展了广泛的研究，20 世纪 80 年代末已有商品问世。但由于阴极以及阳极中活性材料的钝化和重新分布、可充电性有限等原因，RAM 电池并没有在商业上取得成功。目前，市场上的可充电碱性电池往往是镍-氢电池、镍-镉电池或锌-镍电池，这些电池的循环寿命都要比 RAM 电池长得多。此外，RAM 电池的开发一直专注于小型圆柱形电池，类似于一次电池，面向家庭市场。1970 年左右，由美国的 Union Carbide和 Mallory 公司首次将其引入市场，使 RAM 电池曾一度发展到准商业化程度，但由于它的循环性能差，需要控制放电深度等缺点，没有得到大规模推广。1986 年，随着 Battery Technologies Inc.（BTI）公司的成立，RAM 电池商业化的热情重新被点燃。直到 20 世纪 90 年代，BTI 公司将其 RAM 电池技术授权给世界各地的多家公司。1993 年，美国的 Rayovac 公司以 "RENEW" 商标生产和销售 RAM 电池。然而，由于循环寿命低于 25 次，并且循环 25 次后的容量保持率低于 50%，使得 RAM 电池并不具有竞争力。BTI 公司探索了各种钡盐和锶盐以及 TiO_2 作为正极添加剂，以提高容量保持能力，但它们的效果只研究了 25 个循环。由于具有更好可充电性的二次碱性电池和锂离子电池的发展，Rayovac 最终在 2000 年初停止了 RAM 电池的生产。

2015 年，BTI 公司的先驱者之一 Josef Daniel-Ivad 在加拿大成立了一家名为 "Blizzard Technologies" 的公司，该公司试图将用于便携式电子设备的 RAM 电池重新商业化，包括 AAA 型（800mA·h）到 D 型（6A·h），声称在低于总容量 15%的浅 DOD 条件下放电，电池的循环寿命超过 1000 次。当 DOD 为总容量的 25%时，循环寿命低于 400 次。由于电池旨在作为一次碱性锌-锰电池的直接替代品，该公司尚未开发固定应用所需的更大规格、更高容量的 RAM 系统。

随着各种二次电池技术的发展，基于电池的电化学电网储能因其成本下降、性能提高、易于制造以及可扩展至所需容量而越来越受欢迎。预计到 2030 年电池存储系统的安装成本将下降 50%～66%，市场份额至少会增加 17 倍。美国能源部高级研究计划局-能源（ARPA-E）从 2010 年到 2013 年的 "GRIDS" 项目强调了对更灵活的能源存储能力的需求，并为电网规模的模块化能源存储系统（主要是电池）设定了投资成本为 100 美元/kW·h，周期寿命 5000 次。目前，美国城市电力公司（Urban Electric Power, UEP）是唯一一家开发和部署固定 RAM 电池系统的公司。UEP 于 2012 年从纽约城市学院的研究中分离出来，其使命是开发长期的、可负担的、安全的 RAM 电池存储系统，用于电力保障、可再生能源微电网和电网稳定。UEP 的产品基于数量不定（可能数千个）的棱柱形或圆柱形 RAM 电池单元，每个单元的总容量为 200～350A·h，并联连接形成一个可用能量高达 16kW·h 的系统。与早期的 RAM 电池相比，这些电池采用了类似于其它可充电圆柱形电池的分层 "果冻卷" 设计。此外，长周期寿命是通过设计和控制电池运行，即在每个循环中仅使用其总容量的一小部分（不超过 MnO_2 第一电子容量的 20% 和 Zn 总容量的 9%）。这种方法可以实现 300 次的循环寿命，但能量密度限制在 100W·h/L，成本限制为 200 美元/kW·h。

RAM 电池生产成本仅略高于一次碱性锌-锰电池，除了具有一次碱性锌-锰电池的高能量特性外，还具有结构简单、自放电小、无记忆效应、能耗低、绿色环保等优点，不仅可以提高资源利用率，还可以显著减少因电池废弃物造成的环境污染，适合国家推行的环境友好型、资源节约型的两型社会发展。作为一次碱性锌-锰电池的替代品，RAM 电池常用于日常生活中的小型电源，与其它电池系列相比，RAM 电池在民用方面具有很强的竞争力，被广泛地应用于信号装置、仪器仪表、通信、计算器、照相机闪光灯、收音机、电动玩具、钟表、照明及便携式医疗保健仪器等各种电器用具的直流电源。随着电子、国防、电力、交通、金融、环保、新材料和新能源等行业的发展，RAM 电池的使用领域会越来越广，将直接导致消费需求的不断上升，给 RAM 电池的产业发展提供绝佳的市场空间。同时，用电器具的发展对 RAM 电池高容量和大电流放电提出更高的要求。低 DOD 的 RAM 电池因其成本和循环寿命接近 ARPA-E 设定的目标，对电网存储也具有较大的吸引力。

2.1.3　可充碱性锌-锰电池的结构及工作原理

RAM 电池主要由 Zn 负极、MnO_2 正极、强碱性电解液（通常为 6mol/L KOH

溶液＋氧化锌）和隔膜组成。通过采取对 MnO_2 材料掺杂改性、锌负极限容设计、采用恒电压充电和耐枝晶隔膜、提高正极机械牢固程度、选择正极填充材料、改善耐过充性能、使氢气氧气复合等一系列的措施，提高 RAM 电池的可充电性。RAM 电池有圆筒形、方形和扣式等几种结构，最常见的是圆筒形结构。RAM 电池通常采用和一次碱性锌-锰电池相类似的锰环-锌膏式结构，如图 2-2[1]所示。与普通锌-锰电池的结构相反，RAM 电池的负极在内，包括 KOH 凝胶中的锌粉、降低腐蚀的有机缓蚀剂和中心的金属集流钉等；正极在外，活性物质包含电解 MnO_2（EDM）、导电材料和少量添加剂，压成四个环状片（锰环），与作为正极集流体的外壳（钢壳）连接；正负极间用专用的带有微孔层隔膜隔开，以防止锌枝晶穿过隔膜造成电池内部短路。镀有缓蚀剂材料的黄铜钉起负电流收集器的作用。为了能与普通锌-锰电池互换使用，同时避免使用时正负极弄错，电池在设计制造时，将上述碱性锌-锰电池的半成品倒置过来，使钢筒底朝上，开口朝下，再在钢筒底上放一个凸形盖（假盖），正极便位于上方；在负极引出体上焊接一个金属片（假底），以达到碱性锌-锰电池的正负极性和形状与普通锌-锰电池一致的目的。

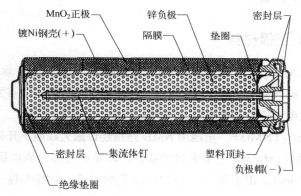

图 2-2　AA 型可充电碱性 Zn-MnO_2 电池的剖面图

　　RAM 电池的这种基本结构允许应用与一次碱性电池相同的低成本制造原理。RAM 电池的生产成本略高于一次碱性电池，但在所有其它可充小型电池中是最低的。
　　放电时，Zn 负极发生氧化反应，向外电路释放电子，电子移动至 MnO_2 正极，发生还原反应；电池内部，离子借助电解液在正负极间移动。充电时，在外加反向电流的作用下，正负极反应逆向进行，两极活性物质恢复初始状态，电能转化为化学能。RAM 电池的放电/充电反应方程式可简化如下。

正极：　　　　$$MnO_2 + H_2O + e^- \rightleftharpoons MnOOH + OH^-　　　　(2\text{-}1)$$

负极：　　　　$$Zn + 2OH^- \rightleftharpoons ZnO + H_2O + 2e^-　　　　(2\text{-}2)$$

总反应：$$2MnO_2 + Zn + H_2O \Longleftrightarrow 2MnOOH + ZnO \qquad (2\text{-}3)$$

目前碱性锌-锰电池的瓶颈在于实现正极 MnO_2 的可逆性而获得 MnO_2 完整的第二电子容量和进一步提高锌负极的循环寿命，研究者主要在以下两个方向开展研究：

① 添加某些金属氧化物或盐以提高 MnO_2 正极的循环寿命和放电容量；

② 提高锌电极的循环寿命，解决与正极相匹配的问题，减少充电时因析氢导致的电池鼓胀现象。

2.2 MnO₂正极

对于 RAM 电池来说，MnO_2 正极材料的电化学性能对电池整体性能的影响要比锌电极大，其电化学性能对于电池的放电容量及比功率特性有着很大的影响。通常认为，MnO_2 在水溶液体系中的电化学活性主要与其含水量、粉末颗粒大小、组成和晶体结构、晶体缺陷等因素有关，其中晶体结构和结晶水的含量对二氧化锰电化学性能起着主要的影响。

2.2.1 MnO₂正极材料

制备电池用 MnO_2 的主要原料有硬锰矿、软锰矿、斜方锰矿、水锰矿和菱锰矿。实际上，天然锰矿只有软锰矿可以直接用来制造电池，其它锰矿需要经过化学或电化学加工才能供电池使用。电池用 MnO_2 的来源主要有以下三种：

① 天然 MnO_2（NMD）　电池用 NMD 是指经过露天或地下开采天然锰矿并经过各种处理得到的 MnO_2，主要来自软锰矿。软锰矿又称为放电锰粉，主要含有 70%～75%的 β-MnO_2。由于廉价，目前 NMD 仍然是低、中档锌-锰干电池的主要正极材料。

② 活性 MnO_2（ACMD）　ACMD 是通过化学方法对 NMD 进行提纯和活化得到的。首先将活性不高的 NMD 矿石经过粉碎、焙烧还原后加入 H_2SO_4 溶液，使之歧化、活化，然后分离出矿渣和硫酸锰，矿渣经中和干燥得到活化锰粉。活化锰粉通常只含有 70%～75%的 MnO_2，其中还含有一些低价态的锰氧化物，纯度较低，不能作为理想的电池正极材料。ACMD 是在活化锰粉的基础上，用氧化剂进行再氧化和重质化得到的锰粉，主要以 γ-MnO_2 为主，纯度一般在 80%以上，其特点是颗粒细、表面积大、吸附性能好、价格比电解锰便宜。其中一些 ACMD 的电化学活性已经达到或接近电解 MnO_2。ACMD 在酸性锌-锰电池中可代替或者部分取代电解锰粉，降低了电池的原料成本，但不能将其直接用作碱性锌-锰电池的正极材料。

③ 电解 MnO_2（EMD） EMD 是 Mn^{2+} 阳极氧化的产物，纯度一般高达 90%～93%，其晶型主要是 $\gamma\text{-}MnO_2$，放电性能好。EMD 对提高锌-锰电池尤其是碱性锌-锰电池的性能发挥了重要的作用。EMD 的缺点是生产成本稍高，主要用于高性能碱性锌-锰电池中。

MnO_2 的晶格结构比较复杂，目前已知的有二十多种。MnO_2 中大多数是混合晶相，其氧化程度和水含量都是可变的，所以常用 MnO_x（$x<2$）表示其分子式，x 表示氧的含量。MnO_2 的基本单元是 $[MnO_6]$ 八面体，如图 2-3（a），氧原子在八面体顶角上，锰原子在八面体中心。$[MnO_6]$ 八面体共棱连接形成单链或双链，这些链与其它链共顶，形成空隙的隧道结构。八面体成六方密堆积或立方密堆积，构成各种晶型，包括 α、β、γ、δ、ε、λ、R、T 型 MnO_2 等，如图 2-3（b）～（i）。

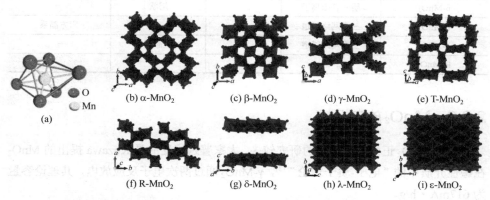

图 2-3　MnO_2 八面体结构单元（a）和 MnO_2 各种晶体结构（b）～（i）示意图

根据 $[MnO_6]$ 八面体的连接方式和二氧化锰内部隧道结构的空间形态，可将二氧化锰大体上分为三类：一维隧道结构，常见的 $\alpha\text{-}MnO_2$、$\beta\text{-}MnO_2$、$\gamma\text{-}MnO_2$、$R\text{-}MnO_2$ 和 $T\text{-}MnO_2$ 均为这类结构；二维层状结构，如 $\delta\text{-}MnO_2$；三维立体结构（尖晶石结构），如 $\lambda\text{-}MnO_2$ 和 $\varepsilon\text{-}MnO_2$。常见的 MnO_2 晶格结构见表 2-1。

$\alpha\text{-}MnO_2$ 由 $[MnO_6]$ 八面体通过共棱双链组装而成，具有（1×1）和（2×2）两种隧道结构，主要用作锌离子电池（ZIBs）的阴极材料。具有（1×1）隧道的 $\beta\text{-}MnO_2$ 则是由 $[MnO_6]$ 八面体以共棱形成八面体单链沿 c 轴伸展而成，氧原子成扭曲的六方密堆积排列。$\beta\text{-}MnO_2$ 相被认为是最稳定的结构，但由于隧道狭窄，放电容量较小。$\delta\text{-}MnO_2$ 具有层间距较大的二维层状结构（约 0.7nm），其由共角的 $[MnO_6]$ 八面体构成，属于单斜晶系。

$\gamma\text{-}MnO_2$ 是四方晶系 β 相和斜方晶系 R 相的共生相，以单链和双链相互交错而形成的密排六方结构，含有（1×1）和（1×2）的隧道，截面面积大，有利于质子转移，且具有极化小、放电容量大、放电过程中电压下降缓慢等特点，比其它晶相的 MnO_2 更具电化学活性，在现今使用的 RAM 电池中，大多使用其作为正极。γ-MnO_2 可以通过电解工艺低成本批量生产，这种电解生产的 γ-MnO_2 通常更纯净，性能优于其化学生产或天然的 γ-MnO_2。

表 2-1　MnO_2 的晶格结构

二氧化锰类型	隧道类型	隧道尺寸/nm	结构类型	晶系
α-MnO_2	（1×1）与（2×2）	约 0.46	碱硬锰矿	立方晶系
β-MnO_2	（1×1）	约 0.23	金红石型	立方晶系（金红石）
γ-MnO_2	（1×1）与（1×2）	约 0.23×0.46	金红石/斜方微畴	斜方/六方交替
T-MnO_2（钙锰矿型）	（3×3）		斜方锰矿	—
δ-MnO_2	层间有阳离子		层状	—
ε-MnO_2	三维网络隧道			六方晶系
λ-MnO_2	三维网络隧道		尖晶石	—
R-MnO_2	（2×2）			

2.2.2　MnO_2 放电机制

对于 MnO_2 正极放电机理的研究较多，大家普遍接受的是 Kozawa 提出的 MnO_2 在碱性介质中的"电子-质子理论"[2]，γ-MnO_2 通过两次电子反应放电，其理论容量为 617mA·h/g。

（1）第一电子还原

当放电电压在 1.5～0.9V（相对于 Zn）之间时，γ-MnO_2 发生第一电子还原，此过程为 MnO_2 逐步还原为水锰石 MnOOH（或 $MnO_{1.5}$）的均相反应。

在第一次电子还原过程中，最初的 γ-MnO_2 结构转变为 α-MnOOH 和 γ-MnOOH。反应如式（2-1）。即来自于水分子的质子和电子插层，导致晶格膨胀，或形成保持 γ-MnO_2 的（1×2）隧道结构的 γ-MnOOH，或形成（1×1）隧道结构的 γ-MnOOH，在此转变期间 Mn—O 的重排键合与质子嵌入同时发生。

具体过程如图 2-4 所示，在 γ-MnO_2 正极还原过程中，Zn 负极释放的电子由外电路进入 MnO_2 晶格中参与反应，Mn^{4+} 被还原为 Mn^{3+}。由于晶格中 Mn^{4+} 和 Mn^{3+} 之间的电子交换，Mn^{3+} 的位置（不是锰离子本身）在整个晶格中移动。同时，H_2O 在 MnO_2 与溶液界面处电解，产生的质子（H^+）进入晶格形成 OH^-。由于 OH^- 在晶格中的旋转和振动，O—H 键被破坏，H^+ 转移到相邻的 O^{2-} 上再次形成 OH^-。因此，OH^- 也通过 H^+ 从一个 O^{2-} 位置移动到另一个位置而在整个晶格中移动。也就是说，第一电子放电反应是一个固相均相过程，真正发生的是电子与质子进入晶格中而未改变其基本结构，即晶格中的 Mn^{3+} 与 OH^- 浓度增加而又保持为均一相，使原有的 MnO_2 逐渐转化成低价 $MnOOH$。从原理上讲这一反应是可逆的，平衡电位的变化取决于 $[Mn^{4+}]/[Mn^{3+}]$ 的比值。

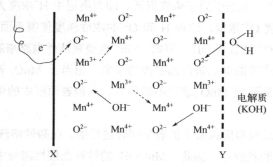

图 2-4　二氧化锰放电过程中固相（Mn^{4+}—Mn^{3+}—O^{2-}—OH^-）的示意图
——→质子运动方向；-----→电子运动方向；X—MnO_2-电子导体接口；Y—MnO_2-KOH 界面

虽然 MnO_2 还原为 $MnOOH$ 的反应是在固相中直接完成的，但质子来源于溶液，因此反应必须在固/液界面上进行。固/液界面的面积越大，电极反应进行的速率越快。因此，MnO_2 电极通常采用 MnO_2 颗粒制成多孔电极，尽可能增大电极固/液界面的面积。

MnO_2 还原为 $MnOOH$ 的反应首先在 MnO_2 表面进行，生成的 $MnOOH$ 沉积在 MnO_2 的表面，如果这一层水锰石得不到转移，液相中的 H^+ 就难以进入 MnO_2 晶体，使得电化学反应难以继续进行，因此必须使固相表面生成的 $MnOOH$ 与电解液进一步发生化学反应或以其它方式离开电极表面，也就是 $MnOOH$ 发生转移。在不同 pH 的溶液中，$MnOOH$ 的转移方式和速度有所不同。$MnOOH$ 转移有歧化反应和固相质子扩散两种方式。

① 歧化反应　在溶液 pH 较低时，$MnOOH$ 的转移按下式进行：

$$2MnOOH + 2H^+ \longrightarrow MnO_2 + Mn^{2+} + 2H_2O \qquad (2\text{-}4)$$

通过此反应，电极表面的 $MnOOH$ 被氧化为 MnO_2 和被还原为 Mn^{2+}，其中 Mn^{2+} 进入溶液实现转移。溶液的 pH 越低，越有利于该反应的进行。在 pH<2 的酸性溶液中，歧化反应可以顺利进行。

② 固相质子扩散　MnO_2 属于半导体，其内部自由电子很少，大部分电子束缚在正离子的吸引范围内，称作束缚电子。在电场力的作用下，束缚电子可以从一个正离子的引力范围跳到另一个正离子的引力范围。在图 2-4 中，MnO_2 还原时，从外

电路来的自由电子进入 MnO_2 晶格后变为束缚电子，它们能依次跳到邻近 OH^- 的 Mn^{4+} 上，使 Mn^{4+} 还原为 Mn^{3+}。与束缚电子相似，H^+ 也能从一个 O^{2-} 位置跳到另一个邻近 O^{2-} 的位置上，称作固相质子扩散，扩散的推动力是质子浓度差。电极反应表面首先生成的是 MnOOH 分子。电极表面质子的浓度很高，O^{2-} 浓度不断降低；而晶格深处仍有大量 O^{2-}，相当于质子浓度很低。即表面层中 H^+ 浓度大于内层 H^+ 浓度，而 O^{2-} 浓度小于内层 O^{2-} 浓度，这种 H^+ 和 O^{2-} 的浓度梯度使得表面层中 H^+ 不断向内层扩散，并与内层 O^{2-} 结合成 OH^-。同时，Mn^{4+} 也捕获从外电路来的电子生成 Mn^{3+}，即形成了 H^+ 和 Mn^{3+} 不断向电极内部扩散的效果，相当于 MnO_2 表面上的 MnOOH 向电极深处转移，从而使 MnO_2 表面不断更新，电极表面层中的电化学反应得以继续进行。

实际上，歧化反应和固相质子扩散是同时进行的。在酸性溶液中，由于 H^+ 浓度高，歧化反应可以顺利进行，因此，MnOOH 的转移在酸性溶液中主要以歧化反应的方式进行；而在碱性溶液中，由于 H^+ 较少，歧化反应进行困难，因此，MnOOH 在碱性溶液中的转移主要以固相质子扩散的方式进行；而在中性溶液中，这两种方式都存在。

MnO_2 还原第一电子放电过程中，电化学反应速率比较快，即 MnOOH 的生成速率很快，而电极表面 MnOOH 的转移速率比较慢，因此，MnOOH 转移步骤是 MnO_2 正极还原的控制步骤。

（2）第二电子还原

第二电子还原反应即 MnOOH 被还原为 $Mn(OH)_2$ 的异相反应。不同于第一电子放电步骤的均相反应过程，第二电子放电步骤是一个非均相固相反应。氧化态 MnOOH 与还原态 $Mn(OH)_2$ 是两个不同的固相，为不可逆过程。

当电池放电电压下降到 1.0 V（相对于 Zn）以下时，MnO_2 发生第二电子放电过程，MnOOH 被还原为 $Mn(OH)_2$，即：

$$MnOOH + H_2O + e^- \longrightarrow Mn(OH)_2 + OH^- \tag{2-5}$$

上述过程遵循溶解-沉积机理，由三个步骤完成：Mn^{3+} 从 MnOOH 中以 $Mn(OH)_6^{3-}$ 的形式进入溶液，然后吸附在电极表面并优先还原为含可溶性 Mn^{2+} 的 $Mn(OH)_6^{2-}$，由于 Mn^{2+} 的溶解度比 Mn^{3+} 低得多，因此 Mn^{2+} 以 $Mn(OH)_2$ 的形式快速析出。反应方程式如下：

$$MnOOH + H_2O + 3OH^- \longrightarrow Mn(OH)_6^{3-} \tag{2-6}$$
（初始固相）

$$Mn(OH)_6^{3-} + e^- \longrightarrow Mn(OH)_4^{2-} + 2OH^- \tag{2-7}$$

$$Mn(OH)_4^{2-} \longrightarrow Mn(OH)_2 \downarrow + 2OH^- \qquad (2\text{-}8)$$

（终了固相）

大量生成的 $Mn(OH)_2$ 与 $MnOOH$ 反应，进一步转化为具有部分电化学活性的黑锰矿 Mn_3O_4。

$$2MnOOH + Mn(OH)_2 \longrightarrow Mn_3O_4 + 2H_2O \qquad (2\text{-}9)$$

此外，在 $Zn\text{-}MnO_2$ 电池中，负极 Zn 放电反应的产物是锌酸盐 $[Zn(OH)_4^{2-}]$，透过电池隔膜扩散到正极的 $Zn(OH)_4^{2-}$ 还能与 $MnOOH$ 反应，生成更具有电化学惰性的尖晶石相 $ZnMn_2O_4$（锌黑锰石），反应方程式如下：

$$2MnOOH + Zn(OH)_4^{2-} \longrightarrow ZnMn_2O_4 + 2H_2O + 2OH^- \qquad (2\text{-}10)$$

Mn_3O_4 和 $ZnMn_2O_4$ 的生成都对电池性能有害，在接下来的放电/充电过程中，这两种电化学惰性物质的积累必然会导致 RAM 电池容量衰减并最终失效。此外，这两种相的电阻率都比活性材料 MnO_2 高 6 个数量级，约为 $10^8\Omega \cdot cm$，也会导致电极的导电性损失。MnO_2 在 DOD 较低的情况下，$ZnMn_2O_4$ 的生成是电池电化学性能下降的主要原因。

2.2.3 MnO₂的可充电性

碱性锌-锰电池具有较好的可充电性能，如果电池在浅 DOD 下放电，例如只放出 MnO_2 电极容量的三分之一就停止放电，则电池大约可进行 40～50 次循环。

RAM 电池的可充性与正极中的相变有关。图 2-5 为 $\gamma\text{-}MnO_2$ 在充放电循环中的相变过程[3]，初始的具有（1×2）和（1×1）隧道结构的 $\gamma\text{-}MnO_2$ 在第一电子还原时，质子的插入导致了 Mn—O 键重排的同时生成了具有（1×2）隧道结构的 $\alpha\text{-}MnOOH$ 或者具有（1×1）隧道结构的 $\gamma\text{-}MnOOH$。在这一阶段，质子与锰离子进行复合，锰的价态由 +4 价还原为 +3 价。在第二电子还原过程中，伴随着 Mn_3O_4 和 $Mn(OH)_2$ 的生成。如果电解液中存在锌酸盐离子，$MnOOH$ 则会与之生成 $ZnMn_2O_4$ [式（2-10）]，因其形成过程不是电化学过程，所以在图 2-5 中没有列出。在对完全还原相充电后，$Mn(OH)_2$ 会转变成 $\beta\text{-}MnOOH$、$\gamma\text{-}MnOOH$ 和 $\gamma\text{-}Mn_2O_3$，随后生成具有层状结构的 $\delta\text{-}MnO_2$，即 $\gamma\text{-}MnO_2$ 在第一个充放电全周期后失去其原有的晶体结构。

MnO_2 的不可逆性与尖晶石相 Mn_3O_4 和 $ZnMn_2O_4$ 的形成密切相关，一旦第一次放电产生 Mn_3O_4，该相只能部分还原为 $Mn(OH)_2$，即使完全放电，大部分尖晶石仍留在电极中。而 $ZnMn_2O_4$ 则完全不能还原为 $Mn(OH)_2$。在第一次充电过程中，只有被氧化的 $Mn(OH)_2$ 转化为 $MnOOH$ 和 $\delta\text{-}MnO_2$，而尖晶石相在氧化过程中不活跃。

第一次循环后，随着 Mn_3O_4 在充放电过程中积累的生成，一方面消耗了活性材料，另一方面使电池内阻迅速增大，使 MnO_2 失去可逆性，造成了 MnO_2 电极容量的衰减。同时，由于产物中 Mn^{3+} 和 OH^- 的半径分别大于反应物中 Mn^{4+} 和 O^{2-} 的半径，$γ-MnO_2$ 在放电反应时发生晶格膨胀，晶格的稳定性随着放电深度的增加而减弱，以角相连的 Mn—O 八面体减少，共边角的 Mn—O 八面体增加，MnO_2 中锰发生重排，转变为结构更加稳定的 $δ-MnO_2$，再充电时无法恢复到 $γ-MnO_2$ 而失去可逆性。这种结构重排将导致质子扩散困难，使得电极容量降低。

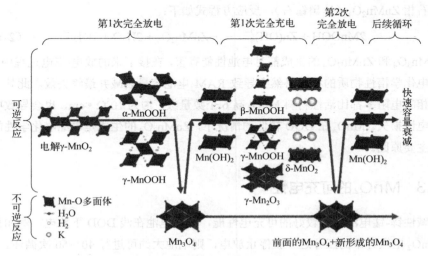

图 2-5　$γ-MnO_2$ 在碱性电解液中的相变机理

　　由于 MnO_2 的第二电子放电步骤的不可逆，RAM 电池正极反应的可逆性与 DOD 密切相关，DOD 越深，循环次数越少。为保持 RAM 电池的充放电性能，采用限制锌阳极或 0.9V 截止电压，控制 MnO_x 的 DOD 在 $x≥1.5$，即维持在第一电子放电步骤。有研究表明，将 DOD 控制在 MnO_2 理论容量（617mA·h/g）的 5%～10%，可保持 1000～3000 次循环的可逆性，但这种方法将使 RAM 电池的体积能量密度降低至 20W·h/L。

2.2.4　MnO_2 正极的改进

　　EMD 是 RAM 电池的正极材料，理论上可以进行双电子氧化还原过程，达到 617mA·h/g 的高理论比容量。然而，根据 $γ-MnO_2$ 的氧化还原机制，第二次电子放电通常很难进行，目前，RAM 电池的容量仅为理论容量的 10%。

MnO_2 用作 RAM 电池正极材料存在以下主要问题：①MnO_2 材料本身的有限可逆性；②电化学惰性物质 Mn_3O_4 和 $ZnMn_2O_4$ 的生成，降低了电池的比容量和荷电性；③充放电过程中晶格的膨胀和收缩，使正极结构疏松，机械变形；④MnO_2 属于半导体材料，其电导率为 $10^{-5} \sim 10^{-6}$ S/cm，导电性较差。为了改善 MnO_2 的性能，主要从以下两种思路进行研究：一是精细化 MnO_2 结构，提高其比表面积和降低其纳米尺寸；二是复合掺杂改性，提高正极材料的导电性，稳定 γ-MnO_2 的结构或抑制 Mn_3O_4 和 $ZnMn_2O_4$ 的生成，以获得高循环寿命和尽可能完全的 MnO_2 第二电子容量，解决 RAM 电池不能深度放电的问题。

（1）MnO_2 结构设计

通过 MnO_2 结构设计可提高 MnO_2 的比表面积，增加活性位点的数量。如纳米结构的 MnO_2 因其表面积增大而使电流密度降低、极化减小，电池容量增大。同时电子传导或离子扩散的路径缩短，有利于电池内部的质量传输和离子扩散，更充分发挥其优异的电化学性能。通过改变实验方法或调整实验参数可以获得不同形貌的纳米 MnO_2 结构，如通过计算机喷射打印方法制备的平均厚度为 1.4μm 的纳米 MnO_2 薄膜电极，在 14.4C 的高放电倍率下，其放电比容量为 270mA·h/g。粒径小于 50nm 的纳米 α-MnO_2，其放电容量比常规粒径的 EMD 更大，尤其适于重负荷放电，表现出良好的去极化性能[3]。通过水热法制备的 α-MnO_2 纳米线的放电比容量为 235mA·h/g，γ-MnO_2 纳米棒的比容量为 267mA·h/g，均远高于市售 γ-MnO_2 的放电比容量（210mA·h/g）[4]。通过低温热分解法制备的直径为 200nm 的片状 δ-MnO_2，其比容量可提高至 252mA·h/g[5]。

（2）掺杂改性

将电化学性能良好的无机物、碳材料、导电聚合物与 MnO_2 进行二元或三元复合可以有效改善 MnO_2 的性能。常用的 MnO_2 电极改性方法包括物理法、化学法和电化学法三种。物理法是将 MnO_2 与添加剂以一定比例经研磨混合均匀后制成正极，这种方法简单易行，但是添加剂与 MnO_2 很难完全混合均匀，而且添加剂只能覆盖在 MnO_2 表面，稳定性和改性效果较差；化学掺杂是通过共沉积或者离子交换的方式使添加剂进入 MnO_2 结构内部，掺杂效果优于物理掺杂，但存在生产周期长、操作复杂、成本高的问题。电化学法可以克服物理和化学掺杂的局限，通常是将掺杂离子加入 Mn^{2+} 电解液中，使之与 MnO_2 在阴极同时沉积。此法制备的材料充放电性能好，且工艺灵活，因此使用范围比较广。

① 提高正极材料的导电性　正极材料 MnO_2 的电导率对电池性能有较大影响。碳材料具有优异的导电性和较多的负载位点，与 MnO_2 复合可以发挥各自的优势，获得性能优异的复合电极材料。研究者对包括炭黑、石墨、石墨烯和碳纳米管等导

电碳添加剂进行了大量研究，这些添加剂均有助于提高碱性电池的电子电导率和离子电导率。石墨烯/碳纳米管/MnO_2复合材料作正极，复合碳纳米薄膜不仅可以用作负载 MnO_2 纳米球的稳固支架，还可以提供有效的离子和电子传输导电网络，表现出优异的电化学性能。导电聚合物如聚苯胺（PANI）、聚吡咯（PPy）、聚噻吩（PTh）及其衍生物等也可以改善 MnO_2 的电导率、化学稳定性和机械稳定性。由碳材料、导电聚合物与 MnO_2 组成的三元复合材料，在提供大比表面积的同时，提高了复合材料的导电性和机械稳定性。例如，PANi/MnO_2/石墨烯复合材料在高电流密度下仍可表现出优异的可逆容量和循环寿命[6]。

② 稳定 EDM 的结构　电池循环过程中，维持 EDM（γ-MnO_2）的隧道结构对于 MnO_2 的可充电性至关重要。如果活性物质在整个氧化还原循环中保持开放结构，则可改善晶格中质子的流动性，抑制显著的体积变化，并防止原始结构坍塌为更稳定、更致密的化合物。长期的研究表明，掺入大的阳离子（如 Bi^{3+}、Pb^{2+}、Ti^{4+} 和 Ba^{2+}）可以稳定 γ-MnO_2 的隧道结构，提高电池的可充电性能。此外，具有这些阳离子的化合物可以与溶解的 Mn^{3+} 物种发生化学相互作用，通过限制 Mn^{3+} 的完全溶解来抑制在第一电子放电状态下电化学惰性物质 Mn_3O_4 的形成和累积，从而避免 MnO_2 迅速失活。

a. 在众多的掺杂材料中，Bi_2O_3 是迄今为止研究最多也是最有前途的 MnO_2 正极添加剂。研究者认为，EDM 还原时在异相阶段的晶格崩塌是 MnO_2 可逆性差的主要原因。研究表明，物理掺杂、化学掺杂以及电化学沉积掺杂得到的 Bi-MnO_2，其可充性都获得较大的改善。而且各种晶型的 MnO_2 在掺 Bi 后，其可逆性也都获得了改善。Bi 可以在 MnO_2 的整个充放电过程中，起到支持晶格的作用，使 MnO_2 始终保持一种开放式结构。采用扩展 X 射线吸收精细结构谱（EXAFS）研究 Bi 掺杂化学改性 MnO_2 中 Mn 及 Bi 的结构形态表明，改性后，Bi 存在于 MnO_2 中的锰氧八面体中间，通过 OH^- 与锰氧八面体相连，阻止了 MnO_2 中锰的结构重排[7]。Bi 的存在还可抑制 RAM 电池循环过程中 Mn_3O_4 的生成，认为在 Mn_3O_4 的逐步聚合过程中，一个 Bi^{3+} 可以取代一个 Mn^{2+} 或一个 Mn^{3+}，形成 Bi-Mn 配合物，而不是尖晶石相 Mn_3O_4，因为 Bi^{3+} 的尺寸远大于 Mn^{2+} 或 Mn^{3+}，从而干扰尖晶石晶格的形成[8]。将 Bi_2O_3 和 Cu 作为共同添加剂，可以获得 MnO_2 理论容量 80%～100%的容量，Cu 在 MnO_2 夹层中的嵌入可降低电荷转移电阻，对高负载量的 MnO_2 非常有益，而 Cu 和 Bi_2O_3 的共同添加极大提高了 RAM 电池的可逆性和容量保持率[9]。

b. Bi^{5+} 在碱液中的溶解度比 Bi^{3+} 高，用其对 EMD 改性效果更好。6% $NaBiO_3$ 掺杂 EMD 的放电电压比 EMD 电极和 Bi_2O_3 掺杂 EMD 电极的放电电压分别高 120mV 和 80mV；在放电终止电压为 0.60V 时，6% $NaBiO_3$ 掺杂 EMD 的放电容量比纯 EMD 提高了 72%。NaBiO$_3$ 掺杂提高了 MnO$_2$ 的活性，降低了 MnO$_2$ 阴极过程的极化，从而提高了放电电压。放电容量增加是 MnO$_2$ 第二电子放电容量的贡献，掺杂缺电子的 Bi^{5+}有利于增加 MnO$_2$ 中的空位，从而提高电导率，增加电极的放电容量[10]。考虑到 NaBiO$_3$ 中的 Na$^+$对改性没有作用，研究者引入 Ba^{2+}制备了超细 BaBi$_2$O$_6$，并将其掺杂到 EMD 中，进一步提高改性效果。BaBi$_2$O$_6$ 能激发 EMD 的第二电子放电。与纯 EMD 电极相比，添加质量分数为 8%的 BaBi$_2$O$_6$ 可使放电比容量提高 80.01%。同时，Bi^{5+}和 Ba^{2+}还能在 MnO$_2$ 表面形成络合物，抑制 Mn^{2+}和 Mn^{3+}的歧化，阻止电化学惰性物质 Mn$_3$O$_4$ 的形成，增加了电池的循环寿命[11]。

c. 钡盐也是稳定 EDM 结构的有效添加剂。通过简单的球磨分别将 BaSO$_4$ 和 BaMnO$_4$ 添加到 EMD 中。研究表明，没有添加剂的电池只有前 5 个循环的放电容量比较高，此后放电容量不断下降；添加 BaSO$_4$ 后的电池放电容量的衰减明显减缓，前 3 个循环之后放电容量几乎保持不变。添加质量分数为 5%的 BaSO$_4$ 时电池的整体性能最佳，放电循环 25 次后电池整体性能提高了 24%。考虑到 BaSO$_4$ 作添加剂时，只有 Ba^{2+}结合到 EMD 中，而 SO$_4^{2-}$由于不具有电化学活性不与 EMD 结合。研究者用 BaMnO$_4$ 代替 BaSO$_4$，此时 Ba^{2+}可以和 MnO$_4^{2-}$一起进入正极，稳定 γ-MnO$_2$ 的结构。此外，MnO$_4^{2-}$在强碱性 KOH 电解液中不稳定，歧化成锰酸盐（Ⅵ）和 MnO$_2$，这无疑有助于提高放电容量。在循环寿命期间，添加 BaMnO$_4$ 表现出比添加 BaSO$_4$ 更优的性能。EMD 中添加 Ba(OH)$_2$ 也可以抑制 Mn^{3+}在放电后期的溶解，进而抑制 δ-MnO$_2$ 的形成，提高电池的可充电性能[12]。添加 BaBiO$_3$ 和 Ba$_{0.6}$K$_{0.4}$BiO$_3$ 也有助于改善 EDM 循环性能[13]。

d. 钛也是一种理想的掺杂元素。锐钛矿型 TiO$_2$ 掺入 EDM 正极后，TiO$_2$ 不仅通过诱导近表面阳离子的还原改变 EDM 表面的性质，而且还可以改善第一电子还原为 δ-MnOOH 的动力学。TiO$_2$ 的加入使电荷转移电阻（R_{ct}）下降约 75%，降低了放电过程中质子和电子插入所需的能垒，促进了电荷转移过程[14]。随着循环的进行，存在于 MnO$_2$/电解质/石墨界面的 Ti^{4+}进入 γ-MnO$_2$ 晶格中，改变电极的质量传输过程，改善了因 γ-MnO$_2$ 晶格结构改变而导致的质子扩散降低，进而改善碱性 MnO$_2$ 正极的循环性能。将 Bi$_2$O$_3$ 与少量的 TiB$_2$（0.5%～1%，质量分数）组合添加到 EMD 中，与单独添加 Bi$_2$O$_3$ 或 TiB$_2$ 相比，由于二者的协同作用使得电极的可充电性显著提高。进一步研究表明，添加 TiB$_2$ 有助于放电过程中使 Mn^{3+}在溶液中保持更长的时间，从而抑制稳定相 δ-MnO$_2$ 和 Mn$_3$O$_4$ 的形成，并且减缓了正极循环过程中第二电子容量向更高电位的转移；Bi$_2$O$_3$ 则起到稳定结构的作用[15]。TiS$_2$ 与 Bi$_2$O$_3$ 组合也起到了抑制非活性相生成和提高 MnO$_2$ 晶格稳定性的作用 [16]。

研究证明，Bi$_2$O$_3$ 掺杂改性的 δ-MnO$_2$ 可作为商业 γ-MnO$_2$ 的更高容量替代品。

研究者分别用化学络合法和物理混合法将 Bi_2O_3 掺杂到 $\delta\text{-}MnO_2$ 中对其进行改性,最佳化学改性的正极持续 800 次循环以上,电池容量达 2 电子理论容量的 80% 以上,但是循环寿命取决于电池设计和循环方法[17]。Bi^{3+} 在循环过程中以电化学方式结合到 $\delta\text{-}MnO_2$ 晶格中,减少还原过程中电化学惰性物质 Mn_3O_4 的形成。具体来说,Bi^{3+} 作为络合阳离子 $[Bi_6(OH)_{12}]^{6+}$ 溶解在电解液中,并与 Mn-氢氧化物络合阴离子结合以抑制 Mn_3O_4 的形成。X 射线衍射和拉曼光谱研究表明,Bi^{3+} 嵌入 $\delta\text{-}MnO_2$ 夹层中并限制 Mn^{3+} 在晶格内扩散,促进 $\delta\text{-}MnO_2$ 直接转化为 $Mn(OH)_2$。

考虑到 $\delta\text{-}MnO_2$ 是一种电阻很高的材料,在高负载下,其不良的电荷转移特性往往会导致 Mn_3O_4 的形成。Yadav 等[18]设计了一种 Cu^{2+} 插层 $Bi\text{-}\delta\text{-}MnO_2$ 正极,该电极具有高负载量和高表面积容量,并且可以充放电循环 6000 次以上,以较小的容量衰减和高倍率提供接近完整的两个电子容量。Cu^{2+} 插层的 $Bi\text{-}\delta\text{-}MnO_2$ 是 MnO_2 与 Bi_2O_3 混合的层状多晶型体,在充电和放电过程中通过溶解-沉积再生。该材料在充电期间利用 Cu 的氧化还原电位将 Cu^{2+} 插入 $Bi\text{-}\delta\text{-}MnO_2$ 的层间区域,并在放电期间利用 $Mn(OH)_2$ 层材料将其还原为 Cu^0,使电极电荷转移特性大大改善。Ni 和 Bi 共掺杂 $\delta\text{-}MnO_2$ 也表现出良好的协同效应:一方面,掺杂 Bi 提高了电极的电化学活性,从而提高了其放电容量;另一方面,掺杂 Ni 防止了 Mn_3O_4 的形成,并改善了其循环性能。在质量分数为 5% Bi + 10% Ni 的共掺杂下,电极的放电容量分别在 0.2C 下达到 $252mA \cdot h/g$,在 1C 下达到 $116mA \cdot h/g$。在 1C 下 50 次循环后,其容量保持在 $105mA \cdot h/g$,而商用电解 MnO_2 电极的容量仅为 $37mA \cdot h/g$[19]。

2.3 锌负极

2.3.1 锌负极材料

锌基电池的锌负极通常可以制成平面电极、松散或固结粉末电极或基于特殊设计和结构的纤维电极。其中,锌多孔电极最为理想,也是常用的锌电极。因其具有高的有效表面积和更好的促进电化学反应的电解质通路,能够提供更高的放电容量。选择合适的组成和配方是实现二次锌负极长周期使用寿命的关键。多孔锌电极的主要成分包括:活性材料、集流体、导电剂、胶凝剂/黏结剂以及用于提高锌负极性能的添加剂。

许多商业上的可充碱性电池(Zn-Ag、Zn-Ni)使用前必须先充电以"形成"正极材料,例如 Zn-Ni 电池中 $Ni(OH)_2$ 充电形成的 NiOOH,这些电池的起始负极活性材料通常是 ZnO，在使用前充电时还原为金属 Zn。然而，RAM 电池不需要这个过程，因为其正极活性材料 MnO_2 同一次碱性锌-锰电池相同可以直接放电。因此，起始阳极活性材料可以由金属锌颗粒组成。为了改善锌负极的性能，RAM 电池的锌电极实际上采用的是锌的合金粉。合金的主要成分有 In、Bi、Al、Ca 等，如常用的 Zn-In-Bi-Al 合金锌粉（其中 In：0.01%~0.1%；Bi：0.005%；Al：0.002%~0.004%）。In 具有较高的析氢过电位，能减缓 Zn 的自放电，且使 Zn 表面亲和性好，降低表面接触电阻；Bi 也能减缓 Zn 的自放电；Al、Ca 的主要作用是改善 Zn 的表面性能。In、Bi、Al、Ca 的组合还可以提高电池的放电容量。In 在 Zn 合金粉中占有不可替代的地位，是 Zn 合金粉的必加元素，但是由于 In 的价格较高，通过控制原材料 Zn 中的杂质含量、优化合金工艺等技术措施，In 的用量已经逐步降低，实现了低铟锌粉。

Zn 粉的形貌影响 Zn 粉的活性和接触性能。球形 Zn 粉比表面积小，析气量也小，但这类 Zn 粉相互接触面积小、Zn 膏的电阻率高、内阻大、抗振动性能差，这类 Zn 粉已被淘汰。现在市场上主要是无规则形状的 Zn 粉，包括枝状、扁圆形、泪滴形等。该类 Zn 粉比表面积大，松装密度大，有利于增大电池容量；不同形状不同大小颗粒的结合，可以增加 Zn 粉内的有效接触面积，颗粒之间相互黏接，相互架桥，使电池具有较好的抗振动性能，而且电池内阻小，减少了 Zn 电极的极化，提高了电化学活性。

Zn 粉粒度的大小对 RAM 电池性能影响也很大。Zn 粉粒度太粗，比表面积小，活性小，电池在深度放电后易钝化，含液性也差，使电池低温及重负荷放电性能劣化；Zn 粉颗粒过细，比表面积大，活性大，但 Zn 粉在碱液中析气量大，影响电池贮存并导致爬碱。因此，为了制造出性能优良的 RAM 电池，Zn 粉应控制一定的粒度及粒度分布。目前大多数生产厂家选用 Zn 粉的粒度在 35~200 目之间。

根据 MnO_2 的放电反应机理，第一电子反应是可逆的，第二电子反应不可逆，故须将 MnO_2 放电反应控制为第一电子放电，工业上可通过控制负极 Zn 量来实现。在负极中加 Cu 粉、ZnO、MgO 和石墨等填充料，将正极 MnO_2 粉环加厚，使负极 Zn 量为正极的 40%，当 MnO_2 第一电子放电完毕，负极 Zn 也正好用尽，从而阻止了 MnO_2 第二电子放电。由于限制了负极的 Zn 量，使可充电池的容量仅为一次电池的一半，短路电流也有所下降。

2.3.2 锌负极上的电极反应

在碱性电解液中，RAM 电池的 Zn 负极遵循溶解-沉积机理，即放电产物可以溶解在电解液中，然后在充电过程中重新沉积。放电时 Zn 首先氧化为 Zn^{2+}并释放两个电子，如式（2-11）所示。生成的 Zn^{2+}有很强的络合能力，溶于浓碱性电解液中形成锌酸根离子 $[Zn(OH)_4^{2-}]$。该反应每放出 1mol 电子需要消耗 2mol OH^-，故碱的消耗很大，同时可溶性产物 $Zn(OH)_4^{2-}$浓度升高。当放电反应进行到某一时刻，电解液中的 $Zn(OH)_4^{2-}$达到饱和（溶解度为 $1\sim2mol/L$），此后 Zn 在饱和的 $Zn(OH)_4^{2-}$溶液中能继续放电生成 $Zn(OH)_2$ 或 ZnO 沉淀，如式（2-12）和式（2-13）。Zn 负极放电的反应方程式如下：

$$Zn + 4OH^- \longrightarrow Zn(OH)_4^{2-} + 2e^- \qquad (2\text{-}11)$$

$$Zn(OH)_4^{2-} \longrightarrow Zn(OH)_2 + 2OH^- \qquad (2\text{-}12)$$

$$Zn(OH)_2 \longrightarrow ZnO + H_2O \qquad (2\text{-}13)$$

充电时，活性物质恢复到初始状态。负极活性物质 Zn 在充放电过程中并不存在可逆性问题。

放电产物 ZnO 有多种晶型，虽然氧化态相同，但其电位与稳定性略有差异，在实际放电曲线上几乎很难反映出由一种形式向另一种形式的转变。ZnO 比 $Zn(OH)_2$ 稳定，特别是温度高于 35℃时，$Zn(OH)_2$ 稳定性明显降低。反应产物随 OH^-浓度不同而不同，OH^-浓度低时，产物为 $Zn(OH)_2$，OH^-浓度较高时，产物为 ZnO。由于在碱性溶液中 $Zn(OH)_2$ 的溶解度比 ZnO 大，所以阳极电荷迁移载体是 $Zn(OH)_2$。

2.3.3　锌负极存在的问题

锌金属在碱性电解液中具有很强的电化学活性，但由于锌是两性金属，表现出热力学上的不稳定性。在碱性电解液中的锌电极存在几个基本问题，这些问题限制了它们在二次电池系统中的适用性，尤其是与 MnO_2 配对时。这些问题在很大程度上源于锌的溶解-沉积氧化还原机制。如图 2-6 所示，锌负极存在的主要问题包括钝化、形变、枝晶生长、析氢腐蚀和锌酸盐与正极的交叉[20]。这些过程导致电池活性材料利用受限、自放电、不可逆容量损失以及可能因短路而使电池突然失效，限制了 RAM 电池的应用。

（1）钝化

根据"溶解-沉积"模型，锌电极的放电产物 $Zn(OH)_4^{2-}$在电极附近积聚，当其浓度达到不溶性盐 ZnO 或 $Zn(OH)_2$ 过饱和的临界值时，就会在电极上沉淀出来。因为电极表面的 $Zn(OH)_4^{2-}$浓度最高，因此在电极表面区最容易生成沉淀。钝化膜阻碍了锌的进一步溶解，导致电位迅速上升，直到氧气开始释放。沉淀的晶核是三维的，因此钝化膜不会在单分子层中形成，沉淀物会在电极表面"附近"形成，而不是直

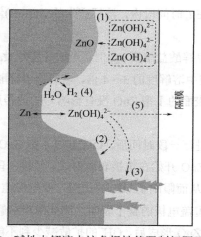

图 2-6　碱性电解液中锌负极性能限制问题示意图

(1) 钝化；(2) 形变；(3) 枝晶生长；(4) 析氢腐蚀；(5) 锌酸盐与正极的交叉

接生长在电极表面上，钝化层横断面的电子显微镜图像也观察到形成了致密的氧化层和电极表面之间的"空隙"。锌酸盐离子在电极附近过饱和区域的聚合机理可以描述为在浓度超过 33% KOH 的溶液中，没有足够的水来完全水合 K^+ 和 OH^-，此时锌酸盐离子释放其水合水，产生多核物种，随着这些多核物种的形成和生长，这些物质首先会释放 OH^- 和 H_2O，最终在电极上形成沉淀。

Liu 等[21]总结了锌钝化的溶解-沉积过程，提出了钝化层形成的三步机制，如图 2-7 所示。锌在碱性溶液中钝化的总时间（t）是锌酸盐的饱和时间（t_a）、多孔氧化锌层的形成时间（t_b）和致密氧化锌层的形成时间（t_c）之和。

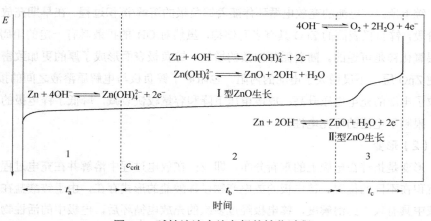

图 2-7　碱性溶液中锌负极的钝化过程

第一步，阳极反应在 t_a 时间段内，溶解产生的 $Zn(OH)_4^{2-}$ 由于扩散太慢而聚集在电极表面附近。

第二步，当达到临界锌酸盐浓度 c_{crit} 时，此时 I 型氧化锌开始沉淀。c_{crit} 值被认为是氧化锌在 KOH 溶液中溶解度的 3～4 倍，电解液中锌酸盐的存在会缩短钝化时间。疏松附着在锌电极表面的 I 型 ZnO 没有影响 OH⁻ 的传递，不会造成电极钝化，允许电极反应的继续。

第三步，电极反应进行一段时间后，OH⁻ 通过 I 型 ZnO 的传质速率低于生成锌酸盐的反应速率，II 型 ZnO 开始在电极表面形成。经过一段时间 t_c 后，电极表面被致密的 II 型 ZnO 覆盖，从而限制了 OH⁻ 的传输，使电极钝化。

第一个钝化层没有覆盖电极的整个表面，因此阳极溶解通过多孔膜持续到时间 t_b。t_c 时间段致密的 II 型 ZnO 形成后，OH⁻ 的扩散减少到不能形成锌酸盐离子，同时电极开始发生直接氧化反应（$Zn + 2OH^- \rightleftharpoons ZnO + H_2O + 2e^-$）。如果有足够的驱动电位，电极电位就会上升到析氧所需的电位，发生如下反应：

$$4OH^- \rightleftharpoons O_2 + 2H_2O + 4e^- \tag{2-14}$$

ZnO 生成正向反应的整体机理可以表示如下：

$$Zn(OH)_4^{2-} \longrightarrow Zn(OH)_2 \longrightarrow ZnO + H_2O$$

$$\uparrow OH^-$$

$$Zn + OH^- \longrightarrow ZnOH^+ + 2e^-$$

$$\downarrow$$

$$ZnO + H^+$$

综上所述，电池的充放电循环伴随着锌负极的溶解/沉积过程。在早期充放电循环阶段，锌负极表面的 ZnO 具有多孔结构，虽然对 OH⁻ 的扩散具有一定的阻碍，但该层氧化锌是可逆的。随着循环次数的增加，锌负极表面形成了厚的更加致密的不可逆 ZnO 层，不仅增大了电池的内阻，也阻断了锌负极与电解质溶液之间的接触，导致了电池的充电电压升高、放电电压下降和容量较快衰减，降低了锌电极的利用率，限制了电池的可充电性。

（2）形变

形变是指锌在电极上的重新分布，即 Zn 在放电过程中溶解并在充电过程中重新沉积在不同的位置。锌电极的放电产物以锌酸盐的形式存在，由于锌酸盐在碱性溶液中具有较大的溶解度，锌电极经过多次的充放电循环后，电极中的活性物质会重新分布，且为不均匀分布，有些位置的活性物质逐渐减少甚至完全耗尽，有些位置的活性物质逐渐积累，电极变厚，从而导致电极发生形变。最常见的情况是边缘和顶部锌减少，而电极中心和底部的锌增加。锌电极的形变会导致电极有效面积减少，容量下降，最终使电池寿命缩短。形变的程度随着充电/放电电流的增加以及KOH浓度的增加而增加。此外，形变可能以不同的模式发生，具体取决于电池配置和循环持续时间。

很多学者对锌电极形变的原因做了研究并提出了不同机理，主要有浓差电池模型、密度梯度模型、重力效应和隔膜传输模型。浓差电池模型认为，电池在充放电过程中，锌电极中电流密度的不均匀分布和极化程度的不同，使得锌电极表面出现浓差电池，于是活性物质倾向于从高电流密度区域（电极边缘）向低电流密度区域（电极中心）迁移，从而导致锌电极发生形变。密度梯度模型认为，锌电极的形变是由电解液浓度梯度引起的，浓度梯度引起密度梯度和电解液体积的变化，进而引起电解液在电极表面的流动。在充电和放电的过程中，锌活性物质的转移方向是相反的，但净转移结果是锌活性物质向电极的中下部聚集，最终产生形变。重力效应认为，锌电极的放电产物锌酸盐由于密度较大而下沉，随着充放电的进行，电极上部的活性物质越来越少，下部的活性物质越来越多，从而导致电极形变。隔膜传输模型认为，电池中隔膜的电渗作用引起电解质产生对流是导致锌电极形变的原因。该模型认为电解液中的组分通过隔膜时形成平行于电极表面的对流传质，在充电和放电过程中对流传质的方向刚好相反，但是充放电时电解液中活性物质的浓度不同，最终产生了活性物质从电极边缘到中央的净迁移，进而发生电极形变。显然，隔膜传输模型只能解释有隔膜电池体系的锌电极形变情况。

目前，还没有一个模型能解释关于锌电极形变的全部实验现象，但趋于一致的看法是降低碱性电解液中锌酸盐的浓度、提高电极表面电流密度分布的均匀性和减小电池中的对流传质均有利于缓解锌电极的形变。

（3）枝晶生长

水系可充锌基电池循环过程中存在的锌枝晶生长问题，也是严重制约其规模化应用的瓶颈之一。锌枝晶的不断生长会刺穿电池隔膜，造成电池因短路而失效，同时枝晶容易从电极上脱落导致电池容量衰减，缩短电池寿命。在中性和弱酸性电解液中，锌枝晶以苔藓状的凸起为主，严格来讲并不是枝晶，因为它们没有分枝织构，刺穿能力较弱。与之相比，碱性电解液中锌枝晶的形成和生长尤为严重。这是因为锌具有较高的电化学活性，在碱性介质中热力学不稳定。此外，两性锌在碱性溶液中的高溶解度也导致锌枝晶的形成。在锌电极充电过程中，当接近电极表面的 $Zn(OH)_4^{2-}$ 被还原成金属锌而消耗后，电解液主体中的 $Zn(OH)_4^{2-}$ 浓度高于电极表面 [图 2-8（b）]，这种现象导致严重的浓差极化，不均匀分布的 $Zn(OH)_4^{2-}$ 会影响下一步还原的锌离子沉积位置[22]。锌酸盐更容易迁移到电极表面突起的尖端［图 2-8 （b）、（c）］，尖端会充当后续锌沉积的电荷中心，触发"尖端效应"，导致电荷不断积累，进而促进尖锐针状形貌的锌枝晶生长。随着充放电循环的进行，$Zn(OH)_4^{2-}$ 的不均匀沉积/溶解反应引起严重的锌枝晶生长，最终刺穿隔膜造成电池短路［图 2-8 （d）］。可见，锌基电极表面形貌的不均匀性很容易导致枝晶的形成。这种不均匀性是由电极表面上锌离子的自由扩散引起的。锌离子的自由扩散使它们容易迁移到能量有利的电荷转移位点。因此，锌离子很容易发生聚集，最终成为锌枝晶的成核位点。

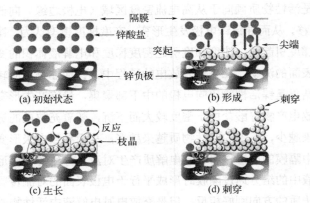

图 2-8　碱性电解液中锌枝晶的形成和生长机理

锌枝晶的形成主要受 $Zn(OH)_4^{2-}$ 和 OH 浓度、电解质传质过程、充放电电流密度和过电位等众多因素的控制。一般来说，过电位越高，或电流密度越高，会使锌沉积加快，浓差极化严重，导致锌的沉积分布不均，锌枝晶的成核位点数量也因此增加。当锌的沉积受到扩散控制时，即锌电极的表面积相对较小、电解质中传质困难时，枝晶更容易形成，而活化控制时不会产生枝晶。此外，电流密度可以改变锌枝晶的形貌、晶向和晶面。低电流密度激活控制的锌沉积为苔藓状或海绵状和层状；中等电流密度下扩散控制的锌沉积为优先晶面取向和晶面诱导的圆石状形态；高电流密度下锌沉积则为树突状形貌的枝晶。此外，只有达到临界过电位时，锌枝晶才开始成核，进而引发枝晶生长，这是因为过电位值过高时电化学反应受质量扩散的控制。

通过物理阻断电解液和电极之间的接触可以减轻枝晶生长对电池的危害，如使用耐枝晶穿透隔膜。但抑制枝晶最有效、最常用的方法是调整成核和枝晶生长过程，其实质是调节锌电极表面的电场分布，增加锌酸盐离子的迁移速率，诱导锌的沉积方向，减缓锌的沉积速率。研究者通常通过加入电解液添加剂调整电极表面的电场分布、使用流动的电解液或脉冲电流提高电解液的扩散速度、减小电极表面与电解液之间的浓度梯度、修饰电极表面减少成核势垒等方法实现锌的均匀沉积。

（4）析氢腐蚀

在碱性电解液中，与锌的还原电位（−1.26V vs. SHE）相比，H_2 的还原电位（−0.83V vs. SHE）更正，析氢反应（HER）在热力学上是有利的，Zn 电极在强碱电解液中静止时也会发生腐蚀，导致电池自放电。反应方程式为：

$$Zn + 2H_2O \longrightarrow Zn(OH)_2 + H_2 \uparrow \qquad (2\text{-}15)$$

HER 消耗了活性物质锌，降低了电池的容量，生成的 $Zn(OH)_2$ 会使电池内阻增大。同时，HER 产生的氢气会使电池内压升高，造成电池鼓胀，甚至损坏电池，影响电池的储存与使用寿命。此外，HER 将在充电期间与锌沉积竞争，降低电池的库仑效率。Zn 腐蚀受阴极控制，因此阴极氢气析出速率限制 Zn 腐蚀速率。从这个意义上讲，减轻锌腐蚀最好的方法是降低 HER 速率。目前抑制 HER 和降低 Zn 腐蚀速率的主要措施是在电极或电解液中添加无机或有机缓蚀剂，提高负极析氢过电位或形成表面吸附层。

（5）锌酸盐与正极交叉

目前碱性电池中使用的商用无纺布、聚烯烃和玻璃纸隔膜无法阻挡锌酸盐通过，因此，放电时产生的 $Zn(OH)_4^{2-}$ 除了在电极表面上重新分布外，还可以穿过电池隔膜迁移到正极。而这种锌酸盐交叉对于 MnO_2 正极来说是一个特殊的问题，$Zn(OH)_4^{2-}$ 会与可溶性 Mn^{3+} 中间体结合形成电化学惰性和绝缘化合物 $ZnMn_2O_4$（$2MnOOH + Zn(OH)_4^{2-} \longrightarrow ZnMn_2O_4 + 2H_2O + 2OH^-$）。即使正极没有与锌酸盐发生化学反应，锌酸盐交叉也会损失活性材料，并可能导致枝晶形成或短路。因为在充电过程中，如果负极周围的 $Zn(OH)_4^{2-}$ 耗尽，锌沉积将发生在正极周围的锌酸盐处，即使沉积是非枝晶状，也导致 Zn 通过隔膜生长。

2.3.4　锌负极性能的改进

尽管锌比 Mg、Al、Li 和 Na 等金属更稳定，但在水溶液电解质中，特别是强碱性电解液中，锌仍然是热力学不稳定的。存在的钝化、形变、枝晶、析氢腐蚀和锌酸盐与正极交叉等关键问题极大地限制了其实际应用，因此，锌负极是制约 RAM 电池性能的另一个更为重要的因素。锌负极的这些问题并不是相互独立的，而是同时存在、相互联系、相互影响的。大量的活性物质在高浓度 KOH 溶液中发生溶解，造成锌酸盐过饱和，电极形变，这无疑会引起锌负极的钝化和枝晶形成。锌枝晶的形成会增加锌负极的表面积，进而加速负极表面的析氢反应。同时，锌负极的析氢腐蚀会导致负极附近的 OH⁻浓度升高和 pH 升高，同样会引起电极的形变和钝化，电极的形变也最终会促使锌枝晶的形成和电极容量的衰减。因此，改善锌负极的限制性问题应从多个角度出发，综合考虑。近年来，研究人员针对锌负极本身的改性研究主要概括为以下几个方面：①使用电极添加剂改性，将 Zn 与其它金属合金化或掺杂；②改变锌负极形貌和结构；③对锌负极进行表面修饰。

此外，还可以使用电解质添加剂抑制析氢腐蚀，使用特殊的隔膜或涂层，防止枝晶和/或锌酸盐与正极交叉，或采用非常规的充电/放电制度等手段提高锌负极的性能。

（1）添加剂改性

提高锌负极性能的一种简便有效的方法是在锌负极中加入一定的添加剂。这些添加剂通常对锌沉积的晶体生长、形貌和结构有重要影响。

① 合金化　金属汞是抑制锌负极自腐蚀和析氢的高效添加剂，但由于其高毒性和环境问题，在包括电池在内的许多产品中已禁止使用。碱性锌-锰电池无汞化的主要措施是使用合适的代汞添加剂。由于锌腐蚀是阴极反应（HER）控制的过程，作为替代方案，锌金属与具有比锌更高 HER 过电位的金属（Zn＜Cr＜Fe＜In＜Co＜Ni＜Sn＜Pb＜Sb＜Bi＜Cu＜W＜Hg＝合金化通常可以提高锌负极的耐腐蚀性。此外，由于阳极保护效应，与这些低活性金属合金化也改善了锌负极在水溶液电解质中的溶解和电化学活化。RAM 电池常用的合金元素包括如 In、Pb、Al、Sn、Cd 和 Bi 等。In 在碱性溶液中非常稳定，是代汞添加剂的重要组分，其主要作用是提高负极的析氢过电位。In 易与 Zn 形成合金，与 Hg 相似，In 可以通过提高锌的平衡电极电位而提高锌的稳定性。同时锌粉表面铟化后，锌是从铟化层中溶出，起到防止锌钝化的作用，提高锌的溶解活性。In 具有高度的可塑性，这一特性使表面铟化的锌粉之间以及锌粉与镀铟集流体之间具有良好的电接触，特别是电池受冲击时，由于铟的变形能保证电池负极有良好的电接触。因此，In 有类似于 Hg 的降低负极接触电阻、提高电池抗振能力的作用，并且 In 的接触电阻比 Hg 低得多。可见 In 兼具 Hg 在电池中所起的各种有利作用，但仍需与其它添加剂共同使用。

② 形成复合材料　金属 Zn 或 ZnO 与其它材料形成复合材料不仅可以改善其电化学性能，也是保护锌电极的重要策略。一些金属氧化物和氢氧化物常作为稳定锌负极的添加剂，如 PbO、CdO、Bi_2O_3、In_2O_3、$In(OH)_3$、Ga_2O_3、Tl_2O_3 等。这些添加剂通常比锌具有更高的 HER 过电位，可以不同程度地改善锌负极的电化学性能，抑制 HER。Tl_2O_3 和 $In(OH)_3$ 可以改善电极上的电流分布，从而减小形变。而 Bi_2O_3 和 PbO 的作用则主要是作为锌沉积的基底，使锌能够均匀沉积在集流体上，并改善循环时电极的导电性。$In(OH)_3$ 的缓蚀性能要优于 In_2O_3，这可能是因为 $In(OH)_3$ 溶

解性较好，可通过置换反应沉积在锌表面上。此外，这些氧化物还能缓解锌电极的形变，减少锌枝晶生长，提高电极的循环寿命[23-24]。需要强调的是，铅、镉虽然缓蚀效果很明显，且铅的存在还可以掩蔽铁杂质的影响，但因其毒性已逐步停用。

$Ca(OH)_2$、$Al(OH)_3$ 和 $Mg(OH)_2$ 则是通过与 $Zn(OH)_4^{2-}$ 反应形成溶解度比较低的锌酸盐，降低 $Zn(OH)_4^{2-}$ 在电解液中的溶解度而减小锌电极形变。以 $Ca(OH)_2$ 为例，它可以通过与放电产物 $Zn(OH)_4^{2-}$ 键合形成复合锌酸钙 $Ca(OH)_2 \cdot 2Zn(OH)_2 \cdot 2H_2O$，反应方程式如下：

$$2Zn(OH)_4^{2-} + Ca(OH)_2 + 2H_2O \rightleftharpoons Ca(OH)_2 \cdot 2Zn(OH)_2 \cdot 2H_2O + 4OH^-$$

不溶性复合锌酸钙的生成降低了锌化合物在电解液中的溶解度，抑制了锌电极的形变。$Ca(OH)_2$ 可以有效将放电产物"捕获"在其产生的位置附近，抑制其迁移，并最小化充电过程中锌酸盐的浓度梯度。$Ca(OH)_2$ 除了延长循环寿命外，还可以提高锌的利用率。然而，与这些非导电氧化物/氢氧化物复合的缺点是：它们的容量差；电导率低，不利于电子转移；降低锌电极中锌活性物质的初始含量，从而降低电池的比能量。

其它添加剂也被用于改善锌负极的性能。在粉状锌电极中添加稀土氧化物 La_2O_3、CeO_2 后，锌以团状沉积，有效抑制了锌枝晶的生长，提高了锌电极的充放电循环性能。PbO 和纤维素联合加入锌粉中制成电极，锌电极的腐蚀得到抑制。锌电极中添加 TiO_2 可以降低锌电极的电化学反应电阻，还可在反应中吸热，使得锌电极的使用寿命及高温性能均明显提高。以乙炔黑和羧甲基纤维素钠（CMC）为添加剂的多孔锌电极，添加剂的加入降低了电极的电荷迁移阻抗，使锌电极表面的钝化产物细化，保持了电极的多孔性质，延迟了锌的钝化。

聚乙二醇 600 或吐温 80 分别与无机添加剂 $In(OH)_3$ 联合使用加入锌电极中，组成的复合添加剂可提高 RAM 电池的耐腐蚀性[25]。聚乙二醇 600 和吐温 80 均属含有聚氧乙烯基的非离子表面活性剂，主要通过聚氧乙烯基中的氧原子吸附在锌电极表面。$In(OH)_3$ 加入锌膏中后，立即被锌还原成金属铟，并覆盖在锌电极的表面。相比于锌，具有 5p 空轨道的铟更容易容纳聚氧乙烯基中氧原子的孤对电子，因而和非离子表面活性剂产生更强的吸附作用。$In(OH)_3$ 是阴极型缓蚀剂，而该类非离子表面活性剂是阳极型缓蚀剂。因此，两者之间较强的相互作用促进了对锌电极的缓蚀效果，表现出明显的协同作用。复合添加剂还可明显改善电池的贮存性能及电化学性能，使锌粉的放电活性增加，首次放电容量和循环保持能力提高，内阻降低。这一良好的效果归因于复合添加剂在锌粉表面的分布，抑制了致密的锌放电产物的积累和对电极表面的阻塞，保证了电极的深度放电能力。同时，充电时复合添加剂在锌粉表面的分布提高了锌沉积的阴极极化，使得沉积锌结晶细化，抑制锌粉聚集结块，从而推迟放电时钝化现象的发生。另外，In(OH)$_3$ 的导电网络作用以及锌粉上不断形成的新鲜金属表面提高了负极的导电性。

（2）形貌和结构优化

碱性电池中传统的锌负极是由大的锌多晶颗粒制成，对其形貌和尺寸的控制有限。锌颗粒的多晶面和缺陷暴露在电解液中，由于每个 Zn 晶面对水的吸附和表面电子密度不同，因此 Zn 的溶解和 HER 的反应自由能以及可逆电势都与取向有关。锌颗粒的形状和大小对其腐蚀速率以及充放电动力学有较大的影响。一般认为在碱性锌-锰电池中使用针形锌粉性能更佳，针形锌粉在大电流放电和短路电流两项性能上要明显优于球形，不会发生放电间断和电压回升现象，用针形锌粉制成的碱性锌-锰电池具有优良的耐贮存性能、抗震性能和电化学性能。

作为传统颗粒锌电极的替代品，研究人员已经研究了多孔、高比表面积和/或三维金属结构作为活性材料的基底或作为活性材料本身。例如，采用恒流电沉积法制备的高孔隙率、高表面积多孔树枝状锌粉作阳极，高放电速率下的电池阻抗明显低于商用电池，锌活性材料的利用率也得以提高。最近，研究者在高电流密度（>100mA/cm^2）下，通过在镍网上电沉积锌的方法得到了具有六角形状和尺寸可控（约 100μm）的优先取向电解锌（e-Zn）颗粒，并在 35% KOH 溶液中研究了 e-Zn 颗粒化学腐蚀和电化学放电情况（图 2-9）。发现化学腐蚀和放电时锌的溶解均优先发生在基面上，而阶梯边缘面上几乎不受影响，表明具有更多阶梯边缘刻面（step-edge facets）的 e-Zn 可能有利于降低锌颗粒的腐蚀速率。在 C/20 倍率和10%DOD 下，以电沉积在镍网上的 e-Zn@Ni 为负极、35%KOH 溶液为电解液的 Zn-MnO$_2$ 电池能够循环 408h（102 个循环）。而相同条件下锌箔和锌粉电极的循环

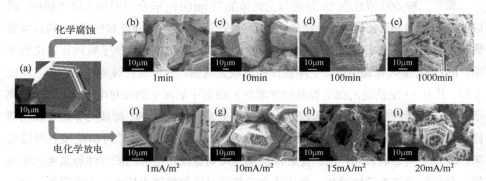

图 2-9 （a）镍基体上的新鲜 e-Zn 颗粒，（b）～（e）e-Zn 颗粒在 35%KOH 溶液中不同时间的化学腐蚀情况，（f）～（i）在 35%KOH 溶液中不同电流密度下进行 30min 的电化学放电

寿命分别只有 92h（23 个循环）和 72h（18 个循环）。与锌粉和锌箔电极相比，e-Zn@Ni 表现出优异的可逆性和循环寿命以及更低的腐蚀速率[26]。考虑到 Al 比 Zn 具有更负的氧化还原电位，且在放电过程中，每个 Al 原子产生 3 个电子，而每个 Zn 仅产生 2 个电子，Al 比 Zn 具有更高的理论比容量，在电沉积制得 e-Zn 时，将 $Al_2(SO_4)_3$ 或 $AlCl_3$ 添加到电解液中，制得部分含 Al 锌负极 e-Zn/Al。与 e-Zn 相比，e-Zn/Al 负极电池的放电电压略高，并且可实现更高的放电容量。这意味着在全电池放电期间 Al 贡献了一部分容量。由于在碱性介质中 Al 的腐蚀速率高于 Zn，控制低的 Al 含量（约 2%，原子百分比）可以在保持低腐蚀率的同时获得高容量[27]。

（3）表面修饰

在锌电极上涂覆保护层以诱导 Zn 均匀沉积也是一种提高 Zn 负极性能的可行方法，保护层可抑制电极腐蚀和枝晶生长。分别将 Cu-Sn-Zn 三元合金化学沉积在多孔锌上，在多孔锌的内、外表面形成合金膜，改性后的锌电极在循环过程中表面未观察到明显的腐蚀迹象。三元合金改性还可以降低锌负极的 HER 速率，抑制锌电极的钝化，并提高了 RAM 电池的循环性能。导电合金的微观分布有助于锌负极物质中电流的更均匀分布，这可能会抑制枝晶的形成[28]。将 TiO_2 涂层沉积到锌电极上也可显著抑制锌腐蚀。此外，阴离子交换离聚物（AEI）涂覆或掺入锌负极时，AEI 膜不仅可以限制锌酸盐的交叉，而且还会通过将氧化锌物质限制在其原来位置的附近来抑制活性材料的再分布，减缓锌负极的形变。

相对于其它可充锌基电池而言，关于 RAM 电池锌负极改进的研究较少，更详细的改进方法将在后续章节中介绍。由于可充锌基电池大多采用强碱溶液作电解液，锌负极在电解液中的溶解/沉积行为类似，所以后续章节中介绍的锌负极改进方法也可以供 RAM 电池借鉴。

2.4 电解液

2.4.1 电解液的组成

电解液在电池内部担负正负极之间电荷传递的作用，要求电导率高，溶液欧姆电压降小，化学性质稳定。在碱性电解质溶液中，KOH 溶液具有大的锌盐溶解度和比 NaOH 及 LiOH 更高的电导率，因此，RAM 电池的电解液通常为 KOH 溶液。电解液的浓度影响 MnO_2 电极的利用率和可充性能。如图 2-10，通常增加 KOH 的浓度可以提高电导率，从而提高电化学性能[20]。然而，电解质的黏度和 ZnO 的生成也

会显著提高，这会加速 Zn 枝晶形成，降低循环稳定性；KOH 浓度低时，可减少
Mn(Ⅲ)的溶解，可充性好，但导电性差，因而活性材料利用率低。KOH 溶液的离子
电导率在浓度为 25%～30%（质量分数）之间达到最大值，并且在此范围内 Zn/Zn^{2+}
的氧化还原动力学也达到最大值。因此，一般采浓度为 4～9mol/L 的 KOH 溶液作
RAM 电池的电解液，同时加入适当的添加剂，以减少锌负极的破坏和氢气析出。

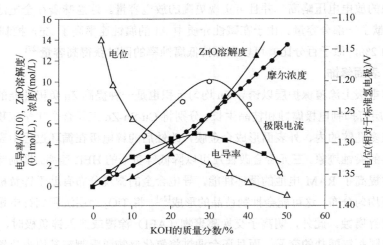

图 2-10 KOH 浓度对 Zn-KOH 体系性能的影响

2.4.2　电解液性能优化

RAM 电池在较高的 KOH 浓度下，电极可以提供更高的比容量，且水系电解液
成本低、安全性好、离子电导率高，但是由于大量活性水的存在，容易产生正极溶
解、锌负极枝晶、腐蚀和钝化等问题。为了抑制副反应、缓解正极材料的溶解，保
证良好的电化学性能，研究人员开展了对电解液的优化改性研究。

（1）替代电解液

有报道将 LiOH 引入 KOH 或用 LiOH 完全取代 KOH 用于 Zn-MnO$_2$ 电池。MnO$_2$
在以含 1mol/L ZnSO$_4$ 的 LiOH 饱和溶液作电解质的电池中放电时，机理不同于 KOH
电解液中的 H$^+$ 插入，Li$^+$ 嵌入 γ-MnO$_2$ 主体的晶格中，除了形成锰氧化物和氢氧化物
之外，还原产生了新的锂嵌入二氧化锰相（Li$_x$MnO$_2$），并且这种嵌入是可逆的。这
种 MnO$_2$ 还原/氧化机制的差异可以通过 Li$^+$ 和 K$^+$ 的相对离子大小来解释。Li$^+$ 半径几
乎与 Mn^{4+} 相同（约 0.067nm），可插入 γ-MnO$_2$ 的八面体结构中。而 K$^+$ 的大小是 Li$^+$
的两倍，不能在 γ-MnO$_2$ 结构中插层。使用 LiOH 电解质提高了电池可逆性，可连
续循环 40 次，容量保持率为 50%，而使用 KOH 电解质的电池在第 2 次循环中，容

量从 300mA·h/g 急剧下降到 60mA·h/g，容量损失 80%。将 LiOH 电解质与添加 Bi_2O_3、TiB_2、TiS_2 改性的 EDM 正极结合使用，可进一步提高 EDM 在 LiOH 中的可充性，Bi 与 Ti 协同效果更好。如采用添加质量分数为 3% Bi_2O_3 + 2% TiS_2 的 EDM 作正极，电池在 25 个循环后的平均放电容量为 210mA·h/g，而无添加剂的正极从未超过 155mA·h/g[29-32]。

使用饱和 LiOH 电解液代替 KOH，虽然使 RAM 电池的循环性增强，但 Li 在 MnO_2 结构中的插入容量有限，每个 MnO_2 晶胞中最多只能插入一个 Li^+，由于 MnO_2 中 Li^+ 的导电性较差，很难实现完全插入，致使电池容量大幅降低。使用 KOH-LiOH 混合电解质，发现当 KOH-LiOH 摩尔比为 1:3 时，显著提高了 Bi_2O_3@β-MnO_2-Zn 电池第二电子状态下的可逆性。一方面 Bi_2O_3 稳定了 MnO_2 的结构并实现 MnO_2 的双电子还原；另一方面电池放电时 H^+ 和 Li^+ 插入同时发生，可以获得更高比例的 MnO_2 理论容量，同时阻止 $ZnMn_2O_4$ 的形成，使得电池能够在超过 60 次的循环中保持 360mA·h/g 的容量[33]。

（2）电解液添加剂

RAM 电池的锌负极腐蚀、形变和枝晶等限制问题是电极和电解液之间相互作用的结果，锌粉中加入添加剂并不能完全解决这些问题，可以通过在电解液中加入添加剂来提高锌电极的性能。电解液添加剂包括无机添加剂和有机添加剂。有些添加剂只有某种作用，有些添加剂兼有几种作用。

无机添加剂：在碱性电解液中添加无机添加剂的作用与将此加入锌膏电极中的作用类似，研究最多的无机添加剂包括 Cd、Pb、Sn、In、Tl 和 Bi 的氧化物或氢氧化物。其中，Pb、Cd 和 Tl 毒性大，均不宜使用。Bi 和 Sn 不仅能抑制析氢腐蚀，还能有效抑制枝晶生长。In 是锌的良好缓蚀剂，但会加速枝晶生长。因此，确定添加剂配方时，应综合添加剂的不同作用。

有机添加剂：有机添加剂的作用是它们在电极表面吸附后，有些能减少 OH^- 和 H_2O 与锌粉表面接触，降低金属氧化反应（即锌的溶解），有些则是降低氢离子的还原速度，即阻碍阴极过程，起到缓蚀作用。有些是具有润湿性能的线性聚合物，不仅起到防腐蚀作用，而且提高了放电性能。如聚乙烯醇（PVA）、季铵盐、硫脲等大分子可以有机阳离子的形式吸附在锌表面的活性中心上，抑制锌在这些位置沉积，产生较均匀的沉积，抑制锌枝晶生长，提高电池循环寿命。此外，一些表面活性剂，如吐温 80、十二烷基苯磺酸钠（SDBS）、席夫碱基季铵盐型双子表面活性剂、聚氧乙烯（40）壬基苯基醚等均可以有效改善锌电极的电化学性能。例如，将阴离子表面活性剂 SDBS 添加到 9mol/L KOH 电解液中，SDBS 通过其带负电荷的头基与 Zn 表面的相互作用可有效降低锌钝化反应的速率，减缓析氢速度。由于电解液中的 SDBS

添加剂在锌电极表面的吸附作用，使生成的放电产物 ZnO 变得细小均匀，在电极表面沉积形成了一个松散多孔的膜，保持了电极孔道结构不被过早破坏。锌电极在放电过程中表面结构的改善在很大程度上有利于放电产物和反应物的溶解传质，提高了锌负极的利用率，抑制了钝化的产生[34]。将十二烷基三甲基溴化铵（DTAB）和咳特灵（KTL）作为复合添加剂，DTAB 吸附在锌表面的静电作用使得 KTL 更容易吸附在锌-DTAB 表面，增强了 OH⁻ 与锌的有效阻隔，缓蚀效率高达 90%[35]。

三乙醇胺（TEA）作为螯合剂也被用于 RAM 电池系统，TEA 在碱性溶液中与 Mn^{2+} 和 Mn^{3+} 形成稳定的配合物，减少不可逆氧化锰物种的形成。同时还可以与锌酸盐离子形成弱配合物，降低其溶解度。TEA 对第一电子放电几乎没有影响，但使第二次电子放电产生更平坦和更高的电压分布。在 8.5mol/L KOH 溶液中添加 10%（体积分数）的 TEA 可显著提高 MnO_2 的比容量，首循环的比容量由未添加 TEA 时的 105mA·h/g 提高到 228mA·h/g。此外，TEA 促进了低表面积锌沉积物的形成，在有限 DOD（第一电子容量的 10%）下长期循环测试，TEA 将电池寿命平均延长了 297%（从 180～190 次循环延长到 419～550 次循环），并提高了平均能量效率[36]。类似的研究表明，加入 0.1% 的 TEA 可明显减少锌负极的腐蚀。TEA 以电负性较大的 N 原子为中心，在水溶液中稳定性高。它吸附于锌表面，改变了表面双电层的结构，提高了金属离子化过程的活化能；极性亲水基朝向电解液，发生水化作用形成水化壳层。一方面对锌粉起到机械保护作用；另一方面由于水化作用自由水分子数减少，水分子的活度降低，水化膜吸附在锌粉表面，从而阻止并减少 OH⁻ 和 H_2O 与锌粉表面接触，使腐蚀反应受到抑制。在电池放电时，吸附膜被破坏，可以保证锌负极和集流体间的电流传导，不会影响电池的放电性能[37]。此外，甲醇等有机添加剂也可用于抑制 Zn 物种的溶解，吸附的有机物会减缓或进一步阻碍锌枝晶的生长。

复合添加剂具有协同作用，往往比单独使用功能更好。例如，咪唑（IMZ）和聚乙二醇（PEG）组成的复合添加剂，分子结构的不同导致了它们对锌缓蚀的协同作用。PEG 添加到 KOH 中形成 K⁺[PEG]，以氧原子为结合中心，通过锌与醇氧阴离子反应将阴离子吸附在锌表面。IMZ 是两性的，在 KOH 电解液中会生成咪唑钾盐。以氮原子为结合中心，通过锌与咪唑阴离子的反应，将咪唑基吸附在锌表面。由于氮与锌的结合比氧与锌的结合强，咪唑类物质比[PEG]更容易吸附在锌腐蚀的阳极反应部位。IMZ 为环状结构，吸附的 IMZ 分子由于空间位阻存在一些未被吸附的位点。PEG 为链状结构，可以吸附在这些开放位点上，使添加剂完全吸附在锌表面。IMZ 主要通过抑制阳极反应抑制锌的腐蚀，PEG 主要通过抑制阳极反应抑制锌的腐蚀。因此，IMZ 和 PEG 的组合比单独使用 IMZ 或 PEG 的功能更好。复合添加剂不仅可以提高锌的缓蚀性能，而且可以提高电池的倍率性能，含 0.05% IMZ +

0.05% PEG-600 的电池表现出比含汞电池更好的性能，特别是在高放电率时[38]。

2.5　隔膜

传统的化学电源中，隔膜的作用是隔离正负极，防止两极间直接形成电子通路，并允许电解液中离子自由通过，即具有离子导电性。隔膜多为高分子材料。RAM 电池的循环寿命很大程度上受隔膜材料耐锌枝晶穿透能力的限制，因此，除了要求隔膜具有高离子电导率外，设计用于长循环寿命和存储寿命的 RAM 电池对隔膜提出了额外的要求和挑战。最重要的是，隔膜应能抵抗因枝晶穿透而造成的短路，并限制锌酸盐向正极扩散，以抑制惰性 $ZnMn_2O_4$ 的形成，防止隔膜的润湿性降低而影响阳离子和 OH^- 的传输性能。在传统的阳离子交换膜中，过多限制 OH^- 渗透性会导致由于 ZnO 溶解度降低而引起的锌负极钝化和堵塞孔隙，使锌负极过早失效。减少 $ZnMn_2O_4$ 生成不仅对正极性能很重要，而且对保持隔膜性能也很重要，因为从正极析出的 $ZnMn_2O_4$ 会堵塞隔膜的孔隙并增加其电阻。其次要考虑的因素是隔膜在电解液中的长期稳定性。纤维素和玻璃纸在 KOH 溶液中容易降解，纤维素的解聚可导致隔膜在重复循环后失去润湿性。

商业 RAM 电池目前通常使用聚酰胺作为无纺层，并与玻璃纸结合使用，即将无纺层压在玻璃纸上以进一步增加电解液的吸收率，考虑到电池放电过程中 OH^- 的消耗和商业电池中电解液的量十分有限，这一点尤其重要。与其它无纺材料相比，聚酰胺在 KOH 溶液中具有更好的抗枝晶和强度保持能力。然而，与其它商业聚合物（如聚乙烯醇）无纺布、玻璃纸和微孔聚烯烃膜一样，聚酰胺对 $Zn(OH)_4^{2-}$ 也没有选择性，不能完全抑制 $Zn(OH)_4^{2-}$ 的渗透。因此，迫切需要开发能够选择性阻隔锌酸盐而不会显著阻碍 OH^- 或阳离子传输的隔膜，以抑制负极锌的重新分布，减少因锌酸盐交叉引起的 MnO_2 正极中毒的风险。

聚合物材料是文献中最常探索的隔膜材料。虽然尚未在 RAM 电池上进行测试，但各种商业阴离子交换离聚物（AEI），例如 Tokuyama AS4 和 Fumasep FAA3，已用于 Zn-Ni 电池和 Zn-空气电池。导电通道有尺寸限制的膜材料有利于 OH^- 的传输，而不利于较大的 $Zn(OH)_4^{2-}$ 传输，例如聚乙烯醇（PVA）-聚醚酰亚胺（PEI）复合材料，已被用作选择性替代隔膜。其它聚合物隔膜，如 PVA-聚丙烯酸（PAA）和 PVA-聚氯乙烯（PVC），其 60～180nm 孔径范围和微观结构有利于 KOH 电解质的吸收，增加隔膜的润湿性，还可有效阻止锌枝晶的生长，但不一定会阻止 $Zn(OH)_4^{2-}$ 透过[39]。为了提高聚合物膜的选择透过性，研究者采用 N-丁基咪唑功能化聚砜膜对其进行改性，制得改性聚砜隔膜 NBI-PSU，研究了改性隔膜在 RAM 电池中对高深度放电循环性能的影响。改性隔膜有效降低了锌酸盐的透过率，同时保持了相当的 OH⁻扩散系数和整体导电性，从而提高了电池的循环寿命和性能。与商业对照隔膜相比，改性隔膜电池的循环寿命从 21 次提高至 79 次[40]。

一些无机材料也可以抑制锌酸盐的交叉。如前所述，将 $Ca(OH)_2$ 直接物理混合到负极可以与 $Zn(OH)_4^{2-}$可逆地络合，利用这一特性，也可将其加到电解质和隔膜中以达到类似的效果。例如，研究者将质量分数为 95% 的 $Ca(OH)_2$ 粉末和 5% 的聚四氟乙烯（PTFE）的混合物湿法混合并制成片材，将其置于阳极和隔膜之间，用作锌酸盐捕集器，并模拟循环电池，研究循环过程中锌酸盐离子通过不同隔膜在电池中的传输情况[41]。玻璃纸和商业 Celgard 隔膜（聚乙烯和聚丙烯微孔膜）的对照电池均没有显示出锌酸盐的阻断作用，使得正极室中的锌酸盐浓度迅速增加并在 0.8mol/L 左右与负极室中的锌酸盐浓度平衡，由于过饱和效应，其浓度远高于饱和浓度。添加 $Ca(OH)_2$ 层后，正极室中的锌酸盐浓度降至 0.2mol/L 左右，而在负极室中，锌酸盐几乎稳定在其饱和浓度。锌酸盐浓度的显著降低是由于大部分游离锌酸盐离子被捕获在 $Ca(OH)_2$ 层内，形成了不溶性复合锌酸钙 $Ca(OH)_2 \cdot 2Zn(OH)_2 \cdot 2H_2O$。该反应是可逆的，并且具有快速动力学。因此，$Ca(OH)_2$ 中间层可作为锌酸盐离子的缓冲层，在放电过程中形成锌酸钙，在充电时分解作为锌酸盐的来源，从而将主体电解液中的锌酸盐浓度稳定在较低水平。$Ca(OH)_2$ 中间层作为离子选择性隔膜可有效定位和捕获锌酸盐离子，同时不影响 OH⁻的传输。它还抑制了正极电化学惰性物质 Mn_3O_4 和 $ZnMn_2O_4$ 的生成，减轻了锌酸盐离子对正极的负面影响，实现了更好的电池容量保持率和更长的循环寿命。此后，他们又在具有 Bi/Cu 改性正极的 RAM 电池中使用了 $Ca(OH)_2$ 中间层，在锌利用率为 8% 的情况下，该电池的循环寿命高达 900 次，获得了超过 70% 的 MnO_2 第二电子容量，而采用标准商业隔膜的对照电池只循环了 550 次[42]。

钠超离子导体（NaSICON）是一种陶瓷，分子式为 $Na_{1+x}Zr_2Si_xP_{3-x}O_{12}$，离子电导率约为 10^{-3}S/cm，在质量分数为 30% 的 NaOH 溶液中可稳定数月，并可有效阻止锌酸盐的传输。这种陶瓷隔膜钠离子是电荷载体，而不是氢氧化物，其阳离子导体而不是阴离子导体的固有特性消除了 $Zn(OH)_4^{2-}$ 通过隔膜的传输。基于这些特性，NaSICON 也被用作有限 DOD 条件下（MnO_2 第一个电子的 5%）RAM 电池的隔膜，没有任何 $Zn(OH)_4^{2-}$ 通过隔膜传输。与传统的 Celgard 和玻璃纸隔膜相比，使用 0.5mm 厚的陶瓷隔膜的电池循环寿命增加了 22% 以上[43]。然而，NaSICON 较大的厚度、脆性和整体特性也使电池结构复杂化，电池阻力增加，并降低了体积能量密度。

2.6　RAM电池的种类及制造工艺

2.6.1　RAM电池的种类及性能

（1）RAM电池的种类

1993年，四种型号的圆柱形RAM电池进入消费市场，它们分别是：AAA（7号）、AA（5号）、C（2号）和D（1号）（表2-2）。其中AA型电池最常用。D 16A·h以国际标准为基本规格，根据客户要求，可设计生产圆柱形、方形以及其它各种规格型号的蓄电池。

表2-2　RAM电池品种规格

IEC国家标准型号	美国型号	日本型号	我国传统型号	电池尺寸（直径×高度）/(mm×mm)	电池容量/(mA·h)	标称电压/V
LR03	AAA	AM-4	7号电池	10.5×44.5	1100	1.5
LR6	AA	AM-3	5号电池	14.5×50.5	2300	1.5
LR14	C	AM-2	2号电池	26.2×50	6000	1.5
LR20	D	AM-1	1号电池	34.2×61.5	16000	1.5

在不完全放电条件下，RAM电池循环寿命可达几百次且容量衰减较少，电池没有记忆效应，在多次短时间充放电循环后，可提供正常的深放电容量。如果RAM电池应用于高倍率工作条件，宜采用AA型电池的平行排布方式，而C型和D型电池则不可以。

（2）RAM电池的主要性能

① 放电性能

a. 首次放电性能。为了使RAM电池在充放电过程中可靠工作，电池设计不同于一次性碱性锰-锌电池，首次放电时的性能通常为一次性碱性电池在中低放电速率下性能的70%～80%。RAM电池的工作电压相较于一次碱性电池略低，在中间放电区与Ni-Cd电池和Ni-MH电池相当，在1.1～0.9V的电压范围内，但容量比Ni-Cd电池大得多。RAM电池的放电容量随放电速率的减小而增大，在较高的放电速率下，应采用较低的截止电压以使容量利用率最大化。然而，更高的截止电压将提供更低的DOD和更长的整体循环寿命。

b. 浅层放电性能。RAM电池随着DOD的减小，循环次数增加，累积容量增加。在截止电压为0.9V时，RAM电池可以循环数百次。这种放电/充电循环模式是最有效的模式，可以提供最大的累积容量和电池寿命。在此模式下，RAM 电池在其使用寿命内可替代多达 100 个一次性碱性电池。

c．深度放电循环性能。RAM 电池在深度放电条件下，即在每个周期中完全放电，随着充放循环次数的增加放电时间和容量均会减少，在 50 次充分电循环中的累积容量约为一次性碱性电池容量的 20 倍。

② 温度的影响 RAM 电池工作温度范围宽，即使在 −30℃的低温仍能正常使用，但通常容量将大幅度降低，只能获得 25%左右的容量，但如果电池在几毫安范围内的极低电流下工作，−30℃时也可获得约 60%的容量。在 50℃的高温下，低放电速率性能不变，但中高放电速率下的性能有所改善。高温下工作电压增加，可获得高达 30%的性能增益，这使 RAM 电池适合在沙漠、封闭空间等较高温度环境下使用。

③ 自放电 RAM 电池在长时间储存期间不涉及正极释放 O_2 的自放电反应，唯一的自放电反应是锌负极的 HER。然而，该反应通过负极添加剂被抑制，仅有非常少量的氢生成，电池基本上没有容量损失。RAM 电池长期储存内阻只会稍有增加，电池性能略有下降。相比之下，Ni-Cd 电池和 Ni-MH 电池的自放电较为严重，这源于 Ni 正极中的氧释放，并且该反应随温度升高而加快。如表 2-3，与 Ni-Cd 电池和 Ni-MH 电池相比，RAM 电池的自放电速率（LSD）非常低。随着储存温度的升高，LSD 增加，RAM 电池的 LSD 速率优势更加明显。由于这一特性，RAM 电池非常适合间歇性或周期性使用，即使在炎热的气候条件下，也无需在使用前充电。

表 2-3 小型充电电池的自放电比较

温度/℃	容量损失/（%/月）			
	RAM	Ni-Cd	Ni-MH	LSD-Ni-MH
20	<0.3	20	25	2
45	<1.0	60	80	10
65	<5.0	100	100	80
寿命（80%容量）	7 年	使用前充电	使用前充电	10 个月

注：LSD-Ni-MH 电池是低自放电镍-氢电池，2006 年进入市场。

④ 充电性能 RAM 电池最常见的充电方法是恒压充电和电压控制脉冲充电。在完全充电状态下，这两种方法都将电池的充电电压限制在（1.65±0.05）V。由于这些电压控制充电技术，RAM 电池不会发生过充。因此，电池可以在充电器中放置数周而不降低电池性能或因过度充电而损坏电池。

a．恒压充电。恒压充电是 RAM 电池充电的常用方法，因为这种充电方式可以通过具有电压调节器的简单充电器实现。充电器的输出端子两端保持(1.65 ± 0.05)V的恒定电压。当放电后的电池放入充电器时，充电电压下降，电池以最大电流充电。当电池充电时，充电电流逐渐变小，电池电压增加至(1.65 ± 0.05)V。实际充电时间取决于电池的大小和数量、充电器电路提供的电流以及先前放电的深度。用于 RAM电池的实用充电器应具有适合通宵充电的充电电流。

b. 脉冲充电。脉冲充电是一种相对快速的 RAM 电池充电方法，但需要昂贵的微芯片充电控制。通常超过 1.7V 的最大允许连续电池电压的高压脉冲以非常短的时间（通常为毫秒）施加到电池上。当电池处于完全放电状态时，在给定时间内施加最大数量的充电脉冲。当电池达到完全充电状态时，充电脉冲率下降至零。理想情况下，充满电的电池应将其脉冲电压（RFV）保持在恒定水平。然而，实际上电池的 RFV 会略微下降，充电器会相应地用充电脉冲不断增加电压。充电时间同样取决于电池的大小和数量、充电器提供的电流以及前一次放电的深度。

⑤ 失效模式 RAM 电池最常见的失效模式有三种：钝化/高电阻、内部短路和泄漏。钝化和高电阻将随着电池的老化和使用而发展，并且是电池失效的主要模式。随着电池的使用，电池的内部电阻逐渐增加，最终因电阻过高而无法达到令人满意的性能。当锌负极上的枝晶生长穿透隔膜时，电池会发生内部短路。泄漏是由于电池内部压力上升到超过安全排气压力时，为了防止电池爆炸排气口破裂而使电解液泄漏。这种情况通常是误用电池的结果，过度放电或过度充电也会导致电池泄漏。

2.6.2 RAM 电池的制造工艺

RAM 电池与一次碱性锌-锰电池的制造过程、主要原材料、制造设备与生产环境基本相同，因此其制造成本也与碱性电池相当。主要通过以下措施实现电池可再充电：①改善正极结构，增加正极环的强度或在正极中加入黏结剂，防止正极在充放电时发生溶胀；②通过在正极中掺入添加剂，提高二氧化锰的可逆性；③控制负极活性物质锌的用量，使二氧化锰控制在单电子放电；④采用专用双层隔膜，防止电池充电时锌晶枝穿透。产品的可充电性能与传统的二次电池相比，仍有一定差距，有效充放电次数随放电深度的提高而减少，全充放次数目前的水平约 30 次。

（1）粉环式 RAM 电池

锰环-锌膏式 RAM 电池的制造包括电解液配制、正极制造、负极制造、隔膜筒制造、负极组件制造和电池的装配等几个部分。为了防止 MnO_2 因充放电循环造成的电极膨胀与收缩而破坏电极，需要对 MnO_2 电极使用较高的成型压力，并辅以合适的黏结剂。传统的黏结剂有羧甲基纤维素（CMC）、聚四氟乙烯（PTFE）等。由

于 MnO_2 电极的充放电能力受放电深度控制，一般设计为负极容量低于正极容量。

① 正极制造   正极的制造一般包括干混、湿混、压片、造粒、筛分、压制正极环等几道工序。正极粉料经过干混后，需要加调粉液进行湿混。调粉液可用 KOH 水溶液，也可用蒸馏水。在使用蒸馏水时应注意两点：一是正极装入电极前必须烘干，以利于电解液注入后吸液快、吸液多，并保证正极电解液均匀一致；二是电解液注入后应停 $15\sim30min$，才能对电池进行密封，目的是使电池内部的气体尽量逸出，减轻电池的气胀和爬碱。对湿混后的正极粉料进行压片、造粒，以使湿粉料充分紧密接触，提高密度，从而减小接触电阻和提高装填量。造粒后要经过筛分、干燥，然后以混合均匀和处理后的正极粉料放在打环机中，在高压下压制成环状柱体。为了避免正极在充放电循环过程中由于体积逐渐膨胀产生应力使正极破碎，RAM 电池正极成型有两种方式，一种为粉环成型后在与钢壳过盈配合下逐个放入钢壳内，组装成正极。另一种是粉环成型后在与钢壳少量过盈配合下放入，为了保证有良好的接触，粉环在入钢壳后再次复压成型形成正极，即二次成型，这种方式制成的正极在表观密度、电阻和在膨胀过程中的吸液量等方面的性能均较优，在充放电循环测试中效果更佳。

② 负极制造   RAM 电池的凝胶锌负极使用的是雾化锌粉，并在锌颗粒表面沉积铟。负极的制造主要是制成锌膏。锌膏的配置分干拌和湿拌两个过程。和膏过程所用的器具需要满足电池使用材料的工艺要求，干拌桶的内壁可以涂覆耐磨非金属材料，接触锌膏的机械和容器全部采用工程塑料，以便彻底避免金属杂质的混入。RAM 电池的锌负极与普通锌-锰电池不同，在配方上，为了有效防止电池过充时形成氢气，在配制负极锌膏时除了活性物质、导电剂、黏结剂和缓蚀剂外，还要适当添加氧化锌，添加量为 $1\%\sim1.5\%$（质量分数），添加量过多会造成电池内阻增大。在工艺结构上，用限制电池中锌用量（一般负极锌量为正极的40%）的方法来限制正极的容量，防止过放电产生氢气，但会直接使充放电循环容量下降。为了确保沉积均匀及抵消形变和重力的影响，锌电极应采用较大的集流体，具体做法是在集电铜针上焊接一个铜网，小型电池如 LR6 和 LR03 可适当加入铜粉取代铜网。当过放电的电池被同它串联的电池驱动时，负极必须备有延续容量，尽管锌已经耗尽，此时铜网或铜粉发挥作用，铜会变成 CuO，使电池的端电压（MnO_2/CuO）降低到接近零且继续降低，所以铜可用作过放电时反极阶段的容量延缓剂，能有效地限制负极的完全放电和反极。

③ 电池组装   电池的外壳采用镀镍钢壳，它同时又是正极的集流体。在钢壳的内壁上喷涂一层石墨导电胶，以便增大钢壳和正极锰环之间的接触面积，还可防止钢壳镀镍层的氧化。装配时将正极环推入钢壳内部，使之与钢壳紧密接触。然后将

隔膜套插入正极环的中间，用少量 KOH 电解液预润湿，注入锌膏，再将负极组件插入。负极组件由负极底、密封圈和集流铜钉组成，铜钉与负极底焊接在一起后穿过密封圈。密封圈可采用尼龙或聚丙烯，密封圈上设有薄层带作为防爆装置，一旦电池内气压达到一定标准，薄层带就会破裂，放出气体，从而避免电池内气压过高造成爆炸。

（2）卷绕式电池

高功率 RAM 电池一般做成卷绕式电池，即与镉-镍电池和氢-镍电池结构相似。与常规粉环式碱锰电池相比，卷绕式电池电极面积大大增加，在同样的电流密度下能输出较大的电流，活性物质利用率增加，因而具有高功率、大容量、充放电效率高、性能稳定、自放电小、售价便宜等优点。

卷绕式 RAM 电池通常以泡沫镍作为正极集流体，用涂膏工艺制成发泡式电极。负极以铜网为集流体，活性物质与集流体一起进料，碾膜并进行复合，制成黏结式电极。黏结剂均采用 PTFE 乳液。这种负极成型工艺与常见的碾膜后再与基体复合不同，它无需在基体上涂覆黏结剂就可保证活性物质与基体紧密结合。把压制成薄带状的正负极与隔膜叠合在一起卷成螺旋状（电容式）结构的电池，这种结构的特点是正负极作用面积大，过电位小，从而在低温、大电流放电时可获得更高的容量，短路电流高达 30A 以上，致密的电极结构和电池紧密的装配方式能够抑制 MnO_2 电极的膨胀。该电池制作工艺简单，工艺流程简述如下：

$$\left.\begin{array}{l} \text{正极拌粉} \rightarrow \text{涂膏} \rightarrow \text{发泡式正极} \\ \text{负极拌粉} \rightarrow \text{碾膜} \rightarrow \text{黏结式负极} \end{array}\right\} \rightarrow \text{卷绕} \rightarrow \text{入壳} \rightarrow \text{辊线} \rightarrow \text{加电解液} \rightarrow$$

$$\rightarrow \text{涂封口剂} \rightarrow \text{插负极集流体} \rightarrow \text{封口}$$

由于泡沫镍带特殊的三维网状结构、比表面积大、抗震强度好、孔隙率高、孔径小、质量均匀、优良的渗透性和很大的可填充性能，用泡沫镍作正极集流体可满足电池高容量要求。采用铜网作负极集流体后析气量可满足要求，可能是铜网表面积较小，在电池内部环境中易形成保护膜。并且负极以铜网作集流体，极片经多次卷绕也不会明显损坏，保证了电池的成品率。

参考文献

[1] Kordesch K, Weissenbacher M. Rechargeable alkaline manganese dioxide/zinc batteries[J]. J Power Sources, 1994, 51(1-2): 61-78.

[2] Kozawa A, Powers R A. The manganese dioxide electrode in alkaline electrolyte; the electron-proton mechanism for the discharge process from MnO_2 to $MnO_{1.5}$[J]. J Electrochem Soc, 1966, 113(9): 870-878.

[3] Hertzberg B J, Huang A, Hsieh A, et al. Effect of multiple cation electrolyte mixtures on rechargeable Zn-MnO_2 alkaline battery[J]. Chem Mater, 2016, 28(12): 4536-4545.

[4] Xu F, Wang T, Li W, et al. Preparing ultra-thin nano-MnO$_2$ electrodes using computer jet-printing method[J]. Chem Phys Lett, 2003, 375(1): 247-251.

[5] Cheng F, Zhao J, Song W, et al. Facile controlled synthesis of MnO$_2$ nanostructures of novel shapes and their application in batteries[J]. Inorg Chem, 2006, 45(5): 2038-2044.

[6] Pan C, Gu H, Dong L. Synthesis and electrochemical performance of polyaniline @MnO$_2$/graphene ternary composites for electrochemical supercapacitors[J]. J Power Sources, 2016, 303, 175-181.

[7] 夏定国, 汪夏燕, 刘涛. 二氧化锰掺杂改性的 EXAFS 研究[J]. 化学学报, 2000, 58(7): 795-798.

[8] Bodé M, Cachet C, Bach S, et al. Rechargeability of MnO$_2$ in KOH media produced by decomposition of dissolved KMnO$_4$ and Bi(NO$_3$)$_3$ mixtures: I. Mn-Bi complexes[J]. J Electrochem Soc, 1997, 144(3): 792-801.

[9] Yadav G G, Wei X, Huang J C, et al. Accessing the second electron capacity of MnO$_2$ by exploring complexation and intercalation reactions in energy dense alkaline batteries[J]. Int J Hydrogen Energ, 2018, 43(17): 8480-8487.

[10] Pan J, Sun Y, Wan P, et al. Preparation of NaBiO$_3$ and the electrochemical characteristic of manganese dioxide doped with NaBiO$_3$[J]. Electrochim Acta, 2006, 51(15): 3118-3124.

[11] Sun Q, Zhang Z Z, Zhao F X, et al. Preparation of ultrafine BaBi$_2$O$_6$ and its modification effect on EMD electrode of rechargeable alkaline manganese battery[J]. Ionics, 2022, 28(5): 2277-2283.

[12] Stani A, Taucher-Mautner W, Kordesch K, et al. Development of flat plate rechargeable alkaline manganese dioxide-zinc cells[J]. J Power Sources, 2006, 153(2): 405-412.

[13] Raghuveer V, Manthiram A. Effect of BaBiO$_3$ and Ba$_{0.6}$K$_{0.4}$BiO$_3$ additives on the rechargeability of manganese oxide cathodes in alkaline cells[J]. Electrochem Commun, 2005, 7(12): 1329-1332.

[14] Bailey M R, Denman J A, King B V, et al. Role of titanium dioxide in enhancing the performance of the alkaline manganese dioxide cathode[J]. J Electrochem Soc, 2012, 159: A158-A165.

[15] Raghuveer V, Manthiram A. Role of TiB$_2$ and Bi$_2$O$_3$ additives on the rechargeability of MnO$_2$ in alkaline cells[J]. J Power Sources, 2006, 163(1): 598-603.

[16] Minakshi M, Singh P, Mitchell D R G, et al. A study of lithium insertion into MnO$_2$ containing TiS$_2$ additive a battery material in aqueous LiOH solution[J]. Electrochim Acta, 2007, 52(24): 7007-7013.

[17] Yao Y, Gu T, Wroblowa H S. Rechargeable manganese oxide electrodes: Part Ⅰ. Chemically modified materials [J]. J Electroanal Chem, 1987, 223(1-2): 107-117.

[18] Yadav G G, Gallaway J W, Turney D E, et al. Regenerable Cu-intercalated MnO$_2$ layered cathode for highly cyclable energy dense batteries[J]. Nat Commun, 2017, 8: 14424.

[19] Li X, Li Z, Xia T, et al. Rechargeability Improvement of δ-type chemical manganese dioxide with the Co-doping of Bi and Ni in alkaline electrolyte[J]. J Phys Chem Solids, 2012, 73(10): 1229-1234.

[20] Lim M B, Lambert T N, Chalamala B R, et al. Rechargeable alkaline zinc-manganese oxide batteries for grid storage: Mechanisms, challenges and developments[J]. Mat Sci Eng R: Reports, 2021, 143: 100593.

[21] Liu M B, Cook G M, Yao N P. Passivation of zinc anodes in KOH electrolytes[J]. J Electrochem Soc, 1981, 128(8): 1663-1668.

[22] Yang Q, Li Q, Liu Z, et al. Dendrites in Zn-based batteries[J]. Adv Mater, 2020, 32(48): 2001854.

[23] Vladimir Y, Tariq F., Eastwood D.S., et al. Operando visualization and multi-scale tomography studies of dendrite formation and dissolution in zinc batteries[J]. Joule, 2019, 3(2): 485-502.

[24] 朱启安, 杨立新, 谭仪文. 无汞碱锰电池用锌粉综述[J]. 电池工业, 2004, 9(5): 260-264.

[25] Jia Z, Zhou D R, Zhang C F. Composite corrosion inhibitors for secondary alkaline zinc anodes[J]. Nonferrous Met Soc, 2005, 15(1): 200-206.

[26] Faegh E, Ng B, Hayman D, et al. Design of highly reversible zinc anodes for aqueous batteries using preferentially oriented electrolytic zinc[J]. Batteries & Supercaps, 2020, 3(11): 1220-1232.

[27] Faegh E, Ng B, Lenhart B, et al. Partial deployment of Al in Zn-MnO$_2$ alkaline battery anodes to improve the

capacity and reversibility[J]. J Power Sources, 2021, 506: 230167.

[28] Ghaemi M, Amrollahi R, Ataherian F, et al. New advances on bipolar rechargeable alkaline manganese dioxide-zinc batteries[J]. J Power Sources, 2003, 117(1): 233-241.

[29] Minakshi M, Singh P, Issa T B, et al. Lithium insertion into manganese dioxide electrode in MnO_2/Zn aqueous battery: Part I. A preliminary study[J]. J Power Sources, 2004, 130(1-2): 254-259.

[30] Minakshi M, Singh P, Issa T B, et al. Lithium insertion into manganese dioxide electrode in MnO_2/Zn aqueous battery: Part Ⅲ. Electrochemical behavior of γ-MnO_2 in aqueous lithium hydroxide electrolyte[J]. J Power Sources, 2006, 153(1): 165-169.

[31] Minakshi M, Singh P, Carter M, et al. The Zn-MnO_2 battery: the influence of aqueous LiOH and KOH electrolytes on the intercalation mechanism[J]. Electrochem Solid-State Lett, 2008, 11(8): A145-A149.

[32] Minakshi M, Singh P. Synergistic effect of additives on electrochemical properties of MnO_2 cathode in aqueous rechargeable batteries[J]. J Solid State Electrochem, 2012, 16(4): 1487-1492.

[33] Hertzberg B J, Huang A, Hsieh A, et al. The effect of multiple cation electrolyte mixtures on rechargeable Zn-MnO_2 alkaline batteries[J]. Chem Mater, 2016, 28(13): 4536-4545.

[34] Ghavami R K, Rafiei Z, Tabatabaei S M. Effects of cationic CTAB and anionic SDBS surfactants on the performance of Zn-MnO_2 alkaline batteries[J]. J Power Sources, 2007, 164(2): 934-946.

[35] 林胜舟, 蔡增鑫, 王贵生, 等. DTAB-KTL 复合添加剂抑制锌电极腐蚀的协同效应[J]. 电化学, 2009, 15(3): 264-268.

[36] Kelly M, Duay J, Lambert T N, et al. Impact of triethanolamine as an additive for rechargeable alkaline Zn/MnO_2 batteries under limited depth of discharge conditions[J]. J Electrochem Soc, 2017, 164(14): A3684-A3691.

[37] 艾娟, 徐徽, 邓新荣, 等. 电解液添加剂对可充碱锰电池负极电化学性能的影响[J]. 湖南师范大学自然科学学报, 2002, 25(4): 45-49.

[38] Zhou H, Huang Q, Liang, M, et al. Investigation on synergism of composite additives for zinc corrosion inhibition in alkaline solution[J]. Mater Chem Phys, 2011, 128(1-2): 214-219.

[39] Yang C C, Yang J M, Wu C Y. Poly(vinyl alcohol)/poly(vinyl chloride) composite polymer membranes for secondary zinc electrodes[J]. J Power Sources, 2009, 191(2): 669-677.

[40] Kolesnichenko I V, Arnot D J, Lim M B, et al. Zincate-blocking-functionalized polysulfone separators for secondary Zn-MnO_2 batteries[J]. ACS Appl Mater Interfaces, 2020, 12(45): 50406-50417.

[41] Huang J C, Yadav G G, Gallaway J W, et al. A calcium hydroxide interlayer as a selective separator for rechargeable alkaline Zn/MnO_2 batteries[J]. Electrochem Commun, 2017, 81: 136-140.

[42] Yadav G G, Wei X, Huang J C, et al. A conversion-based highly energy dense Cu^{2+} intercalated Bi-birnessite/Zn alkaline battery[J]. J Mater Chem A, 2017, 5(30): 15845-15854.

[43] Duay J, Kelly M, Lambert T N. Evaluation of a ceramic separator for use in rechargeable alkaline Zn/MnO_2 batteries[J]. J Power Sources, 2018, 395: 430-438.

第**3**章

可充锌-镍电池

3.1 概述

3.1.1 锌-镍电池的发展概况

可充锌-镍电池（rechargeable zinc-nickel batteries，RZNBs）兼有锌-银电池的锌负极高容量和镉-镍电池的镍正极长寿命的特点，在性能上具有容量大、比能量高（一般为镉-镍电池的 2～3 倍，氢-镍电池的 1.5 倍）、比功率大（可超过 200W/kg）、开路电压高达 1.75V、工作电压 1.65V、高压部分放电电压平稳等优点，适用于高压部分需大电流放电的用电器具。与传统铅酸电池只能低速放电和 RAM 电池的放电深度受到 MnO_2 正极的严重限制不同，RZNBs 可以在高速率和相对较高的 DOD 下稳定循环。此外，RZNBs 还具有工作温度范围宽（−20～60℃）、安全性好、无记忆效应、优异的低温性能等优点，在电池的生产和使用过程中对环境不产生污染，属于"绿色电池"。

锌-镍电池迄今为止已有一百多年的发展历史，1887 年 Dun 和 Haslacher 就申请过德国专利。1899 年，瑞典的 Jüngner 申请了第一个在电池充放电过程中电解质保持不变的想法专利。1901 年，苏联的 Minchselowski 率先从理论上完成了对锌-镍电池的研究，并为此申请了专利，由此也打开了镍系电池研究发展领域的大门。到了 20 世纪 30 年代逐渐形成了产品，1930 年爱尔兰 Brumm 尝试将锌-镍电池用于电动机车的电源，但由于其锌电极循环寿命短、深度放电能力差等原因，影响了锌-镍电池的广泛应用。1950 年，苏联开始对锌-镍电池进行研究，获得比能量

46.2W·h/kg、循环寿命约为24～70次的电池。20世纪60年代后期，美国在锌-镍电池方面的研究也取得了很大的进展。1966年，美国Charkey已在无线电装备中用密封型锌-镍电池代替镉-镍电池，循环寿命可达100～200次。1971年，美国Murphy研制的开式锌-镍电池，采用无机隔膜和新的充电方法，电池寿命可达500次循环。由于其性能居于锌-氧化银电池和镉-镍电池之间，长期以来一直未能引起人们足够的重视。1973年，由于石油危机的出现以及环境污染的加剧，美国政府转而发展电动汽车，锌-镍电池因其体积小、质量轻、比能量高、功率特性好、无污染等众多因素被作为电动汽车电源的重点发展项目，并予以投资。此外，俄罗斯、德国、法国、日本等发达国家也争相投入相当力量进行锌-镍电池的研制开发工作。

1978年，美国雅德纳电气公司研制出寿命为200次循环、比能量为75W·h/kg、0.5C放电、60%深度放电的锌-镍电池组用于电动车辆，同时还研制出用于宇宙航行器、飞机遥控装置及导弹的低温性能良好的锌-镍电池。1980年，美国Esb-Ray-Vac公司研制的锌-镍电池采用振动负极的设计，循环寿命可达1400次，并已经用于车辆动力电源。1980年，苏联发明了一种装有双极振动极组的可快速充电的锌-镍蓄电池，循环寿命可达3000～4000次，每个工作日可以循环多次，每次充电需1～1.5h。与铁-镍电池和铅蓄电池相比较，装有锌-镍电池的车辆每日行程是铁-镍电池和铅蓄电池的5倍。

许多国家对锌-镍系列的电池进行了深入的研究，相继研制出作为电动车辆、坦克、汽车等动力电源的大功率开式电源，用于宇宙航行、导弹的密封型电源，也有用于电子学、医学等方面的小型密封及扣式电源。在世界范围内，众多的跨国公司、科研机构纷纷加入锌-镍电池的研发中。美国ERC麾下的EVERCEL公司投入巨资，集中科技力量，意在攻坚克难；总部设于美国圣地亚哥的POWERGENIX公司，也不遗余力地加大对锌-镍电池的研发，虽然有所突破，但为抑制锌负极枝晶产生，其负极材料中使用的添加剂含有致污染的氟，且循环寿命太短；XELLELION公司是EVIONYX的子公司，专门从事锌-镍电池的开发研究，该公司在隔膜技术上有一定的创新，但因膜片的厚度造成导电率低下，成本过高，容量有限；新西兰的ANZODE公司，在负极材料里使用了石墨，石墨在电解液中会因腐蚀而产生气体，进而影响电池的密封，电池效率低，容量小；法国的SCPS公司研发的锌-镍电池，虽声称电池的循环寿命很长，却因负极上添加了泡沫铜，又导致电极成本居高不下；加拿大的ENERGY VISION公司用类似于锌-锰干电池结构的形式研究RZNBs，也因循环寿命太短，让市场无法接受。综上所述，目前国际上锌-镍电池大都还停留在实验室阶段。

美国Bettergy Corp研发出一整套包括电解液、隔膜和镍电极的专有技术，并成功地申请了美国国家专利。该专利技术采用安全、环保的方法和材料，有效消除了锌电极自放电时产生的氢气，防止充电过程中电极发生膨胀形变，正负极间插入多孔薄镍网抑制锌枝晶的生长，电池的循环寿命高达 500 次以上，电池容量也得到极大提高。

锌-镍电池更均衡的性能使其更有利于实现大规模电源供应，更适用于传统使用 1.5V 电池的电器。锌-镍电池主要应用于智能锁、灯具、电动自行车、电动工具、助动车、摩托车、电动汽车等民用领域中，在数码相机、闪光灯、电动玩具方面也有着无与伦比的优势。我国是人口大国，同时经济水平近年来发展较快，因此对于民用电动工具的需求量也呈现爆发式增长，这对于 RZNBs 的市场空间拓展有着非常大的促进作用。

3.1.2　锌-镍电池的工作原理

RZNBs 一般由镍正极、锌负极、电解液和隔膜等组成。其中正极主要是一些镍的化合物，电解液一般为碱性的 KOH 溶液，负极为放电态的锌电极，主要活性物质是 ZnO/Zn，隔膜一般为无纺布。其工作原理基于正负极发生的氧化还原反应。在放电过程中，负极发生氧化反应失去电子，生成 ZnO；正极发生还原反应得到电子，生成 NiOOH；充电时则反之。KOH 溶液在 RZNBs 的充放电反应中不仅起到提供离子迁移电荷的作用，其中的 OH^- 和 H_2O 也参与了电化学反应，其化学反应方程式如下：

锌电极进行以下溶解-沉积反应：

$$Zn + 4OH^- \underset{充电}{\overset{放电}{\rightleftharpoons}} Zn(OH)_4^{2-} + 2e^- \quad (E^0 = -1.20V \text{ vs. SHE}) \quad (3\text{-}1)$$

负极在生成 $Zn(OH)_4^{2-}$ 时，同时发生以下沉淀反应：

$$Zn(OH)_4^{2-} \underset{充电}{\overset{放电}{\rightleftharpoons}} ZnO + 2OH^- + H_2O \quad (3\text{-}2)$$

式（3-2）产生的 ZnO 有溶解在 KOH 水溶液中的倾向。也有研究认为 Zn 放电后先形成 $Zn(OH)^{2-}$，再分解成 ZnO 和 H_2O，而在碱性电解质溶液中溶解生成 $Zn(OH)_4^{2-}$。

镍正极发生的充放电反应：

$$2NiOOH + 2H_2O + 2e^- \underset{充电}{\overset{放电}{\rightleftharpoons}} 2Ni(OH)_2 + 2OH^- \quad (E^0 = 0.49V \text{ vs. SHE}) \quad (3\text{-}3)$$

因此，电池整体充放电总反应表示为：

$$Zn + 2NiOOH + H_2O \underset{充电}{\overset{放电}{\rightleftharpoons}} ZnO + 2Ni(OH)_2 \quad (E_{cell} = 1.75V) \quad (3\text{-}4)$$

现有的镍基二次电池中，镍-氢（Ni-MH）电池、镍-镉（Ni-Cd）电池、锌-镍（Zn-Ni）

电池是最具竞争力和发展前景的电源。Ni-Cd 电池作为一种直流供电电池，具有放电电流大、耐久性高等优点，但长期使用会造成镉污染。除环保性不佳外，Ni-Cd 电池还具有记忆效应，阻碍了 Ni-Cd 电池的发展。Ni-MH 电池是一种长寿命的绿色环保电池，它的电量储备能力比 Ni-Cd 电池高 30%，且不存在记忆效应。但是，Ni-MH 电池在运行过程中电极会高度自放电，除此之外，它对运行温度要求严格，耐久性差。相比之下，Zn-Ni 电池的质量能量密度更高，无记忆效应，低自放电，成本和充电放电寿命也和 Ni-Cd 电池、Ni-MH 电池基本处于同一数量级。另外，Zn-Ni 电池的额定电压为 1.6V，更加接近标准的 1.5V，而 Ni-Cd 电池和 Ni-MH 电池只有 1.2V。几种镍基二次电池的主要性能列于表 3-1。

表 3-1　镍基二次电池的性能比较

电池类别	标称电压/V	体积能量密度 /(W·h/L)	质量能量密度 /(W·h/kg)	最佳工作温度/℃	记忆性能	环保性
Ni-Cd	1.2	160～180	60～80	−20～60	有	隔污染
Ni-MH	1.2	300～350	80～100	−20～45	无	环保
Zn-Ni	1.6	200～300	80～110	−20～60	无	环保

3.2　氢氧化镍正极

3.2.1　氢氧化镍材料的结构

氢氧化镍作为一种高性能的电池正极材料，有着较高的质量比容量和平稳的放电平台，在化学电源领域里有着举足轻重的作用，它被广泛应用于 Zn-Ni 电池、Ni-Cd 电池、Ni-MH 电池和 Fe-Ni 电池中，是一种重要的镍电极活性材料。

氢氧化镍通常为绿色粉末物质，属于六方晶系，具有分层的八面体结构，其结构如图 3-1 所示，晶粒在 a 轴方向生长，c 轴方向叠层，充放电反应时，质子移动在结晶层间进行。完整的氢氧化镍的晶体结构可看作由 NiO_2 层[或 $Ni(OH)_2$ 层]沿 c 轴堆积而成，NiO_2 层由两个 OH^- 层形成的八面体与其间隙中填充的 Ni^{2+} 构成，层内的 O—H 键与 c 轴方向平行，且 Ni^{2+}

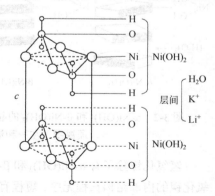

图 3-1　氢氧化镍的晶体结构

与 OH⁻ 的比值为 1：2。每个 Ni 原子连同两个 O 原子位于八面体结构的顶点，H 原子在理想八面体结构中位于层面，而在有缺陷的八面体结构中则位于 NiO_2 层内，或靠近 Ni 原子，或位于 Ni 原子的空位点上，即 $Ni(OH)_2$ 可看成是 H 原子结合到 NiO_2 的结构中。两个镍原子之间的距离为 0.312nm，两个 NiO_2 层之间的距离则随着晶型的不同而不同。

氢氧化镍有两种晶型结构，即 α-$Ni(OH)_2$ 和 β-$Ni(OH)_2$ ［图 3-2（a）］。不同晶型结构的 $Ni(OH)_2$ 层的堆积方式、层间距和层间离子存在较大差异。α-$Ni(OH)_2$ 的层间不仅含有大量的靠氢键键合的带正电水分子 $[Ni(OH)_{2-x}(H_2O)_x]^{x+}$（$x$ 约为 0.2），层间还夹杂有 CO_3^{2-}、SO_4^{2-} 或 NO_3^- 等阴离子，以补偿过剩的阳离子正电荷。原本应该被 Ni^{2+} 占据的八面体间隙，被其它金属离子或层间阴阳离子（K^+、H_2O、OH^- 等）填充而形成晶格缺陷。这表明 α-$Ni(OH)_2$ 晶体的化学组成是可变的，其化学通式为 $Ni(OH)_{2-x}A_yB_z$（$x = y + 2z$），其中 A、B 分别为 -1 价和 -2 价的阴离子，这取决于制备条件。由于层间水分子或阴离子的插入，α-$Ni(OH)_2$ 的层间距显著增加，可达 0.8nm，层间含水量的提高可增大放电容量，水含量达到 12% 时，放电比容量达到 385mA·h/g（以 Ni 计）。α-$Ni(OH)_2$ 中的 NiO_2 层沿 c 轴平行堆积时的取向具有随机性，层与层之间自由取向呈无序堆积状态，形成以 c 轴为对称轴的涡旋结构。这些结构的特点决定了 α-$Ni(OH)_2$ 晶格参数和组成上的多样性，使材料表现出卓越的化学活性和电荷传输能力。β-$Ni(OH)_2$ 为六方水镁石晶型结构，是一种比 α 相更为有序的晶体。这种晶体为镍氧叠层的八面体结构，镍原子在（0001）平面被 6 个相邻的氢氧原子包围，它们交错在（0001）平面的上方和下方 ［图 3-2（b）］。层间没有其它分子和离子的插入，层与层之间互相平行，靠范德华力结合，层间距相对较小为 0.46nm。

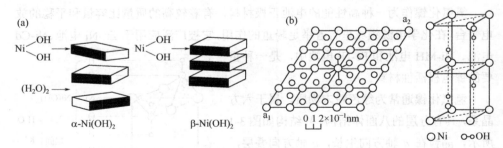

图 3-2　α-$Ni(OH)_2$ 和 β-$Ni(OH)_2$ 的晶体结构示意图（a）以及 β-$Ni(OH)_2$ 晶体结构的顶视图（左）和沿 c 轴堆积结构图（右）（b）

氢氧化镍除了有 α-$Ni(OH)_2$ 和 β-$Ni(OH)_2$ 外，还存在非晶态氢氧化镍。非晶态氢氧化镍的内部结构长程无序、短程有序，含有一定量的水分子和嵌入的阴、阳离子。非晶态氢氧化镍内部存在大量的配位不饱和原子，具有更多的反应活性中心和高的电化学反应活性，因此其电化学特性特别是放电比容量显著高于 β-Ni(OH)$_2$。

Ni(OH)$_2$ 在充电过程中形成的 NiOOH 也存在两种不同的结构形式，分别为有序的 β-NiOOH 和无序的 γ-NiOOH。它们与氢氧化镍类似，均属于非化学计量化合物，都可以看作是 NiO$_2$ 的层状堆叠。四种晶型活性物质的具体组成、晶胞参数及密度见表 3-2[1]。

表 3-2　羟基氧化镍及其放电产物的性能比较

晶体结构	晶胞参数		层间距 /nm	Ni 的平均 氧化态	非化学计量结构式	密度 /(g/cm³)
	a/nm	c/nm				
α-Ni(OH)$_2$	0.308	0.809	0.8	+2.25	Ni$_{0.75}$(2H)$_{0.25}$OOH$_{2.0}$ · 0.33H$_2$O	2.82
β-Ni(OH)$_2$	0.313	0.460	0.46	+2.25	Ni$_{0.85}$(2H)$_{0.15}$(OH)$_{2.0}$	3.97
β-NiOOH	0.282	0.485	0.48	+2.90	Ni$_{0.89}$(3H)$_{0.08}$K$_{0.03}$OOH$_{1.14}$	4.68
γ-NiOOH	0.282	2.057	0.7	+3.67	Ni$_{0.75}$K$_{0.25}$OOH$_{1.0}$	3.79

β-NiOOH 是 β-Ni(OH)$_2$ 充电后去掉一个质子和电子的产物，两者的基本结构相同，都是 NiO$_2$ 层沿着 c 轴形成 ABAB 整齐堆叠的层间结构，其层间没有水和其它离子的嵌入，层间距与晶胞参数 c 值相等。由于质子的减少，与 β-Ni(OH)$_2$ 相比，层与层间的排斥力增大，层间距也由 0.460nm 增大至 0.485nm，层面内 Ni—Ni 键之间的排斥力减少，a 值变小。通用表示式为 NiO$_x$(OH)$_{2-x}$，式中 x 值可为 0～1。

γ-NiOOH 属于菱方晶系，晶体结构类似于 MNiO$_2$（M 代表 Li、Na、K），可以按六方结构进行标定，NiO$_2$ 层沿着 c 轴方向形成 ABBCCA 堆垛，层间可以嵌入较多的水分子和层间粒子，其层间距不等于晶胞参数 c，仅为 c 值的 1/3，约为 0.7nm。与 β-NiOOH 类似，由于层面内 Ni—Ni 键之间的排斥力减少，a 值变小为 0.282nm。

3.2.2　氢氧化镍的氧化还原反应机理

氢氧化镍的氧化还原反应可用如下反应式表示：

$$Ni(OH)_2 + OH^- \underset{放电}{\overset{充电}{\rightleftharpoons}} NiOOH + H_2O + e^- \qquad (3-5)$$

反应受控于质子在固相中的扩散，若扩散速度快，则电极利用率和放电性能优异。事实上 Ni(OH)$_2$ 的氧化还原反应较为复杂，镍氧化态并不是整数值，关于氢氧化镍的氧化还原反应的具体反应机理还存在争论，基本上包括三种观点：中间态机理、氢氧根离子嵌入机理、质子扩散机理。

（1）中间态机理

氢氧化镍电极上的反应存在活性中间体，通过这个中间体进行充放电过程。充电时，Ni(OH)$_2$ 首先失去一个电子形成不稳定的中间产物 Ni(OH)$_2^+$，然后 Ni(OH)$_2^+$ 快速分解为 NiOOH 和 H⁺，质子扩散到层间并与层间的 OH⁻反应生成层间水。放电过程则与该过程相反。该机理包含 H⁺和 OH⁻的扩散以及层间生成水的扩散。

（2）氢氧根离子嵌入机理

随着氧化反应的不断进行，质子从导电基体与 $Ni(OH)_2$ 的界面处不断通过 $Ni(OH)_2$ 层向液体界面扩散，同时溶液界面处的 OH⁻嵌入固相中，与质子反应生成水而停留在 $Ni(OH)_2$ 的层间。反应生成的水不断向固相渗透，层间距不断扩大，整个反应受 OH⁻的扩散控制。

（3）质子扩散机理

氢氧化镍电极的充放电机理是固相中的质子扩散，且这种扩散起控制电极行为的作用。在 $Ni(OH)_2$ 电极充放电过程中，电极和溶液界面发生的氧化还原反应是通过半导体中的电子缺陷和质子缺陷的转移来实现的，其导电性取决于电子缺陷的运动性和晶格中的电子缺陷浓度。相对于 Ni^{2+}，$Ni(OH)_2$ 晶格中的 Ni^{3+} 少一个电子，称为电子缺陷；晶格中的 O^{2-} 相对于 OH⁻少一个质子，称为质子缺陷。

图 3-3 是氢氧化镍电极充放电过程示意图。当 $Ni(OH)_2$ 电极发生阳极极化即充电时，$Ni(OH)_2$ 颗粒表面的活化点被氧化成 NiOOH，同时释放出质子，$Ni(OH)_2$ 晶格中的 O^{2-} 和溶液中的 H⁺在两相界面定向排列，构成双电层，起着决定电极电位的作用。$Ni(OH)_2$ 通过电子和空穴导电，即电子通过氧化物相（$Ni^{2+} \rightarrow Ni^{3+}$）向导电骨架和外电路转移，电极表面晶格中的 OH⁻失去质子成为 O^{2-}，质子则越过界面双电层的电场进入电解液，与电解液中的 OH⁻结合生成 H_2O，于是在固相中增加了一个 O^{2-} 质子缺陷和一个 Ni^{3+} 电子缺陷。由于 $Ni(OH)_2$ 电极发生阳极极化，双电层表面靠 $Ni(OH)_2$ 的一侧产生了新的质子缺陷和电子缺陷，使得表面层中 H⁺的浓度降低，而 $Ni(OH)_2$ 内部 H⁺浓度却较高，从而形成了浓度梯度。在此浓度梯度的作用下，H⁺会从 $Ni(OH)_2$ 内部向电极表面扩散。随着阳极极化的增加，电极电位会持续升高，电极表面 Ni^{3+} 浓度逐渐增加，而 H⁺浓度则会不断下降。

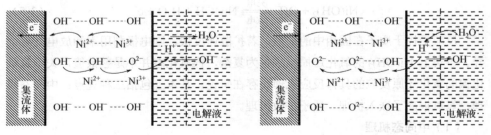

(a) $Ni(OH)_2$电极的充电（阳极）过程　　　　(b) $Ni(OH)_2$电极的放电（阴极）过程

图 3-3　氢氧化镍电极的充电（阳极）过程和放电（阴极）过程示意图

在极限的情况下，电极表面层的 H^+ 浓度降为零，$Ni(OH)_2$ 表面的 NiOOH 几乎全部转化为 NiO_2，此时的电极电位足以使溶液中的 OH^- 被氧化而放出 O_2，即发生析氧反应。

$$4OH^- \longrightarrow O_2 + 2H_2O + 4e^-$$

所以，当氢氧化镍电极充电时，电极上有氧析出并不说明充电已经完全。这时在镍电极内部仍有 $Ni(OH)_2$ 存在，并且在充电时形成的 NiO_2 掺杂在 NiOOH 晶格之中。可以把 NiO_2 看成 NiOOH 的吸附化合物。

对于镍电极析氧，有人认为是如下反应：

$$2NiO_2 + H_2O \longrightarrow 2NiOOH + \frac{1}{2}O_2$$

镍电极在充电过程中有两个重要特性：一是在电极表面形成的 NiO_2 分子只是掺杂在 NiOOH 的晶格中，并没有形成单独的结构；二是当镍电极析出氧气时，电极内部仍有 $Ni(OH)_2$ 存在，并没有完全被氧化。

再充电期间镍电极析氧使得开发完全密封、免维护的电池面临一定困难。为了解决析氧问题，通常使用允许氧气通过的多孔隔膜，使氧气到达负极并与锌复合，反应如下：

$$O_2 + 2Zn \longrightarrow 2ZnO$$

氧气释放和复合会降低电池效率，特别是在较高温度下（35℃以上）进行再充电时，效率显著降低。氢氧化镍电极放电时进行阴极极化，与充电过程恰好相反，从外电路来的电子与固相晶格中的 Ni^{3+} 结合生成 Ni^{2+}，溶液中的质子越过界面双电层进入镍电极的表面层，与表面层中的 O^{2-} 结合，致使溶液中增加了 OH^-，而固相中减少了相同数量的电子缺陷（Ni^{3+}）和质子缺陷（O^{2-}）。在此过程中，质子在固相中的扩散仍然是整个过程的控制步骤。

随着阴极极化的进行，固相表面层中 O^{2-} 不断减少，即 NiOOH 的量不断减少，而 $Ni(OH)_2$ 的量不断增加。如果进入固相晶格中的 H^+ 扩散速率与反应速率相等，则电极表面层的 O^{2-} 浓度保持不变，此时阴极反应速率将为恒定值。但质子从电极表面向电极内部的固相扩散比在液相中扩散慢得多，而 O^{2-} 在电极表面层中的浓度下降很快，如果要保持反应速率不变，则需阴极极化电位向负方向移动，电极电势不断下降。因此，当电池放电时，正极固相内部的 NiOOH 在未完全被还原为 $Ni(OH)_2$ 时，电池电压已达到终止电压。此外，由于 $Ni(OH)_2$ 是低导电性的 p 型半导体，在镍电极表面层中生成的 $Ni(OH)_2$ 阻碍了电极内部 NiOOH 的放电反应，从而影响放电效率。因此，氧化镍电极活性物质利用率受放电电流（极化）的影响，并与质子在固相氧化物中的扩散速率有关。

由以上镍电极的电化学充放电机理可知，充放电过程中质子在固相中的扩散是控制步骤，因此要提高镍电极的电化学性能以及活性物质的利用率，必须设法提高固相质子扩散速率。

3.2.3　氢氧化镍氧化还原过程及晶型转换

晶态的氢氧化镍在其电化学反应过程中可观察到四种晶型变化，即 α-Ni(OH)$_2$、β-Ni(OH)$_2$、β-NiOOH 和 γ-NiOOH。氢氧化镍电极的充放电过程，并不是简单的放电产物 Ni(OH)$_2$ 和充电产物 NiOOH 之间电子的得失。氢氧化镍在结构上存在多种晶型，这直接导致了其在充放电过程中晶型之间的转换和电化学行为的复杂性。

根据目前普遍被人们认可的 Bode 氧化还原机制，镍的氢氧化物在充放电过程中的相变情况如图 3-4[2]。β-Ni(OH)$_2$ 在充电过程中氧化生成 β-NiOOH，放电时，β-NiOOH 又还原为 β-Ni(OH)$_2$，这种循环被称为 β/β 循环，当电极过充时，β-NiOOH 可以转化为 γ-NiOOH。α-Ni(OH)$_2$ 在充电过程中氧化生成 γ-NiOOH，放电时，γ-NiOOH 又还原为 α-Ni(OH)$_2$，这种循环被称为 α/γ 循环，α-Ni(OH)$_2$ 在浓碱性电解液中不稳定，可以脱水形成 β-Ni(OH)$_2$。

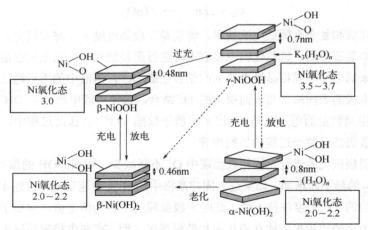

图 3-4　具有不同 Ni 氧化态的氢氧化镍/氢氧化物的相变

（1）镍电极的 β/β 氧化还原模型

β-Ni(OH)$_2$ 的结构特征，如结晶度、晶格紊乱、微晶尺寸和晶体生长取向与化学沉淀反应的 pH 值密切相关。在较高 pH 值下合成的 β-Ni(OH)$_2$ 材料具有较小的微晶尺寸和较高的热力学稳定性、更多的晶体缺陷和更高的 Ni 组成，被广泛用作强碱电解液镍基二次电池的正极活性材料。

β-Ni(OH)$_2$ 在充电时被氧化成具有相似层状结构的 β-NiOOH 并提供一个电子（因此理论容量为 289mA·h/g），层间距也由 0.46nm 增至 0.48nm，循环期间相关的体积膨胀小于任何其它形式，电化学稳定性高。因此，传统的氢氧化镍电极设计为在 β/β 循环上运行，旨在适应循环期间的体积变化，并确保提供足够的电子导电性，从而在放电期间提高活性材料的利用率。然而，当过度充电时，β-NiOOH 进一步氧化为 γ-NiOOH，层间距由 0.48nm 增至 0.7nm，引起较大的体积变化，导致镍电极膨胀而降低其结构稳定性，电极容量急剧衰减。因此，γ-NiOOH 的形成极大损坏了镍电极并导致电池失效。此外，研究表明，γ-NiOOH 的形成是造成碱性电池记忆效应的原因。已有大量研究通过元素添加剂来抑制镍电极中 γ-NiOOH 的形成，并且取得了显著的效果。

（2）镍电极的 α/γ 氧化还原模型

在 α/γ 循环过程中（图 3-4），电极反应没有中间相生成，且 α-Ni(OH)$_2$ 和 γ-NiOOH 中的层间距接近（分别为 0.8nm 和 0.7nm），两者具有相似的结构，这允许在两相之间发生可逆相变，而不受体积膨胀和机械变形的约束。由于 α-Ni(OH)$_2$ 的充电态 γ-NiOOH 中镍的氧化态较高（3.5～3.7），且存在 Ni^{4+} 缺陷，α-Ni(OH)$_2$ 中镍的氧化态为 2.0～2.2，在 α/γ 相变期间每个 Ni 原子可以交换的电子数为 1.67，理论比容量为 482mA·h/g，使得 α/γ 循环的理论容量远高于 β/β 循环。此外，α-Ni(OH)$_2$ 较大的层间距可以提高质子扩散能力，可逆性好。因此，α/γ 循环也更适合二次电池的应用。

Bode 等认为 α/γ 循环的充放电反应可以与 β/β 循环同时进行，γ-NiOOH 放电形成的 α-Ni(OH)$_2$ 由于其层间水分子和其它粒子靠氢键结合，在强碱环境中层间水会逐渐被 OH 所取代转变为 β-Ni(OH)$_2$。因此，在实际的充放电过程中，各种晶型活性物质之间的转化非常复杂，而且碱液的浓度、环境温度、充放电速率和过充电的程度等因素都会对晶型的转化造成不同程度的影响。

尽管 α/γ 循环在理论上是有利的，但由于 α-Ni(OH)$_2$ 在碱液中不稳定，容易转化为 β-Ni(OH)$_2$，导致容量衰退。因此，α-Ni(OH)$_2$ 在强碱性溶液中的热力学不稳定性使其快速转变为 β-Ni(OH)$_2$。此外，在 γ-NiOOH 放电过程中，正极外表面首先会形成一层导电性差的 α-Ni(OH)$_2$，从而限制了进一步放电。因此，稳定 α-Ni(OH)$_2$ 的结构、提高电极导电性一直是提高 RZNBs 性能的研究重点。

3.2.4　氢氧化镍电极结构

氢氧化镍为 p 型半导体，本身电子导电能力差，因此制备电极时需要将氢氧化镍负载到导电基体上，以增加其导电性和电极强度，获得最大的放电容量和结构稳定性。随着电池技术的进步，氢氧化镍电极的导电基体也得到了快速发展和巨大的进步。根据导电基体的种类以及电极制作工艺的不同，可以将氢氧化镍电极分为袋式、烧结式、黏结式、泡沫和纤维式等多种类型。

（1）袋式电极

最初的镍电极大规模商业应用开发工作是基于1897—1903年间在瑞典、德国和美国发起的袋式板技术。袋式电极制作时，将氢氧化镍等活性材料粉末与导电添加剂和黏结剂均匀混合，然后将活性物质填充到由穿孔镀镍钢带做成的扁条盒里，制成电极板。镀镍钢带作为集流体并提供机械支撑。镍电极结构的另一个重大改进是爱迪生在1908年开发的管状板，限制了由于正极活性物质膨胀引起的机械力，并在深度放电循环应用中延长了电极的循环寿命。在管板结构电极中，氢氧化镍层和镍片/石墨层交替填充在穿孔的镀镍低碳钢管中。管中的活性材料层被压实，为了控制循环过程中的活性材料膨胀，各个管子沿管长由金属带以规则的间隔隔开。然后将管子的末端卷曲，多个管平行排列在框架中以形成管状板电极。这种电极制造过程繁琐，生产成本高，已停止生产。袋式电极的缺点是：活性材料与导电基体和电解液间的接触表面积较小，导电性较差，大电流放电性能不好，仅适合制备中低倍率放电的袋式电池。

（2）烧结式电极

烧结板技术被认为是镍电极发展的一个重要里程碑。1928年，德国Pfleider等发明了烧结式电极技术，在第二次世界大战期间，烧结式镀镍正极广泛用于德国的飞机上，具有高倍率性能。在烧结电极中，多孔烧结镍基板将正极活性材料保留在孔内，起到机械支撑和传导电流的作用。烧结式镍电极具有电导率高、电化学性能优良、机械性能好等特点。该技术关键在于如何提高烧结电极的容量。镍电极的容量在很大程度上取决于镍基板的孔径和孔隙率，孔隙率高、比表面积大、孔径大小适当有利于提高镍电极的容量。

烧结镍基板的制造过程主要包括成型和烧结两部分。基板成型分干法和湿法两种。干法是将镍粉或羰基镍粉与造孔剂混合搅拌均匀放入模具，以镍网为骨架，加压成型为生基板。湿法成型首先将镍粉或羰基镍粉、造孔剂/膨胀剂、黏结剂与水混合均匀并调成黏稠的料浆，然后将料浆均匀涂敷在镀镍钢网或镍网的两侧，干燥制成生基板。两种方法制成的生基板还需要在800～1000℃下的还原气氛中烧结，使原来松散的镍粉颗粒彼此熔结在一起，并使基板具有足够的强度，同时，生基板经过烧结，造孔剂在高温下分解挥发，使基板具有一定的孔隙率。最后通过化学浸渍或电化学沉积的方法将活性物质$Ni(OH)_2$沉积在导电镍基体上。

由于烧结式镍正极具有内阻小、可以大电流充放电、电极循环稳定性好、抗老化能力强等优异的电化学性能，该技术已被广泛使用了半个多世纪。然而，烧结式电极体也存在体积大、活性物质含量较低、能量密度低、电极制造工艺复杂、成本高等问题。随着便携式电子仪器对电源容量需求的提高，传统的烧结式镍电极已逐渐被黏结式电极等非烧结式镍电极所替代。

（3）黏结式电极

20世纪80年代末，黏结电极技术已成功用于制造镉电极。与烧结式电极相比，黏结式电极具有活性物质的填充密度高、体积比容量高等优点，可以制得高容量的电极。但是，由于氢氧化镍本身导电性差，加之与绝缘的黏结剂混合后导电性更低，而且与烧结式镍电极相比，导电基体与活性物质之间的接触较差，导致欧姆极化严重，活性材料利用率低。直到1989年，Oshitani等开发了实用的黏结式镍电极，以多孔镍纤维作为基体，在氢氧化镍粉末中添加CoO，充电时产生的高导电性CoOOH在氢氧化镍粉末和基体之间形成了良好导网络。黏结式镍电极用泡沫镍代替了笨重的烧结镍基体，提高了正极中活性材料的负载量，活性材料的负载量可比烧结式镍电极增加近30%，这对于实现更高的能量密度至关重要。

（4）泡沫式电极

泡沫式电极是20世纪末发展起来的一种电极，与烧结式电极的制作相比，该电极的制作方式具有成本低、设备投资少、生产周期短等特点。泡沫式电极是将泡沫塑料先进行电化学镀镍处理，再经高温碳化得到多孔网状镍基体，将活性物质填充于镍网中，经轧制成泡沫式镍电极。泡沫镍电极孔隙率高（90%以上），真实表面积大，活性物质的利用率高，电极放电容量大，大功率输出性能得到改善。此外，泡沫式镍电极柔性好，适合于卷绕式电极的圆筒形电池，此类电极多用于小型民用电池。

（5）纤维式电极

西德DAUG实验室的Gábor Benczúrürmössy等于1983年首次研制出纤维结构的镍电极，随后Hoppecke蓄电池用此电极制成的镍-镉电池在当时被誉为新一代蓄电池。纤维式电极是以纤维镍毡状物作基体，向基体孔隙中填充活性物质，电极基体孔隙率高达93%～99%，具有高比容量和高活性。纤维镍电极比泡沫镍电极具有更好的集流导电性能，除了用于小型民用电池外，还可满足航空航天、军用和电动车对高性能电池的要求。

迄今为止，黏结式电极已成为镍电极应用最广泛的结构形式，但因使用绝缘的黏结剂而导致的电极导电性问题仍需进一步改进。泡沫镍电极和纤维镍电极是继烧结镍电极之后几乎同时发展起来的两种镍电极，共同特点是孔隙率高，可以充填更多的活性物质，三维立体网状结构使其有很大的自由性和弹性，能承受充放电过程中活性物质体积的膨胀和收缩。与烧结式镍电极相比，在放电性能都比较高、循环寿命都比较长的情况下，具有成本低、设备投资少、生产周期短的特点。近年来报道的通过水热法或电化学沉积法在基体上原位生长活性材料的镍正极，避免使用绝缘黏结剂和导电添加剂，获得了更好的电化学性能。泡沫镍、镍箔、镍纳米线、多孔镍膜、碳纤维和多孔碳等均被用作无黏结剂镍正极的基体。

3.3 镍基电极的电化学性能改进

氢氧化镍正极限制了电池的容量和电化学性能，正极容量和循环寿命的提高非常重要。如前所述，镍基氧化物和氢氧化物具有多种氧化态，可以进行丰富的氧化还原反应。在镍基电极的可逆反应中，α-Ni(OH)$_2$ 和 β-Ni(OH)$_2$ 都有各自的优缺点，它们都不能满足高性能镍正极的要求，还存在材料利用率不足、能量密度有限、可逆性不佳、镍基正极的倍率性能较差等问题。为了充分利用氢氧化镍的反应机理，克服上述挑战，主要从镍基正极的组成设计、结构和形貌设计等几个方面进行改进来提高 RZNBs 镍基正极的电化学性能。

3.3.1 组成设计

（1）提高 β-Ni(OH)$_2$ 的性能

β-Ni(OH)$_2$ 理论容量为 289mA·h/g，虽然不及 α-Ni(OH)$_2$，但 β-Ni(OH)$_2$ 因其在强碱性电解液中具有良好的电化学稳定性和较高的振实密度（2.1～2.2g/cm^3）而被广泛用作 RZNBs 正极的优选活性材料。但有限的理论容量、过充时形成 γ-NiOOH 而导致的电极结构损坏和产生记忆效应一直是提高镍电极性能的瓶颈。在镍电极中加入添加剂是提高镍电极电化学性能最常用和最有效的方法。

钴是最常用的改善氢氧化镍电极性能的添加剂，可以金属粉末、CoO、Co(OH)$_2$ 等不同形式加入镍电极中。早在 1908 年，爱迪生就将氢氧化钴添加到氢氧化镍中用来提高锌-镍电池的电化学性能。1925 年证实，添加钴也可以提高镍-铁电池和镍-镉电池中正极活性材料的容量和寿命。钴已被大多数制造商广泛用于提高 β-Ni(OH)$_2$ 的比容量和循环寿命。1978 年，采用微电极技术研究钴的添加机理时发现，共沉淀氢氧化钴的存在允许电极在较小的正电位下充电，减少了析氧反应，具有更高的充电效率，因而将共沉淀的 Co(OH)$_2$ 视为一种电催化剂，但催化机理尚不清楚。1984 年，在利用电化学阻抗谱研究添加钴对镍电极放电动力学的影响时发现，添加剂 Co

显著降低了放电时的扩散阻力，表明离子电导率显著提高。活性材料的电子导电性也因钴提供的较高缺陷浓度而增加。直到 1989 年，Oshitani 等人[3]发现，正极中添加 CoO 添加剂后，CoO 在碱性介质（如 7mol/L KOH）中首先溶解为 Co^{2+}，并在氢氧化镍颗粒表面形成 $\beta\text{-}Co(OH)_2$ 沉淀，电池在首次充电时 $\beta\text{-}Co(OH)_2$ 被氧化成 $\beta\text{-}CoOOH$，即：

$$CoO \xrightarrow{\text{溶解}} \underset{\text{复合物}}{Co^{2+}} \underset{\text{溶解}}{\overset{\text{沉淀}}{\rightleftharpoons}} \beta\text{-}Co(OH)_2 \xrightarrow{\text{首次充电}} \beta\text{-}CoOOH$$

生成的高导电性 $\beta\text{-}CoOOH$ 均匀分布在氢氧化镍颗粒表面，在正常的放电状态下一般 $\beta\text{-}CoOOH$ 难以被还原，这样在电极中就形成了主要由 $\beta\text{-}CoOOH$ 构成的较为稳定的导电网络。这种导电网络确保在活性材料和基体之间以及活性材料颗粒之间具有良好的导电性，以降低电极电阻，提高电极的电子导电性，减少欧姆极化的影响。

后续的深入研究表明，钴的存在对氢氧化镍电极带来许多有益的影响，主要包括提高放电电位，增强电极导电性，降低欧姆极化，降低 $Ni(OH)_2$ 的氧化电位，抑制过充电时 $\gamma\text{-}NiOOH$ 的形成，减少电极膨胀，提高电极 Ni^{2+}/Ni^{3+} 的氧化还原可逆性，提高氢氧化镍电极的利用率，提高氧气析出过电位，即提高充电效率；Co 的添加，还能增加材料中的晶格缺陷，促进质子扩散，降低扩散阻抗。有研究表明，添加钴后的电极在 C/100 下放电的扩散电阻降低了大约一个数量级，表明离子电导率也显著增加[4]。此外，Co 添加到 $\beta\text{-}Ni(OH)_2$ 中后，引起材料层间距变小，充放电的平台均有所下降。

添加 Co 的氢氧化镍电极如果在放电过程中截止电压保持在 1V 以上，$\beta\text{-}CoOOH$ 不会被还原，导电网络在循环过程中是稳定的，此时可以保持这种高导电相（高循环效率）的电子优势。然而，如果放电电压低于 0.7V，则 $\beta\text{-}CoOOH$ 导电网络可能被电化学还原为难溶性 $\beta\text{-}Co(OH)_2$，甚至变为 Co，致使导电网络恶化。添加 Co 的氢氧化镍电极中添加 MnO_2 可以减轻这种过放电效应的不利影响。锰氧化物可以增强正极附近的质子扩散，从而提高氢氧化镍的可充电性。更为重要的是，氧化态为 + 4 价的锰氧化物在热力学上能够氧化 $Co^{2+} \rightarrow Co^{3+}$ ［如 $\beta\text{-}Co(OH)_2 \rightarrow \beta\text{-}CoOOH$］，也能氧化 $Ni^{2+} \rightarrow Ni^{z+}$（$Z>2$），抑制了 $\beta\text{-}CoOOH$ 的还原，保护了电极的导电网络，同时也减少了电化学惰性氢氧化镍的生成。

除了机理研究外，研究者还致力于探索钴的添加方式。钴添加剂可以通过影响活性材料的离子导电性和电子导电性来显著提高氢氧化镍电极的性能，特别是对于具有高度多孔基体的黏结式镍电极。然而，早期研究中采用的机械添加或通过化学方法将 $Co(OH)_2$ 共沉淀到 $Ni(OH)_2$ 晶格中，以及通过电化学浸渍形成 $Co(OH)_2$ 薄膜，这些方法均不能使钴均匀分布在 Ni(OH)$_2$ 晶格中，无法形成均匀的导电网络。电池过充电或快速充电时，由于电极导电性不好，正极电位很快升高，在正极析出的氧难以充分除去，内压上升。同时，正极内导电网络差，使得充电时正极易形成 γ-NiOOH，造成电池的循环性能下降。采用化学沉积法在球形 Ni(OH)$_2$ 表面包覆钴，与在球形 Ni(OH)$_2$ 中直接添加钴粉相比，金属钴涂层在氢氧化镍表面，使钴的分布更加均匀，增加了氧的过电位，提高了 Ni^{2+}/Ni^{3+}氧化还原反应的可逆性和电极活性材料利用率，同时钴的用量也相对减少，镍电极成本降低，减弱了由于添加钴而引起的放电电压下降。然而，该工艺不仅需要还原剂，还需要络合剂和稳定剂，工艺较为复杂且成本高。为此，研究者使用简单的化学反应与温和的氧化相结合的方法，直接在 Ni(OH)$_2$ 颗粒表面涂覆 β-Co(Ⅲ)羟基氧化物薄膜。与未涂覆钴的氢氧化镍电极相比，涂覆质量分数为 3%～5% Co(Ⅲ)羟基氧化物的氢氧化镍显著提高了其活性材料的利用率、放电电压和电极容量[5]。金属等离子体浸没离子注入与沉积（MePⅢD）技术是材料表面改性领域极有发展前景的技术之一，采用 MePⅢD 技术在镍电极表面添加钴，注入和沉积的钴离子平衡了 Ni(OH)$_2$ 和 NiOOH 电导率的巨大差异，促进了二者之间更加完全的相互转化，使 Ni(OH)$_2$ 在电池应用中具有更高的容量和库仑效率。

近年来，价格相对低廉的 Al、Zn、Mn、Ca 等也被用于改善 β-Ni(OH)$_2$ 电极的性能。不同种类的添加剂对氢氧化镍改性的目的也不相同。Zn 也是 β-Ni(OH)$_2$ 常用的添加剂，添加少量 Zn 可以增强镍原子和氧原子的相互作用，提高结构稳定性，有利于循环寿命；Zn 还可降低 Ni(OH)$_2$ 的电离能，从而提高跃迁能，促进电子在体系中的传递。Zn(OH)$_2$ 可以缓解充电过程中 β-Ni(OH)$_2$ 转变为 γ-NiOOH，减缓因电极膨胀而导致的劣化。添加 Zn 还可提高析氧过电位，降低镍电极的氧化还原电位，从而提高电池的充电效率和可逆性。Co 和 Zn 离子同时存在时，有利于长期循环的稳定性。添加 Cu 与添加 Zn 有类似的作用。添加 Ca^{2+}可提高析氧过电位和放电容量，有利于高温下正极性能的改善。常用的含 Ca 化合物包括 CaF$_2$、Ca(OH)$_2$、Ca$_3$(PO$_4$)$_2$ 等。包覆了氢氧化钴的氢氧化镍电极材料在添加 CaF$_2$ 后，其高温时的电荷接受能力明显增强。利用量子化学 DV-Xα 方法分析氢氧化镍中原子簇的电子结构，通过比较态密度、电离能、跃迁能等参数，发现添加 Ca 会减弱镍原子和氧原子的相互作用，也可降低 Ni(OH)$_2$ 的电离能而提高跃迁能，即促进电子在体系中的传递，提高放电电压，但电极膨胀会加剧。

（2）稳定 α-Ni(OH)$_2$ 的结构

与 β-Ni(OH)$_2$ 相比，α-Ni(OH)$_2$ 因具有理论比容量高、放电电压高、放电平台平坦、电化学活性高及电极不易膨胀等优点，近年来受到了更多关注。然而，纯

α-Ni(OH)$_2$ 在强碱性介质中不稳定，可缓慢脱水而转变为 β-Ni(OH)$_2$。阻碍其应用的另一个问题是 α-Ni(OH)$_2$ 电导率低，放电时 α-Ni(OH)$_2$ 首先在电极表面形成，阻止了电子从相互作用的活性材料传输到反应界面。为克服上述问题，一般是通过添加 Al^{3+}、Fe^{3+}、Mn^{3+}、Co^{2+}、Zn^{2+} 和稀土金属等部分取代 α-Ni(OH)$_2$ 中的 Ni 来稳定其结构。

用金属离子稳定 α-Ni(OH)$_2$，其作用机理是通过提高 NiO$_2$ 晶格层板的正电荷数，增加其结构稳定性。用三价金属离子 M^{3+} 取代 Ni^{2+} 形成 [Ni$_{1-x}$M$_x$(OH)$_2$]$^{x+}$ 结构，M^{3+} 取代 Ni^{2+} 构成 Ni(M^{3+})O$_2$ 层，并通过存在于 NiO$_2$ 层间的阴离子维持电荷平衡。通过增加 NiO$_2$ 层内的正电荷，可以加强 NiO$_2$ 层与层间的阴离子键合强度，抑制层间阴离子与水分子的流失，从而使 α-Ni(OH)$_2$ 结构保持稳定。二价金属离子如 Zn^{2+} 等则占据 α-Ni(OH)$_2$ 四面体间隙位置。层间阴离子对稳定 α-Ni(OH)$_2$ 同样起着十分重要的作用，这些阴离子与 NiO$_2$ 层产生静电作用，就像锚链一样把 NiO$_2$ 层固定起来。此外，α-Ni(OH)$_2$ 的稳定性还与金属离子取代产生的晶格畸变程度和晶格常数有关，在剩余正电荷的数目相同时，晶格畸变越小，晶格间的阴离子越不容易流失，α-Ni(OH)$_2$ 的稳定性越高，同时在较小的晶格畸变状态下，质子在含有阴离子和水分子的层间嵌入/脱出更容易进行。

经过大量的研究表明，通过金属离子取代获得稳定 α-Ni(OH)$_2$ 结构必须满足如下条件：①取代金属离子 M^{3+} 的半径和嵌入 α-Ni(OH)$_2$ 结构层间的阴离子半径都不能太大。由于高价金属离子取代 α-Ni(OH)$_2$ 中的 Ni^{2+} 使 NiO$_2$ 结构层中的正电荷过剩，这些过剩的正电荷需要由存在于层间的 NO$_3^-$、CO$_3^{2-}$ 或 SO$_4^{2-}$ 等阴离子来平衡，需要一定的空间。如果掺杂的金属离子半径过大，阴离子很难进入结构层间。②用来取代的 M^{3+} 在强碱性电解液中能稳定存在。若取代 M^{3+} 在强碱条件下化合价发生变化，将导致整体结构的电荷不平衡，体系处于不稳定状态。③用来取代的金属离子 M^{3+} 含量要足够高，以保证取代后的 α-Ni(OH)$_2$ 结构层内有足够量的过剩电荷，通常 NiO$_2$ 层内过剩正电荷数目必须在 0.5 以上才能束缚嵌入层间的阴离子，保持 α-Ni(OH)$_2$ 结构稳定。④取代后金属离子 M^{3+} 的分布均匀程度将直接影响 α-Ni(OH)$_2$ 稳定性。如果制备过程中 M^{3+} 分布不均匀或循环过程中发生偏析，在 α-Ni(OH)$_2$ 中形成了富 Ni 相，易转变为 β-Ni(OH)$_2$。

1）Al^{3+} 取代 α-Ni(OH)$_2$

在众多离子中，Al^{3+} 的半径适宜，在强碱中不发生价态的变化，被认为是稳定 α-Ni(OH)$_2$ 和提高其电化学性能的最有效元素。而且铝价格便宜、无污染，同时自身的原子量小，有利于提高电池的质量比能量。研究表明，Al^{3+} 取代的 α-Ni(OH)$_2$ 具有较高析氧电位，同时还拥有较高的放电电压、充放电效率及循环稳定性，并且大电流放电性能优越，内阻和电化学反应电阻较小，质子扩散系数大，是一种非常有前景的镍电极活性材料。目前，制备 Al^{3+} 取代 α-$Ni(OH)_2$ 的方法主要有共沉淀法、水热法和电化学法等。

1994 年，Kamath 等[6]采用直接化学共沉淀法制备了 Ni-Al 水滑石型层状双氢氧化物（LDHs）作为 RZNB 的正极材料，LDHs 由带正电荷的金属氢氧化物层板和层间阴离子组成，可以表示为 $[M(II)_{1-x}M(III)_x(OH)_2]^{x+}(A^{n-})_{x/n}\cdot mH_2O$，其中 $M(II)$ 和 $M(III)$ 分别为二价和三价金属阳离子，A^{n-} 为阴离子。LDHs 具有与 α-$Ni(OH)_2$ 相同的结构，这样既保持了 α-$Ni(OH)_2$ 的结构，还可以明显改善其在强碱性溶液中的稳定性。后来，研究者采用聚丙烯酰胺（PAM）辅助两步干燥法，随后在 140℃水热处理 2h 合成高密度 Al^{3+} 取代 α-$Ni(OH)_2$ 粉末。与传统共沉淀法和水热法制备的 α-$Ni(OH)_2$ 粉体相比，该方法制备的 α-$Ni(OH)_2$ 样品具有更好的反应可逆性、更高的质子扩散系数、更低的电荷转移电阻、更高的比容量和循环稳定性，在 1C 下的放电容量为 292.8mA·h/g，运行 200 次循环后的容量保持率为 97.8%[7]。短时间的水热处理改善了 α-$Ni(OH)_2$ 的结晶度，促进 NO_3^- 与 OH^- 的阴离子交换，从而获得更好的电化学性能。有研究者系统研究 Al^{3+} 取代量对 α-$Ni(OH)_2$ 结构和电化学性能的影响，他们采用化学共沉淀法制备了 Al^{3+}/Ni^{2+} 摩尔比分别为 0%、5%、10%、15%、20%、25% 和 30%的样品，通过对样品进行全面的物理表征和电化学性能测试，分析了 Al^{3+} 取代量对氢氧化镍层间距、含水量、振实密度、电化学反应可逆性、电化学反应电阻、放电比容量和循环性能等的影响，并探讨了氢氧化镍微观结构与电化学性能之间的相互作用关系。Al^{3+} 取代量为 0%的样品为纯 β-$Ni(OH)_2$；Al^{3+} 取代量为 5%和 10%的样品为 α/β 混合相；当 Al^{3+} 取代量达到 15%时，样品呈现纯 α-$Ni(OH)_2$。随着 Al^{3+} 取代量的增加，样品的振实密度、层间距、放电比容量均是先增大后减小，综合考虑，Al^{3+} 取代量为 15%时样品具有最佳的电化学性能，此时的样品还具有最小的电化学反应阻抗。类似的研究也发现，Al^{3+} 含量对 Ni-Al LDH 的性能有较大影响，Al^{3+} 取代 α-$Ni(OH)_2$ 的放电容量随着 Al^{3+} 含量的增加而增加，当 Al^{3+} 含量为 18.3%时，放电容量达到 477mA·h/g，远远高于未被 Al^{3+} 取代的 β-$Ni(OH)_2$。随着铝含量的增加，析氧电位和放电中压也显著增加，经过 600 次循环后容量仍保持在 300mA·h/g。Al^{3+} 含量的持续增加会降低比容量，但循环稳定性提高[8]。

2）Co^{2+} 取代 α-$Ni(OH)_2$

除了 Al^{3+} 等高价元素外，同价元素也可以用作 α-$Ni(OH)_2$ 的掺杂剂。在这些+2 价元素中，Co^{2+} 因其稳定能力及其氧化物和氢氧化物的优异导电性而成为最有效的掺杂剂之一。Co^{2+} 掺杂可以通过抑制 γ-NiO_2 的形成来抑制二价镍向更高氧化态的氧化，进而显著提高电极的耐久性。添加 Co^{2+} 的材料充电时还会形成 CoOOH 高效导电层，提高 $\alpha\text{-Ni(OH)}_2$ 的导电性，此外，层间的稳定性也有所提高。

$\alpha\text{-Co(OH)}_2$ 与 $\alpha\text{-Ni(OH)}_2$ 结构相似，将这两种层状金属氢氧化随机共堆叠制备的复合材料 Ni-Co LDH，当 Ni/Co 摩尔比为 1 : 1 时，该正极材料具有 373mA·h/g 的比容量，相当于每个 Ni 原子交换的电子数为 1.89，在 20 次循环后仍具有 340mA·h/g 的比容量，相当于每个 Ni 交换的电子数为 1.7，对应于 100% 的活性材料利用率[9]。$\alpha\text{-Ni(OH)}_2$ 的稳定作用归因于结构相似的镍和钴氢氧化物层穿插的层状共堆叠结构，可以防止镍和钴的氢氧化物在碱性溶液中发生老化反应，但添加 Co^{2+} 会使放电平台降低。用 Fe^{3+}、Mn^{2+} 取代的 $\alpha\text{-Ni(OH)}_2$ 也具有较高的放电平台和比容量。

3）Zn^{2+} 取代 $\alpha\text{-Ni(OH)}_2$

通过在 $\alpha\text{-Ni(OH)}_2$ 层的四面体间隙位置引入 Zn^{2+} 也可以增加 NiO_2 层上的正电荷，从而增强阴离子与 NiO_2 层的结合强度。如图 3-5 所示，位于八面体间隙的 Ni^{2+} 一部分可以被移除，并由八面体空位两侧的两个占据四面体间隙的 Zn^{2+} 取代，形成层组成为 $[Ni_{1-x}{}^{octa}Zn_{2x}{}^{tetra}(OH)_2]^{2+}$ 的稳定结构。25% Zn^{2+} 取代 $\alpha\text{-Ni(OH)}_2$ 的放电比容量可高达 (410 ± 15)mA·h/g，在 6mol/L KOH 溶液中具有较好的稳定性，恒电流充放电循环过程中镍电极的放电容量几乎不衰减[10]。

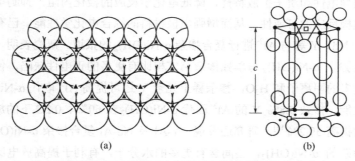

图 3-5　两个紧密堆积的阴离子层之间的八面体和四面体位点分布（a）和
Ni 与 Zn 层状双氢氧化物的结构示意图（b）

（a）中虚线圆圈表示纸张平面以下的阴离子，点代表八面体位点，三角形代表四面体位点；（b）中小空心圆代表 OH^-，大的空心圆代表插层阴离子，大点表示 Ni^{2+}，小点表示 Zn^{2+}，□表示一个八面体空位

4）复合掺杂

多种元素复合掺杂 $\alpha\text{-Ni(OH)}_2$ 可获得更好的综合性能。通过对 $\alpha\text{-Ni(OH)}_2$ 晶格常数分析，证实了晶格畸变的互补性。两种离子在不同位置共同取代镍离子时，将使晶格畸变的程度降低，提高 $\alpha\text{-Ni(OH)}_2$ 结构的稳定性。如 Al-Zn 复合取代的 $\alpha\text{-Ni(OH)}_2$，其循环稳定性远高于单独 Al^{3+} 取代的 $\alpha\text{-Ni(OH)}_2$，1C 下经过 400 次循环后容量保持率为 95%，但其比容量较单独 Al^{3+} 取代的 $\alpha\text{-Ni(OH)}_2$ 有所下降。添加 Zn^{2+}

可提高循环稳定性可能是由于两性金属锌在电解液中的溶解导致晶粒中形成微孔，有利于电解液的渗透，从而提高活性物质的活性比表面积和利用率。由于在 Al^{3+}、Zn^{2+} 复合掺杂的 α-Ni(OH)$_2$ 中，Al^{3+} 对 α 相的稳定起决定作用，Zn^{2+} 含量较少且溶解速度较慢，即使 Zn^{2+} 溶解也不会导致 α 相结构的破坏[11]。Co-Al 复合取代的 α-Ni(OH)$_2$，其中 Co^{2+} 的掺杂比例在 2%～4% 为宜，Co^{2+} 掺杂提高了 Al^{3+} 取代 α-Ni(OH)$_2$ 充放电的可逆性和稳定性，降低了 Al^{3+} 取代 α-Ni(OH)$_2$ 的电阻，从而降低了充电电压，延缓了析氧副反应，提高了充电效率、电极的放电比容量和循环寿命。Mg 掺杂 Al^{3+} 取代的 α-Ni(OH)$_2$ 增加了 α-Ni(OH)$_2$ 的晶胞尺寸和充放电电位，降低了电化学极化；混合添加 Co-Mg 则增加了质子扩散系数和高温条件下 α-Ni(OH)$_2$ 在碱液中的稳定性。Mn 掺杂的 Al^{3+} 取代 α-Ni(OH)$_2$ 提高了其充电效率、循环稳定性和放电比容量，降低了欧姆极化和电化学极化。Mn 掺杂量为 9.3% 的样品放电容量最高，300 次循环后仍然保留 260mA·h/g 的比容量。Al-Ca 复合取代的 α-Ni(OH)$_2$ 与单一 Al^{3+} 取代的 α-Ni(OH)$_2$ 相比，具有更高的质子扩散系数、更低的电化学阻抗和更高的放电比容量（0.2C 时 395.3mA·h/g）[12]。

掺杂稀土元素可降低 Ni^{2+} 的局域能级，使 α-Ni(OH)$_2$ 更易得失电子，有效改善电极材料的导电性和质子扩散特性，降低电化学反应的极化内阻，抑制电极析氧反应，提高电极反应的可逆性，从而增强电极材料的综合电化学性能。已有将稀土元素 La、Ce、Nd、Y 等与 Al^{3+} 进行复合掺杂 α-Ni(OH)$_2$ 的报道。研究表明，高价态的 Y、Al 复合掺杂 α-Ni(OH)$_2$ 与单独掺杂 Al^{3+} 相比有更多的正电性缺陷，使得晶体层间能插入更多的阴离子和 H_2O，掺杂稀土元素 Y 还可提高 Al^{3+} 取代 α-Ni(OH)$_2$ 的高温电化学性能，掺杂 5.8% Y 的 Al^{3+} 取代 α-Ni(OH)$_2$ 在 60℃、0.2C 下的放电比容量比未掺杂时提高 59.2%[13]。研究还发现，Y-Al 及 Nd-Al 复合掺杂 α-Ni(OH)$_2$ 层间距均大于未掺杂的 α-Ni(OH)$_2$，层间含有更多的水分子，有利于提高放电比容量。特别是 Y-Al 共掺杂的 α-Ni(OH)$_2$ 表现出更明显的涡层结构特征，Y-Al 共掺 α-Ni(OH)$_2$ 和 Nd-Al 共掺 α-Ni(OH)$_2$ 的质子扩散系数分别为 $3.53 \times 10^{-10} \text{cm}^2/\text{s}$ 和 $2.81 \times 10^{-10} \text{cm}^2/\text{s}$；两种共掺样品的电子转移数分别为 1.23 和 1.38，显示出良好的充放电性能和较高的质子扩散能力。Ce-Al 复合掺杂的 α-Ni(OH)$_2$，掺杂 10% Al^{3+} 和 5% Ce 的 α-Ni(OH)$_2$ 结构最稳定，在 6mol/L 碱液中陈化一个月后仍为 α 相。电极反应具有较好的可逆性，放电比容量可达 363.2mA·h/g。La-Al 取代 α-Ni(OH)$_2$ 则具有更好的可逆性和较小的电化学阻抗，在 0.1C 和 1C 下的放电比容量分别为 403.04mA·h/g 和 343.47mA·h/g，1C 下充放电循环 50 次的容量保持率为 90.31%[14]。

5）阴离子掺杂

由于 α-Ni(OH)$_2$ 的层状结构，稳定性归因于结构中相反带电层之间的强静电和化学相互作用。插入层内的阴离子种类和数量也对 α-Ni(OH)$_2$ 的电化学性质有重要影响。因此，除阳离子掺杂外，阴离子掺杂用于提高 α-Ni(OH)$_2$ 的稳定性也得到了广泛关注。Ni-Al LDHs 具有很好的离子交换性，在阴离子交换反应中，外来离子很容易替换双氢氧化物的层间阴离子，而不改变其氢氧化物层。对水滑石型氢氧化物，一般来说高价离子易于进入层间，而低价离子容易被交换出来。理论研究表明，在众多的阴离子中，NO$_3^-$ 与 Ni-Al LDHs 层间结合能最低，因此最容易被其它阴离子交换出来。基于此，研究者以硝酸镍和硝酸铝为原料合成层间含有 NO$_3^-$ 的 Ni-Al LDHs，在此基础上采用离子交换法制备层间分别含有 Cl$^-$、OH$^-$、SO$_4^{2-}$、CO$_3^{2-}$ 和 PO$_4^{3-}$ 的 Ni-Al LDHs[15]。不同的层间阴离子具有不同的离子半径、电荷和空间构型，这将直接影响它们与 NiO$_2$ 层板间的微观相互作用，进而改变层间水分子的含量和质子在层间的扩散能力等。不同阴离子插层的 Ni-Al LDHs 样品的层间距不同，按照层间距从大到小的顺序依次为：NO$_3^-$>Cl$^-$>OH$^-$>CO$_3^{2-}$>PO$_4^{3-}$>SO$_4^{2-}$。即 Ni-Al LDHs 样品的结晶特性和层间距与插层间阴离子所带电荷及半径密切相关，−1 价阴离子插层样品的层间距相对较大，−2、−3 价阴离子插层样品的层间距相对较小；在阴离子所带负电荷相同的情况下，Ni-Al LDHs 样品的层间距与层间阴离子半径大小直接相关。电化学测试结果表明，层间阴离子对样品的电化学反应可逆性有较大影响，其中 OH$^-$ 插层样品的电化学反应可逆性最好，PO$_4^{3-}$ 插层样品的电化学反应可逆性最差；层间阴离子对样品的质子扩散系数影响较小，对样品的电化学反应阻抗则有显著影响。层间阴离子对样品的放电比容量和电化学循环稳定性也都有很大影响，从大到小的顺序依次为：Cl$^-$>SO$_4^{2-}$>NO$_3^-$>OH$^-$>CO$_3^{2-}$>PO$_4^{3-}$，即 Cl$^-$ 插层的样品具有最高的放电比容量和最佳的电化学循环稳定性，PO$_4^{3-}$ 插层的放电比容量最低。

此外，有研究者提出了层间引入有机大分子稳定 α-Ni(OH)$_2$ 的方法，例如，将乙二醇（EG）添加到钴取代的 α-Ni(OH)$_2$ 中，EG 插入 α-Ni(OH)$_2$ 的层间，因其分子尺寸远大于阴离子（Cl$^-$ 和 NO$_3^-$）和水分子的尺寸，从而导致层间距增加；并且 EG 分子一旦进入层间就难以释放，从而有效抑制了 α-Ni(OH)$_2$ 向 β-Ni(OH)$_2$ 的转变，显著提高了 α-Ni(OH)$_2$ 的结构稳定性[16]。

3.3.2 形貌设计

镍基正极材料的形貌对正极性能有很大的影响，其中规则形状的 Ni(OH)$_2$ 可以具有更高的振实密度，从而产生更大的能量密度。20 世纪 80 年代末就已经开发出球形氢氧化镍生产工艺，并因其较高的振实密度和较好的导电性而受到广泛关注。使用球形氢氧化镍，由于电流分布更均匀，提高了 RZNBs 的可循环性。同时，随着纳米科学技术的飞速发展，将现代电化学与材料科学前所未有地联系起来，用于电池正极的纳米结构镍基材料的研究越来越受到关注。

大量研究表明，纳米尺寸的 β-Ni(OH)$_2$ 粉末表现出比商业球形 β-Ni(OH)$_2$ 粉末更好的氧化还原可逆性、更小的反应电阻、更低的极化和更好的充电/放电性能。通过超声与配位沉淀相结合的方法合成的纳米级 β-Ni(OH)$_2$ 具有规则的球形形状，晶粒尺寸范围为 20~50nm，平均粒径为 40nm。纳米 β-Ni(OH)$_2$ 和球形 Ni(OH)$_2$ 的质子扩散系数分别为 $1.93×10^{-11}cm^2/s$ 和 $5.50×10^{-13}cm^2/s$[17]。纳米 Ni(OH)$_2$ 更小的尺寸和更大的实际表面积，使其与电解质溶液的接触机会增加，因此增强了质子扩散。当球形 Ni(OH)$_2$ 中混入质量分数为 8% 的纳米相 Ni(OH)$_2$ 时，正极的容量增加了 14%。XPS 表明，纳米级材料可以促进 Ni^{3+} 和 Ni^{2+} 之间的转化，提高正极活性材料的利用率。类似的研究表明，与普通球形 β-Ni(OH)$_2$ 相比，纳米 β-Ni(OH)$_2$ 电荷转移过程更容易、可逆性更强，析氧过电位也移向更正的方向。纳米 Ni(OH)$_2$ 的最大比容量为 381mA·h/g，远高于 β-Ni(OH)$_2$ 的理论容量（289mA·h/g）。纳米结构的 α-Ni(OH)$_2$ 粉体也可改善镍电极的电化学性能，但其在碱性溶液中仍然存在老化现象，Al^{3+} 稳定的纳米级 α-Ni(OH)$_2$ 的性能得到明显改善。

除球形颗粒外，还对具有其它形态的镍基材料进行了研究。中空的氢氧化镍管作为 RZNB 的正极材料，与球形氢氧化镍相比，具有更高的能量密度和更好的倍率性能。此外，空心管具有较大的比表面积，有利于提高正极材料的利用率。其它形态的镍基正极材料，如纳米棒、纳米板、纳米片、纳米花和纳米空心球也表现出增强的电化学性能。

3.3.3　结构设计

氢氧化镍的反应机理归结为脱质子和质子化过程，与正极材料的比表面积和电导率有很大关系。此外，循环过程中电极材料的体积变化会导致正极结构产生内应力，造成性能和容量衰退。因此，构建一种新型结构的镍基正极材料，以促进传质和电子传递，并适应材料的内应力已成为人们关注的焦点。

（1）核壳结构

核壳结构由于其具有特殊的缓冲空间、大的表面积和短扩散距离等特点，表现出不同寻常的电化学性能。研究者通过镍离子与钴离子交换修饰球形 Ni(OH)$_2$ 的表面，制备了核壳结构的 Ni(OH)$_2$@CoOOH 复合材料，Ni(OH)$_2$ 核与 CoOOH 壳结合牢固。Ni(OH)$_2$@CoOOH 的比容量为 310mA·h/g，经 500 次循环后的容量保持率达到 97.7%，显示出优异的倍率性能和循环性能[18]。复合材料的电化学行为和 Co(OH)$_2$

氧化还原转化的可逆性与壳层平均厚度有关，当壳层厚度为(1.9±0.3)nm时，复合材料具有最佳性能。

β-Ni(OH)$_2$在强碱性电解液中具有较好的结构稳定性，不会发生相变，而α-Ni(OH)$_2$具有较高的放电比容量。为了将二者的优点有机结合在一起，在Cl$^-$插层的Ni/Al-LDHs表面包覆上一定量的β-Ni(OH)$_2$，制成具有核壳结构的β-Ni(OH)$_2$包覆Ni/Al-LDH复合材料。包覆后没有改变Ni/Al-LDH的结构，但会使其层间距略有降低。其中包覆比例为10%的Ni/Al-LDH样品具有最高的容量保持率和放电比容量，经过100次循环后其放电比容量约为未包覆样品的2倍。归因于β-Ni(OH)$_2$能在强碱液中稳定存在，将其包覆在Ni/Al-LDH的表面可减少Ni/Al-LDH直接与碱液接触，有效抑制Ni/Al-LDH中Al^{3+}及其层间阴离子和水分子的流失，进而阻止Ni/Al-LDH相结构的转变，提高了包覆后样品的循环稳定性。但是当包覆量过大时（例如20%），样品中大量的β-Ni(OH)$_2$在过充电时容易生成γ-NiOOH，进而导致体积急剧膨胀，使材料粉化失效，因此材料的循环性能又会开始变差。

（2）3D 纳米阵列

3D电极结构不仅可以增加活性物质的负载量，还可以促进离子和电子传输，进而提高电极的电化学性能。如图3-6（a）所示，研究者设计了一种生长在Ni纳米线阵列（NNA）上的Co掺杂Ni(OH)$_2$（CNH）正极材料[19]。由于Co(OH)$_2$参与氧化还原反应，Co掺杂的NNA@CNH电极在5A/g的电流密度下可提供346mA·h/g的高容量，与未掺杂Co的NNA@Ni(OH)$_2$相比容量增加了约27%。Co掺杂也有利于稳定α-Ni(OH)$_2$的结构，在30A/g下循环5000次后，NNA@CNH保留了90%的容量，而NNA@Ni(OH)$_2$的容量保持率仅为62.1%。NNA@CNH与Zn沉积在NNA上的NNA@Zn负极组成Zn-Ni电池，电池电压约为1.75V，能量密度为148.54W·h/kg（4.05W·h/L），功率密度为1.725kW/kg（基于活性材料质量），充电时间小于1min。此外，基于NNA的RZNB具有超长的使用寿命，5000次循环后容量仅损失约12%。这些三维结构设计提供了更多的活性位点和稳定的结构，使电极材料具有优良的循环性和高可逆性。如图3-6（b）～（e）所示，以钴基金属有机框架（Co-MOF）阵列为前驱体，在硫酸镍水溶液中通过同步蚀刻-沉积-生长工艺在导电泡沫镍表面原位构筑了镍钴双氢氧化物多级微纳米片阵列（NiCo-DHs）。负载在泡沫镍上的Co-MOF阵列被用作钴离子源和骨架模板，镍、钴离子水解释放的H$^+$与Co-MOF的2-甲基咪唑（2-MIM）配体之间发生蚀刻反应，诱导NiCo-DH纳米片在Co-MOF微米骨架表面原位沉积和生长，在Ni基底上构建了一种三维多级微纳米片阵列。NiCo-DHs由纳米级片和微米级支撑骨架组成，这种结构允许活性材料有效暴露并参与电化学反应。超薄纳米片和微米级骨架阵列均为垂直排列并具有适当间隙，有利于促进活性材料内部与电解质接触和离子扩散。此外，微米级骨架连同表面原位形成的交错纳米片直接生长在导电泡沫镍基底上，整个结构为电子从活性材料向集流体快速迁移创造了一条"高速公路"。得益于这些结构的优势组合，以反应 90min 制得的 NiCo-DH 作为 Zn-Ni 电池的正极时，电池的最大比容量为 329mA·h/g。与典型 Zn-Ni 电池中的简单正极反应（仅 Ni^{3+}/Ni^{2+} 转化）不同，NiCo-DH//Zn 电池的正极反应涉及 Ni^{3+}/Ni^{2+} 和 Co^{3+}/Co^{2+} 的两次转化，电池总反应如下：

$$Zn + NiOOH + CoOOH + 2KOH + 2H_2O \rightleftharpoons K_2[Zn(OH)_4] + Ni(OH)_2 + Co(OH)_2$$

此外，电池还表现出较高的电化学能量转换效率、优异的倍率性能、超快充电和对高速转换反应的强耐受性。在 $6mA/cm^2$ 下恒电流连续 850 次充放电循环期间，库仑效率均保持在 99.5% 以上，容量保持率为 73%，表现出优异的电化学可逆性。但由于锌枝晶的生成，电池容量缓慢下降[20]。

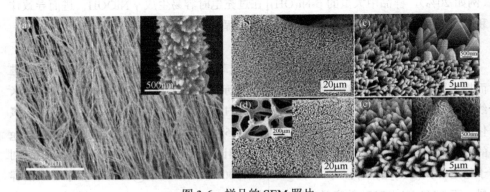

图 3-6 样品的 SEM 照片

（a）NNA@CNH；（b）、（c）Co-MOF 前驱体；（d）、（e）泡沫镍上的 NiCo-DH

在此基础上，研究者采用水解诱导交换的方法制备了生长在碳纸上的 Al 掺杂镍钴双氢氧化物 Al-CoNi DH。如图 3-7 所示，与未掺杂样品相比，掺杂 Al^{3+} 后样品的微片骨架厚度明显减小，许多纳米片收缩在一起形成小的聚集体 [图 3-7（d）、（f）]，这可能是由于 Al^{3+} 相对于 Co^{2+} 和 Ni^{2+} 具有更强的水解能力，使溶液 pH 降低，加速了 Co-MOF 骨架的蚀刻，而且干扰了钴镍双氢氧化物纳米片的定向生长，取向规则性减弱。Al 掺杂成功抑制了长时间循环过程中晶相和微观结构的转变，因此 Al-CoNi DH 电极与未掺杂 Al 相比循环稳定性显著提高。5% Al 掺杂的 Al-CoNi DH-5%//Zn 电池具有较高的比容量（264mA·h/g）、良好的倍率性能、高电化学能量转换效率、优异的快速充电能力和快慢充电可逆切换能力。电池恒电流充放电循环 1000 次和 2000 次后容量保持率分别为 78.1% 和 64.4%，比未掺杂 Al 的电池提高了 14%[21]。

图 3-7 材料的 SEM 图像

(a) ～ (c) CoNi DH@CC；(d) ～ (f) Al-CoNi DH-5%@CC

（3）含碳混合纳米材料

Ni(OH)$_2$ 是低导电性的半导体材料，在一定放电深度时，由于导电性不良的 Ni(OH)$_2$ 增多，镍电极放电变成固相质子扩散和电荷传递混合控制。由于电荷的传递受到影响，在充放电过程中 Ni^{2+} 不能充分氧化，放电过程中 Ni^{3+} 不能充分还原，造成活性物质利用率降低，影响其大电流放电性能。碳基纳米材料，尤其是碳纳米管、碳纳米纤维和石墨烯等，具有大的表面积、优异的导电性和高电化学稳定性等综合优势，作为镍基电极材料的添加剂极具吸引力。例如，采用络合沉淀法在介孔碳表面合成 Ni(OH)$_2$ 纳米片，使其沉积在介孔碳表面和孔隙内部，制得 Ni(OH)$_2$/C 复合材料。Ni(OH)$_2$ 和介孔碳的"融合效应"显著降低了 Ni(OH)$_2$ 的极化，提高了倍率性能，还可有效缓解氧气析出和外部机械振动对 Ni(OH)$_2$/C 电极的影响。纳米 Ni(OH)$_2$/C 复合材料在 30A/g 的超高电流密度下提供了 345.2mA·h/g 的比容量，在超过 20000 次循环后容量保持率仍然高达 97%[22]。将层状 Ni-Al LDH 和氧化石墨烯 （GO）溶液混合，带正电的 LDH 薄片和带负电的 GO 薄片交替堆叠，通过适度的热处理获得 Ni-Al LDH/石墨烯超晶格复合材料。微小的 LDH 纳米片紧密地涂覆在石墨烯基底上，使石墨烯网络均匀插入 LDH 中间层，这种有序组装的复合材料具有更高的密度和电导率，同时交替组装构建的二维传质通道还可以缩短离子/电子传输的距离，表现出优异的倍率性能和循环稳定性。在 1A/g 的高电流密度下，Ni-Al LDH/石墨烯复合材料的放电容量达 291mA·h/g，经过 500 次充放电循环后，仍保持 238mA·h/g 的容量，而原始 Ni-Al LDH 电极的容量仅为 54mA·h/g。当充放电电流提高到 5A/g 时，Ni-Al LDH/石墨烯复合材料的放电容量为 233mA·h/g，是 Ni-Al

LDH 电极的 2.4 倍[23]。将 Al 和 Co 共掺杂 α-Ni(OH)$_2$ 形成的超薄 NiAlCo-LDH 纳米片附着在少壁碳纳米管（FWCNTs）上，合成 NiAlCo-LDH/CNT 复合材料，Al 和 Co 共掺杂稳定的 α-Ni(OH)$_2$ 结构、超薄纳米片形态、NiAlCo-LDH 纳米片与 CNT 之间的强相互作用均有助于提高复合材料的电化学性能。在 6.7A/g 和 66.7A/g 的电流密度下提供了大约 354mA·h/g 和 278mA·h/g 的高容量。在 66.7A/g 下 2000 次充放电循环中容量损失仅约为 6%，而未掺杂的 α-Ni(OH)$_2$/CNT 的容量衰减超过 70%。具有 NiAlCo-LDH/CNT 正极和电沉积锌负极的可超快充电 Zn-Ni 电池可提供大约 1.75V 的电池电压、274W·h/kg 的能量密度和 16kW/kg 的功率密度（以活性物质计），600 次循环后的容量保持率达 90%，充电时间小于 1min[24]。

3.3.4 其它镍基正极材料

（1）NiO 基正极

NiO 因其化学和热稳定性高、易于合成、环境友好以及与氢氧化镍相比具有更高的理论容量而成为 Zn-Ni 电池有前途的正极材料。但 NiO 的离子和电子电导率较低，以及在循环过程中体积变化大和结构坍塌导致的稳定性差，成为它们在 Zn-Ni 电池中广泛应用的主要障碍。为了解决这些问题，研究者主要通过形态设计和组成调控提高 NiO 的电化学性能。

由于块体材料的比表面积小，暴露的活性位点有限，且离子/电子的传输路径长，反应动力学缓慢，因此其电化学性能通常很差。相反，纳米结构材料不仅具有较短的离子扩散距离和电子传输路径，而且具有较高的氧化还原反应有效表面积。为此，已经制备了多种纳米结构的 NiO，如纳米轴、纳米片、纳米壁和纳米颗粒等，并作为 RZNB 的正极进行了深入研究。研究者将 NiO 纳米片锚定在 CNT 上，这种设计提供了更好的电子电导率，有利于电化学氧化还原动力学，因此，NiO 纳米片也具有更高的容量和良好的稳定性[25]。以 NiO@CNT 为正极的 Zn-NiO 电池的电极反应如下：

$$负极： \qquad Zn(OH)_4^{2-} + 2e^- \underset{放电}{\overset{充电}{\rightleftharpoons}} Zn + 4OH^- \qquad (3-6)$$

$$正极： \qquad 2NiO + 2OH^- \underset{放电}{\overset{充电}{\rightleftharpoons}} 2NiOOH + 2e^- \qquad (3-7)$$

$$总反应： \qquad 2NiO + Zn(OH)_4^{2-} \underset{放电}{\overset{充电}{\rightleftharpoons}} 2NiOOH + Zn + 2OH^- \qquad (3-8)$$

Zn-NiO@CNT 电池的容量在 1A/g 时可达到 155mA·h/g，能量密度为 228W·h/kg，与锂离子电池相当。当电流密度增加到 3A/g 时，仍具有 52.9% 的容量保持率，500 次循环后容量衰减 35%，而没有 CNT 的 NiO 电池容量衰减 60%。

Ni-NiO 异质结构纳米片作为正极，也可以解决镍基正极的不可逆性问题。由 NiO 基体和嵌入的金属镍纳米粒子组成 Ni-NiO 材料呈现出粗糙多孔的纳米片形貌，该材料在不同电流密度下比纯 NiO 具有更长更平坦的放电电压平台。在电流密度为 3.7A/g 时，Ni-NiO 电极材料的容量为 5.78mA·h/cm^2，而纯 NiO 电极的容量为 1.62mA·h/cm^2。在电流密度为 18.5A/g 下循环 10000 次后，Ni-NiO 显示出 98.9% 的容量保持率。研究者还通过简单的超声活化法合成了活化泡沫镍（SANF），即 Ni@NiO 三维核壳电极材料[26]。超薄的 NiO 层原位生长在三维泡沫镍基底上，形成了高活性的三维核壳结构。SANF 用作 Zn-Ni 电池的正极，也表现出优异的能量密度（15.1mW·h/cm^3）和功率密度（1392mW/cm^3），电池在 8mA/cm^2 下循环 1800 次时容量保持率仍然可达 92.5%。SANF 电极出色的容量性能和倍率性能可以归因于以下几点：①三维多孔 SANF 电极粗糙的表面不仅有利于离子之间的作用，更是显著增加了活性面积；②高导电性的 Ni 核与超薄 NiO 活性外层促进了电子的传递；③具有合适厚度的多孔 NiO 层促进了水系电解液的扩散和离子传输。

如图 3-8（a）所示，Zhou 等[27]通过 Ni^{2+} 水解和 H$^+$ 刻蚀合成支撑在压制泡沫镍（PNF）电极上的三维 NiO 纳米片阵列（NiO/PNF），NiO 纳米片阵列结构具有优异的孔隙率，并与导电 PNF 载体紧密黏附，因而具有较高的容量和倍率性能。同时，这种独特的电极结构提供了更多的活性位点，有利于离子扩散和电子传输。利用商业 Zn 片与 NiO/PNF 电极组成的 NiO/PNF-Zn 电池，当电流密度超过 5.0mA/cm^2 时，库仑效率仍然保持在 100%，表现出良好的电化学可逆性和循环稳定性，在电流密度为 20mA/cm^2 时，NiO/PNF-Zn 电池在循环 3000 次后的容量保持率仍可达 85%。Lu 等[28]通过多步水热反应和煅烧过程制备了直接生长在泡沫镍上的 Co$_3$O$_4$@NiO 纳米带@纳米棒阵列（Co$_3$O$_4$@NiO NSRAs）。如图 3-8（b）所示，NiO 纳米棒均匀垂直生长在 Co$_3$O$_4$ 纳米带阵列上，形成分级结构。其独特的结构不仅促进了电子传输和电解液渗透，而且还体现了各组成的协同效应，从而促进了电池性能的提高。Co$_3$O$_4$@NiO NSRAs 电极在 5mA/cm^2 下的容量为 2.91mA·h/cm^2（对应于大约 242.4mA·h/g 的比容量），1000 次循环后容量保持率高达约 96%。Co$_3$O$_4$@NiO NSRAs 与碱性溶液中的锌负极组成的 Zn-Ni 电池的峰值能量密度约为 5.12mW·h/cm^2，峰值功率密度约为 82.21mW/cm^2。电池充放电循环稳定性表明，在 50mA/cm^2 的电流密度下，电池容量在 500 次循环时下降了约 10%，电池的库仑效率大于 97%。

组成调控也是改善 NiO 电化学性能的重要策略。设计具有理想成分的复合纳米电极是提高 NiO 正极导电性、容量和耐久性的有效方法。活性炭、碳纳米管和石墨烯等碳材料具有出色的导电性、超大表面积、优异的电化学稳定性和高相容性，是构建复合电极的理想支架。将纳米结构的镍基电极与导电碳纳米材料相结合，可以

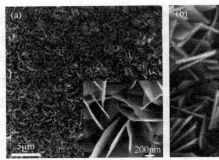

图 3-8 NiO/PNF（a）与分级 Co₃O₄@NiO NSRAs（b）的 SEM 照片

显著改善 NiO 导电性差的问题，大大提高 Zn-Ni 电池的功率密度和能量密度。例如，研究者采用电沉积-碳化两步法在碳布（CC）衬底上制备 N 掺杂碳纳米纤维（CF），然后通过络合沉淀在 CF 上生长多孔超薄 NiO 纳米片[29]。CF@NiO 的 SEM 和 TEM 图像如图 3-9 所示，从中可以观察到 CF 上径向排列的超薄多孔 NiO 纳米薄片。在 6mol/L 的 KOH 电解液中研究了其电化学性能，CF@NiO 电极在 5mA/cm² 下的容量为 0.35mA·h/cm²（265mA·h/g），当电流密度增加 12 倍时容量保持率为 63.2%，表现出优异的倍率性能。此外，CF@NiO 还具有高的循环稳定性，在 6000 次循环后仍可保留 92.4%的初始容量。基于 CF@NiO 材料组装的 CF@NiO//CF@ZnO 准固态电池，实现了 323.3W·h/kg 的高能量密度和 2400 次稳定循环。这种优异的性能归因于金属氧化物和碳之间的协同效应，可以提供丰富的电极/电解质接触界面和快速的电化学动力学。

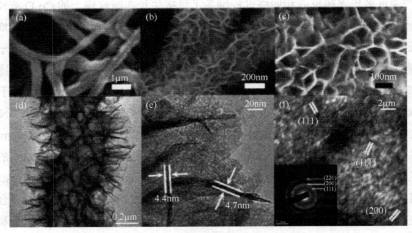

图 3-9 在 CFs 上生长的多孔 NiO 纳米片的 SEM 照片 [（a）～（c）] 和
TEM 照片 [（d）～（f）]

（2）NiCo₂O₄基正极

与单金属镍或钴氧化物相比，三元钴酸镍（NiCo₂O₄）具有更好的导电性和更高的电化学活性。此外，它还具有成本低、资源丰富、环境友好等优点。因此，各种基于 NiCo₂O₄ 的纳米结构材料已被用于超级电容器和锂离子电池的电极。然而，NiCo₂O₄ 作为 Zn-Ni 电池正极的研究很少报道。直到 2018 年，Lu 等[30]报告了一种新型三维自支撑多孔 NiCo₂O₄ 纳米片作为柔性水系 Zn-Ni 电池的高性能正极。3D 多孔 NiCo₂O₄ 纳米片通过水热生长和随后的煅烧工艺直接生长在碳布上。这种 3D 多孔结构不仅提供了高表面积和丰富的活性位点，而且还促进了电子传输和离子扩散，从而大大提高了电极的氧化还原动力学。同时，使用独立的高结晶锌纳米片替代传统的锌箔作为电池的负极，可提供更高的反应活性，减少枝晶形成。使用这种 3D NiCo₂O₄ 纳米片作正极，Zn 纳米片作负极，组成柔性 Zn-Ni 电池的电极和电池反应如下：

阳极：$Zn(OH)_4^{2-} + 2e^- \underset{\text{放电}}{\overset{\text{充电}}{\rightleftharpoons}} Zn + 4OH^-$

阴极：$NiCo_2O_4 + OH^- + H_2O \underset{\text{放电}}{\overset{\text{充电}}{\rightleftharpoons}} NiOOH + 2CoOOH + e^-$

$\qquad CoOOH + OH^- \underset{\text{放电}}{\overset{\text{充电}}{\rightleftharpoons}} CoO_2 + H_2O + e^-$

总反应：$2NiCo_2O_4 + 3Zn(OH)_4^{2-} \underset{\text{放电}}{\overset{\text{充电}}{\rightleftharpoons}} 2NiOOH + 4CoO_2 + 3Zn + 6OH^- + 2H_2O$

电池在 1.6A/g 下具有 183.1mA·h/g 的容量，当电流密度增加到 32A/g 时，仍可保持超过 52.5%的容量。同时还具有 303.8W·h/kg 的高能量密度、49.0kW/kg 的最大功率密度和出色的循环稳定性，经 3500 次充放电循环后容量保持率为 82.7%。

（3）Ni₃S₂基正极

过渡金属硫化物（TMS），如 Ni₃S₂、NiCo₂S₄、Ni$_x$Co$_{3-x}$S₄ 等因其高容量和电化学过程高度可逆被广泛应用于锂离子电池、钠离子电池和超级电容器。Ni₃S₂ 在常温下具有比 NiO 更高的电子电导率（5.5×10⁻⁴S/cm），能够使电荷快速转移。此外，Ni₃S₂ 在碱性溶液中从 Ni(Ⅱ)↔Ni(Ⅲ) 的可逆转变中表现出高可逆电化学性能，用作 Zn-Ni 电池的正极潜力巨大。以硫代乙酰胺（TAA）为硫源，通过水热法在泡沫镍基底上原位生长 Ni₃S₂ 纳米片，如图 3-10（a）所示，Ni₃S₂/Ni 保持与原始泡沫镍相同的具有分级大孔隙率的 3D 网格结构，Ni₃S₂ 纳米片均匀生长在互连结构的泡沫镍表面。泡沫镍不仅是支撑活性材料的三维骨架，而且为制备 Ni₃S₂ 提供了镍源。无任何添加剂的自支撑电极紧密耦合结构、纳米片的高度多孔性有利于电解液的渗透和电子的快速传输。将 Ni₃S₂/Ni 复合材料用作碱性 Zn-Ni 电池的正极材料，电极的初始放电容量为 150mA·h/g，100 次循环后容量保持在 125mA·h/g，且没有明显的容量衰减[31]。正极上的可逆氧化还原反应可描述如下：

$$Ni_3S_2 + xOH^- \xrightleftharpoons[\text{放电}]{\text{充电}} Ni_3S_2(OH)_x + xe^-$$

Zhou 等[32]通过水热法在泡沫镍上直接生长 Ni_3S_2 纳米片，然后通过电沉积法涂覆一层 PANI。如图 3-10（b）、（c）所示，原始 Ni_3S_2 是由大量相互连接的 3D 纳米片形成的开放网络结构，PANI 均匀生长在 Ni_3S_2 表面，Ni_3S_2@PANI 比原始 Ni_3S_2 电极具有更平滑的开放网络结构。Ni_3S_2@PANI 复合正极的高容量、超稳定的循环性能以及高倍率性能归因于：①导电性高的薄 PANI 壳可以显著提高 Ni_3S_2 的电子传输能力和离子扩散速率，从而使其具有优异的氧化还原反应动力学和更高的活性 Ni_3S_2 利用率。②PANI 还具有一定的储能能力，这种具有大表面积的 Ni_3S_2 核的开放网络纳米片状结构可以进一步增加 PANI 的电化学活性位点，从而产生更高的容量贡献。③Ni_3S_2 内核和 PANI 壳之间的紧密接触确保了快速的界面电荷转移。Ni_3S_2@PANI 电极在 11.4A/g 下的容量为 247.6mA·h/g，在 17.1A/g 下进行 10000 次循环后没有任何容量衰减。所制备的 Ni_3S_2@PANI-Zn 电池在 5.7A/g 下循环 5000 次后容量为 389.3mA·h/g，仍然没有任何容量衰减，最大能量密度为 386.7W·h/kg。

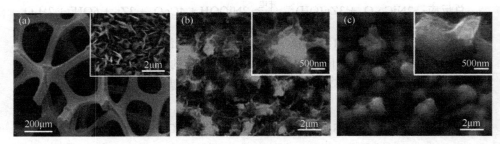

图 3-10　Ni_3S_2/Ni（a）、原始 Ni_3S_2（b）和 Ni_3S_2@PANI 电极（c）的 SEM 照片

通过简便的水热反应制备的含丰富硫空位的 Ni_3S_2 纳米片（r-Ni_3S_2），将其用作水系 Zn-Ni 电池的正极时，得益于其显著提高的导电性和比表面积，r-Ni_3S_2 电极展现出极高的可逆容量和倍率性能。r-Ni_3S_2 与 Zn 负极组成的电池在 3000 次循环后的容量仅下降 8.4%，电池的能量密度高达 419.6W·h/kg，峰值功率密度为 1.84kW/kg，大大超过了已有的锌-镍电池。

（4）Ni-MOF 正极

金属有机框架材料（MOFs）是一种新兴的结晶性多孔杂化材料，广泛应用于超级电容器和可充电电池中。传统的 MOFs 材料具有较高的比表面积，因此被广泛用作碳基和金属氧化物电极材料的模板。M-MOF-74 由二价金属离子与 2,5-二羟基对苯二甲酸（H_4DOBDC）之间的强共轭 π 键构成三维蜂窝状网络。其独特的一维六角孔道结构，孔径约为 1.1nm，有利于提高电解液的渗透性，降低快速电子转移的空间位阻，从而促进电化学反应过程中电子传输和电解液扩散。Man 等[33]采用溶剂热法在碳纳米管纤维 CNTF 上生长具有一维孔道的自支撑 Ni-MOF-74 [图 3-11 (a)]，独特的结构使其具有高效的氧化还原性能、大容量和高倍率性能。在 $5A/cm^2$ 的大电流密度下循环 1000 次后，电极的容量保持率为 91.4%。Ni-MOF-74@CNTF 与锌负极组成的电池具有约 1.75V 的放电电压，在 $0.25A/cm^2$ 下容量可达 $184.5mA \cdot h/cm^3$，当电流密度增加 20 倍时，容量保持率仍可达到 80%，显示出优异的倍率性能。电池实现了 $322.84mW \cdot h/cm^3$ 的高能量密度和 $8.75W/cm^3$ 的最大功率密度。同时，Ni-MOF-74//Zn 电池具有良好的循环稳定性，2000 次循环后的容量保持率为 86.2%，库仑效率为 100%。

MOF-74 材料在框架中具有高密度的潜在开放金属位点，其独特优势是可以在不破坏 MOFs 晶体基本框架结构的情况下替换金属节点，使得设计稳定的双/多金属 MOFs 拓扑结构成为可能。例如，通过简单的一步水热过程在导电碳布上原位生长制备单金属位点的 Ni-MOF-74、双金属位点的 NiM-MOF@CC（M = Mn^{2+}、Co^{2+}、Cu^{2+}、Zn^{2+}、Al^{3+}、Fe^{3+}）和多金属位点的 NiCoM-MOF@CC（M = Mn^{2+}、Zn^{2+}、Al^{3+}、Fe^{3+}）一系列 MOF-74 族材料，为在 CC 上原位合成多金属 NiM-MOF 提供了一种通用方法[34]。Co^{2+}比其它金属离子更容易整合到 NiM-MOF@ CC 的网络中，这可能是由于形成金属团簇的能量不同。如图 3-11 (b) 和 (c) 所示，三维堆积锥形结构的 Ni-MOF-74 表面由于 Co^{2+}的掺杂逐渐变成了纳米棒，提高了材料的电化学性能。Co/Ni 比例为 1：1 的 NiCo-MOF@CC 电极具有最高的导电性和化学稳定性，组装的 NiCo-MOF@CC-Zn@CC 电池实现了高达 $1.77mA \cdot h/cm^2$ 的比容量、$2.97mW \cdot h/cm^2$ 的面积能量密度，6000 次循环后仍能够保持 83%的容量。

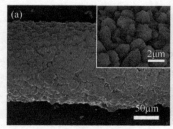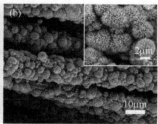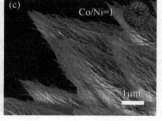

图 3-11　样品的 SEM 照片

（a）Ni-MOF-74@CNTF；（b）Ni-MOF@CC；（c）NiCo-MOF@CC

3.4 锌负极

3.4.1 锌负极材料及电极反应

锌负极可以做成充电态和放电态两种，主要取决于初始材料是 ZnO（充电态）还是 Zn（放电态）。一般情况下放电态的 Zn 电极用于一次电池，充电态的 ZnO 多用于二次电池。商业上的可充碱性 Zn-Ni 电池使用时需要通过缓慢充电来"化成"电池，即 Ni(OH)$_2$ 必须在使用前首先充电以形成 NiOOH，在此过程中充电态的 ZnO 也被还原为金属 Zn。但由于 ZnO 具有半导体特性，导电性能较差，如果制备的 RZNBs 锌负极材料全部是 ZnO，电池将会有较高的初始电阻，其电极必须用小电流充电活化，还原一定比例的 ZnO 生成 Zn，利用金属 Zn 良好的导电性减少锌负极的电阻，提高充放电效率，使电极的电化学性能得到改善。所以 RZNBs 中，锌负极的活性物质主要为 ZnO 中添加一些金属 Zn，以减少初始充电时的高电阻，同时也会添加某些添加剂以改善锌负极的性能。

RZNBs 锌负极上发生的可逆反应如下：

$$Zn + 4OH^- \rightleftharpoons Zn(OH)_4^{2-} + 2e^- \quad (E^0 = -1.24V \text{ vs. SHE})$$

Zn 具有较高的析氢电位，由于锌电极一般采用多孔电极，表面积较大，当锌电极处于碱性体系中时，电极极易腐蚀而引发自放电。其反应方程式为：

$$2H_2O + 2e^- \longrightarrow 2OH^- + H_2 \uparrow \quad (\text{HER})$$

$$Zn + 2OH^- + 2H_2O \rightleftharpoons Zn(OH)_4^{2-} + H_2 \uparrow \quad (\text{腐蚀和 HER})$$

当使用 ZnO 作锌负极的活性物质时，除了初始活化过程外，也会发生上述类似的反应。

3.4.2 锌负极存在的问题

与 RAM 电池一样，RZNBs 的电解液仍为高浓度 KOH 溶液。因此，RZNBs 的锌负极仍存在与 RAM 电池类似的三大挑战：①放电产物 ZnO 绝缘，使未反应的锌表面钝化，阻止进一步放电或再充电回金属锌，导致活性物质利用率低，可充性差；②ZnO 溶解导致锌随机沉积，连续循环后电极发生形变、枝晶生长，导致容量衰减，锌枝晶还可以穿透隔膜导致电池短路；③由于 Zn 的还原电位比 H$_2$ 更负，导致 Zn 颗粒表面上发生 HER。特别是在电解液量有限的密封电池中，H$_2$ 的析出使电解液变干，电池内部压力增大，气泡堵塞离子通路，导致库仑效率降低，甚至电池突然失效。以上问题都会直接导致电极容量和循环寿命下降。近年来，通过负极材料的表面改性或结构设计等方法，已经广泛实现了对 HER 和锌枝晶生长的抑制，这使得 Zn 电极得以提高容量和延长循环寿命。

最近，研究者模拟 Zn-Ni 电池实际应用中最可能出现的场景（大电流充放电和 50% DOD），探究了锌-镍电池失效的最根本原因[35]。在循环过程中，可以观察到气体析出、添加剂和黏结剂的偏析以及锌负极形变。黏结剂和金属铋的偏析现象在电池活化之后就已经出现，因此这并不是导致电池失效的最根本原因。结合有限元分析，实验最终发现电池失效的关键因素是电流分布不均匀和锌溶解导致的锌负极形变。锌负极形变减小了负极的有效活性面积，增大了"死锌"出现的可能性，使电池即使在大量锌存在的情况下也无法正常放电。这项工作的发现有助于加深对锌负极工作机理和失效机理的认识，为后续研究提供了重要参考。

3.4.3 锌负极的改进

RZNBs 具有比能量高、比功率高、开路电压高、毒性小、成本低等优点。然而，由于锌电极在充放电过程中存在形变、枝晶生长、钝化和锌电极的自放电等限制性问题，致使 RZNBs 循环寿命较差，阻碍了其广泛商业化。已经进行了许多尝试来克服这些问题，包括添加锌电极或电解质添加剂，稳定隔膜的选择，以及采用脉冲充电、间歇充电和电极振动等其它技术。RZNBs 的这些问题与活性物质 ZnO 的物理和电化学性能密切相关。因此，对 ZnO 的研究和处理是提高 RZNBs 电化学性能的重要途径之一。

（1）掺杂改性

研究发现，各种添加剂可以有效防止锌枝晶的形成，抑制锌电极的腐蚀和形变。一些纳米复合材料，包括金属、金属氧化物/氢氧化物和有机化合物已被添加到锌电极材料中，以提高其电化学性能。

1）无机添加剂

锌负极常用的金属添加剂有 Bi、In、Ti 和 Sn 及其相关化合物。在这些材料中，Bi 化合物［Bi_2O_3、$Bi(OH)_3$ 等］最受关注。溶剂热法制备的亚微米级 $Bi_2O_3@ZnO$ 球体作为 Zn-Ni 电池的负极材料，与纯 ZnO 电极相比，$Bi_2O_3@ZnO$ 球降低了电极的极化电压，具有较高的比容量和循环稳定性[36]。$Bi_2O_3@ZnO$ 球的紧密结构可以减少 ZnO 与碱性电解液之间的接触，从而抑制 ZnO 的溶解，使电极显示出高的比容量。同时，锚定在 $Bi_2O_3@ZnO$ 球中的 Bi_2O_3 可在充电过程中还原为金属 Bi，并均匀分布在 ZnO 球中。具有高析氢过电位的金属 Bi 可以保证电流密度的均匀分布，避免枝晶形成和析氢反应。以 $Bi_2O_3@ZnO$ 作 Zn-Ni 电池的负极材料，在 1C 下循环 160 次后，放电比容量仍保持在 608.6mA·h/g 的较高水平，平均比容量可达 604.9mA·h/g，而纯 ZnO 作负极时，在 120 次循环后逐渐衰减至 300mA·h/g。此外，溶剂热法制备的 $Bi_2O_3@ZnO$ 性能优于简单沉淀法。电极的原位 X 射线衍射研究表明，充电时添加的 Bi_2O_3 在 ZnO 还原之前先被还原为单个金属 Bi 颗粒，导电金属 Bi 形成的纳米级导电网络与集流体构成互补的电子通路，经过多次循环后 Bi 颗粒没有发生团聚。

$Ca(OH)_2$ 也是著名的无机负极添加剂之一，它可以通过与 $Zn(OH)_4^{2-}$ 可逆键合形成不溶性锌酸钙化合物 $[Ca(OH)_2·2Zn(OH)_2·2H_2O]$ 来抑制形变，从而延长了电池的循环寿命。基于此，锌酸钙也被直接用作 RZNBs 的负极材料，其循环性能明显优于 ZnO 以及 ZnO 与 $Ca(OH)_2$ 的混合物。充电时锌酸钙还原为 Zn 和 $Ca(OH)_2$，由于 $Ca(OH)_2$ 不是活性材料，对容量没有贡献，锌酸钙电池的比容量低于 ZnO。此外，$Ca(OH)_2$ 导电性较差。研究发现，由质量分数为 64.5% ZnO、25% $Ca(OH)_2$、8% Bi_2O_3 和 2.5% PTFE 组成的负极，NiOOH 作正极，在平均 13.6% DOD_{Zn} 和 192mA·h/mL（以总负极体积计）下，持续了 990 次循环，这一结果接近现有文献中的最佳值[37]。此外，这种性能是通过使用具有高总容量（多个堆叠的 6 英寸电极，总计约 35g）和最少电解质（约 2mL/mL 负极）的电池实现的，更具商业实用性。添加 $Al(OH)_3$ 和 $Mg(OH)_2$ 也具有与添加 $Ca(OH)_2$ 相同的作用。

In 化合物也是 RZNBs 锌电极的重要成分，因为这些化合物具有抑制 HER、减少电极形变和自放电的作用，从而使电流密度分布更加均匀，提高电池寿命。传统的添加方法是 In 化合物与 ZnO 物理混合，但简单的物理混合很难实现 ZnO 与添加剂之间的充分接触。采用简单的共沉淀法合成的 In 掺杂氧化锌（IZO）样品，促进了锌电极的还原，这归因于分布在 IZO 颗粒表面的 In^{3+} 被还原成金属 In，金属 In 可以在活性物质与铜网集流体之间产生良好的电接触，有助于锌电极中的电子转移。IZO 的初始放电容量为 569mA·h/g，73 次循环后容量保持率为 95.2%，远高于 ZnO 与 In_2O_3 物理混合物的放电容量[38]。与 In 掺杂类似，水热法制备的 ZnO/SnO_2 复合材料，活化过程中被还原的 Sn 富集在 ZnO 表面，对锌电极中的活性材料产生良好的保护。Cr_2O_3 因其具有较高理论容量（1491mA·h/g），氧化电位略高于 ZnO，也被用作 ZnO 电极的添加剂。适量的 Cr 插入 ZnO 的晶格中，提高了 RZNB 的电化学性能。利用超声浸渍法改性使 $Y(OH)_3$ 微粒与锌粉结合，用于锌基电池的负极材料，电池具有持久的循环稳定性和低容量损失。CeO_2/ZnO 复合材料也表现出较高的循环稳定性。

Magneli 相钛亚氧化物是一系列通式为 Ti_nO_{2n-1}（$n = 4 \sim 10$）的亚氧化物。这类陶瓷材料具有高的导电性和耐化学腐蚀性，在电化学上稳定。将导电性能最好的 Ti_4O_7 相导电陶瓷颗粒添加到锌电极中，可显著提高电极的放电容量和循环稳定性，并且电极放电电压的更高、充电电压更低。电极初始放电容量约为 459mA·h/g，并且在 50 次循环测试中几乎没有下降[39]。此外，碳质添加剂，如乙炔黑、石墨、氧化石墨烯（GO）、无定形碳涂层和碳纳米管等也已用于碱性锌负极中，以增强导电性和电流分布。

2）有机添加剂

锌负极常用的有机添加剂主要有聚乙二醇、含氟表面活性剂、十二烷基苯磺酸钠、吐温 20、烷基数为 12～16 的烷基三甲基溴化铵、亚硫酸钠等有机添加剂，以减少电极的腐蚀。

聚吡咯（PPy）是一种导电共轭聚合物，具有电导率高、热稳定性好、电化学性能好、成本低等优点。ZnO/PPy 复合材料用作 RZNB 的负极材料时，锌酸盐离子与 PPy 的亚胺键重新络合，使锌均匀沉积，有效抑制锌枝晶的生长。此外，PPy 高度延伸的链结构及 PPy 与 ZnO 结合和协同作用提高了电子的迁移率。与传统的 ZnO 电极相比，ZnO/PPy 复合材料具有更稳定的充电平台和更高的放电平台，倍率性能和容量稳定性也明显提高。

卟啉化合物是一类具有刚性共轭结构的大环化合物，因其特殊的电学和光学性能而被广泛研究。如图 3-12，四苯基卟啉（TPP）掺杂改性的 ZnO，TPP 颗粒的尺寸大于 ZnO，ZnO 颗粒分散分布在 TPP 颗粒周围。50 次充/放循环后，裸锌电极有大量的锌枝晶生长，其长度约为 4μm［图 3-12（a2）］。而 TPP 修饰的锌电极仅有少量枝晶，长度约为 0.55μm［图 3-12（b2）］，表明 TPP 对枝晶生长有显著的抑制作用。其原因是在放电过程中，TPP 可以通过配位效应捕获锌离子，将活性材料保留在电极中，并抑制 ZnO 在电解液中的溶解；在充电过程中，配位力可以使锌晶粒均匀分布在 TPP 表面，抑制了锌枝晶的生长。使用 TPP 改性 ZnO 负极的 Zn-Ni 电池具有更高的放电电压、更好的循环稳定性和更低的腐蚀电流。但由于 TPP 导电性较差，其电荷转移电阻较裸 ZnO 大[40]。

功能有机-无机复合材料之间具有协同或互补行为。例如，锌电极中同时添加 PEG-600 和 $In(OH)_3$ 复合缓蚀剂，由于 $In(OH)_3$ 还原产生的 In 覆盖层促进了 PEG-600 在电极表面上的吸附，因而氢的阴极析出和锌的阳极溶解过程受到一定程度的抑制，在锌的阴极沉积过程中由于缓蚀剂的吸附导致了更高的沉积过电位，因而会产生更加紧密、细致的锌沉积层，有利于减少枝晶生长和形变。

图 3-12　裸 ZnO 循环前后 [（a1）、（a2）] 和质量分数为 8% TPP 改性 ZnO 循环
前后 [（b1）、（b2）] 的 SEM 照片

（2）形貌设计

　　材料的振实密度对增加电池的比能量密度具有显著影响。为了获得优异的充放电性能，商用 Zn-Ni 电池通常使用尺寸为 300~400nm 的 ZnO 材料制备 ZnO 负极，其振实密度约为 $0.9g/cm^3$，低的振实密度极大限制了 ZnO 负极的高负载质量。由络合共沉淀法合成的 ZnO 微球，粒径约为 10~20μm，这些球形颗粒是由 200~500nm 大小的微晶薄片交错或重叠堆积成的实心球体结构 [图 3-13（a1）]，其振实密度可达 $3.00g/cm^3$，比商业常规 ZnO 高 3 倍。以 ZnO 微球作负极的 RZNBs 表现出优异的电化学性能，具有更高的体积比容量、倍率性能和循环稳定性。并且循环后锌负极上没有锌枝晶生成 [图 3-13（a2）][41]。采用简单的水热法合成的多孔 ZnO 微球表现出更优的循环稳定性，在 1C 下最大放电比容量高达 643.2mA·h/g（库仑效率 97.60%），且经预活化后，前 600 个循环的比容量基本上保持在 600mA·h/g，在大电流密度下也具有良好的放电性能[42]。

　　ZnO 的初始形态是影响 RZNBs 电化学性能的重要因素之一。除了上述类似零维的球形材料外，一维结构的纳米材料，包括纳米管、纳米线和纳米棒也可以提高其电化学性能。一维纳米结构具有多种优势，例如电子转移的直接路径、促进电解液渗透的高纵横比等均有助于提高活性材料的利用率。Yang 等 [43]在没有表面活性剂和模板的情况下通过水热法制备了 ZnO 纳米线。如图 3-13（b1）所示，ZnO 呈长丝状，纳米线的直径为 50~80nm，长度约为几微米，有些甚至超过 10μm。ZnO 纳米线作为 Zn-Ni 电池电极材料，具有较高的电化学活性，75 次循环后的平均放电容量为 609mA·h/g，并且放电电压较高，充电电压较低。在循环过程中，虽然纳米线的结构发生了断裂和直径增大，并转变为纳米棒，但并没有枝晶簇生长［图 3-13（b2）］。二维结构纳米材料继承了一维纳米材料的各种优点。与一维纳米结构相比，二维纳米结构材料的活性表面积小，但其超薄的特性导致更好的电接触，从而实现更快的电子传输和更高的倍率性能。Ma 等[44]通过简单的水热工艺制备了 ZnO 纳米板，如图 3-13（c1），纳米板呈不规则的四方板状形貌，尺寸范围为 200～500nm，平均厚度约为 50nm。与传统的 ZnO 相比，ZnO 纳米板显示出更好的循环稳定性，循环后板状 ZnO 的形态基本上没有改变，锌枝晶被有效抑制［图 3-13（c2）］。原因是直立在基底上的 ZnO 纳米板在（$11\bar{2}0$）方向上生长最快，该方向与由晶体生长习惯决定的最快增长方向（0001）相互竞争，使锌枝晶得到有效抑制。此外，在石墨烯上原位生长 ZnO 纳米板制备的 ZnO/石墨烯复合材料，其垂直分散的纳米板和电解液之间的充分接触大大促进了离子扩散，平衡了轴向和外延方向上的 Zn 沉积速率，柔性石墨烯有效缓冲了 Zn 负极的体积变化，从而显著提高了电化学性能。

图 3-13　ZnO 微球循环前后［（a1）、（a2）］、 ZnO 纳米线循环前后［（b1）、（b2）］及 ZnO 纳米板循环前后［（c1）、（c2）］的 SEM 照片

（3）表面修饰

氧化锌的表面修饰指通过物理和化学方法在其表面形成一层保护膜，以阻止氧化锌溶解，抑制钝化和 HER，调整锌的沉积形态，提升锌负极的循环稳定性。因此，与物理添加方法相比，表面修饰是提高锌负极性能的有效方法，引起了越来越多的关注。

1）表面涂层

为了提高添加剂材料与活性材料的接触面积，并且减少添加剂和活性材料的聚集，研究者首先在氧化锌表面均匀沉积 BiOI 层，随后经热处理生成 Bi_2O_3 保护层，Bi_2O_3 保护层可以有效减少锌电极与电解液的接触，进而减少电极腐蚀。同时，Bi_2O_3 在电池循环过程中会还原为具有较高析氢过电位的金属 Bi，有效抑制了 HER。此外，金属 Bi 保护层还可提高电极的导电性，促进电极表面的电荷传输，并且在电极表面构建均匀的电场，有效促进锌的均匀沉积，抑制锌枝晶的形成和电极形变的发生。得益于锌电极稳定性的提升，采用 $ZnO@Bi_2O_3$ 组装的锌-镍电池表现出较好的循环稳定性。在 10A（约 $138mA/cm^2$）的放电电流下电池稳定循环 400 次，放电电压高于 1.1V，与采用 ZnO 以及 ZnO 和 Bi_2O_3 机械混合方法制备的电极相比，循环寿命分别延长 3 倍和 1.7 倍[45]。使用 $Sn_6O_4(OH)_4$ 表面改性 ZnO，ZnO 颗粒表面包覆的锡氧化物层的作用机理与 Bi_2O_3 保护层类似，改性材料表现出优异的电化学循环稳定性、更高的放电容量和利用率。当 $Sn_6O_4(OH)_4$ 的质量分数为 27% 时，改性 ZnO 的放电容量在 80 次循环试验中几乎没有下降，活性材料的平均利用率可以达到 98.5%，并且 ZnO 电极没有明显的重量损失。但由于表面改性对电化学反应的抑制作用，改性 ZnO 的电荷转移电阻增加。此外，TiO_2 涂层 ZnO、纳米 Ag 修饰 ZnO 表面、稀土氢氧化物 $La(OH)_3$ 或 $Ce(OH)_3$ 包覆 ZnO 都起到了有效的保护层作用。

碳材料导电性好，在碱性电解液中非常稳定，碳涂层可以作为避免电极内部活性材料溶解到电解质中的完美屏障。为此，碳涂层也被用于各种电极材料的改性，以改善其电荷传输性能，保持高容量。采用水热法合成的碳包覆 ZnO 用作锌-镍电池的负极，与裸 ZnO 相比，含碳量为 6.1% 的碳包覆 ZnO 具有更好的电化学性能。碳涂层能有效提高 ZnO 在高充放电倍率下的电化学循环稳定性和放电容量。与提高电导率相比，碳涂层提高防腐蚀性能对低充放电倍率下 ZnO 电化学性能的改善起着更为重要的作用。

为了进一步提高前面述及的高振实密度 ZnO 微球的倍率性能和循环性能，研究者以柠檬酸三钠（TSC）为掺杂碳源，葡萄糖为包覆碳源，通过简单的三步工艺制备了一种新型碳包覆掺杂 ZnO 微球。发现 TSC 不仅可以用作结构导向剂，一些 TSC 还可以保留在 ZnO 微球中，用作原位掺杂的碳源。这种方法获得的 ZnO 复合材料仍具有高振实密度，表现出更高的循环稳定性。该材料在 10C（5A/g）时的放电质量比容量和体积容量分别为 283.4mA·h/g 和 858.7mA·h/cm³，而无碳 ZnO 前驱体仅为 140.2mA·h/g 和 423.4mA·h/cm³。在 500mA/g 下循环 200 次后，容量保持率为 94.7%。相比之下，无碳 ZnO 在 200 次循环后的容量保持率为 24.7%。这种性能的显著提高归因于原位掺杂和涂层碳的协同效应，包括降低电荷转移电阻、增强电化学可逆性和更好的防腐能力[46]。

2）离子筛分膜

无孔的表面涂层虽然可以防止 ZnO 溶解，但也会阻止发生锌氧化还原反应所需的 OH⁻ 的传输。为了同时解决钝化和溶解的问题，具有离子筛分能力的材料，如石墨烯、氧化石墨烯、聚合物和金属碳化物膜等已应用于锌负极。这些材料由于其可控的孔径和渗透性而具有离子筛分能力，即允许分子较小的 H_2O 和 OH⁻ 渗透，限制分子较大的锌酸盐离子迁移至电解液主体，以减少活性物质的损失，防止 ZnO 溶解和电极形变。例如，将 GO 浆料均匀涂覆到锌网上，对锌表面进行改性，得到的层状石墨烯包覆 ZnO 材料（Zn@GO）具有以下优点：①在循环过程中，因 $Zn(OH)_4^{2-}$ 迁移被 GO 阻断，负极活性材料损失可以最小化；②锌酸盐可与 GO 表面上的含氧基团形成氢键，与 GO 的良好亲和力使锌酸盐在 GO 层之间相对均匀分布。其饱和后形成的 ZnO 将被 GO 包裹，GO 层允许电子在绝缘 ZnO 上自由移动，使 ZnO 具有电化学活性（图 3-14）。此外，GO 浸泡在碱性溶液中时可以部分还原，促进电子在 ZnO 上的传输。与未改性 Zn 负极相比，Zn@GO 电极经 200 次循环后累积放电容量增加 28%[47]。

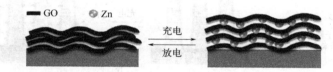

图 3-14　Zn@GO 电极在电化学循环过程中的形态变化示意图

由于 ZnO 钝化层的形成，锌负极活性材料的利用率往往很低。采用纳米 ZnO，通过将活性材料颗粒减小到钝化临界尺寸（2μm）以下可有效解决钝化问题。然而，纳米颗粒的电极-电解液之间接触面积大，会加速锌电极的溶解，导致电极形变。为此，研究者将纳米结构的锌-离子筛分膜复合材料用于锌负极，选择性阻止锌酸盐离子的迁移，减少活性物质损失和电极形变，以同时解决锌负极的钝化和溶解问题。例如，离子筛分碳纳米壳涂层的纳米 ZnO 阳极，如图 3-15（a）所示，在充电过程中，尺寸较大的锌酸盐中间体被捕获在碳壳内，防止锌在其它位置沉积。相反，尺寸较小的 OH⁻可通过壳体内的微孔自由扩散。在放电过程中，在壳外 OH⁻的参与下，被捕获的 Zn 氧化生成 ZnO。通过电感耦合等离子体（ICP）分析发现，核壳纳米结构锌负极的溶解速率低于裸 ZnO 纳米颗粒，表明碳纳米壳有效约束了结构中的锌酸根离子，防止了负极的溶解和形变，提高了比容量。该团队还使用原子层沉积（ALD）技术将在碳纸上生长的 ZnO 纳米棒封装到 TiN_xO_y 涂层内。如图 3-15（b）

所示，没有涂层的 ZnO 纳米棒，由于 ZnO 的相对绝缘特性，电子只能分布在碳纸上，导致充电时纳米棒根部发生快速络合和电还原反应，使纳米棒从碳纸上脱落。而 TiN_xO_y 涂层 ZnO 的封闭涂层减轻了锌在碱性电解液中的溶解，保持了纳米棒结构[图 3-15（c）]。此外，碳纸框架和 TiN_xO_y 涂层起到了电子通路的作用，使所有 ZnO 纳米棒都具有电化学活性。因此，该核壳纳米棒电极的放电容量可高达 508mA·h/g（以 Zn 计），是未涂覆 ZnO 纳米棒负极的 2 倍。它可以在烧杯电池中深度循环超过 640 次（64 天），并在启停条件下循环时提供优异的稳定性（超过 7500 次循环）[48]。

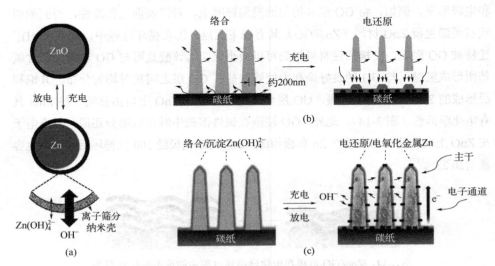

图 3-15　锌负极离子筛纳米壳设计示意图（a）和锌负极在
电化学循环过程中的形态变化示意图（b）、（c）
（b）ZnO 纳米棒负极；（c）ZnO@TiN_xO_y 纳米棒负极

　　众所周知，HER 是导致锌电极容量损失的重要因素。考虑到 TiO_2 的抑制 HER 性能优于 TiN_xO_y，研究者用 TiO_2 涂覆原位生长在碳纸上的 ZnO 纳米棒，制备了具有抑制 HER 性能的核壳结构密封纳米棒（HSSN）。该结构中，因 ZnO 纳米棒的尺寸（<500nm）小于 ZnO 的临界钝化尺寸（约 2μm），基本不会发生钝化现象，ZnO 可以被充分利用。同时，薄的 TiO_2 包覆层减缓了 Zn 活性物质在碱性电解液中的溶解。因此，HSSN 电极可同时克服钝化、溶解和 HER 三个问题。从图 3-16（a）可以看出，充电后，未涂覆的 ZnO 纳米棒负极显示出严重的结构退化，纳米棒与碳纸分离。相比之下，HSSN 负极充电前后没有明显的形状变化[图 3-16（b）]。当在贫电解液的情况下以 100%放电深度循环时，HSSN 实现了优异的可逆深度循环性能，放电容量为 616mA·h/g，库仑效率为 93.5%，而 ZnO@TiN_xO_y 负极的库仑效率为 88.07%[49]。

图 3-16　充电前后样品的 SEM 照片

（a）未涂覆 ZnO 负极；（b）HSSN 负极

上述纳米结构 Zn 负极可以概括为"颗粒级涂层"，即每个纳米颗粒/纳米棒都单独涂覆保护层。涂层也可以应用于微尺度的二级颗粒。受到离子筛分碳纳米壳涂层 ZnO 纳米粒子负极的启发，研究者制备了纳米级"石榴"结构的 Zn 负极（Zn-pome）。如图 3-17（a）所示，每个 Zn-pome 微球的尺寸约为 1～6μm，由约 10^5 个 ZnO 纳米颗粒（ZnO NPs）组成，Zn-pome 微球被导电的非晶态碳壳单独封装 [图 3-17（b）]。与碳纳米壳涂覆的 ZnO NPs 负极相比，Zn-pome 负极的二级结构通过减小电极-电解液的接触面积抑制了锌的溶解 [图 3-17（c）]。ZnO NPs 的小尺寸克服了钝化问题，碳纳米壳减缓锌酸盐中间物质的溶解。Zn-pome 中碳纳米壳和二级结构的协同作用，使得在极端苛刻的测试条件下（有限电解液、电解液中不含 ZnO、100% DOD），密

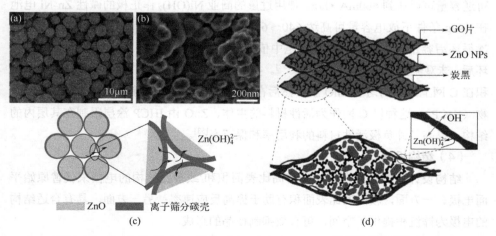

图 3-17　Zn-pome 的 SEM 照片（a）、（b），Zn-pome 阳极的示意图（c），
以及 ZnO "千层饼" 微观结构和内部单个胶囊示意图（d）

封式纽扣 Zn-Ni 电池的容量和循环稳定性显著提高，优于 ZnO NPs 和 ZnO NPs@C 负极[50]。该团队还设计制备了具有"千层饼"状纳米结构的锌负极，如图 3-17（d）所示，利用氧化石墨烯薄片将市售的 ZnO NPs（约 100nm）包裹与分割，氧化石墨烯包裹层能够限制 $Zn(OH)_4^{2-}$ 的迁移，有效缓解了锌负极的钝化、形变及枝晶问题。这种类似"千层饼"的纳米结构锌负极具有 2308A·h/L 的高体积容量，并且在 150 次循环后达到 86% 的容量保持率。相比之下，在没有氧化石墨烯保护的情况下，开放式结构的 ZnO NPs 负极在 90 次循环后完全失效[51]。

3）聚合物涂层

在锌电极上浸渍、刷涂和电沉积聚苯胺或聚吡咯涂层有助于提高稳定循环时的电极容量。例如，将聚苯胺直接涂覆在多孔锌电极表面，形成一层由聚集的聚苯胺球与细纤维结构连接在一起的薄层。聚苯胺涂层的纤维网络允许 OH⁻ 通过，限制 $Zn(OH)_4^{2-}$ 的扩散，同时，$Zn(OH)_4^{2-}$ 在循环电极中与聚合物的亚胺基团重新络合，也有助于将锌离子保留在电极附近，使电极形变最小化，还可抑制枝晶生长，实现持续稳定的电池容量。与聚苯胺涂层类似，阴离子交换离聚物（AEI）修饰的 ZnO 电极也可有效抑制锌枝晶的形成。

最近，研究者提出了一种 ZnO 负极的双重保护策略，即首先在 ZnO 上包覆 C 涂层（ZnO@C），然后将聚乙烯醇 PVA 凝胶浸涂在 ZnO@C 电极上。C 涂层可以抑制 Zn 枝晶的形成和电极钝化，而 C 和 PVA 的双重保护可以通过避免活性材料和电解液的直接物理接触来抑制锌溶解和 HER。拥有双重保护的 Ni-ZnO@C-PVA 电池具有良好的倍率性能、高放电电压、高容量和良好的耐久性。ZnO@C-PVA 电极的可逆容量可以达到 600mA·h/g。使用过量的商业 $Ni(OH)_2$ 作正极的碱性 Zn-Ni 电池在 4A/g 条件下放电容量可高达 640～650mA·h/g，库仑效率达 97%～99%，1200 次循环后容量保持率为 97%，放电中值电压可以达到 1.8V。最重要的是，长期循环后，未观察到锌枝晶和钝化现象[52]。类似的研究使用三维 C 网作基体，通过电沉积在 C 网上形成均匀的 ZnO 膜，然后在 ZnO 表面分别均匀涂覆氢氧化物导电离聚物（IHCP），这种以 C 网作为活性材料的主体、ZnO 由 IHCP 涂层限制在其层内的结构，提高了锌负极活性材料的利用率和保留率[53]。

（4）结构设计

结构设计主要集中在使用具有高比表面积和/或多孔结构的电极来代替原始平面电极。一方面，较高的比表面积有助于提高反应速率；另一方面，具有合适结构的电极为锌沉积提供了空间，可有效抑制枝晶的形成。

1）高表面 3D 结构

由锌粉末制成的锌电极在充放电过程中会因电流分布不均，导致电极局部电流密度高，促进了枝晶的形成。运用 3D 高比表面积的锌电极能有效增加电化学反应的活性面积，并且随着比表面积的增大和电流密度的减小，能够降低锌金属沉积的过电位，抑制充电过程中枝晶的生成。Parker 等[54]研发了一种新型 3D 海绵锌结构的电池。相互连接的 Zn 颗粒形成持久的导电网络，充放电期间，电流在锌负极上的分布更加均匀，抑制了枝晶的形成。此外，锌沉积可以很好地控制和限制在 3D 海绵锌结构的空隙内，减少了电极形变的可能性。在 $10mA/cm^2$（C/9）下对电池进行彻底放电，再以相同的速率充电，电池达到平均 91% 的 DOD_{Zn}（743mA·h/g，以 Zn 计；1202W·h/kg，以 Zn 计），并可以在极端深度放电后再充电至总容量的 95%以上。3D Zn-Ni 电池循环性能测试表明，在电解液中不加 ZnO 的条件下，电池可在40% DOD_{Zn} 下的 85 次充放循环中保持 100%的放电容量，平均能量效率为 84%（LIBs 的能量效率为 85%），循环后电极在尺寸、形状或整体性方面没有明显变化。当电池的循环容量降低至 50%时，将电解液或水再次注入正极室内可以使电池重新恢复到标准容量，说明电池容量的衰减并非电极的不可逆钝化造成的，体现出 3DZn-Ni 电池良好的循环稳定性。他们还将 3D Zn-Ni 电池用于微混合动力汽车中，通过启停操作来测试电池的脉冲功率容量，该电池完成了超过 50000 次的启停操作，接近普通汽车的使用寿命。然而值得一提的是，增加比表面积会加剧 HER，导致锌电极的库仑效率降低、电池自放电速率加快。

在高过电位下通过电沉积合成的 3D 超树枝状纳米多孔 Zn 泡沫，也实现了与3D 海绵锌相似的性能。上述 3D 锌自支撑电极无法承受深度放电，否则 3D 结构将崩塌。为了解决锌电极的塌陷问题，在泡沫镍上沉积锌，Zn-Ni 电池的功率密度和循环稳定性得到了改善，然而，泡沫镍的低析氢过电位导致锌和镍之间形成原电池，加速了锌电极的腐蚀。与泡沫镍相比，泡沫铜具有更大的析氢过电位，因而泡沫铜比泡沫镍更适合作为锌电极的载体。在三维泡沫铜上脉冲电沉积锌制备的复合Zn/Cu 泡沫电极，具有外延层状结构的锌晶体均匀分布在三维泡沫铜骨架上，避免充放电期间电极塌陷，相互连接的金属骨架和大的多孔结构，提供快速的电子传输和传质以及更大的电化学活性表面积。此外，铜衬底上的大析氢过电位能有效抑制锌的自腐蚀。将复合 Zn/Cu 泡沫负极与烧结 $Ni(OH)_2$ 正极组成 Zn-Ni 电池，在 $100mA/cm^2$ 下循环 9000 次后，比容量仍可达到 620mA·h/g，显示了其优越的循环稳定性[55]。

2）高导电纳米阵列

为了进一步优化锌电极的性能，可将纳米结构的锌引入电极。例如，将 Zn 电沉积到 Ti 箔上生长的镍纳米线阵列（NNA）上，Zn 离散地镀在 NNA 表面，抑制了枝晶的形成。将其用作 Zn-Ni 电池的负极，电池实现了 5000 次循环，容量损失仅为 12%[19]。通过精确的原子层沉积（ALD）将 ZnO 直接沉积到生长在碳布上的 3D N 掺杂碳纤维（CC-CF）阵列上，如图 3-18（a）所示，CF 均匀覆盖在碳布表面，其直径为 100~200nm，每根 CF 表面上的 ZnO 纳米颗粒形成均匀的涂层 [图 3-18（b）]。图 3-18（c）的 TEM 照片进一步表明，ZnO 的粒径在 10~20nm 范围内。微小 ZnO 纳米颗粒均匀沉积在 3D 高导电纳米 CFs 上，可以缓解电化学反应过程中 CC-CF@ZnO 电极的形变，特别是避免了不均匀的电流分布和 Zn 沉积，从而防止了 Zn 枝晶的生成，大大提高了循环能力。由 CC-CF@ZnO 组成的 Zn-Ni 电池在 1000 次和 2400 次循环后容量保持率分别达到 91.45% 和 72.90%[29]。

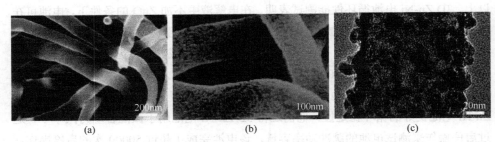

图 3-18　N 掺杂 CC-CFs（a）和 CC-CF@ZnO（b）的 SEM 照片
以及 CC-CF@ZnO 的 TEM 照片（c）

（5）替代活性材料

一些具有特殊结构的材料被认为可以替代传统的 RNZBs 负极活性物质 ZnO。层状双氢氧化物（LDHs），通式为 $[M_{1-x}^{2+}M_x^{3+}(OH)_2]^{x+}[A_{x/n}^{n-} \cdot mH_2O]^{x-}$，其中：$M^{2+}$ 和 M^{3+} 分别为二价和三价金属阳离子；A^{n-} 为 $-n$ 价的电荷平衡阴离子；x 为 $M^{3+}/(M^{2+}+M^{3+})$ 的摩尔比。基于 LDHs 特有的结构特点，例如层板元素可调、比例可调、制备方法简单等，且本身呈碱性的 LDHs 在碱性电解液中比较稳定，特别是，LDHs 能够在碱性介质中在有限的电势范围内进行内部氧化还原反应，常用作碱性电池的新型负极材料。

1）Zn-Al-LDHs

Yang 等[56]的团队合成了一系列 Zn-Al 基 LDHs 作为 RNZBs 的负极材料，如 Zn-Al-LDHs、Zn-Al-In-LDHs、$In(OH)_3$ 涂层 Zn-Al-LDHs、Zn-Sn-Al-LDHs、Ag 涂层 Zn-Al-LDHs 等。在具有六边形片状结构的 Zn-Al-LDH 中 [图 3-19（a）]，氢氧化锌在一层上有序排列，氢氧化铝在另一平行层上。铝离子在沉积过程中有利于锌活性物质形成晶核，从而避免锌晶粒的过度生长，抑制锌枝晶生成。然而，在 Zn-Al-LDH 结构中，掺杂 Al^{3+} 的氢氧化锌八面体共享边缘上形成具有正电荷的水镁石状层，层间廊中排列的负离子平衡了正电荷。所以该 LDHs 中没有自由电子，导致电导率较差，极大抑制了电极反应的电子转移。为了提高 Zn-Al-LDHs 的电化学性能，该团队对 Zn-Al-LDHs 进行了系列改性。例如，采用恒 pH 共沉淀法将 La 引入 Zn-Al LDHs 的晶格中 [图 3-19（b）]，将 Zn-Al-La-LDHs 用作 Zn-Ni 电池负极，表现出良好的可逆性、更正的腐蚀电位、更优异的电化学循环稳定性和活性物质利用率。Zn/Al/La = 3：0.8：0.2 的 Zn-Al-La-LDH 具有最佳的可逆循环行为，在 400 次电池循环周期后保持 297mA·h/g 的放电比容量，容量保持率为 79.0%。$In(OH)_3$ 包覆 Zn-Al-LDHs 也被用作 Zn-Ni 电池的负极，如图 3-19（c）所示，包覆后的 Zn-Al-LDHs 保持六角形晶体结构。与原始的 Zn-Al-LDHs 以及 Zn-Al-LDHs 与 $In(OH)_3$ 的物理混合物相比，$In(OH)_3$ 包覆 Zn-Al-LDHs 具有更正的腐蚀电位，其电池内阻最低，电化学性能最佳。在 50 次电池循环后，$In(OH)_3$ 包覆 Zn-Al-LDHs 保持 364.0mA·h/g 的放电比容量，容量保持率为 96.9%，远远优于 Zn-Al-LDHs（262.2mA·h/g，容量保持率为 67.6%）和 Zn-Al LDH 与 $In(OH)_3$ 的物理混合物（299.2mA·h/g，容量保持率 81.2%）。如图 3-19（d）所示，研究者还通过水热法将 $In(OH)_3$ 嵌入 Zn-Al LDHs 晶体中，制备了具有六边形层状结构的 Zn-Al-In-LDHs。$In(OH)_3$ 可在充电过程中还原为铟，但在放电过程中 In 未被氧化，因此内部的 $In(OH)_3$ 还原后始终以 In 金属的形式嵌入锌金属周围，在活性材料和铜网之间产生更好的电接触，促进电极中的电子转移。同时，$In(OH)_3$ 在晶格位置还原，使 In 元素均匀分布在活性材料中。与包覆 $In(OH)_3$ 改性相比，形成的三维导电网络更加完善。此外，In 金属影响锌负极析氢过电位，减少锌电极的自腐蚀和形变，提高电池的稳定性。总之，Zn-Al-In LDHs 的放电产物溶解度低、腐蚀性低、形变小和枝晶生长小，电池显示出良好的稳定性和高循环性能。电池在 1C 的恒电流下进行至少 800 次充放电循环，放电容量保持在 380mA·h/g 左右，并且没有出现枝晶和短路。该团队后续又制备了具有高导电性的 Ag 包覆 Zn-Al-LDHs 纳米片及 Bi 掺杂的 Zn-Al-Bi-LDHs [图 3-19（e）和（f）]，均可有效降低 Zn-Ni 电池负极的电荷转移电阻，显著提高 Zn/Al-LDH 纳米片的放电容量和循环稳定性。$Ce(OH)_3$ 包覆 Zn-Al-LDHs 电极在 Zn-Ni 二次电池中的循环稳定性和充放电特性也得到了明显提高。

CNT 的 sp^2 杂化石墨结构具有高载流子迁移率和良好的电子接受性能，为电子存储和迁移提供了优异的导电性。为了将 CNT 与 Zn-Al-LDH 的独特性能结合起来，提高电极的电化学性能，研究者通过简单的共沉淀法合成了纳米结构的 LDH-CNT 复合材料，1D 纳米管和 2D 层状纳米片通过静电相互作用成功组装成 3D 混合纳米材料，有效改善了电子传输和电化学活性。将其用作 Zn-Ni 电池中的负极材料，表现出较高的容量和良好的循环稳定性，平均放电容量可达约 385mA·h/g，在 200 次循环中容量保持率可达 95%。

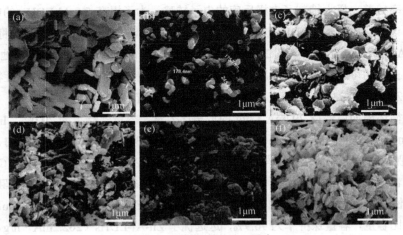

图 3-19　样品的 SEM 照片

（a）Zn-Al-LDHs；（b）Zn-Al-La-LDHs；（c）In(OH)₃ 包覆 Zn-Al-LDHs；
（d）Zn-Al-In-LDHs；（e）Ag 包覆 Zn-Al-LDHs；（f）Zn-Al-Bi-LDHs

2）Zn-Al-LDOs

虽然水滑石结构的 Zn-Al-LDHs 系列改性材料作为 RZNBs 的负极，比传统的氧化锌具有更好的电化学循环稳定性。但由于水滑石的分子量较大，其理论容量较低。LDHs 的煅烧衍生物——层状双氧化物（LDOs），因其比 LDHs 的表面积大、扩散阻力小而受到广泛关注。此外，LDOs 煅烧后 ZnO 相的形成，使其电导率比层间含有 CO_3^{2-} 的 LDHs 高得多，且因不存在层间阴离子和水，具有较高的理论容量。因此，LDOs 也被认为是 LDHs 的改进材料。

研究者将煅烧 Zn-Al-LDHs 制得的 Zn-Al-LDOs 作为 Zn-Ni 电池负极材料[57]。如图 3-20（a）所示，在煅烧过程中，Zn-Al-LDHs 前驱体首先转变为掺杂 Al^{3+} 的 ZnO 核，以非晶相形式存在，然后温度升高导致 ZnO 沿（101）方向优先取向，ZnO 相二维膨胀成片状结构。得到的 Zn-Al-LDOs 样品由均匀的薄六边形纳米片组成［图 3-20(b)］，这与 Zn-Al-LDHs 的片状形态一致。Zn-Al-LDOs 纳米片的粒径约为 200～400nm，表面粗糙。组装的 Zn-Ni 电池以 1C 的充放电速率进行充放电，平均放电容量高达 469mA·h/g，1000 次循环后仍保留 460mA·h/g 的容量，保持率为 96%。而相应的 LDHs 电极在前 300 次循环中的平均放电容量为 374mA·h/g，保持率为 93%。然而，在 800 次循环后放电容量保持率迅速降至 41%。Zn-Al-LDOs 循环性能的提高归因于其导电性的提高和电极中锌物种的百分比增加，电极极化更轻，电流分布更均匀。

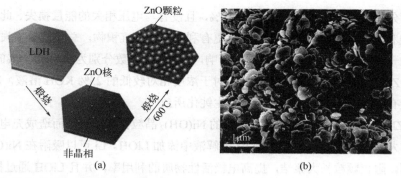

图 3-20　从 LDHs 到 LDOs 的转化示意图（a）和 Zn-Al-LDOs 的 SEM 照片（b）

3.5　电解液

3.5.1　电解液的组成

电池的性能与电解液环境高度相关，传统的 Zn-Ni 电池与 RAM 电池类似，通常采用质量分数为 25%～30% 的 KOH 溶液作电解液。在高 KOH 浓度下，正极倾向于提供最大容量，并且在较高 KOH 浓度时，某些隔膜材料的氧化降解速率较慢。但强碱性电解液中锌电极的可逆性较差，在降低到初始容量的 60% 之前，RZNB 深度放电循环的次数仅为 100～150 次，主要失效模式与锌电极的缺陷有关：锌枝晶引起的短路可导致电池灾难性失效，锌的重新分布和溶解会导致容量逐渐损失。锌在强碱性电解液中的高溶解度加剧了锌电极的这两种问题。抑制锌溶解的一种简单方法是用 ZnO 预饱和电解质溶液，对于浓 KOH 电解质溶液，用 ZnO 饱和电解质溶液还会降低 Zn 的 HER 速率。因为锌在碱性 KOH 溶液中会发生如下的析氢反应：

$$\text{Zn} + 2\text{KOH} \longrightarrow \text{K}_2\text{ZnO}_2 + \text{H}_2\uparrow$$

当加入 ZnO 后：

$$\text{ZnO} + 2\text{KOH} \longrightarrow \text{K}_2\text{ZnO}_2 + \text{H}_2\text{O}$$

生成的 K_2ZnO_2 能抑制电极上的锌与碱反应，减少锌电极的自溶。有研究者采用接近商业实用的有限电解质电池，系统研究了使用 ZnO 饱和 KOH 电解质溶液对提高碱性 Zn-Ni 电池在不同 DOD_{Zn}（包含电解液中最初加入的 ZnO）下循环性能的影响。与具有相似能量效率且不含 ZnO 的质量分数为 32% 的 KOH 电解液电池相比，ZnO 饱和的质量分数为 32% 的 KOH 电解液电池在 14%、21% 和 35% DOD_{Zn} 下的循环寿命分别延长了191%、235%和110%，且没有与电压相关的能量损失。此外，在 ZnO 饱和电解液中循环的负极形成了更有利的致密锌沉积物，总体质量损失更小。作者进一步研究了初始 KOH 浓度的影响，对于质量分数分别为32%和45%的 KOH 溶液，ZnO 饱和提高了循环寿命，但对于浓度相对较低的25% KOH 溶液，ZnO 饱和则没有提高循环寿命，这可能是发生钝化所致[58]。

RZNBs 在长期使用过程中，正极的 $Ni(OH)_2$ 晶粒会逐渐聚结而造成充电困难，因此，大多数 Zn-Ni 电池还在 KOH 电解液中添加 LiOH。Li 可以吸附在 $Ni(OH)_2$ 颗粒表面，阻止颗粒长大聚结，提高电极活性物质的利用率，并且 LiOH 通过抑制 O_2 的还原来增强 NiOOH 正极的可充电性，延长电极循环寿命。同时，LiOH 还通过提高电解液中 $Zn(OH)_4^{2-}$ 的过饱和浓度延迟放电过程中 ZnO 的脱水钝化。此外，当电池在高于50℃的温度下循环时，在 KOH 电解液中添加 NaOH 可以延长 RZNBs 的寿命。

因此，不同于 RAM 电池，RZNBs 一般使用 ZnO 饱和的 6mol/L KOH + 1mol/L LiOH 溶液作电解液。由于电解液中的 $Zn(OH)_4^{2-}$ 会与 MnO_2 正极形成惰性 $ZnMn_2O_4$ 而影响其可逆性，因而 RAM 电池的正极电解液不采用 ZnO 饱和电解液。

3.5.2 电解液性能优化

为了改善 RZNBs 的循环寿命，只靠改进电极结构效果并不理想，往往使用电解液添加剂与改善电极并举的方法，以抑制钝化、腐蚀、形变及枝晶形成等锌电极的衰变。电解液添加剂包括无机添加剂和有机添加剂。

（1）无机添加剂

在碱性电解液中，锌电极的 HER 引起的电极腐蚀造成活性物质损失、电极材料利用率低。减小腐蚀的最佳方法是减慢 HER 速度。除了在锌负极中加入具有高析氢过电位的氧化物或氢氧化物抑制腐蚀外，这些化合物也可以作为电解液添加剂加入电解液中。由于这些添加剂中的许多只能少量溶于电解液中，因此它们的功能与电极混合物中的添加剂类似。研究最多的电解液无机添加剂包括 Pb、Bi、Sn、In 和 Al 等。如 Bi_2O_3 和 In_2O_3，可以在充电过程中还原并以 Bi 和 In 的形式沉积在锌负极上，抑制腐蚀并增强负极的导电性。Bi 和 Sn 还能有效抑制枝晶生长。此外，$Ca(OH)_2$ 可以与 $Zn(OH)_4^{2-}$ 生成不溶性锌酸钙，降低 $Zn(OH)_4^{2-}$ 在电解液中的浓度，抑制锌电极形变。最近的研究表明，将 $K_3[Fe(CN)_6]$ 作为电解液添加剂引入 Zn-Ni 电池，金属锌在 KOH 溶液中能够与 $K_3[Fe(CN)_6]$ 反应，将 $K_3[Fe(CN)_6]$ 中的 Fe^{3+} 还原为 Fe^{2+}，最终生成不溶于碱性电解液的 $K_4[Fe(CN)_6]$，在电极表面形成了一层保护层，减少电解液与 Zn 的接触，有效抑制了活性物质的腐蚀溶解以及锌团聚，减小了锌负极的形变，从而显著改善了锌负极的循环性能。使用原始电解液的 Zn-Ni 电池在循环 124 次后放电截止电压降低至 0.8V 以下，而加入质量分数为 0.5% $K_3[Fe(CN)_6]$ 的 Zn-Ni 电池循环了 423 次后，其放电截止电压仍高于 1V，电池循环寿命提高了 3 倍以上。此外，在以 1.2V 作为放电截止电压的情况下，电池循环 85 次后，原始体系的容量保持率仅为 40%，而改性体系的容量保持率为 72%。改性电解液还减弱了电池的极化，更有利于电极的快速放电[59]。

　　较高浓度的 KOH 电解液有利于镍正极提供更高的比容量，但 ZnO 的溶解度也会增加，从而加剧负极活性材料的溶解和迁移。因此，研究人员一直在寻求和开发电解液添加剂和替代配方，以保持良好的导电性，同时限制 Zn 物质的溶解度。一种有效的方法是使用尽可能低浓度的 KOH 溶液作电解液，并添加其它电化学惰性盐补充 KOH，以提高电解液离子电导率。如氟化钾、硼酸盐、磷酸盐和碳酸盐等添加剂已被证明可以降低锌的溶解度，延长 RZNB 的循环寿命。例如，ZnO 在质量分数为 15% KOH + 15% KF 中的溶解度仅为其在 30% KOH 中溶解度的四分之一，并且在 Ni-Zn 电池中的 Zn 再分布率也是后者的四分之一。Adler 等[60]分别采用低 KOH 浓度的二元 KOH-KF 和 $KOH-K_2CO_3$ 电解液以及三元 $KOH-KF-K_2CO_3$ 电解液对 Zn-Ni 电池进行循环寿命测试（所有电解液均为 ZnO 饱和），与高碱（6.8mol/L KOH + 0.6mol/L LiOH）电池相比，所有低碱电池的循环稳定性均得到显著提高。添加的阴离子影响了锌溶解/沉积动力学。不同阴离子可能导致不同的锌电极形变模式。如图 3-21 （a）所示，对于高碱性电解液，锌电极发生严重形变，电极中心的 Zn 完全损失，仅在边缘附近有少量 Zn；含有氟化物阴离子的电解液中，锌从电极的边缘和中心后退，形成一种类似"甜甜圈"的模式 [图 3-21 （b）]；含有碳酸盐阴离子的电解液中，锌倾向于更多集中在电极的边缘和中心，形成典型的"靶心"模式 [图 3-21 （c）]；而同时含有氟化物和碳酸盐的电解液表现出非常小的形变 [图 3-21 （d）]。电池性能测试表明，"3.2mol/L KOH + 1.8mol/L KF + 1.8mol/L K_2CO_3"组成的三元电解液性能最好，在超过电池设计容量 80%（相对于 Ni，相当于 DOD_{Zn} = 27%～33%）的情况下实现了 380 次循环，而高碱电池的循环次数只有 60次。在后来的研究中，他们以含有"3.2mol/L KOH + 1.8mol/L KF + 1.8mol/L K_2CO_3"的饱和 ZnO 溶液作电解液，制作了一个 1.4A·h 的 Zn-Ni 密封电池，在 100% DOD下进行充放电循环，该电池运行了 460 个循环后容量下降到其初始容量的 80%以下。在电池的整个寿命期间，没有锌枝晶形成，镍电极限制了电池的放电容量。进一步研究确定此类电解液的最佳组合为：ZnO 饱和的 3.2～4.5mol/L KOH + 2mol/L KF + 2mol/L K_2CO_3 + 0.5mol/L LiF 溶液。

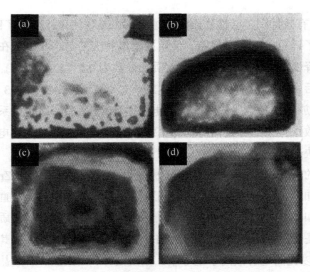

图 3-21　锌电极在各种电解液中循环后的 X 射线图像

（a）高碱性电解液；（b）碱性氟化物；（c）碱性碳酸盐；（d）碱性氟化物＋碳酸盐

Parker 等[54]研究了抑制 RZNB 中 3D 海绵锌负极形变的电解液配方，较理想的配方有 2 种：4mol/L KOH + 2mol/L KF + 1mol/L K_2CO_3，6mol/L KOH + 1mol/L LiOH 与 $Ca(OH)_2$ 混合液。KOH 电解液中添加 ZnO 对保持 3D Zn 电极的作用微乎其微。单独添加 LiOH 虽然可以防止 ZnO 钝化，也增强了放电时 3D Zn 阳极的溶解，循环后的海绵锌表现出结构重组和致密化，但没有枝晶生成。添加 $Ca(OH)_2$ 可以与锌酸盐形成溶解度低的锌酸钙，因此，尽管 KOH 电解液中 LiOH 的存在对 3D Zn 结构有不利影响，当与 $Ca(OH)_2$ 一起使用时，可以避免这些影响。6mol/L KOH + 1mol/L LiOH 与 $Ca(OH)_2$ 混合液为 3D Zn-Ni 电池提供了优异的循环效率，因为这种组合同时提高了正极和负极的性能。其中，LiOH 可以抑制 O_2 产生，由此提高 NiOOH 正极的可充电性；$Ca(OH)_2$ 促使 $Zn(OH)_4^{2-}$ 达到过饱和，进而发生脱水沉积抑制负极形变。

（2）有机添加剂

在有机电解液添加剂中，表面活性剂被认为是碱性锌基电池的有效添加剂。即使添加少量的表面活性剂也会控制电极钝化、影响锌枝晶的生长。表面活性剂由极性基团和非极性基团两部分组成，极性基团吸附在锌表面，非极性基团在电极表面形成抑制锌腐蚀的保护层。这类表面活性剂应可溶于碱性电解液，并在锌电极上具有良好的吸附速率，确保在锌电极表面形成完整的疏水吸附膜。例如，全氟表面活性剂是锌枝晶的有效抑制剂，以优异的化学稳定性抑制锌枝晶的生长。添加聚乙二醇、十二烷基苯磺酸钠、十六烷基三甲基溴化铵（CTAB）等均可有效地降低锌电极的腐蚀速率。支链聚乙烯亚胺（PEI）也可以作为锌枝晶生长的有效电解液抑制剂，PEI 吸附在锌基电极的表面，显著改善了锌的电沉积动力学，抑制了受激活控制的枝晶尖端传播。电解液中加入 2-辛酮缩乙二胺席夫碱基双离子表面活性剂，其在锌电极表面良好的吸附能力和与锌离子的配位作用，有效抑制了锌电极的自腐蚀、枝晶生长和形变发生，使 Zn-Ni 电池的充放电性能得到极大改善。30 次循环后电池的理论容量保持率为 70%，而没有添加剂时容量降至接近于零[61]。

此外，阳离子和阴离子表面活性剂的组合可以改善它们对体系的影响。Zn^{2+} 和阳离子表面活性剂两种阳离子的存在会显著改变界面结构，更重要的是，电解质中 Zn^{2+} 和阴离子表面活性剂的组合可以诱导锌更均匀分布。例如，在碱性电解液中添加少量（质量分数为 0.5%）室温离子液体 1-乙基-3-甲基咪唑双氰酰胺（EMI-DCA），有效抑制了锌沉积过程中枝晶的生成，得到的是多孔的、无枝晶的锌薄膜。EMI-DCA 对锌沉积形态的作用与其阴离子 DCA^- 和阳离子 EMI^+ 的性质有关。阴离子 DCA^- 优化了 Zn 电沉积过程中的电位分布，抑制了 Zn 枝晶的萌生，而 Zn 膜/电解质界面处存在 EMI^+ 吸附，物理阻断了 Zn 沉积位点，抑制了 Zn 枝晶的生长[62]。CTAB 和 PEG-400 组合而成的混合缓蚀剂对 Zn 及其合金的缓蚀作用具有协同作用，混合缓蚀剂的缓蚀效果明显高于 PEG-400 和 CTAB 单独使用的缓蚀效果。

3.5.3　碱性固体聚合物电解质

作为强碱性溶液电解质的替代品，碱性固体聚合物电解质（ASPEs）由于活性水含量较少、含有丰富的官能团、弹性模量大等优点，能够有效缓解碱性电解液中锌负极腐蚀、钝化和枝晶生长等问题。并且由于其具有高机械强度、出色的力学性能和可加工性，在柔性和可穿戴设备等方面有着广阔的应用前景。一般认为 ASPEs 的导电机理为：迁移离子同聚合物链上的极性基团络合，在电场的作用下，随着高弹区分子链段的热运动，迁移离子与极性基团不断发生络合-解络合过程，从而实现离子的迁移。因此，ASPEs 的离子传导是由于离子沿着聚合物链的移动，并且优先发生在非晶相中。与传统的水溶液或固体电解质相比，ASPEs 具有以下优点：①机械强度好，可以防止电极形变；②易做成薄膜；③电解液对流减弱，可以降低锌腐蚀和锌枝晶，从而提高电池循环寿命；④消除了电池泄漏问题。用于 RZNBs 的 ASPEs 基质材料主要有聚环氧乙烷（PEO）、聚乙烯醇（PVA）和聚丙烯酸钾（PAAK）。它们具有制造工艺简单、亲水性好和成本相对较低等优点。

（1）PEO 基碱性聚合物电解质

PEO 是较早被研究的碱性聚合物电解质基体，由于 PEO 的结晶性，其电导率在 100℃时接近 $10^{-3}\sim10^{-4}$S/cm，在室温下降至 $10^{-6}\sim10^{-8}$S/cm。因其室温下的电导率很低，通常采用共混、共聚、交联以及无机掺杂等途径对其进行改性。1995 年，Fauvarque 等[63]研究了 PEO 基 ASPEs 在 RZNB 的应用，包括含水的 PEO-KOH-H$_2$O 和无水的 PEO-KOH 两种体系，它们表现出较高的电导率，最高离子电导率可达到 10^{-3}S/cm。含水 ASPEs 的组成为 60% PEO、30% KOH 和 10% H$_2$O，无水 ASPEs 组成为 50% PEO 和 50% KOH。从电导率随温度变化曲线发现，在室温约 60℃和 65℃以上的两段温度范围内，含水 ASPEs 的电导率随温度的升高而增大，而在 60～65℃区间内电导率急剧降低；无水 ASPEs 体系在整个温度范围内电导率随温度升高而增大。将 PEO-KOH-H$_2$O 应用于 Zn-Ni 电池中，在充电倍率为 C/16、放电深度为 87%、放电倍率为 C/8 的情况下，电池循环 60 次时未出现短路现象。后来对 PEO-KOH-H$_2$O ASPE 的结构研究证明，PEO 相的结晶度在引入 KOH 和水后几乎保持不变，ASPE 中存在包含 PEO、KOH 和水的复合物，复合物的形成主要发生在聚合物基质的非晶相中，而不影响结晶相。该复合物以 PEO 的非晶相形式出现，表现出两种形态或两种化学计量，其熔化温度随 KOH 含量的增加而增加。

（2）PVA 基碱性聚合物电解质

聚乙烯醇其结构是严格的线型，结构规整，因此材料的化学性质稳定，机械强度高；分子之间存在的氢键使其有足够的热稳定性；分子链上的羟基使其具有高度亲水性，与水具有相近的溶解度参数，有利于增大电解质的水含量，提高导电性。对 PVA-KOH 体系进行的结构和离子导电性研究表明，KOH 的加入破坏了 PVA 基聚合物电解质的结晶性质，并将其转化为非晶相。结晶度影响样品的导电性，非晶态性质产生了更大的离子扩散系数，提高了 PVA-KOH 的离子电导率。为了增强导电性，将聚合物与溶剂混合或用增塑剂改性，主要目标是获得具有高比例非晶相的膜。据报道，在聚合物基质中加入陶瓷填料可以降低聚合物的玻璃化转变温度和结晶温度，从而增加聚合物基质中的非晶相，提高其离子电导率。这归因于陶瓷颗粒填料会在陶瓷颗粒和聚合物链间界面处产生一些缺陷和自由体积。有研究者发现，在 PVA 聚合物基体中添加纳米 ZrO$_2$ 填料可以显著改善碱性 PVA 聚合物电解质的电化学性能。含有质量分数为 20% ZrO$_2$ 填料的聚合物电解质 20℃时的离子电导率值约为 0.267S/cm。TiO$_2$ 颗粒在强碱性介质中具有较高的稳定性，掺杂陶瓷填料 TiO$_2$ 的 PVA-KOH-TiO$_2$ 聚合物非晶区范围增大，离子电导率较添加前明显提高，并且随着 TiO$_2$ 添加量的增加，离子电导率增大，室温下不同 TiO$_2$ 含量的 PVA-KOH-TiO$_2$ 的离子电导率为 0.102～0.171S/cm。将 PVA-KOH-TiO$_2$（水含量为 50%）的碱性聚合物电解质应用于 Zn-Ni 电池中，在 C/10 下的比容量可达 250mA·h/g，充电平台电压为 1.85V，放电平台电压为 1.6V，20 次循环时镍电极的活性物质利用率仍在 80%，而采用 PVA-KOH 电解质的电池比容量仅为 190mA·h/g[64]。

水含量对 ASPE 电导率也有重要影响，这可能与 KOH 在高分子内部均匀分布、水对高分子材料的增塑作用以及离子的迁移行为等有关。研究者选用具有很强吸水能力的高分子材料羧甲基纤维素（CMC）来提高碱性固态电解质的含水量，制备了 PVA-CMC-KOH 复合碱性聚合物电解质。复合电解质各组分的配比对其力学性能和电导率等有明显影响，CMC 的含量对提高电解质的水含量有显著的影响，而 KOH 量的增加可以显著提高电解质的室温电导率，PVA 则对固态电解质膜的机械强度有影响。以配比为 3∶1∶6 的 m(PVA)-m(CMC)-m(KOH)复合电解质组装 RZNBs，以不同电流密度 2～10mA/cm^2 充放电，充电平台电压为 1.93～1.95V，放电平台电压为 1.45～1.78V。以 5mA/cm^2 电流密度进行充放电循环，第 10 次循环的充电效率达到 92%[65]。

（3）PAAK 基碱性聚合物电解质

Iwakura 等首先将 PAAK-KOH 碱性聚合物电解质用于 RZNBs，显著抑制了枝晶的形成，与 KOH 水溶液相比，凝胶电解质电池在充放电和容量保持方面表现出更好的性能。在此基础上，研究者进一步研究了基于凝胶电解质的 Zn-Ni 电池的实际应用，他们研究了大尺寸大容量 Zn-Ni 电池(1.238A·h)。通过将多个电极并联堆叠，可以生产出容量更大的电池，更接近实际应用[66]。此外，他们还研究了 Zn-Ni 电池在不间断电源（UPS）中的应用，包括电池在浮充条件下的保质期、循环稳定性和循环性能。制备的高度多孔的 PAAK-KOH 碱性聚合物电解质室温下的离子电导率高达 6×10^{-1}S/cm，接近于 7.3mol/L KOH 水溶液的离子电导率，优于其它广泛应用的凝胶电解质如 PEO-KOH 和 PVA-KOH 的离子电导率。凝胶电解质中的自由水和结合水分别为 53.5% 和 46.5%，并且具有较高的保水性，经过 90 天的试验，制备的凝胶电解质的失重率约为 19.3%。这是由于 PAAK 链上羧基优异的亲水活性，在很大程度上限制了凝胶电解质中水分子的挥发。PAAK-KOH 凝胶电解质表现出较高的电化学稳定窗口，达到 1.57V。相对于水系电解液，PAAK-KOH 凝胶电解质能够缓解 Zn 负极在碱性电解质中的腐蚀，为锌负极提供稳定且均匀的电极/电解质界面，抑制不均匀沉积和枝晶形成（图 3-22）。基于 PAAK-KOH 凝胶电解质的 RZNB 可循环 776h（367 次循环），大大超过了基于 KOH 水溶液的 RZNB。在 60℃的高温下，RZNB 的开路电压在电池静置 431h 后稳定在 1.6V 以上。在 60℃的浮充（恒压小电流充电）条件下，电池工作 400h 以上容量没有明显衰减。

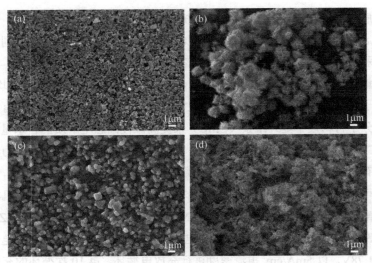

图 3-22 锌负极的 SEM 照片

（a）循环前；（b）在 KOH 电解液中循环 369h；在 PAAK-KOH 凝胶电解质中循环（c）397h 和（d）776h

此外，含有黑磷（BP）的聚醋酸乙烯酯（PVAc）凝胶聚合物电解质也被用于柔性 RZNB。BP 改性聚合物电解质具有互穿网络结构，其中 PVAc 作为聚合物基质，BP 作为 $Zn(OH)_4^{2-}$ 阻挡层。电解质膜中的 BP 还可以抑制锌腐蚀和析氢反应，PVA@BP 聚合物电解质显著提高了电池的比放电容量和循环性能，显示出 509.8mA·h/g 的高初始放电容量，并在 100 次循环后保持在 212.8mA·h/g[67]。

3.6 隔膜

隔膜是电池中的重要组成部分，是连接阴极和阳极的桥梁，隔膜的结构和性能会因其相互作用而影响负极-电解质界面的特性。可充 Zn 基电池的隔膜应为 Zn 枝晶生长提供屏障，并对负极和正极间物种的传输发挥重要作用。隔膜不仅要能抗锌枝晶穿透，还要能耐强碱、抗氧化、易被电解液浸润，具有良好的机械强度和较强的柔韧性、低电阻和高离子导电性。为了实现 RZNBs 正极产生 O_2 循环，使 O_2 能在负极复合，还要求隔膜有好的 O_2 渗透性。

为了延长 RZNBs 的寿命，围绕隔膜的选择及性能改进开展了一系列工作。如可以阻止锌枝晶穿透的选择性透过膜、玻璃纸、聚丙烯辐射接枝丙烯酸膜、聚乙烯醇改性膜等，它们的特点是结构中含有亲水的羟基或羧基、孔径都很小。抗氧化性好的聚烯烃纤维无纺布、尼龙纤维无纺布、聚丙烯微孔膜等属于多孔隔膜，可以减

少镍电极产生的 O_2 对选择性透过隔膜的侵袭。无机膜如 $Ce(OH)_4$ 膜等，它们的主要不足是脆、机械强度差、制造和使用困难。目前主要通过增加单一隔膜的层数或采用复合材料隔膜以及对膜材料改性等方法来改善隔膜层抗枝晶穿透能力。如采用浸有 $Ca(OH)_2$ 的孔状聚丙烯和玻璃纸复合膜，或采用经过氟化处理的聚丙烯隔膜（PP/F_2）等，均有效改善了电池的循环性能。

隔膜也可通过合理设计获得多种功能，提升电池性能，实现功能化。最近，研究者采用环氧树脂、聚酰胺树脂、酚醛树脂和聚甲基丙烯酸甲酯粉（PMMA）混合固化制备复合树脂隔膜（EP）。为改善其孔隙率及电解液润湿性，在复合树脂隔膜制备过程中添加 CMC 或 $NaHCO_3$，分别标记为 EP-CMC、EP-$NaHCO_3$。其中 EP-$NaHCO_3$ 隔膜中 $NaHCO_3$ 改善了 PMMA 及树脂界面的亲水性，还作为造孔剂额外提供了一部分孔隙率，高的孔隙率有助于提高隔膜的吸液性，降低隔膜电阻率。采用 EP-$NaHCO_3$ 隔膜的 Zn-Ni 电池 100 次循环的平均库仑效率最高（约为 90.5%），EP-CMC 隔膜的 Zn-Ni 电池库仑效率最稳定（约为 88.8%），可能与其中的 CMC 能够凝胶化，从而改善隔膜和电极的接触性能有关[68]。使用阴离子交换膜季铵聚(N-甲基-哌啶-共-对-三联苯)（QAPPT）作为 RZNBs 的隔膜，能够传导 $Zn(OH)_4^{2-}$，但与相邻的液体电解质相比，固体 QAPPT 的 $Zn(OH)_4^{2-}$ 浓度和扩散系数都较低，致使枝晶生长接近 QAPPT 膜时发生弯曲生长，即锌枝晶横向生长至溶液中，而不是向 QAPPT 膜生长，这种独特的平行锌枝晶生长模式完全避免了短路对电池造成的损害。具有 QAPPT 膜的 Zn-Ni 全电池实现了长达 976h（相当于近 8000 次循环）的优异循环稳定性，而玻璃纸隔膜电池循环 143h 后发生短路，聚丙烯隔膜电池仅循环 9h 后电压突然降至零[69]。

Zhao 等[70]将 TiO_2 和 PAAK 均匀混合，并加入 KOH 电解质和黏结剂调成糊状，通过压制得到功能化复合隔膜（FC 隔膜）。与商业用的聚丙烯隔膜（PP 隔膜）相比，FC 隔膜具有更为优异的润湿性、保水性和离子电导率。采用该 FC 隔膜组装的 Zn-Ni 电池在 $55.3mA/cm^2$ 的高电流密度下可以稳定循环 1435h，远超基于 PP 隔膜的 Zn-Ni 电池的循环寿命。并且经原位 CT 表征证明，FC 电池中的锌负极在长期循环后仍呈现出均匀的沉积形貌，无枝晶生长和形变发生。此外，在 60℃ 下测试了电池的静置性能。在短时间内，PP 电池开路电压迅速衰减，而 FC 电池在长达 618h 中开路电压一直高于 1.63V，呈现出优异的静置寿命和浮充性能。通过多种表征测试及理论计算发现，FC 隔膜中 TiO_2 表现出更强的亲锌性，吸引阳极电解质界面上的锌，以确保均匀沉积。并且 FC 隔膜上的 PAAK 也能与界面处的锌离子产生交互作用，二者协同作用限制锌的沉积行为，减少了负极形变和枝晶的形成，提高了 Zn-Ni 电池的循环寿命。同时，在负极界面处的 PAAK 能够遮挡负极上的一些活性位点，抑制了 HER。此外，FC 隔膜和负极界面处的 PAAK 都能够有效保护负极表面，防止被正极上产生的氧气过度氧化，使浮充电流降低，进而减少正极产生的氧气。减小的浮充电流也降低了枝晶生长的可能性，使 FC 电池能够进行长时间的稳定浮充，日历寿命得到了显著提高。

隔膜除了充当负极和正极的物理屏障以避免短路之外，还可以通过功能化过程赋予更多功能。研究者还将含有纳米 Bi、Zn、Al_2O_3 多种无机物相的局部导电（PCL）膜压在商用 PP 隔膜的一侧，制得多功能双层导电（MLC）隔膜。MLC 隔膜增强了电导率和锌的吸附性，有效调控了电流密度和锌沉积，抑制了负极的形变和枝晶生长。PCL 层在循环后期还能起到第二集流体的作用，延长了负极的导电网络，避免了电极的坍塌。此外，MLC 隔膜包含亲水基团的聚合物相，具有高保水能力；导电剂的高析氢电位和锌粉阻氧效应，抑制了电解质蒸发、析氢反应和析氧反应等多种副反应对电池的负面影响。采用 MLC 隔膜的 Zn-Ni 电池在 55.3mA/cm² 的高电流密度下循环超过 1672h（1094 次循环），相比传统的 Celgard 隔膜提升了 5 倍。此外，电池在 60℃ 高温和开路电压 1.62V 下，储存时间可达 440h 以上，经过 60℃ 下 580h 的长期浮充试验，RZNBs 在保持较高库仑效率的同时，仍能保持 1.4V 以上的较高放电电压。理论计算表明，MLC 隔膜的 PCL 层能有效均匀负极/隔膜表面的电流密度，并且 PCL 的无机相提供了亲锌位点，使得锌能在 PCL 的上下表面均匀沉积[71]。

参考文献

[1] Mcewen R S. Crystallographic studies on nickel hydroxide and the higher nickel oxides[J]. J Phys Chem A, 1971, 75(12): 1782-1789.

[2] Wehrens-Dijksma M, Notten, P H L. Electrochemical quartz microbalance characterization of Ni(OH)₂-based thin film electrodes[J]. Electrochim Acta, 2006, 51(18): 3609-3621.

[3] Oshitani M, Yufu H, Takashima K, et al. Development of a pasted nickel electrode with high active material Utilization[J]. J Electrochem Soc, 1989, 136(6): 1590-1593.

[4] Ortiz M G, Castro E B, Real S G. The cobalt content effect on the electrochemical behavior of nickel hydroxide electrodes[J]. Int J Hydrogen Energy, 2012, 37(13): 10365-10370.

[5] Ying T. Surface modification of nickel hydroxide particles by micro-sized cobalt oxide hydroxide and properties as electrode materials[J]. Surf Coat Tech, 2005, 200(7): 2376-2379.

[6] Kamath P V, Dixit M, Indira L, et al. Stabilized α-Ni(OH)₂ as electrode material for alkaline secondary cells[J]. J Electrochem Soc, 1994, 141: 2956-2959.

[7] Li J, Shangguan E, Guo D, et al. Synthesis, characterization and electrochemical performance of high-density aluminum substituted α-nickel hydroxide cathode material for nickel-based rechargeable batteries[J]. J Power Sources, 2014, 270: 121-130.

[8] Chen H, Wang J M, Pan T, et al. The structure and electrochemical performance of spherical Al-substituted α-Ni(OH)₂ for alkaline rechargeable batteries[J]. J Power Sources, 2005, 143(1-2): 243-255.

[9] Nethravathi C, Ravishankar N, Shivakumara C, et al. Nanocomposites of α-hydroxides of nickel and cobalt by delamination and co-stacking: Enhanced stability of α-motifs in alkaline medium and electrochemical behaviour[J]. J Power Sources, 2007, 172(2): 970-974.

[10] Mridula Dixit, Vishnu Kamath P, Gopalakrishnan J. Zinc-substituted a-nickel hydroxide as an electrode material for alkaline secondary cells[J]. J Electrochem Soc, 1999, 146(1): 79-82.

[11] 陈惠, 王建明, 潘滔, 等. Al 与 Zn 复合取代 α-Ni(OH)$_2$ 的结构和电化学性能[J]. 中国有色金属学报, 2003, 13(1): 85-88.

[12] Liu C J, Chen S J, Li Y W. Synthesis and electrochemical performance of α-nickel hydroxide codoped with Al^{3+}and Ca^{2+}[J]. Ionics, 2012, 18(1-2): 197-202.

[13] 任俊霞, 周震, 阎杰. Y 掺杂对氢氧化镍电极高温性能的影响[J]. 物理化学学报, 2007, 23(5): 738-742.

[14] 刘长久, 赵卫民, 陈世娟. La 掺杂 Al 代 α-Ni(OH)$_2$ 电极材料的性能[J]. 过程工程学报, 2010, 10(2): 385-389.

[15] Li Y W, Yao J H, Liu C J, et al. Effect of interlayer anions on the electrochemical performance of Al-substituted α-type nickel hydroxide electrodes[J]. Int J Hydrogen Energy, 2010, 35(6): 2539-2545.

[16] Huang H L, Guo Y J, Cheng Y H. Ultrastable α phase nickel hydroxide as energy storage materials for alkaline secondary batteries[J]. Appl Surf Sci, 2018, 435(8): 635-640.

[17] Han X, Xie X, Xu C, et al. Morphology and electrochemical performance of nano-scale nickel hydroxide prepared by supersonic coordination-precipitation method[J]. Opt Mater, 2003, 23(1-2): 465-470.

[18] Chen W, Yang Y, Shao H. Cation-exchange induced high power electrochemical properties of core-shell Ni(OH)$_2$@CoOOH[J]. J Power Sources, 2011, 196(1): 488-494.

[19] Xu C, Liao J, Yang C, et al. An Ultrafast, high capacity and superior longevity Ni/Zn battery constructed on nickel nanowire array film[J]. Nano Energy, 2016, 30: 900-908.

[20] Chen H, Shen Z, Pan Z, et al. Hierarchical micro-nano sheet arrays of nickel-cobalt double hydroxides for high-rate Ni-Zn batteries[J]. Adv Sci, 2019, 6(8): 1802002.

[21] Zhu X Q, Wu Y T, Lu Y Z, et al. Aluminum-doping-based method for the improvement of the cycle life of cobalt-nickel hydroxides for nickel-zinc batteries[J]. J Colloid Interf Sci, 2021, 587: 693-702.

[22] Nie Y, Yang H, Pan J, et al. Synthesis of nano-Ni(OH)$_2$/porous carbon composite as superior cathode materials for alkaline power batteries[J]. Electrochim Acta, 2017, 252: 558-567.

[23] Hu J, Lei G, Lu Z, et al. Alternating assembly of Ni-Al layered double hydroxide and graphene for high-rate alkaline battery cathode[J]. Chem Commun, 2015, 51(49): 9983-9986.

[24] Gong M, Li Y, Zhang H, et al. Ultrafast high-capacity NiZn battery with NiAlCo-layered double hydroxide[J]. Energy Environ Sci, 2014, 7(6): 2025-2032.

[25] Wang X, Li M, Wang Y, et al. A Zn-NiO rechargeable battery with long lifespan and high energy density[J]. J Mater Chem A, 2015, 3(16): 8280-8283.

[26] Wang R, Han Y, Wang Z F, et al. Nickel@nickel oxide core-shell electrode with significantly boosted reactivity for ultrahigh-energyand stable aqueous Ni-Zn battery[J]. Adv Funct Mater, 2018, 28(29): 1802157.

[27] Zhou K, Guo X Y, Guo Y Y, et al. A novel method to prepare flexible 3D NiO nanosheets electrodes for alkaline rechargeable Ni-Zn batteries[J]. ChemElectroChem, 2021, 8(12）: 2214-2220.

[28] Lu Z, Wu X, Lei X, et al. Hierarchical nanoarray materials for advanced nickel-zinc batteries[J]. Inorg Chem Front, 2015, 2(2): 184-187.

[29] Liu J P, Guan C, Zhou C, et al. A flexible quasi-solid-state nickel-zinc battery with high energy and power densities based on 3D electrode design[J]. Adv Mater, 2016, 28(39): 8732-8739.

[30] Zhang H Z, Zhang X Y, Li H D, et al. Flexible rechargeable Ni//Zn battery based on self-supported NiCo$_2$O$_4$ nanosheets with high power density and good cycling stability[J]. Green Energy Environ, 2018, 3(1): 56-62.

[31] Hu P, Wang T S, Zhao J W, et al. Ultrafast alkaline Ni/Zn Battery based on Ni-foam-supported Ni$_3$S$_2$

nanosheets[J]. ACS Appl Mater Interfaces, 2015, 7(48): 26396-26399.

[32] Zhou L J, Zhang X Y, Zheng D Z, et al. Ni_3S_2@PANI core-shell nanosheets as a durable and high-energy binder-free cathode for aqueous rechargeable nickel-zinc batteries[J]. J Mater Chem A, 2019, 7(17): 10629-10635.

[33] Man P, He B, Zhang Q C, et al. A one-dimensional channel self-standing MOF cathode for ultrahigh-energy-density flexible Ni-Zn batteries[J]. J Mater Chem A, 2019, 7(48): 27217-27224.

[34] Chen T T, Wang F F, Cao S, et al. In-situ synthesis of MOF-74 family for high areal energy density of aqueous nickel-zinc batteries[J]. Adv Mater, 2022, 34(30): 2201779.

[35] Shen Y H, Xu L Y, Wang Q Y, et al. Root reason for the failure of a practical Zn-Ni battery: shape changing caused by uneven current distribution and Zn dissolution[J]. ACS Appl Mater Interfaces, 2021, 13(43): 51141-51150.

[36] Tian Z L, Zhao Z J, Yang K, et al. Solvothermal synthesis of Bi_2O_3@ZnO spheres for high-performance rechargeable Zn-Ni battery[J]. J Electrochem Soc, 2019, 166(2): A208-A210.

[37] Turney D E, Gallaway J W, Yadav G G, et al. Rechargeable zinc alkaline anodes for long-cycle energy storage[J]. Chem Mater, 2017, 29(11): 4819-4832.

[38] Zeng D Q, Yang Z H, Wang S W, et al. Preparation and electrochemical performance of In-doped ZnO as anode material for Ni-Zn secondary cells[J]. Electrochim Acta, 2011, 56(11): 4075-4080.

[39] Luo Z U, Sang S B, Wu Q M, et al. A conductive additive for Zn electrodes in secondary Ni/Zn batteries: the magneli phase titanium sub-oxides conductive ceramic Ti_nO_{2n-1}[J]. ECS Electrochem Lett, 2012, 2(2): A21-A24.

[40] Huang J H, Yang Z H, Wang T T. Evaluation of tetraphenylporphyrin modified ZnO as anode material for Ni-Zn rechargeable battery[J]. Electrochim Acta, 2014, 123(10): 278-284.

[41] Zhao T H, Shangguan E B, Li Y, et al. Facile synthesis of high tap density ZnO microspheres as advanced anode material for alkaline nickel-zinc rechargeable batteries[J]. Electrochim Acta, 2015, 182: 173-182.

[42] Wang L M, Yang Z H, Chen, X et al. Formation of porous ZnO microspheres and its applicationas anode material with superior cycle stability in zinc-nickel secondary batteries[J]. J Power Sources, 2018, 396: 615-620.

[43] Yang J L, Yuan Y F, Wu H M, et al. Preparation and electrochemical performances of ZnO nanowires as anode materials for Ni/Zn secondary battery[J]. Electrochim Acta, 2010, 55(23): 7050-7054.

[44] Ma M, Tu J P, Yuan Y F, et al. Electrochemical performance of ZnO nanoplates as anode materials for Ni/Zn secondary batteries[J]. J Power Sources, 2008, 179(1): 395-400.

[45] Liu X R, Wang Q Y, Liu B, et al. Facile synthesis of uniformly coated ZnO@Bi_2O_3 composites anode for long-cycle-life zinc-nickel battery[J]. J Energy Storage, 2023, 58: 106350.

[46] Li J, Zhao T H, Shangguan E, et al. Enhancing the rate and cycling performance of spherical ZnO anode material for advanced zinc-nickel secondary batteries by combined in-situ doping and coating with carbon[J]. Electrochim Acta, 2017, 236: 180-189.

[47] Zhou Z B, Zhang Y M, Chen P, et al. Graphene oxide-modified zinc anode for rechargeable aqueous batteries[J]. Chem Eng Sci, 2019, 194: 142-147.

[48] Wu Y, Zhang Y, Ma Y, et al. Ion-sieving carbon nanoshells for deeply rechargeable Zn-based aqueous batteries[J]. Adv Energy Mater, 2018, 8(36): 1802470.

[49] Zhang Y M, Wu Y T, Ding H R, et al. Sealing ZnO nanorods for deeply rechargeable high-energy aqueous battery anodes[J]. Nano Energy, 2018, 53: 666-674.

[50] Chen P, Wu Y T, Zhang Y M, et al. A deeply rechargeable zinc anode with pomegranate-inspired nanostructure for high-energy aqueous batteries[J]. J Mater Chem A, 2018, 6(44): 21933-21940.

[51] Yan Y, Zhang Y M, Wu Y T, et al. A lasagna-inspired nanoscale ZnO anode design for high-energy rechargeable aqueous batteries[J]. ACS Appl Energy Mater, 2018, 1(11): 6345-6351.

[52] Li L P, Cheng S, Deng L Y, et al. Effective solution toward the issues of Zn-based anodes for advanced alkaline Ni-Zn batteries[J]. ACS Appl Mater Interfaces, 2023, 15(3): 3953-3960.

[53] Stock D, Dongmo S, Damtew D, et al. Design strategy for zinc anodes with enhanced utilization and retention: electrodeposited zinc oxide on carbon mesh protected by ionomeric layers[J]. ACS Appl Energy Mater, 2018, 1(10): 5579-5588.

[54] Parker J F, Chervin C N, Pala I R, et al. Rechargeable nickel-3D zinc batteries: An energy-dense, safer alternative to lithium-ion[J]. Science, 2017, 356(6336): 415-418.

[55] Yan Z, Wang E D, Jiang L H, et al. Superior cycling stability and high rate capability of three-dimensional Zn/Cu foam electrodes for zinc-based alkaline batteries[J]. RSC Adv, 2015, 5(102): 83781-83787.

[56] Wang R J, Yang Z H. Synthesis and high cycle performance of Zn-Al-In-hydrotalcite as anode materials for Ni-Zn secondary batteries[J]. RSC Adv, 2013, 3(43): 19924-19928.

[57] Huang J H, Yang Z H, Wang R J, et al. Zn-Al layered double oxides as high-performance anode materials for zinc-based secondary battery[J]. J Mater Chem A, 2015, 3(14): 7429-7436.

[58] Lim M B, Lambert T N, Ruiz E I. Effect of ZnO-saturated electrolyte on rechargeable alkaline zinc batteries at increased depth-of-discharge[J]. J Electrochem Soc, 2020, 167(6): 060508.

[59] Shen Y H, Wang Q Y, Liu J, et al. Spontaneous reduction and adsorption of $K_3[Fe(CN)_6]$ on Zn anodes in alkaline electrolytes: enabling a long-life Zn-Ni battery[J]. Acta Phys Chim Sin, 2022, 38(11): 2204048.

[60] Adler T C, McLarnon F R, Cairns E J. Low-zinc-solubility electrolytes for use in zinc/nickel oxide cells[J]. J Electrochem Soc, 1993, 140(2): 289-294.

[61] Liu Z, Zhao Y, Han G C, et al. Preparation of Schiff base surfactant and its application in alkaline zinc-nickel batteries[J]. Ionics, 2016, 22(12): 2391-2397.

[62] Xu M, Ivey D G, Qu W, et al. Study of the mechanism for electrodeposition of dendrite-free zinc in an alkaline electrolyte modified with 1-ethyl-3-methylimidazolium dicyanamide[J]. J Power Sources, 2015, 274: 1249-1253.

[63] Fauvarque J F, Guinot S, Bouzir N, et al. Alkaline poly(ethylene oxide) solid polymer electrolytes application to nickel secondary batteries[J]. Electrochim Acta, 1995, 40(13-14): 2449-2453.

[64] Wu Q M, Zhang J F, Sang S B. Preparation of alkaline solid polymer electrolyte based on PVA-TiO$_2$-KOH-H$_2$O and its performance in Zn-Ni battery[J] J Phys Chem Solids, 2008, 69(11): 2691-2695.

[65] 魏祥晖, 桑商斌, 曾利辉. PVA-CMC-KOH 复合碱性固态电解质的制备及其在二次锌镍电池中的应用[J]. 化工进展, 2008, 27(10): 1637-1641.

[66] Li S W, Fan X Y, Liu X R, et al. Potassium polyacrylate-based gel polymer electrolyte for practical Zn-Ni batteries[J]. ACS Appl Mater Interfaces, 2022, 14(20): 22847-22857.

[67] Yang S, Bo M L, Peng C, et al. Three-electrode flexible zinc-nickel battery with black phosphorus modified polymer electrolyte[J]. Mater Lett, 2018, 233: 118-121.

[68] 申亚举, 周聪, 程杰, 等. 使用复合树脂隔膜提高锌镍电池的循环性[J]. 绝缘材料, 2018, 51(11): 69-73.

[69] Wang Y M, Peng H Q, Hu M X, et al. A stable zinc-based secondary battery realized by anion-exchange membrane as the separator[J]. J Power Sources, 2021, 486: 229376.

[70] Zhao Z Q, Wang C Y, Wang H Z, et al. A simple way to induce anode-electrolyte interface engineering through a functional composite separator for zinc-nickel batteries[J]. Nano Energy, 2022, 97: 107162.

[71] Zhao Z Q, Xu L Y, Wang C Y, et al. A rational design of multi-functional separator for uniform zinc deposition and suppressed side reaction towards zinc-nickel batteries with superior cycling life and shelf life[J]. Chem Eng J, 2022, 442: 136079.

第**4**章
可充锌-空气电池

4.1 锌-空气电池概述

金属-空气电池也称金属燃料电池，是以电极电位较负的金属如 Zn、Mg、Al、Fe、Li、Na 等作负极，以空气中的氧或纯氧作正极的活性物质。由于金属-空气电池的正极反应物（O_2）不是储存在电池中，而是源源不断地从周围环境中汲取，不同于一般电池只能从电池内部获取，因而金属-空气电池具有很高的理论能量密度，均在 1000W·h/kg 以上，是当之无愧的高能量密度电池。近年来，随着电动汽车的快速发展，极大促进了可充金属-空气电池的研究与开发。目前最先进的锂离子电池的比能量和能量密度仍远不能满足全电动汽车的需求。例如，目前商业先进的锂离子电池中，$LiCoO_2$ 负极的实际能量密度为 100～150W·h/kg，$LiFePO_4$ 或 $LiMn_2O_4$ 负极的实际能量密度为 80～100W·h/kg。如果考虑目前市场上全电动汽车每 100km 耗电量为 10～20kW·h（具体与载重、车速相关），为了达到与传统汽油车相似的每箱汽油 600～800km 的行驶距离，电池组的重量将接近甚至超过 1000kg。因此，高能量密度的金属-空气电池是后锂离子电池系统的取代者之一。

在各种金属-空气电池中，锂-空气电池的理论比能量密度最高，可达 5928W·h/kg，开路电压为 2.96V，但金属锂在水溶性电解质和 O_2 气氛中的稳定性较差。镁和铝的空气电池拥有与锂-空气电池相当的能量密度，并且对水及空气的稳定性较好，然而两者都存在可逆性差、较低的还原电位致使其自放电严重、库仑效率低等问题。相对而言，锌和铁在水溶性电解质中最稳定，并且充电效率最高。铁-空气电池的理论能量密度为 1080W·h/kg，开路电压为 1.28V，与之相比，锌-空气电池具有更高的质量能量密度（1086W·h/kg）和体积能量密度（6136W·h/L），开路电压可达 1.66V，这对于移动和便携式设备（例如电动汽车和个人电子产品）来说尤其理想，因为在这些应用中安装电池的体积有限。此外，锌的固有安全性意味着锌-空气电池可以放置在汽车的前罩中，在目前车辆中已建立空气通道的基础上便于安装使用。表 4-1 列出了几种金属-空气电池的主要性能。

表 4-1　金属-空气电池的主要性能

电解质	金属负极	电化当量/(g/A·h)	开路电压/V	理论比能量/(W·h/kg)	体积比能量/(W·h/L)	实际工作电压/V
非水	Li	0.259	2.96	5928	7989	2.4
	Na	—	2.30	1680	2466	—
	K	—	2.37	1187	1913	—
水溶液	Zn	1.22	1.66	1086	6136	1.0～1.2
	Al	0.335	2.71	5779	10347	1.1～1.4
	Fe	1.04	1.28	1080	3244	1.0
	Mg	0.454	3.09	5238	9619	1.2～1.4

4.1.1　锌-空气电池发展历史

锌-空气电池（zinc air batteries，简称 ZABs）是以锌为负极，用空气中的氧或纯氧作为正极活性物质，以氯化铵或强碱溶液为电解质的一种原电池，又称锌-氧电池。分为中性和碱性两个体系的 ZABs。

早在 19 世纪初，就有关于空气电极的报道，直到 1878 年法国的梅谢（Maiche）利用金属锌为负极，含铂粉的多孔性炭作正极（空气电极），中性氯化铵水溶液作电解质，设计出第一个 ZABs，开发了锌-空气干电池技术，与当时的锌-锰干电池相比，其容量是后者的两倍以上，因此，一经诞生便引起人们的广泛关注。1917 年法国人 C·费里用活性炭代替铂用来吸收氧，使 ZABs 实用化。但当时采用的是微酸性电解液，电极性能极低，因而限制了 ZABs 的使用范围。1932 年，海斯（Heise）和舒梅歇尔（Schumachersh）为提高电解液的导电能力，采用碱性电解液替代氯化铵制成了碱性 ZABs。它以汞齐化锌为负极，经石蜡防水处理的多孔碳作正极，20%的 NaOH 水溶液作电解液，有效改善了电解液的内阻，使放电电流有了大幅提高，电流密度可达到 7～10mA/cm²。这种 ZABs 具有较高能量密度，但输出功率较低，主要用于铁路信号灯和航标灯的电源。20 世纪 60 年代，由于对宇航用常温燃料电池的氧电极研究取得了很大的成功，大功率 ZABs 的开发才达到了实际应用阶段。这种新型气体扩散电极具有良好的气/液/固三相结构，放电电流密度可达 100mA/cm²，从而使高功率 ZABs 得以实现。1977 年，小型高性能的扣式一次 ZABs 已成功商业化生产，并广泛用于助听器的电源，其体积能量密度高达 1300~1400W·h/L。

大约在 1975—2000 年间，人们对电动汽车用的可充电锌-空气电池（RZABs）进行了大量研究。提出了机械充电和电充电两种电池形式。在机械充电的 RZABs（也被称为锌-空气燃料电池）中，电池通过去除废锌并重新提供一个新的锌负极来充电。1995 年，以色列 Electric Fuel 公司首次将 RZABs 用于电动汽车上，采用机械更换锌电极的方式对电池充电，比能量可达 175W·h/kg，并成功应用于德国邮电系统的 MB410 型邮电车（奔驰公司生产）上，最高车速达到 120km/h。这种电池每更换一次锌电极可运行 400 公里以上。美国 DEMI 公司以及德国、法国、瑞典、荷兰、芬兰、西班牙和南非等多个国家也都在电动汽车上积极推广应用 RZABs。机械充电避免了锌电极可逆性差和双功能空气电极不稳定的问题。然而，由于建立锌充电和补给站网络的成本高昂，这一概念从未被广泛采用。最成功的 RZABs 采用了流动电解质设计，大大提高了锌电极的耐久性。然而，由于空气电极上催化氧气反应的基本挑战，其动力性能一直是 RZABs 的主要缺点。此外，在充电反应过程中空气电极的腐蚀是另一个关键问题。这些问题的存在加之 LIBs 的出现，延缓了 20 世纪末 RZABs 的发展。

尽管存在这些问题，但材料科学和纳米技术的进步重新引起了人们对 RZABs 的兴趣。近年来，随着气体扩散电极理论的进一步完善，以及催化剂制备和气体电极制造工艺的发展，使电极性能进一步提高，电流密度可达到 200~300mA/cm^2，甚至有些高达 500mA/cm^2。同时，对 RZABs 气体管理（如水、二氧化碳等）的研究，提高了 RZABs 的环境适应能力，为大功率 RZABs 的产品化开发提供了技术保障，同时也使各种 RZABs 体系逐渐走向商品化。几家公司已经开发出独特的 ZABs 系统，其中最突出的是 EOS Energy Storage、Fluid Energy 和 ZincNyx Energy Solutions。EOS Energy Storage 公司的产品是一款 1MW/4MW·h 的 ZABs 电池，用于公用事业规模的电网存储，售价低至 160 美元/(kW·h)。Fluid Energy 与 Caterpillar 和印度尼西亚的公共事业公司合作，推出超过 250MW·h 的 ZABs，为 500 个偏远社区储存光伏太阳能。ZincNyx Energy Solutions 开发了一套 5kW/40kW·h 的锌-空气备用系统，该系统已在 Teck Resources 的子公司完成了现场测试。近期的一项经济分析发现，ZABs 是智能电网储能最经济可行的电池技术。ZABs 正在许多重要领域发挥不可替代的作用，包括手表、助听器、计算器、笔记本电脑、移动电话、江河航标灯、铁路信号灯、军用无线电通信设备等便携电子设备。由于其容量大、比能量高、大电流放电性能好、价格低廉等特点，也特别适合用作电动汽车、摩托车、自行车等的动力电源，以及鱼雷、导弹等的电源，还可用于固定式能量站等储能基地。

4.1.2　锌-空气电池的结构与工作原理

　　RZABs 主要由锌负极、包含涂有双功能催化剂的气体扩散层（GDL）的空气电极和电解质三个部分构成。除了这些组件外，还有一个微孔隔膜，可防止正极和负极之间的物理接触，以及包容电池所有组件但允许正极进入空气的透气电池外壳。RZABs 的工作原理如图 4-1 所示。

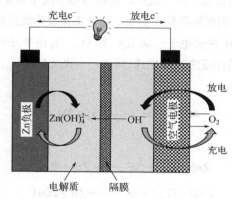

图 4-1　可充锌-空气电池工作原理示意图

（1）放电过程

　　电池放电时，RZABs 通过锌金属与空气电极的电化学耦合，在碱性电解液存在下，与大气中取之不尽的正极反应物（O_2）一起发挥发电机的作用。在锌负极发生氧化反应，电极表面的锌颗粒失去电子，生成可溶性锌酸盐离子$[Zn(OH)_4]^{2-}$，随后锌酸盐离子脱水为不溶性 ZnO；空气正极发生氧气还原反应（ORR），来自周围空气中的氧气扩散到多孔空气电极中，并在电极上的电催化剂作用下得到电子，与水反应生成 OH^-。该反应发生在气（氧气）-液（电解质）-固（电催化剂）三相界面处。与此同时，发生在锌负极上的平行副反应是锌和水反应产生 H_2，具体反应过程如式（4-1）~式（4-5）。

　　空气正极反应：

$$O_2 + 4e^- + 2H_2O \longrightarrow 4OH^- \tag{4-1}$$

　　锌负极反应：

$$Zn - 2e^- + 4OH^- \longrightarrow Zn(OH)_4^{2-} \tag{4-2}$$

$$Zn(OH)_4^{2-} \longrightarrow ZnO + 2OH^- + H_2O \tag{4-3}$$

副反应：

$$Zn + 2H_2O + 2OH^- \longrightarrow Zn(OH)_4^{2-} + H_2 \qquad (4\text{-}4)$$

总反应：

$$2Zn + O_2 \longrightarrow 2ZnO \qquad (4\text{-}5)$$

（2）充电过程

电池充电时，锌负极发生还原反应，电极侧电解质中氧化锌和锌酸根离子得到电子，生成金属锌，沉积在锌阳极表面上。空气正极发生氧化反应（即氧析出反应，OER），电解质中的 OH^- 失去电子生成 H_2O 和 O_2，O_2 由半开放体系的 RZABs 中逸出进入周围空气中。具体反应过程如式（4-6）～式（4-9）。

空气阴极反应：

$$4OH^- - 4e^- \longrightarrow O_2 + 2H_2O \qquad (4\text{-}6)$$

锌阳极反应：

$$Zn(OH)_4^{2-} + 2e^- \longrightarrow Zn + 4OH^- \qquad (4\text{-}7)$$

$$ZnO + H_2O + 2e^- \longrightarrow Zn + 2OH^- \qquad (4\text{-}8)$$

总反应：

$$2ZnO \longrightarrow 2Zn + O_2 \qquad (4\text{-}9)$$

锌空气电池的电动势为：

$$E = \varphi_{O_2/OH^-}^{\ominus} - \varphi_{ZnO/Zn}^{\ominus} + \frac{2.303RT}{nF} \lg p_{O_2}^{1/2} = 0.401 - (-1.245) + 0.0295 \lg p_{O_2}^{1/2}$$

$$= 1.646 + 0.0295 \lg p_{O_2}^{1/2}$$

当正极活性物质为空气时，由于空气中氧气的分压 $p_{O_2} = 0.21\text{atm}$（$1\text{atm} = 1.013 \times 10^5\text{Pa}$），可计算得到锌-空气电池的电动势为：

$$E = 1.646 + 0.0295 \lg p_{O_2}^{1/2} = 1.636\text{V}$$

由于氧电极反应很难达到标准状态下的热力学平衡，因此碱性 ZABs 开路电压要低于电动势，其值一般为 1.4～1.5V，工作电压则为 0.9～1.3V。ZABs 的理论比能量为 1086W·h/kg，实际比能量从商用 ZABs 的 200～300W·h/kg 到实验室规模的 700W·h/kg，高于其它电池体系。

RZABs 可以使用双功能催化空气电极，在双电极设计中同时催化 ORR 和 OER，也可以使用如图 4-2 所示的空气/锌/空气三电极结构。在三电极结构中，ORR 和 OER

电极是解耦的，可以单独优化。ORR 电极与 Zn 电极连接仅用于放电，避免了暴露在高 OER 电位时电解质的分解。尽管三电极配置提供了更高的电池循环耐久性以及比双电极配置更宽松的催化剂制备要求，但不可避免地要付出增加电池体积和重量的代价，最终导致体积能量密度和功率密度降低。因此，关于 RZABs 的研究多采用两电极结构。

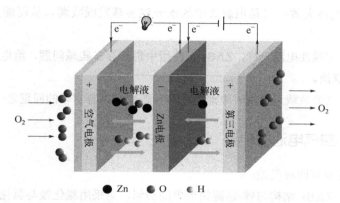

图 4-2　基于三电极的可充电锌-空气电池示意图

4.1.3　锌-空气电池的特点

ZABs 具有以下优点：

① 电池容量大，比能量高。ZABs 的理论容量是由负极活性物质的量决定的。正极活性物质是来自空气中的氧气，所以空气电极占据电池的空间非常小，因此，在相同的体积和重量下，ZABs 内可以装填更多的负极反应物质，与传统电池相比具有更高的容量，是同型号碱性锌-锰电池的 2.5 倍以上，是普通干电池的 5～7 倍。

② 工作电压平稳。电池放电时，空气电极只是发生氧气的还原反应而空气电极本身不发生变化，负极则是锌被氧化而损耗。锌电极电压平稳，所以放电时电池电压变化小，在 1.3V 左右出现一个较长时间的放电平台。

③ 自放电少，储存寿命长。在储存时电池的进气孔是密封的，空气电极与外界隔绝，使 ZABs 的电化学反应无法进行，从而电池容量损失小，容量年损失小于 2%。

④ 内阻较小，大电流放电和脉冲放电性能好。

⑤ 安全性好。ZABs 与燃料电池相比，由于以金属锌替代了燃料电池的氢燃料，因此无燃烧、爆炸的危险，比燃料电池更安全可靠。

⑥ 生产成本低、价格低廉。正极活性物质是空气中的氧气，无须购买而且取之不尽。负极活性物质锌来源丰富、价格便宜。

⑦ 环保无污染。ZABs 摒弃了传统电池中的铅、汞、镉等有毒物质，解决了传统电池的污染问题。而且电池使用后的重要反应产物是氧化锌，方便回收利用。

缺点：

① 由于 ZABs 以空气中的氧气作为正极活性物质，电池不能在密封条件下工作，从而带来两个问题：一是电解液容易吸收空气中的二氧化碳，使电解液碳酸盐化，造成电池失效；二是电解液中的水分容易蒸发或吸潮，从而缩短电池的使用寿命。

② 和其它碱性电池一样，ZABs 在使用中仍然存在爬碱问题，给电池维护保养带来一定的麻烦。

③ 在大电流负载下使用时电池的散热问题也是不容忽略的问题之一。

4.1.4 锌-空气电池的种类

ZABs 主要有四种类型：

① 中性 ZABs 结构与锌-锰圆筒形电池类似，也采用氯化铵与氯化锌溶液为电解液，只是在炭包中以活性炭代替了二氧化锰，并在盖上或周围留有通气孔，使用时打开。

② 纽扣式 ZABs 结构与锌-银扣式电池基本相同，但在正极外壳上留有小孔，使用时可打开。

③ 低功率大荷电量的 ZABs 将烧结或黏结式活性炭电极和板状锌电极组合成电极组，浸入盛有氢氧化钠溶液的容器中。

④ 高功率 ZABs 一般是将薄片状黏结式活性炭电极装在电池外壁上，将锌粉电极装在电池中间，两者之间用吸液的隔膜隔离，上口装有注液塞，使用时注入氢氧化钾溶液。这种电池便于携带。低功率 ZABs 和高功率 ZABs 属于临时激活型，活性炭电极能反复使用，因而电池在耗尽电荷量以后，只要更换锌电极和碱液，即可重复使用。

根据氧气反应是否可逆，锌-空气电池又可以分为：一次 ZABs（原电池）、机械式充电 ZABs 和可充电式 ZABs（二次电池）。其中，锌-空气原电池是目前市场化的一次电池，其电池容量由负极锌含量决定。一般而言，当锌电极完全消耗后，电池容量达到峰值，无法继续使用且不能进行充电。这种电池往往放电电流较小，但其价格便宜、储存寿命长、能量密度大。机械式充电 ZABs 也被称为"可更换电极电池"，在 ZABs 放电完全后，通过更换新的电解质以及锌电极实现电池的重复利用，而空气电极一般保留使用。可充电式 ZABs 是目前该类型电池发展的重要方向及研究热点，这类电池在放电之后，可重新通过充电再次实现电能向化学能的转化，即在充电过程中，慢慢产生的氧气通过空气电极向大气中扩散，放电过程中产生的氧化锌也慢慢重新还原成金属锌回到负极上，通过充电方式重新恢复电池容量，表现出可逆的充放电过程。

4.1.5　锌-空气电池的配置

RZABs 目前有三种主要配置类型：平面电池、液流电池和柔性电池。传统的平面配置最初是为一次 ZABs 电池设计的，优先考虑的是高能量密度；而锌-空气液流电池优先考虑的是高循环次数和使用寿命；柔性 ZABs 是一种新兴技术，由于需要与柔性电子产品兼容的高能电源，因此在先进电子行业中尤其有前景。

（1）平面电池

传统的 ZABs 采用平面布置结构，这种配置优于螺旋缠绕设计，可最大限度扩大空气通道。例如，用于助听器的小型一次纽扣电池，锌负极室由雾化锌粉与凝胶化的 KOH 电解质混合组成，并通过隔膜与空气电极隔开。为了最大限度提高能量密度，纽扣电池的外壳和盖子也充当集流体。较大的多节一次 ZABs（历史上用于铁路信号、水下导航和电子围栏）采用棱柱形配置，如图 4-3（a）所示[1]。除了形状之外，这种配置与纽扣电池的不同之处在于，除了正负电极的外部隔膜外，还包括塑料外壳内的导电集流体。在 RZABs 研究中，棱柱形设计也是最常用的配置，许多研究者用螺栓和螺母将塑料板和垫片的组合固定在一起，这样可以快速组装和拆卸正在研究的电极和电解液。

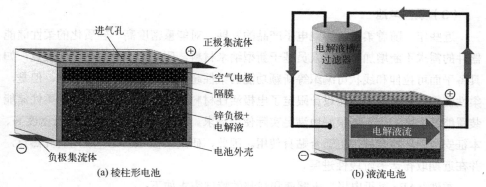

图 4-3　锌-空气电池结构示意图

平面 ZABs 可以水平放置［即电极表面与地面平行，如图 4-3（a）所示］，也可以垂直放置。据称，空气电极朝上水平放置的 ZABs 可以在锌电极中提供更好的电流分布，并在充电过程中更容易从空气电极中去除氧气。液体电解质的蒸发使其大量损失会导致水平配置的电池中锌电极和空气电极的离子连通性完全丧失，因此，大多数研究采用垂直结构。传统平面结构的 RZABs 尚未进入商业市场。然而，由于其简单的设计，优先考虑高能量密度，因此平面结构非常适合电动汽车和其它需要低重量和体积的储能应用。

（2）液流电池

液流 ZABs 是将电荷储存在液体电解质的罐体中，泵驱动液体电解质在电极和储液罐之间循环，电解液平行流过电极，在电池充放电过程中进行电极反应，如图4-3（b）所示。流动电解液设计有助于缓解锌电极和空气电极的有关性能退化问题。对于锌电极，循环电解液体积大，通过改善电流分布和降低浓度梯度，避免了锌负极的枝晶形成、形变和钝化等问题。在空气电极一侧，沉淀的碳酸盐或其它不需要的固体也可以被流动的电解液冲洗掉，并通过外部过滤器去除。因此，与静态电解液的常规配置相比，RZABs 液流电池具有更高的运行和循环寿命。

由于需要泵送和循环电解液通过电池，锌-空气液流电池也存在复杂性增加和能量效率降低等缺点。管道、泵和过多的电解质体积也会降低电池的比能量密度和体积能量密度。尽管如此，三个最杰出的 RZABs 商业开发商都选择使用流动电解液：EOS Energy Storage 使用接近中性 pH 值的氯化物电解液；Fluidic Energy 使用含磺酸盐的离子液体；ZincNyx Energy Solutions 利用锌颗粒的流动电解质悬浮液，允许在单独的隔室（每个隔室都有自己的空气电极）中放电和充电。因此，流动配置似乎是迄今为止最成功的 RZABs 类型。然而，设备的庞大性将其限制在对重量和空间要求不重要的大规模电网存储应用中。

（3）柔性电池

近些年，随着柔性可穿戴电子产品的发展，对能量密度高、轻质化的柔性储能器件的需求不断增加。科研人员基于新型纳米材料，研发出多种柔性储能装置，如具备平面可拉伸和线状可编织等新颖功能的柔性超级电容器和锂离子电池。但是，柔性需求的轻薄电池结构设计限定了电极活性材料的使用量，导致现有的柔性储能装置能量密度低，不能很好地满足实际使用需求。锌-空气电池的理论能量密度高、本征安全、环境友好，更适合贴身使用。因此，研发柔性 RZABs 成为研究热点，并在近期取得诸多阶段性进展。

柔性 ZABs 对于电极、电解液和封装的特殊需求如下：

① 柔性电极。传统 ZABs 的锌负极是具有一定厚度和尺寸的刚性电极，如片状、棒状、条状等，而正极的多孔材料是通过黏结剂黏附在金属集流体上，柔韧性差。柔性电极是将电极活性物质牢固负载到力学柔韧性强的基底材质上。

② 固态或半固态电解质。传统氢氧化钾溶液因其离子电导率高而作为 ZABs 电解液，但会带来柔性化封装的难题。采用半固态甚至是全固态的电解质形式，能够起到兼具离子传导、隔离正负极和柔性结构支撑的作用。提升固态或半固态电解质的离子电导率，使其接近或达到水系电解液的水平，是实现柔性 ZABs 高效电化学性能的关键核心问题。

③ 封装轻薄简便化。传统 ZABs 的封装结构须满足多种需求，如耐腐蚀以防止强碱性液态电解液泄漏，空气电极需防水透气以保证氧气交换充足，留有电解液更换窗口等。繁复的封装造成 ZABs 结构厚重化，降低电池的有效比性能，难以实现柔性化。柔性 ZABs 基于上述新型柔性一体化复合电极和全固态/半固态电解质，设计并开发轻薄简便的封装形式。各组分间的有机结合是柔性 ZABs 需要重点研究的问题之一，如电极与固态/半固态电解质的界面结合问题。

（4）多组电池组合

ZABs 的配置可以将多个 ZABs 串联起来，以提高电池电压达到应用所需的水平。电池可以使用两种可能的排列方式堆叠，称为单极和双极。在单极排列［图 4-4（a）］中，锌电极夹在两个外部连接的空气电极之间，这个基本单元在多个电池中重复。为了串联电池，在一个电池的锌电极和相邻电池的空气电极之间进行外部连接。在双极结构中［图 4-4（b）］，每个锌电极仅在其一侧与单个空气电极配对。空气电极和相邻电池的锌电极之间通过具有气流通道的导电双极板串联，而不是通过外部连接[1]。

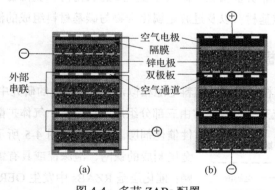

图 4-4　多节 ZABs 配置

（a）单极排列；（b）双极排列

双极排列的一大优势是由于没有外部布线，电池可以更有效封装。此外，与单极排列相比，双极排列电极上的电流分布更均匀，因为单极排列使用外部连接从电极边缘收集电流。双极布置的一个缺点是空气电极必须在其整个厚度上导电，这意味着空气电极面向空气的一侧不能由纯聚四氟乙烯层组成。双极布置还需要保持一定的压力,以便在电极和双极板之间提供充分的界面接触。

4.2 双功能空气电极

RZABs 的空气电极是最昂贵的电池元件之一,也是决定电池性能的关键因素。双功能空气电极在电池放电期间消耗氧气,并在充电时反向释放氧气。缓慢的 ORR/OER 动力学和有限的反应物扩散到阴极侧的催化活性位点,导致电池的高度极化,意味着电池电压随着电流的增加而迅速下降,从而限制了电池可以提供的最大功率。为了实现高功率性能,RZABs 在很大程度上依赖于可有效促进 ORR/OER 的双功能活性和耐久性的空气电极,以承受在碱性电解液中重复充放电的恶劣条件。近年来,对 ORR/OER 催化活性材料以及高效质量/电荷传输的电极结构设计等方面进行了大量的研究工作,以期开发出具有高循环效率和高输出功率的 RZABs。通常,双功能空气电极由疏水气体扩散层(GDL)和中等亲水的催化剂层组成。GDL 为催化剂提供物理和导电支撑,并分别在放电和充电期间为氧气扩散提供进出通道。ORR 发生在三相界面(气态氧-液体电解质-固体催化剂),而 OER 发生在两相反应区(液体电解质-固体催化剂)。因此,合理设计具有最佳亲水性界面结构的空气电极对优化催化活性和避免催化活性位点的"淹没"至关重要。目前对双功能催化剂的研究主要集中在非贵金属上,例如过渡金属的氧化物、硫化物、氮化物、碳化物和大环化合物、碳基材料以及过渡金属化合物与碳基材料组成的混合物。

4.2.1 空气电极的结构

碱性 ZABs 正极的结构与燃料电池相似,从燃料电池的研究中获益良多。目前,应用最广泛的传统空气电极通常由三部分组成:集流体、气体扩散层(GDL)和活性催化剂层。其结构如图 4-5 所示。集流体多为镍金属制成的镍网、泡沫镍或具有镍涂层的廉价金属网;催化层是 RZABs 中发生 OER/ORR 的场所,可降低氧电反应的活化能,也是决定 RZABs 性能的关键;GDL 的主要作用是让氧气顺利通过并均匀分配到亲水层中的催化剂位点上。

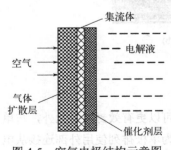

图 4-5 空气电极结构示意图

对于 RZABs 技术中的重要反应 ORR/OER 来说,在电池充放电过程中 O_2 的扩散非常重要。然而,

O_2 通常很难扩散到空气电极中，甚至很难与电解液接触完成氧电化学反应。因此，从空气中扩散氧气是必要条件之一。空气电极上的 ORR/OER 是在气-液-固三相界面上进行的，电极内部能否形成尽可能多的有效三相界面，将影响催化剂的利用率和电极的传质过程，氧电催化剂在空气电极上的性能由 GDL 决定。对于 ZABs，GDL 具有以下基本功能：①为催化剂/催化剂层提供物理支撑；②要具有高效的表面积，允许空气（或氧气）均匀输送至催化剂或从催化剂输送出去；③要具有疏水性，有利于空气接触，同时避免电解液泄漏，减少电解液的蒸发损失；④还应具有足够的机械强度、高导电性、对氧化和强碱环境具有优异的耐腐蚀性能。对于柔性 ZABs，还应具有适宜的弯曲刚度。为了促进 ZABs 中的空气传输，GDL 应该薄且高度多孔，同时具有疏水性。总之，理想的 GDL 应具有快速的空气扩散和高电解质驱避性、高机械完整性、优越的导电性、可靠的电化学-氧化稳定性和在强碱性电解液中的化学耐久性。

如图 4-6（a）所示，GDL 主要由两部分组成，即大孔隙的基底层（GDB）和小孔隙的微孔层（MPL）[1]。其中 GDB 为 MPL 和催化层提供支撑，MPL 则改善了基底层与催化层之间的接触界面。GDB 是扩散层最主要的部分，孔隙率高，一般能达到 70% 以上；孔径较大，在 50～150μm 之间。构成基底层的材料主要是一些碳材料，如碳布、碳纸、非织造布及炭黑纸等，也可以使用非碳的金属材料，比如泡沫金属或金属网。

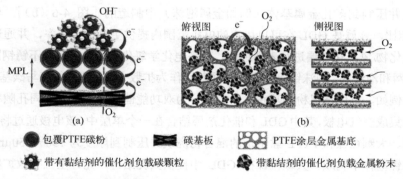

图 4-6 碳基 GDL（横截面图）示意图（a）和与催化剂集成的金属基 GDL（b）

碳布由长的碳纤维经过编织而成，孔隙率在 70% 以上，与催化层贴合好，表面机械柔韧性高，因此可以用作小型柔性 ZABs 的坚固催化剂层载体。碳纸由 5～20μm 的短切碳纤维压制而成，就减小欧姆电阻和利于传质而言，碳纸作 GDB 通常具有更好的电池性能，但与碳布相比，较薄碳纸缺乏柔韧性，脆性大，处理时比较脆弱。

理论上，GDB 越薄，电子从催化层传递到极板的距离越短，电阻越小，有利于电池性能的提高。但是过薄会导致支撑强度不够，所以 GDB 的厚度应该在保持足够支撑特性的前提下，尽可能降低厚度。GDB 的孔隙率越大，透气性越好，传质阻力越小，但孔隙率过高会导致电子传递的路径减少，电阻增大。

基底层的孔隙率高，孔径大，如果直接与催化层接触，会减小有效接触面积。此外，电池长期循环过程中，催化层中的催化剂颗粒有可能脱落，堵塞在孔隙中，降低催化有效面积和气体孔隙度。因此需要在基底层和催化层之间涂覆一层 MPL，用于改善 GDB 和催化层之间的界面，减小接触电阻。MPL 通常由炭黑粉和 PTFE 混合而成，经热压、喷涂、印刷等方式固定在基底层上，形成微小气孔结构。微孔层的孔径小，一般在 $5 \sim 50 \mu m$，可以有效阻止电极制备过程中催化剂颗粒脱落后堵塞气体孔道。MPL 的平整度比 GDB 高，作为中间过渡层，可以有效提高与催化层之间的接触面积，降低界面电阻，改善界面电化学反应。此外，MPL 有利于改善水管理。由于 MPL 与 GDB 间的孔径梯度使 GDL 两侧形成压力梯度，迫使水分从催化层向 GDL 传输，防止催化层"水淹"。

碳基 GDL 对碳腐蚀非常敏感，碳腐蚀会导致电化学氧反应的活性表面积损失、空气电极的电流分布不均匀，甚至发生严重的电解液泄漏。此外，因碳腐蚀而产生的溶解碳酸盐对碱性电解液也会产生负面影响。因此，对于长期运行的 RZABs，通过使用高度耐腐蚀的石墨化碳材料或使用金属基材来防止 GDL 的腐蚀至关重要。

金属基 GDL 是通过将催化剂、金属粉末和聚四氟乙烯（PTFE）黏结剂的混合物浇筑并压制到多孔金属基体（例如金属泡沫）中制造的［图 4-6（b）］。与碳基 GDL 相比，金属基 GDL 在可以更宽的电压范围内提供更高的电导率，并通过形成薄的氧化物/氢氧化物层进行表面钝化，提高电化学氧化稳定性。采用不锈钢网、钛网、镍网和泡沫镍、泡沫铜等制成的金属基底作为扩散介质，其性能可与碳基 GDLs 媲美。例如，以烧结镍粉为基底，以 Co_3O_4 为双功能催化剂的具有不同孔隙率和疏水性的集成空气电极，其中 GDL 和催化剂层结合在一个单层中。该电极通过将 Co_3O_4 催化剂、大颗粒镍和 PTFE 黏结剂的混合物浇筑并压制到厚度为 $150 \sim 250 \mu m$ 的导电泡沫镍基体中制成。大颗粒镍在 GDL 中提供大孔结构，允许空气有效扩散到催化剂上，避免了碳腐蚀以及由此引起的机械故障和电解液泄漏问题。在 RZAB 中使用这种空气电极可在 $17.6 mA/cm^2$ 的电流密度下实现超过 100 次的稳定循环。活性催化剂也可以直接烧结在耐腐蚀的多孔金属基底上。例如，将钙钛矿 $La_{0.6}Ca_{0.4}CoO_3$ 催化剂通过高温热处理化学结合到泡沫镍导电支架上。控制支架的孔隙率（约 80%）以促进空气流过电极。在该电极中，还使用了金属纤维或颗粒等导电添加剂，以在催化剂和泡沫镍支架之间提供额外的电流通路。由于表面积和电导率的增加，显著提高了催化剂的催化性能和电池效率。

PTFE 在空气电极中的重要性不言而喻,作为多孔的防水透气层,它阻止了电解液的渗漏,透气不透液,在催化层中,使之形成大量的液膜。显然,催化层中的 PTFE 含量越高,气孔的总截面积越大,电极表面的扩散层厚度减薄,气体扩散的阻力减小,利于氧向电极表面传递。但是,由于 PTFE 是非导体,其含量的增加会使电极的欧姆电阻增大,即增加了电阻极化,因此,PTFE 的含量有一个最佳值。对于不同的工作条件,最佳值有所不同。因为在高电流密度条件下工作时,物质的传递及欧姆极化的影响占主要地位,而在低电流密度下工作时,电极的电化学极化决定电极的极化特性,此时,催化剂将起主要作用。此外,在空气电极处的碱性 KOH 电解液与 CO_2 接触时会产生碳酸盐物种,可能会阻塞气体扩散孔,切断 O_2 供应。同时,由于 OH^- 被 CO_3^{2-} 取代,电解液的离子电导率也会降低。空气电极顶部的 PTFE 膜不仅可以产生阻水层,有助于形成三相界面,还可以减少 CO_2 渗透到电解液中。值得一提的是,PTFE 也会逐渐受到腐蚀性和氧化条件的侵蚀,因此在长时间运行后会降解,导致多孔结构坍塌和 GDL 的机械故障,不仅会造成空气电极的传质阻力增加,还会缩短电池运行寿命。

活性催化剂层作为三相界面中最重要的部分,在改进 RZABs 性能方面起到至关重要的作用。O_2 在碱性电解液中的溶解度和扩散性低,因此,在 ORR 过程中,O_2 主要以气相形式存在,对于空气电极来说具有高表面积的活性催化剂层非常关键。而且,在长期严苛的充放电过程中,活性催化剂层具有优良的导电性、稳定性、耐腐蚀和抗氧化性能十分重要。因此,多孔导电碳材料例如碳纳米管(CNTs)、石墨烯和多孔碳等具有独特的物理和化学优点,已被广泛用作载体材料。同时,为了满足 ORR/OER 的严格要求,O_2 和电解质在电催化剂表面的良好接触非常重要,即活性催化剂层应当能被电解液充分润湿,以保证足够的接触面积。为了实现优异的润湿性,空气电极与电解液接触的一侧(活性催化剂层)应该是亲水的。此外,双功能电催化性能和催化剂成本会对RZABs的商业化产生直接影响。为了降低RZABs的成本,同时为 ORR/OER 实现足够的电催化效率,已经广泛研究了不含贵金属的双功能电催化剂,以取代贵金属氧化物。

4.2.2 空气电极上的氧电反应机理

如前所述,RZABs 放电过程对应着负极发生失去电子的氧化反应;产生的电子通过外电路传输到正极,使得空气中的 O_2 在空气电极催化剂的作用下 O==O 双键断裂,发生 ORR;充电反应时,电解质中的 OH^- 在催化剂的作用下发生 O—H 键断裂,

失去电子生成 O_2，即为 OER。RZABs 在充放电过程中采用双功能氧电催化剂作为空气电极，以加快其缓慢的 ORR/OER 反应速率，提高循环效率。RZABs 的性能主要由氧电催化剂决定，通过交替的 ORR 和 OER 实现对 RZABs 的放电和充电。空气电极中的 ORR 过程分为几个步骤，而 OER 是 ORR 的反向过程。然而，由于 OER 涉及一系列复杂的电化学反应和多步电子转移过程，其不可逆性强，反应非常复杂。

（1）氧还原反应

ORR 是放电过程中空气电极发生的核心反应。在碱性 RZABs 中，空气电极上的 ORR 过程具体包含以下几个步骤：①O_2 从大气扩散到三相界面；②O_2 吸附在三相界面处的催化剂表面；③电子转移到吸附的 O_2 上（电化学步骤），O=O 键松动及断裂形成 OH⁻；④OH⁻ 脱离催化剂表面进入电解液中。O=O 键能高达 498kJ/mol，ORR 很难进行，包括一系列复杂的反应，需要传递 4 个电子和质子。公认的 ORR 路径有两种 [如图 4-7（a）]：一种路径是直接获得 4e⁻ 生成 OH⁻ 的直接 4 电子路径（K_1），电化学反应方程式如式（4-13）；另一种路径是获得 2e⁻ 生成 HO_2^- 中间体的 2 电子路径（K_2），在 2 电子路径中，产生的 HO_2^- 随后被还原 [式（4-17）] 或发生化学歧化 [式（4-18）]。

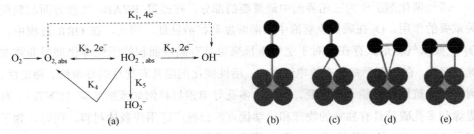

图 4-7　ORR 反应机理和路径（a）和 O_2 吸附在催化剂表面的不同构型（b）～（e）

金属及其氧化物是经典的 ORR 催化剂，其相应的催化机理亦被广泛研究报道。ORR 路线取决于催化剂活性部位的氧吸附类型，一种是末端氧吸附 [图 4-7（b）和（c）]，即一个氧原子与催化剂垂直配位，这种氧吸附导致 2 电子路径；另一种是双配位氧吸附 [图 4-7（d）和（e）]，即两个氧原子与催化剂配位，这种氧吸附导致 4 电子路径。

碱性介质中，两种 ORR 路径涉及的电化学反应如下 [2]：

① 4 电子路径（双配位氧吸附）

$$O_2 + 2H_2O + 2e^- \longrightarrow 2HO^- + 2OH_{ads} \tag{4-10}$$

$$2OH_{ads} + 2e^- \longrightarrow 2HO^- \tag{4-11}$$

总反应：

$$O_2 + 2H_2O + 4e^- \longrightarrow 4OH^- \qquad E^0 = 0.4V \ (\text{vs. SHE}) \qquad (4-12)$$

② 2 电子路径（末端氧吸附）

$$O_2 + H_2O + e^- \longrightarrow HO_{2,ads} + OH^- \qquad (4-13)$$

$$HO_{2,ads} + e^- \longrightarrow HO_2^- \qquad (4-14)$$

总反应：

$$O_2 + H_2O + 2e^- \longrightarrow HO_2^- + OH^- \qquad E^0 = -0.07V \ (\text{vs. SHE}) \qquad (4-15)$$

其中，反应产物 HO_2^- 将结合两个电子发生还原或歧化反应：

$$HO_2^- + H_2O + 2e^- \longrightarrow 3OH^- \ (\text{还原反应}) \qquad E^0 = 0.87V \ (\text{vs. SHE}) \qquad (4-16)$$

$$2HO_2^- \longrightarrow 2OH^- + O_2 \ (\text{歧化反应}) \qquad (4-17)$$

金属氧化物催化剂（如尖晶石 Co_3O_4 等）也表现出相同的 ORR 催化路径；但是金属氧化物表面的阳离子与氧原子的不完全协调性，造成了催化反应中略有差异的电荷分布。其中，在水系电解液中，水分子中的氧往往为阴离子提供配位；而阳离子通过外电路电子还原，与表面氧配体进行质子化工程实现电荷补偿。其对应的 ORR 催化途径如下：

$$2[M^{m+}\text{-}O_2^-] + 2H_2O + 4e^- \longrightarrow 2[M^{(m-1)+}\text{-}OH^-] + 2OH^- \qquad (4-18)$$

$$O_2 + e^- \longrightarrow O_{2,ads}^- \qquad (4-19)$$

$$2[M^{(m-1)+}\text{-}OH^-] + O_{2,ads}^- + e^- \longrightarrow 2[M^{m+}\text{-}O_2^-] + 2OH^- \qquad (4-20)$$

2 电子路径中产生的过氧化物中间体 HO_2^- 氧化性强，不仅降低 ORR 效率，还会腐蚀碳基催化剂或碳载体材料，影响电池的稳定性。因此，对于 RZABs，首选的是能够通过直接 4 电子还原路径加速 ORR 的电催化剂。在实际电化学反应过程中，ORR 一般是 2 电子与 4 电子转移路径共存的混合反应，中间反应过程可能同时发生。ORR 机理可分为解离机理和吸附机理。其中，解离机理包含 O—O 键的断裂和 OH^- 或 H_2O 生成的质子化过程，而吸附机理则涉及氧吸附以及 OOH^* 和 O_2 表面的电子/质子传递过程。此外，ORR 电子转移路径及催化机制与催化剂的电子结构亦有一定的相关性。例如，作为 ORR 的决速步骤，σ^* 轨道与金属—O 键的共价程度对过渡金属离子表面 O_2^{2-}/OH^- 的取代和 OH^- 再生之间的竞争有影响。因此，如何优化金属氧化物基催化剂的组成，实现对其电子结构的合理调控是制备高性能氧电催化剂的关键之一。

（2）氧析出反应

作为 ORR 的可逆反应，OER 决定了 RZABs 的充电效率和循环容量，同样在

RZABs 中起到关键作用。与 ORR 相同，OER 的反应机理和路径也比较复杂，并且随着电催化剂的不同而不同。与纯金属相比，氧分子更容易从金属氧化物中析出。金属阳离子的多价特性是对 OER 催化剂的最基本要求，因为电化学反应是由金属阳离子和氧中间体之间的相互作用引起的，这种相互作用通过改变价态导致键的形成。金属阳离子的位置、几何形状对反应机理有较大影响，因为它影响相关配位数、氧化状态的活化能和氧物种的吸附能。许多研究小组提出了 OER 可能的反应机理。大多数机理包括相同的中间体，如 M—OH 和 M—O，主要区别可能在于形成 O_2 的反应。如图 4-8 所示，在碱性电解液中，所有反应都始于 OH^- 与催化剂活性中心 M 的配位，即 M 与 OH^- 结合依次生成 M—OH 和 M—O。随后，O_2 有两种不同的生成途径：一种是两个中间体 M—O 直接偶联反应生成 O_2，反应沿式（4-21）→式（4-22）→式（4-23）的过程进行；另一种是 M—O 与 OH^- 反应生成 M—OOH，M—OOH 进一步分解生成 O_2，反应沿式（4-21）→式（4-22）→式（4-24）→式（4-25）进行。对于 OER 活性电催化剂，最佳的 M—O 键强度对其电催化性能至关重要，过强或过弱的 M—O 键都会导致催化活性下降[3]。

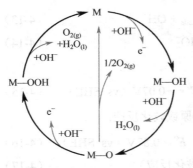

图 4-8　碱性电解液中的 OER 机理

碱性电解液中，两种 OER 路径涉及的电化学反应如下：

$$M + OH^- \longrightarrow M\text{—}OH_{ads} + e^- \tag{4-21}$$

$$M\text{—}OH_{ads} + OH^- \longrightarrow M\text{—}O_{ads} + H_2O + e^- \tag{4-22}$$

$$M\text{—}O_{ads} + M\text{—}O_{ads} \longrightarrow 2\,M + O_2 \tag{4-23}$$

$$M\text{—}O_{ads} + OH^- \longrightarrow M\text{—}OOH_{ads} + e^- \tag{4-24}$$

$$M\text{—}OOH_{ads} + OH^- \longrightarrow M + O_2 + H_2O + e^- \tag{4-25}$$

OER 过程在远离平衡电位（1.23V vs. RHE）下进行，导致 ZABs 充电过程能量损失大，而且，大量 O_2 析出时负载的催化剂易于从电极上剥离，削弱电化学性能和循环稳定性。另外，因 OER 产生的 O_2 具有较高的反应活性，所以空气电极腐蚀是另一关键问题。因此，为了满足 RZABs 发展的需要，迫切需要开发具有高效催化 OER/ORR 活性和稳定性的电催化剂和先进结构的空气电极。通常，贵金属氧化物（如 RuO_2 和 IrO_2 等）由于其高导电性和低氧化还原电位对 OER 具有高活性，但 ORR 活性不高，且贵金属基氧化物的成本高。相反，更具成本效益和优异双功能活性的过渡金属氧化物催化剂，如 Co_3O_4 和 $NiCo_2O_4$ 等，在 OER/ORR 方面表现出高活性，具有较高的电化学稳定性。

4.3 空气电极的催化剂及改进

空气电极上固有的缓慢ORR/OER动力学是导致RZABs电极高极化和低可逆性的主要原因。双功能催化剂的电催化活性对提高 RZABs 的性能起着至关重要的作用。理想的氧电催化剂应符合以下基本要求：

① 活性高　电催化活性由活性中心的数量和本征催化活性位点决定。杂原子掺杂（如 S、N、O、P、B 和金属原子）和缺陷控制（边缘和空位）会产生电荷重新分布并改变电子结构，从而降低含氧物种在催化剂上的吸附能，并提高本征催化活性。

② 导电性好　在 RZABs 的电化学反应中，优异的电导率是电子传递的基础。例如，π 共轭的导电配体和 sp^2 碳结构解离的未结合电子可以保证氧化还原反应中电荷的快速传递，从而提高电催化活性。

③ 良好的稳定性　理想的 RZABs 电催化剂必须在恶劣的酸碱环境中具有良好的化学稳定性和结构稳定性。在电池长期充放电循环中，由于颗粒尺寸增大、颗粒团聚以及电催化剂表面氧化状态变化，电催化剂将逐渐老化并失活，从而导致电池性能的损失。

④ 高选择性　RZABs 的氧电催化剂对特定反应具有很高的选择性。例如，O_2 可以通过 4 电子路径电化学还原为 H_2O，也可以通过 2 电子路径转化为 H_2O_2。

⑤ 低成本、环保　贵金属（如钯、铂、银、钌、铱等）电催化剂具有较高的催化活性，但其价格高、稳定性差、获得途径有限等缺点严重制约了其实际应用。过渡金属氧化物、碳基催化剂或过渡金属衍生的电催化剂，因其固有的催化活性和低廉的价格成为电催化剂工程的热点。

氧电催化剂的性能通常采用标准的三电极系统进行研究，包括旋转盘电极（RDE）和旋转环盘电极（RRDE），石墨棒作对电极，饱和甘汞电极（SCE）作参比电极。评价氧电催化剂的催化活性有几个重要参数，在 ORR 的线性扫描伏安法（LSV）曲线上，起始电位（E_{onset}）定义为 $0.1mA/cm^2$ 处的电位，卓越的 ORR 催化剂需要高的起始电位。半波电位（$E_{1/2}$）是电流密度等于极限电流密度二分之一时的电极电位。在 OER 过程中，$10mA/cm^2$ 处的电位（$E_{j=10}$）是评估催化性能的重要指标。此外，OER 在 $10mA/cm^2$ 电流密度下的电位与 ORR 半波电位之间的电位差 ΔE（$\Delta E = E_{j=10} - E_{1/2}$）用于评估双功能催化剂的整体活性。$\Delta E$ 值越小，双功能催化剂的催化活性越好。双功能催化活性也可以通过 $E_{j=10}$ 与 ORR 在电流密度为 $-3mA/cm^2$ 处的电位（$E_{j=-3}$）之差来评估，该电位差近似于在典型的旋转圆盘电极上测量的 4

电子 ORR 路径的理论半波电位值。一般而言，电位差距越小，催化剂的双功能性能越好。

为了加速反应动力学和降低充放电过电位以获得更好的电池性能，高效双功能氧电催化剂的合理设计引起了广泛的研究兴趣。迄今为止，各种材料已被开发为双功能氧电催化剂，包括碳基无金属催化剂、贵金属催化剂、过渡金属氧化物催化剂和碳材料与过渡金属的复合材料等。

4.3.1 贵金属基催化剂

贵金属单质催化剂是传统的氧化还原催化剂，催化性能高是其主要优点。用在 RZABs 中的贵金属催化剂主要有 Pt、Ag、Pd、Au、Ir、Ru 等，通常是将这些贵金属单质粉体与炭黑、碳纳米管、碳纤维、石墨烯等碳材料或者过渡金属化合物混合使用作为 RZABs 的正极催化剂。

图 4-9（a）中显示了不同金属的 ORR 活性与氧吸附能 ΔE_0 之间关系的火山分布图[4]。可以看出，Pt 及其合金是通过 4 电子途径的 ORR 最佳催化剂。虽然近年来许多其它类型的催化剂被报道具有较高的活性，并引起了越来越多的关注，以取代昂贵的贵金属催化剂，但 Pt 基催化剂仍然是商业应用的主流，并经常作为研究替代催化剂时的基准对照材料。然而，虽然贵金属具有较高的 ORR 活性，但它们在 OER 条件下会溶解而导致电池运行寿命缩短。钌（Ru）和铱（Ir）氧化物被认为是性能最优的 OER 电催化剂，但 ORR 活性低。其它贵金属，如银（Ag），由于成本相对较低、长期稳定性好且性能良好而极具吸引力，作为 RZABs 的氧电催化剂受到了广泛关注。此外，贵金属氧化物，包括 IrO_2 和 RhO_2，以及它们的混合氧化物，如 $NiIrO_3$ 和 $CoIrO_3$，也具有较高的双功能活性、稳定性和耐久性。然而，贵金属面临着尚未解决的关键挑战，包括高成本、稳定性不足、稀缺性以及显示 OER 或 ORR 的单功能催化活性。为了进一步提高 ZABs 贵金属催化剂的耐久性和长期稳定性，降低成本，设计了不同的合成策略，其中包括：①设计贵金属纳米颗粒（NPs）的大小、形状、结构，从而最大限度地提高比活性；②将贵金属与非贵金属（如 Fe、Co、Ni、Cu、Mn、Pd 和 Cr）合金化或改性，生成合金或核壳纳米结构等。例如，将 1D 纳米结构的 Pt 组装成 2D 膜，甚至是 3D 纳米网络结构，可有效提高 Pt 的电催化活性。RuO_2 涂层碳纳米纤维阵列（MCNA）作为 RZABs 的正极电催化剂，其中，均匀的 RuO_2 涂层和有序的介孔碳结构确保了高导电性，促进了离子扩散，为 ORR/OER 提供了足够的活性位点，尤其是对 OER。因此，ZABs 显示出相对较低的过电位、较长的循环寿命和优异的倍率性能。

Pt 与过渡金属合金化不仅降低了昂贵 Pt 金属的含量,而且通过优化催化剂的电子结构和原子几何排列,提高了催化活性和耐久性。理论计算与实验研究表明,PtM 合金的比催化活性与合金对氧的吸附能 ΔE_0 之间也存在火山形关系 [图 4-9(b)] [5]。较好的 PtM 催化剂(M = Ni、Co、Fe、Pd 和 Au),如 Pt_3Co、Pt_3Ni、PtPd 和 PtAu 等表现出更高的 ORR 活性。Pt_3Ni 和 Pt_3Co 多晶电极的 ORR 活性相对于纯 Pt 提高了 2~6 倍,而 Pt_3Co 在不同的 PtM 合金中具有最高的比活性和质量活性。

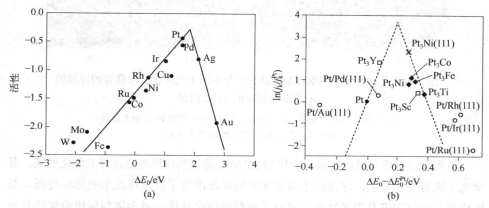

图 4-9　纯金属的 ORR 活性与对氧吸附能的火山图(a)和 Pt 基过渡金属
合金上氧还原反应的火山图(b)

Chen 等[6]利用铂镍双金属纳米晶体的结构演化,合成了一种高效、稳定的中空 Pt_3Ni 纳米框架。如图 4-10,初始材料为结晶 $PtNi_3$ 多面体,在溶液中通过内部侵蚀,使最初的固体纳米结构逐渐被侵蚀成空心框架,体相成分从 $PtNi_3$ 变成 PtNi,最终变成 Pt_3Ni 纳米框架。然后将该纳米框架分散到具有高表面积的碳载体上,经热处理后形成了内外表面均由光滑的"Pt-skin"组成的开放式框架结构,使其 ORR 活性增强。与最先进的 Pt/C 催化剂相比,在长时间的反应条件下,Pt_3Ni 纳米框架催化剂的 ORR 质量活性和比活性分别提高了 36 倍和 22 倍。归因于次表层的 Ni 改变了最上面 Pt 原子的电子结构,使得表观含氧物种 OH_{ad} 的表面覆盖降低,从而提高了催化剂的催化性能。

在泡沫铜表面沉积一层 PtRuCu 合金层,可使 RZAB 的开路电压达到 1.48V,在电流密度为 $30mA/cm^2$ 时可稳定运行 120h,最大功率密度为 $169mW/cm^2$。PdCo 纳米粒子催化剂的 RZAB 开路电压约为 1.51V,在约 $230mA/cm^2$ 下的最大功率密度达到 $180mW/cm^2$,并且可在 $10\ mA/cm^2$ 下使 RZAB 稳定运行 50h。Co_3O_4/Ag 纳米材料用于 RZAB,也可使电池的功率密度达到 $108mW/cm^2$。

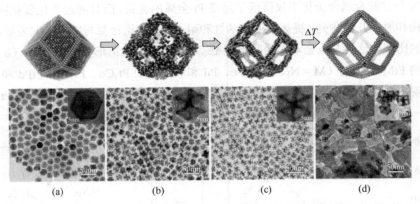

图 4-10 从多面体到纳米框架的演化过程中四个代表性阶段获得的样品的
示意图和相应的 TEM 图像

（a）初始的 PtNi₃ 多面体；（b）PtNi 中间体；（c）中空 Pt₃Ni 纳米框架；
（d）具有 Pt-skin 表面的 Pt₃Ni 纳米框架/C

　　将贵金属单质与过渡金属复合作为 RZABs 催化剂均展现出良好的催化性能，甚至优于纯贵金属单质，这是由于其它元素的添加改变了贵金属原来的形貌特征、晶格排列、内部缺陷及电子结构，增强了材料的催化活性。贵金属与廉价金属的复合也降低了催化剂材料的成本，使之具有推广的可能性。

4.3.2　过渡金属氧化物催化剂

　　ORR 和 OER 过程都涉及氧化还原反应，可以预测，具有可变阳离子状态的催化材料将会表现出良好的双功能催化活性。过渡金属和相应的离子具有未填充的 3d 轨道，使其阳离子的氧化态可变和可调节，离子半径也随其种类和价数的不同而变化。基于上述特点，资源丰富、价格低廉的过渡金属化合物作为 RZABs 的贵金属替代电催化剂已引起广泛的关注，并表现出较高的 OER/ORR 活性，部分催化剂的活性甚至优于贵金属基复合催化剂。用于 RZABs 的过渡金属氧化物氧电催化剂主要包括单一过渡金属氧化物、尖晶石型氧化物和钙钛矿型氧化物等。

（1）单一过渡金属氧化物

　　含有高度氧化的氧化还原对的过渡金属氧化物，例如 $Ir^{4+/6+}$、$Ru^{4+/8+}$、$Co^{3+/4+}$、$Ni^{3+/4+}$ 和 $Fe^{3+/4+}$ 等具有较高 OER 活性，其氧化物的活性顺序为：$IrO_2 > RuO_2 >$ Co_3O_4 和含 Ni 的钴氧化物 > Fe、Pb 和 Mn 的氧化物。在研究的众多非贵过渡金属氧化物中，Mn、Fe、Co、Ni 等氧化物由于其 d 轨道不完全填充，提供了许多可能的氧化态，从而具有较高的内在电化学活性。同时这些物质还具有地球储量丰富、制备简单、环保等突出优点，作为氧电催化剂引起了广泛关注。

ORR/OER 是电极上的表面结构敏感反应，反应发生在催化剂表面的活性位点上。因此，为了获得所需的电子结构、良好的电化学性能和高的催化活性，应对过渡金属氧化物的化学组成、形貌、氧化态、晶体结构等进行优化。对于高效双功能催化剂的设计，精确控制具有优先暴露晶面和适当表面能的表面性质至关重要。例如，在对各向异性的 MnO 纳米晶体的研究中发现，优先暴露的（100）面促进了氧物质（例如 OH^- 和 O_2）的吸附，该吸附过程为 ORR/OER 催化的决速步骤之一，并表现出其 ORR/OER 催化活性均优于（111）面。MnO_x 的 ORR 活性受化学成分的影响，顺序为：$Mn_5O_8 < Mn_3O_4 < Mn_2O_3 < MnOOH$。多晶型 MnO_2 的晶体结构也会影响 ORR 电催化活性，其顺序为：β-$MnO_2 < \lambda$-$MnO_2 < \gamma$-$MnO_2 < \alpha$-$MnO_2 \sim \delta$-MnO_2。这归因于 $[MnO_6]$ 八面体堆叠中的固有间隙和电导率的综合效应。晶粒尺寸小、比表面积大、孔容大、结晶度高等形貌也会影响催化活性。α-MnO_2 的高比表面积和稳定的分层多孔结构，使其具有较高的电荷储存能力和良好的容量保持能力。使用电沉积方法合成的 Mn_3O_4 氧化物薄膜表现出优异的 ORR/OER 双功能活性，可与报道的最佳金属氧化物甚至一些贵金属材料相媲美。原位 X 射线吸收光谱（XAS）证实，无序的 $Mn_3^{II,III,III}O_4$ 相有助于 ORR，而混合的 $Mn^{III,IV}$ 氧化物与 OER 有关[7]。因此，通过调整 Mn^{II}/Mn^{IV} 的比例可改变 OER/ORR 催化活性。不同氧化态的 Mn 对 ORR/OER 也表现出不同的催化活性，随着 Mn^{3+} 比例的增加，活性略有增强。

在原子水平上设计表面结构可以用于精确和有效控制催化剂的反应性和耐久性。研究者通过调整一维单晶（SC）CoO 纳米棒（CoO NRs）的表面原子结构，开发了一种高性能的双功能电催化剂（图 4-11）。这种表面结构工程通过创建富含氧空位的（111）锥体纳米面，在电子结构设计方面大量暴露 CoO 的活性位点以促进电荷转移，并获得 ORR/OER 中间体的最佳吸附能。特别是，来源于氧端的（111）晶面上的氧空位通过带隙中的 O_{2p}、Co_{3d} 和 Co_{3s} 的杂化诱导了一些新的电子态，这导致了 CoO 的高电子电导率和优异的电催化活性[8]。

氧化镍（NiO_x）作为一种资源丰富且不可或缺的半导体氧化物，也被用作 RZABs 的电催化剂。例如，在 300℃ 条件下，对 $NiCo_2O_4$ 纳米线在 NH_3 中进行氮修饰，获得富含氧空位的 NiO/CoN 多孔界面纳米线结构（NiO/CoN PINWs）。在氧空位和纳米界面的协同作用下，NiO/CoN PINWs 表现出优异的 OER/ORR 性能。进一步的 EXAFS 和 XPS 分析表明，引入 N 后产生的纳米界面使得 Co 的配位数减少，价态降低，氧空位的增加保障了该材料良好的可逆氧电催化能力。使用 NiO/CoN-PINWs 作为正极的 RZAB 具有 1.46V 的开路电压、79.6mW/cm² 的高功率密度和 945W·h/kg 的能量密度，并且具有持久的充放电能力，还可以应用固态电解质，制作便携式 RZABs[9]。

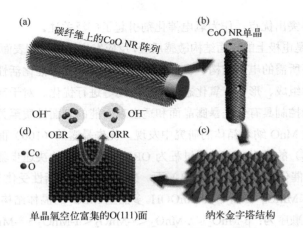

(a) 碳纤维上的CoO NR 阵列

(b) CoO NR 单晶

(d) OER   ORR

OH⁻   OH⁻

•Co
•O

单晶氧空位富集的O(111)面   纳米金字塔结构

(c)

图 4-11　SC CoO NRs 表面工程示意图

（a）直接在碳纤维基体上制备的 SC CoO NR；（b）表面和 SC NR 上存在大量纳米孔；（c）SC CoO NRs 表面覆盖的纳米锥体；（d）纳米锥体的主要暴露面是电化学活性的富含空位的 O 端（111）面

（2）尖晶石型氧化物

尖晶石型氧化物的通式为 AB_2O_4，其中 A 是 2 价金属离子，B 是 3 价金属离子。A 和 B 不一定是不同的元素，只需遵循 3 价和 2 价的变化。尖晶石型氧化物因其具有出色的活性和稳定性，成本低，环境友好，作为有潜力的 ORR/OER 双功能电催化剂引起了广泛的兴趣，其中研究最多的是钴基尖晶石类金属氧化物。

1）钴基尖晶石氧化物

钴具有 3 价和 2 价离子变体，因此，Co_3O_4 使以尖晶石形式存在的钴氧化物成为可能。Co_3O_4 中 Co^{2+} 和 Co^{3+} 分别位于 Co_3O_4 尖晶石结构中的四面体位和八面体位，这些混合价阳离子的存在通过为氧的可逆吸附提供供体-受体的化学吸附位点，提高催化 ORR/OER 的双功能活性。其中，与氧原子形成 Co—O 八面体的 Co^{3+} 能有效加速 OER 动力学，而位于四面体位的 Co^{2+} 一般是 ORR 的活性位点。Co_3O_4 的电催化活性可以通过改变组成、结构和形态来控制。迄今为止，已经开发了多种方法来制备具有各种形貌的 Co_3O_4 纳米结构，以提高其电催化性能。如图 4-12 所示，通过模板衍生工艺合成的 3D 有序介孔氧化钴（3DOM Co_3O_4），首先制备聚苯乙烯（PS）微球模板，并将其浸泡在钴前驱体溶液中，使前驱体渗透到微球的空隙中，然后进行热处理和溶解，分别结晶氧化钴框架和去除聚苯乙烯。由于 3DOM Co_3O_4 显著增加的活性比表面积和高度稳定的结构，在三电极半电池测试和 RZABs 循环测试中，表现出具有良好的双功能活性和循环稳定性。$10mA/cm^2$ 时的放电和充电电压分别为 1.24V 和 2.0V，200 次充电/放电循环后过电位没有明显增加[10]。

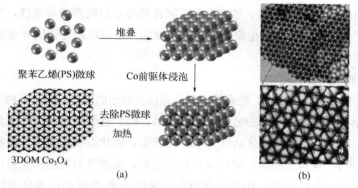

聚苯乙烯(PS)微球　　堆叠　　Co前驱体浸泡

去除PS微球
加热

3DOM Co₃O₄

(a)　　　　　　　　　　　　　(b)

图 4-12　合成 3DOM Co₃O₄ 示意图（a）及 SEM 照片（b）

N 掺杂也是提高 Co₃O₄ 催化活性的一种有效方法。例如，通过水热法制备的 N 掺杂 Co₃O₄ 纳米线，根据 DFT 计算结果，N 掺杂后 Co₃O₄ 的价带和导带会发生负移，有利于提高电子导电性。同时，O_2 的吸附能降低，O=O 双键加长，有利于 O_2 的吸附和裂解，从而提高 ORR 活性。基于氮掺杂 Co₃O₄ 介孔纳米线阵列的全固态 RZABs 的起始电位为 0.94V（vs. RHE），在 2.5mA/cm³ 下获得了 98.1mA·h/cm³ 的高容量[11]。

为了调整过渡金属氧化物的电子和/或表面结构，在氧化物晶格中引入其它金属离子可提高其电催化活性。混合价态尖晶石型氧化物由于结合了每个活性位点的优点，使其作为 ORR/OER 双功能电催化剂受到越来越多的关注。研究表明，锰离子取代八面体位 Co₃O₄ 中 Co^{3+} 后，Co^{3+} 氧八面体结构的减少造成 OER 活性明显降低，但掺杂形成的锰四面体和八面体结构提高了其 ORR 性能。以上结果表明，合理改变尖晶石氧化物的组分及含量可实现催化剂的 ORR/OER 活性调控。Zn、Ni、Cu 和 Mn 取代的 Co₃O₄ 作为 ORR 的电催化剂显示出高活性和稳定性。作为典型的具有尖晶石结构的混合价氧化物钴酸镍（NiCo₂O₄），其中的 Ni 占据八面体位置，而 Co 同时占据八面体和四面体位置。NiCo₂O₄ 中的氧化还原对（Co^{3+}/Co^{2+}、Ni^{3+}/Ni^{2+}）使其具有高电催化活性。随着越来越多的关注，研究者设计和制备了各种形貌的 NiCo₂O₄。例如，纳米结构的一维尖晶石 NiCo₂O₄ 以及通过温和的无模板剂共沉淀法合成的大面积介孔纳米线 NiCo₂O₄ 阵列（124m²/g），由于表面积增加，在电催化过程中提供了更多的活性位点和更快的反应物传输。另一方面，将 Ni 原子引入尖晶石晶格可以提高金属氧化物的导电性，并增加催化活性位点的数量，使其均表现出高的 ORR/OER 性能。通过静电纺丝技术制备的一维多孔 NiCo₂O₄ 纳米管与 NiCo₂O₄ 纳米棒共存的催化材料，由超小纳米晶粒组成的纳米管与纳米棒共形成独特的 NiCo₂O₄ 网络结构，使催化剂表现出优异的 ORR/OER 电催化活性，明显优于 Pt/C、

Ru/C 以及 Ir/C 催化剂。此外，尽管尖晶石氧化物显示出较差的导电性，但导带中的电荷载流子数量可以随着其电阻率的降低而增加，也可以通过使用导电载体来提高催化剂的整体电导率。

2）锰基尖晶石氧化物

锰具有低成本、高丰度、低毒性、多价态以及突出的 Jahn-Teller 效应等优点，所以锰基尖晶石氧化物 $M_xMn_{3-x}O_4$（M = Co、Ni、Fe）也是最受关注的复合尖晶石氧化物之一。研究表明，电催化活性与 Mn 的表面化学状态密切相关。通常 Mn 的价态位于 +3 价和 +4 价之间时，可以减少氧的吸附，促进氧与羟基的交换，极大提高了锰氧化物的 ORR 活性。研究者在室温下采用还原-再结晶技术分别以硼氢化钠（$NaBH_4$）和次磷酸钠（NaH_2PO_2）为还原剂制备两种不同纳米结构的 $Co_xMn_{3-x}O_4$ 尖晶石催化剂，分别命名为四方晶系的 CoMnO-B 及立方晶系的 CoMnO-P[12]。研究表明，$Co_xMn_{3-x}O_4$ 的晶体结构取决于材料中的 Co/Mn 比。当锰含量处于 $1.9 \leqslant x \leqslant 3$ 时，一般为四方晶系，而锰含量低于 1.3（$0 < x < 1.3$＝时，表现为立方晶系。值得注意的是，相比于高温热处理形成的四方晶系 $CoMn_2O_4$ 以及立方晶系 Co_2MnO_4 催化剂，常温制备的 CoMnO-B 及 CoMnO-P 纳米催化材料表现出更加优异的双功能活性。这主要归因于纳米晶粒的 CoMnO-B 和 CoMnO-P 比表面积大，能为多相氧催化过程提供更多的反应区域。DFT 计算表明，暴露在立方晶系中的（113）晶面比四方晶系的（121）晶面能形成更加稳定的反应中间体，从而有利于催化 ORR。特别是在相同比表面积下，（113）晶面比（121）晶面拥有更多的 ORR 活性位点，因此，CoMnO-P 表现出更好的 ORR 催化活性，而 CoMnO-B 则表现出更加优异的 OER 性能。

3）尖晶石复合物

由采用非水解热分解方法在超薄 $NiCo_2O_4$ 纳米片上原位生长的超细铁酸锰（$MnFe_2O_4$）纳米晶体（图 4-13），合成的尖晶石纳米组合物表示为 $MnFe_2O_4/NiCo_2O_4$。$NiCo_2O_4$ 的超薄纳米片（NS）结构提供了高比表面积和足够的锚定位点，有利于负载高度分散的 $MnFe_2O_4$ NPs，这种结构使得 $MnFe_2O_4$-NPs 和 $NiCo_2O_4$ NSs 之间能够紧密接触，有效利用催化剂的表面，扩展了电化学活性表面积。复合杂化材料的独特结构和复杂的组成使其双功能氧电催化活性显著提高，在 $10mA/cm^2$ 时对 OER 表现出 0.344V 的过电位，对 ORR 表现出 0.767V（vs. RHE）的正半波电位。该催化剂组装的 RZABs 具有出色的稳定性，优于商业 Pt/Ru/C 电催化剂[13]。

（3）钙钛矿型氧化物

钙钛矿结构的混合金属氧化物因其在高温下具有优异的 ORR 活性而被公认为有前途的固体氧化物燃料电池正极材料。进一步研究证明，一些钙钛矿氧化物也表

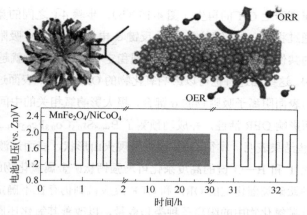

图 4-13　MnFe$_2$O$_4$/NiCo$_2$O$_4$ 结构及 RZNA 电池在 10mA/cm^2 下的恒流充放电曲线

现出有前途的 OER 特性。因此，钙钛矿氧化物也被用作 RZABs 的双功能催化剂材料。钙钛矿氧化物的化学式为 ABO$_3$，其中 A 一般为稀土或碱土金属，B 为通常作为催化活性中心的过渡金属（图 4-14）。由于其 A 位和 B 位均可由其它稀土、碱土金属或过渡金属部分取代，因此钙钛矿氧化物种类更为丰富。一般而言，钙钛矿氧化物的立方晶体结构因其组成的变化而变化，从而表现出不同的电化学活性。钙钛矿型氧化物的 ORR/OER 活性主要取决于过渡金属离子的本征特性，不同过渡金属离子的引入会形成一定程度的氧空位，从而产生更多的氧化还原偶联电子对，并且导致一定的晶格缺陷。通常认为位于 B 位的阳离子是钙钛矿型双功能催化剂的电催化活性位点。相关研究表明，当 B 位为 Co 离子和 Mn 离子时，催化剂表现出较高的 ORR/OER 活性。

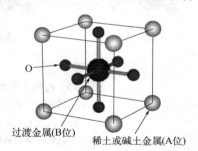

图 4-14　ABO$_3$ 钙钛矿结构[14]

　　分子轨道方法表明，钙钛矿氧化物的 ORR 活性主要与 B 离子的 e$_g$ 轨道和表面氧的分子轨道之间的反键 σ* 轨道的形成和填充有关。这与提出的 ORR 机制非常吻合，其中 O$_2$ 分子可能吸附在末端的表面 B 位点上 [图 4-15（a）]，并且朝向被吸附 O$_2$ 分子的 e$_g$ 轨道可以有效地与 O-2p 轨道重叠。通过研究一系列钙钛矿结构，ORR 活性与表面金属阳离子中的 e$_g$ 轨道填充之间建立了火山形关系，这可以作为 ORR 活性的描述符，明确过渡金属表面的关键影响[14]。适量 e$_g$ 轨道充填（约 1）的钙钛矿氧化物具有较高活性，可以通过提高金属 3d 轨道和氧 2p 轨道之间的共价程度来进一步提高其 ORR 活性。这可以通过决速步骤 O$_2^{2-}$/OH$^-$ 取代 [图 4-15（b），步骤 1]

和表面过渡金属离子上 OH$^-$ 的再生［图 4-15（b），步骤 4］之间的竞争来解释。这种交换依赖于通过将 B—OH$^-$ 键的单个 σ^*-反键 e_g 电子转移到 O_2^{2-} 吸附物而获得的能量。B—O_2^{2-} 键的共价贡献越大，通过交换实现稳定吸附物的能量就越大，因此 ORR 动力学也就越快。这些描述符也可以影响氧化物的 OER 活性，表面过渡金属离子的 e_g 轨道参与到与表面阴离子吸附物的 σ 键合，极大影响氧相关的中间物种在 B 位点上的结合，从而影响 OER 活性，并成功预测了 $Ba_{0.5}Sr_{0.5}Co_{0.8}Fe_{0.2}O_{3-\delta}$（BSCF）的高 OER 活性。这些结果表明，本征 OER 活性呈现火山形状，表面过渡金属离子 e_g 轨道的填充值约为 1 和 B—O 键的高度杂化可增强钙钛矿金属氧化物的本征 OER 活性。尽管有关钙钛矿类催化剂的 ORR 和 OER 反应机制仍存在不确定性，但研究人员通过调控钙钛矿氧化物中的阳离子种类和数量，以改善其氧化还原偶联电子对、氧迁移率和导电性等本征物理特性，从而得到不同催化活性的双功能催化剂。

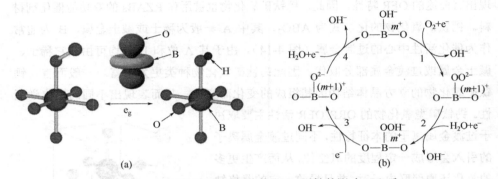

图 4-15　e_g 电子对钙钛矿氧化物 ORR 活性的影响（a）和
钙钛矿氧化物催化剂上的 ORR 机理（b）

步骤 1—表面氢氧化物置换；步骤 2—表面过氧化氢形成；
步骤 3—表面氧化物形成；步骤 4—表面氢氧化物再生

镧（La）基钙钛矿作为活性双功能催化剂受到了广泛关注。在所有 La 基钙钛矿中，研究主要集中在组成为 $La_{1-x}A_xMO_{3-\delta}$ 的钙钛矿，其中 A 为 Ca、Sr、Mn 或 Co，M 为 Co、Ni、Mn 或 Fe 等。钙钛矿的 ORR/OER 活性受其晶体结构的影响。例如，立方结构的 $LaNiO_{3-\delta}$ 钙钛矿的 ORR/OER 双功能电催化活性高于菱形结构的 $LaNiO_{3-\delta}$ 钙钛矿。立方钙钛矿中延长的 Ni—O 键长被认为可以提高 ORR/OER 活性，这为改善钙钛矿的性能提供了依据。Vignesh 等[15]制备了一系列 Ni 部分取代 $LaCo_{0.97}O_{3-\delta}$ 中的 Co 八面体位点催化材料，取代后的电催化活性有很大程度的改变。其中，$La(Co_{0.71}Ni_{0.25})_{0.96}O_{3-\delta}$ 在 0.1mol/L 和 1mol/L KOH 溶液中，10mA/cm^2 时的 OER 过电位分别为 324mV 和 265mV，低于 IrO_2、Ru/C 和 Pt/C 等贵金属基电催化剂。

$La(Co_{0.71}Ni_{0.25})_{0.96}O_{3-\delta}$ 具有的本征结构、相互连接的颗粒排列和独特的氧化还原特性，使其具有优异的 OER 活性。在 RZABs 中，$La(Co_{0.71}Ni_{0.25})_{0.96}O_{3-\delta}$ 在第 1 次和第 20 次循环中的过电位分别为 0.529V 和 0.792V，而未改性的 $LaCo_{0.97}O_{3-\delta}$ 的过电位分别为 0.878V 和 0.920V，表明 Ni 部分取代提高了催化剂的催化性能。除了用阳离子 B′ 部分取代 B 外，催化活性金属 A 的离子缺陷或变化也可以通过部分取代而产生。例如，Ca^{2+} 部分取代 La^{3+} 制得的 $La_{1-x}Ca_xCoO_3$，取代增加了氧空位浓度和氧离子电导率，用作 RZABs 的双功能催化剂，充放电电压差为 0.89V。钙钛矿氧化物在 RZABs 中的大规模应用仍面临相当大的挑战。例如，一些钙钛矿氧化物的低电子导电性限制了它们的进一步发展。

4.3.3 其它过渡金属化合物

除了金属氧化物，其它过渡金属化合物也被用作双功能氧电催化剂，包括金属氮化物、氢氧化物和硫化物等。金属阳离子的电子结构可以通过相邻阴离子的合理调节来优化电催化活性。

（1）过渡金属氮化物

过渡金属氮化物（TMNs），例如 Co_3Mo_3N、CoN、Co_4N、Ni_3N、Ni_3FeN 和 Fe_xN，由于它们具有良好的金属导电性、耐腐蚀性和优异的 OER 性能特别引人关注。尤其是双金属氮化物通常能够提供多种活性位点而具有双功能催化活性。然而，尽管这些 TMNs 催化剂具有显著增强的耐久性，但是它们的双功能催化活性，尤其 ORR 活性远未达到要求。为了获得高效的双功能催化剂，在多孔金属氮化镍铁（Ni_3FeN）上负载有序的 Fe_3Pt 金属合金纳米粒子，在该组合催化剂 Fe_3Pt/Ni_3FeN 中，载体 Ni_3FeN 不仅具有良好的化学稳定性和高导电性，同时在碱性介质中还具有高的 OER 活性，而有序的 Fe_3Pt 纳米合金有助于提高 ORR 活性，催化剂显示出比活性最高的 ORR 催化剂（Pt/C）和 OER 催化剂（Ir/C）更优越的催化性能。Fe_3Pt/Ni_3FeN 双功能催化剂组装成的 RZABs 在 $10mA/cm^2$ 下实现超过 480h 的高效循环性能[16]。此外，具有介孔的氮化钼钴（Co_3Mo_3N）在碱性溶液中也表现出较高的 ORR/OER 双功能催化活性。

（2）过渡金属氢氧化合物

过渡金属氢氧化合物（TMHs）具有高度可调变的组成和结构，尤其 NiFe、NiCo 和 FeCo 层状双氢氧化物被广泛作为有前景的 OER 催化剂。然而单独 TMHs 的 ORR 催化活性仍远未达到 RZABs 的要求。为改进其双功能催化活性和稳定性，通常 TMHs 被用作前驱体制备组合或结构更复杂的催化剂。例如，采用预氧化工艺合成了三元 NiCoFe 层状氢氧化物(NiCoFe-LDHs)。预氧化处理使 Co^{2+} 部分转化为 Co^{3+}，促进了电荷向催化剂表面转移，改善了材料的导电性，使其 ORR/OER 双功能性能显著提高。优化后的材料达到 $20mA/cm^2$ 电流密度时的过电位只有 800mV，稳定性高，性能超过了贵金属催化剂（商业 Pt/C 和 Ir/C）[17]。

（3）过渡金属硫化物

过渡金属硫化物（TMDCs）是一种二维材料，具有特殊的能带结构。作为 ORR/OER 双功能催化剂因其高度可调变的活性、出色的稳定性和优异的导电性而备受关注。最近，研究者通过缺陷控制将 $NiCo_2O_4$ 纳米线阵列与硫粉在 300℃下反应获得 NiS_2 和 CoS_2 界面纳米线阵列，然后利用硫化物在 OER 过程中的表面氧化，原位电化学反应制备表面氧空位主导的钴-镍硫化物界面多孔纳米线（NiS_2/CoS_2-O NWs）。得益于表面的氧空位和本身的界面结构，以及多孔纳米线阵列等结构特征，使得该材料具有优良的电催化性能。在 1.0mol/L KOH 电解液中，NiS_2/CoS_2-O NWs 表现出优异的 OER 电催化活性和稳定性。达到 $10mA/cm^2$ 电流密度仅需 235mV 的过电位，同时可以在该电流密度下稳定催化 70h。根据 DFT 计算估计 OER 在 CoS_2-O、NiS_2-O 和 NiS_2/CoS_2-O 上的能量分布，NiS_2/CoS_2-O 的过电位最低为 0.47V，低于 CoS_2-O 的 0.61V 和 NiS_2-O 的 0.64V，进一步证明表面氧空位对原有硫化物电催化性能的提升作用。采用 NiS_2/CoS_2-O NWs 作空气电极的固态 RZABs 具有高达 1.49V 的开路电压和稳定的充放电性能（持续 10h 以上），同时具有良好的充放电循环性能[18]。

4.3.4 碳基无金属催化剂

碳基氧电催化剂由于具有孔隙率高、比表面积大、导电性好、化学稳定性好、价格低廉等优点而备受青睐。碳衍生材料，如石墨烯、氧化石墨烯（GO）、还原氧化石墨烯（rGO）、碳纳米管（CNT）、石墨碳氮化物及其混合物等可促进电子转移和质量扩散，解决了 ORR/OER 的动力学缓慢问题。此外，它们的电子结构可以通过合理的缺陷工程、杂原子掺杂或与其它物种耦合来调节，从而提高其催化性能。不同形式存在的碳材料具有不同的电子、光学、光谱和电化学性质。碳原子可以是 sp^3 杂化或 sp^2 杂化，排列成金刚石或石墨结构。具有四面体键合的完全 sp^3 杂化碳硬度高、导电性差，不适合作电极材料。sp^2 杂化碳材料具有丰富的同素异形体，包括石墨的不同多态性（例如碳纤维、玻璃碳、高取向热解和天然结晶石墨等）、富勒烯、石墨烯、碳纳米管等，这些材料由于具有高导电性能，常用作 RZABs 的电极材料。各种前驱体，如富氮聚合物、离子液体、解压缩 CNTs、单氰胺、沸石咪唑酯骨架等 MOFs 材料均被用于制备双功能碳基催化剂。

碳材料基体是通过 2 电子路径表现出一定的 ORR 活性，OER 催化活性通常很差，因此，通常用作单功能 ORR 催化剂。杂原子（N、S、P 或 B）单一掺杂、共掺杂或三掺杂可提高碳材料的 ORR/OER 活性，使催化剂具有优异的双功能催化活性和稳定性。

（1）单原子掺杂碳

1）N 掺杂碳

在探索高效双功能氧电催化剂的过程中，N 掺杂碳是研究最广泛的纳米材料之一。在 N 掺杂碳材料中，N 物种主要以石墨 N、吡啶 N 和吡咯 N 的形式并入石墨碳的网络（图 4-16）。由于自身电子结构差异，不同 N 物种具有不同的结构性能。石墨 N 具有 5 个外层电子，其中 4 个电子可形成 σ 键和 π 键，而第 5 个电子则处于能量较高的 π^* 键，因此，石墨 N 具有给电子特性。吡啶 N 物种通常位于石墨碳层的边缘或空穴处，其 N 原子的 5 个外层电子中，2 个电子与相邻的碳原子外层电子形成 σ 键，另 2 个电子形成孤对电子，第 5 个电子为单个 π 电子，这种单个 π 电子使得吡啶 N 具有接受电子的能力。通过提高材料制备温度，吡啶 N 物种会逐渐转变为氮氧化物和石墨 N。吡咯 N 是指在氮掺杂碳材料的五元 C-N 杂环结构中的 N 原子，由于其特殊结构，吡咯 N 不稳定，在 800℃ 以上时，吡咯 N 可能逐渐转变为石墨 N。

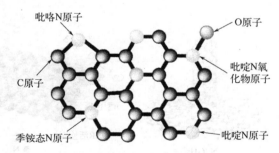

图 4-16　氮掺杂碳材料中的 N 物种

研究表明，催化 ORR/OER 活性位点分别是石墨 N 和吡啶 N。ORR 的前两个步骤，即 O_2 吸附和 O—O 断裂都是决速步骤，N 掺杂纳米结构碳的石墨 N（n 型掺杂）通过向碳环的 π 共轭提供电子，使亲核强度增加，O_2 吸附增强，从而增强 ORR 活性。此外，n 型 N 掺杂可通过改变电荷密度分布削弱 O—O 键，有利于碳材料通过更有效的 4 电子路径实现氧还原过程，从而促进 ORR 的发生。而接受电子吡啶 N 部分（p 型掺杂）有助于吸附水的氧化中间体，从而提高 OER 活性。

Zhang 等[19-20]报道了以碳纳米管（CNT）为核、以 N 掺杂碳层为壳的同轴纳米缆 CNT@NCNT 与 N 掺杂石墨烯/单壁碳纳米管（SWCNT）杂化材料（NSGH）。CNT@NCNT 由圆筒 CNT 壁和褶皱 N 掺杂层组成 [图 4-17（a）]，具有丰富的表面 N 原子作为活性位点，以及完好的内部 CNT 壁，促进快速电子转移，大大增强了电催化活性。而 NSGH 含有大量含 N 官能团，这些官能团均匀分布在同时生长的石墨烯/SWCNT 高导电支架中 [图 4-17（b）]，NSGHs 的比表面积高达 $812.9m^2/g$，这些结构特征使得其具有良好的双功能催化性能。三明治结构的 N 掺杂多孔碳@石墨烯（N-PC@G）复合材料，其大的表面积和分层多孔结构利于活性位点的暴露，高度石墨化有利于快速电子转移，使其表现出优异的 ORR/OER 双功能催化活性（$\Delta E = 0.83V$）。通过两步碳化三聚氰胺和 L-半胱氨酸混合物合成的具有互相连通的 3D 结构 N 掺杂石墨烯纳米带（N-GRW）[21]，其中的供电子季 N 位点是 ORR 的活性位点，而供电子部分吡啶 N 是 OER 位点。如图 4-17（c），L-半胱氨酸的嵌入不仅作碳源，还充当"模板"，通过在侧位形成 C—N≡C 键来阻止 2D 氮化碳平面的延展，获得的 3D 纳米结构能够充分暴露 ORR/OER 活性位点，并改善电解质和 ORR/OER 相关物种的传输性能。装有 N-GRW 空气电极的 RZABs 开路电压为 1.46V，具有良好的循环稳定性。此类催化剂还有 N 掺杂介孔碳、氮掺杂碳纳米纤维（N-CNF）气凝胶、多孔（微孔和介孔）结构的 N 掺杂碳纳米片（N-CNS）和掺 N 石墨烯等。

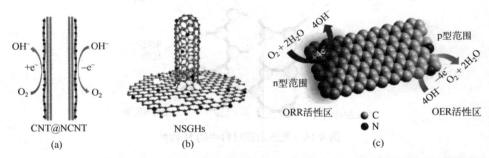

图 4-17　CNT@NCNT 同轴纳米缆表面富氮用于 OER 和 ORR（a），N 掺杂石墨烯/碳纳米管杂化材料（b）和在 N-GRW 催化剂的 n 型和 p 型域的不同活性位点上发生的 ORR 和 OER（c）示意图

2）S 掺杂碳

除了 N 外，其它杂原子也被掺杂到碳基质中，以改变杂原子掺杂剂周围的电子和电荷分布，从而提高电催化活性。例如，在 S 掺杂的碳纳米管上产生了稳定的 C-S-C

活性位点。El-Sawy 等[22]将部分解压缩的 CNTs 首先在 180℃下用硫脲进行水热处理，然后在二硫化二苯（BDS）存在下于 1000℃热解形成双掺杂的 S,S'-CNT，由于 BDS 可以在碳纳米管壁上形成石墨烯纳米片，从而产生稳定的硫碳活性位点和碳纳米管缺陷，该材料表现出出色的双功能催化性能（$E_{j=10} = 1.58V$，$E_{1/2} = 0.79V$）。他们还提出了在硫双掺杂 CNT 上的 OER 机制。S 掺入 CNT 的碳 sp^2 网络中有助于过氧化氢的形成，从而导致氧析出。如图 4-18 所示，由 S,S'-CNT 催化的 OER 反应首先是在噻吩环上相邻硫的碳原子上加入两个 OH^-（步骤 1），然后再添加另外两个 OH^- 以形成中间结构（步骤 2），这种中间结构通过去除 $2H_2O$ 和 $4e^-$ 进行重排，形成两个与碳键合的氧自由基（步骤 3），在步骤（4）中形成过氧化物键（O—O），最后，氧分子在步骤（5）中析出。

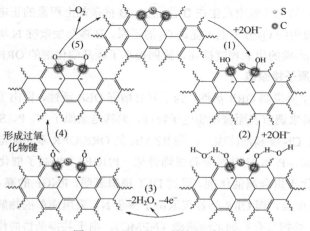

图 4-18　S,S'-CNT 的 OER 机制

3）P 掺杂碳

P 也是一种重要的掺杂原子。如图 4-19，通过多功能模板法合成的具有可调孔隙率的 2D P 掺杂碳纳米片（2D-PPCN）也可催化 RZABs 中的 ORR/OER。P 掺杂材料由于其给电子能力而引起结构缺陷和电子离域，使 2D-PPCN 具有丰富的活性位点和优良的电子转移导电性。此外，2D-PPCN 的分级多孔结构和高比表面积可充分暴露其表面丰富的活性位点，在材料和电解液界面提供更大的反应接触面积。因此，这种 2D-PPCN 材料表现出均衡的 ORR（$E_{1/2} = 0.85V$）和 OER（$E_{j=10} = 1.60V$）催化活性。将其用作 RZABs 的催化剂时，表现出比贵金属基催化剂（商用 Pt/C 与 Ir/C 耦合）更优异的活性和循环稳定性，在 $10mA/cm^2$ 的电流密度下进行 1000 圈（每圈充放电时间为 10min）循环稳定性测试，其充放电平台十分稳定[23]。

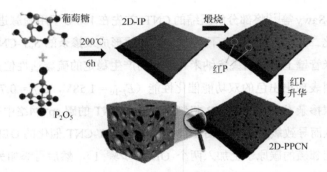

图 4-19　2D-PPCN 合成路线示意图

4）B 掺杂碳

与 N 掺杂碳时 O_2 吸附在 N 掺杂剂附近的碳原子上不同，B 掺杂碳中的硼掺杂剂带正电荷，O_2 的化学吸附发生在 B 位点上。B 掺杂剂上积累的正电荷可以很容易地转移到化学吸附的 O_2 分子上，促进 O_2 的还原。B 掺杂使吡啶 N 增加，碳的石墨化结构增强，sp^2-碳的生成程度提高，协同提高了碳基催化剂的 ORR 活性。

（2）双/多原子掺杂碳

单掺杂 N 主要提高 ORR 活性，为了同时增强 OER 活性，提出了用第 2 个杂原子共掺杂碳材料来调节表面极性和电子特性，尤其是杂原子 N、P、S 双或多掺杂碳材料（石墨烯、CNTs 和泡沫碳）作为 RZABs 的 ORR/OER 双功能催化剂显示出良好的前景。例如，P 和 N 共掺杂石墨烯骨架（PNGF），提高了催化活性，在双功能和耐久性上优于贵金属催化剂。通过 DFT 模拟表明，PNGF 的高 OER 活性源于 P—N 键的活性位点，而 ORR 活性仅取决于掺杂 N。采用简单的热解聚苯胺气凝胶制备 3D N、P 共掺杂介孔纳米泡沫碳（NPMC），由于共掺杂协同作用和石墨烯边缘效应，NPMC 可以作为 ORR/OER 的双功能催化剂，NPMC-ZABs 表现出良好的充放电活性和稳定性，ORR 的 $E_{1/2}$ 为 0.85V，OER 起始电位甚至低于 RuO_2 催化剂。DFT 计算证明了 ORR 和 OER 的活性位点位于石墨烯的不同位置，石墨烯边缘的孤立 N 掺杂位置是 ORR 活性位点，而位于石墨烯结构边缘的 N、P 耦合结构是 OER 活性位点。NPMC 的高效双功能活性归因于 N、P 共掺杂和富边缘 3D 石墨烯结构的协同作用[24]。通过热解由氧化石墨烯、聚苯胺（PANi）和植酸（PA）组成的干凝胶，得到 N 和 P 共掺杂石墨烯/碳纳米片（N,P-GCNS），也实现了优异的双功能活性（$\Delta E = 0.72$V）。这种材料的三明治状分级多孔结构，在褶皱石墨烯纳米片的两侧附着超细的 N、P 掺杂碳颗粒（图 4-20），赋予 N、P-GCNS 高度暴露的活性位点和快速电子传输[25]。此外，其它与 N 和 P 原子共掺杂的碳纳米结构也得到了广泛的研究，包括碳纳米球、碳微管和 3D 分级多孔石墨烯等。螺旋藻是一种富含蛋白质和磷酸盐的工业培养微藻，通过高温热解螺旋藻可获得 N、P 共掺杂介孔生物碳（NPBC）。NPBC 具有极好的 ORR/OER 双功能电催化活性，其 $E_{1/2}$ 为 0.86V，$E_{j=10}$ 为 1.68V，ΔE 为 0.82V。使用 NPBC 作为空气电极的 RZAB 在环境条件下，放电功率密度可达 90.7mW/cm^2，能量密度高达 850W·h/kg[26]。

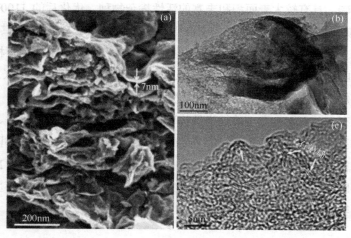

图 4-20　N,P-GCNS 的 SEM（a）和 TEM（b，c）照片

具有超高 N 含量（理论上质量分数高达 60%）的石墨氮化碳（g-C$_3$N$_4$）也已被用于 ORR/OER 双功能催化，高 N 含量可以提供丰富的活性位点。在碳纤维纸上原位生长的 P 掺杂 g-C$_3$N$_4$（P-g-C$_3$N$_4$）纳米花，由于 N、P 掺杂剂的均匀分布及 P-g-C$_3$N$_4$ 和碳纤维纸之间的强耦合促进了电子转移，同时，3D 纳米结构有利于传质和提供高活性表面积。

其它类型的杂原子也被用于掺杂碳材料，如 N 和 S、N 和 B、P 和 S、N 和 O 等。N 和 S 也是一种常见的共掺杂策略。例如，通过多步原位活化方法制备的 N、S 双掺杂活性炭布（N,S-CC），用作柔性 RZABs 的空气电极。N,S-CC 具有大的表面积和分级的细微孔隙，改善了传质和扩大了活性表面积。此外，该 N,S-CC 还具有独特的核壳结构，N、S 掺杂均匀分布在活性炭壳上，暴露出大量 ORR/OER 的活性位点，从而获得了优异的催化性能，其 ΔE 仅为 0.87V。与 Pt/C + RuO$_2$ 催化剂相比，配备这种独立的 N,S-CC 空气电极的 RZAB 表现出较小的充放电电压差和高达 42mW/cm^2 的峰值功率密度。值得注意的是，在高电流密度下循环时，电池具有稳定的充/放电电压[27]。采用一锅热解反应制备富含 N、S 的分级多孔碳（CNS），该方法在热解过程中，原位刻蚀二氧化硅模板、蔗糖碳化和三聚硫氰酸（TA）前驱体分解几个过程同时进行。蔗糖和 TA 前驱体在二氧化硅的存在下首先发生聚合，形成嵌入二氧化硅球体的前驱体，然后加入聚四氟乙烯粉末，在高温和惰性气氛保护下热解时，聚四氟乙烯粉末分解成四氟乙烯，四氟乙烯会与蔗糖聚合过程中产生的 H_2O 反应释放 HF，释放的 HF 将 SiO_2 原位刻蚀。原位造孔可制备出分级的微孔、介孔和大孔碳，具有较大表面积和丰富的活性掺杂物种。优化后的 1100-CNS 作为 ORR/OER 双功能催化剂具有优异的电催化性能，在 1mol/L KOH 中，其 $10mA/cm^2$ 下的电压差（$\Delta E = E_{j=10} - E_{1/2}$）值仅为 0.72V。此外，以 1100-CNS 为正极催化剂的 RZAB 充放电电压差小（$10mA/cm^2$ 下为 0.77V），可逆性高，稳定性好（300 次循环后电压差增加了 85mV），显著优于 Pt/C 催化剂[28]。

其它具有 N、S 双掺杂剂的纳米结构碳，如 N、S 共掺杂碳纳米片、由石墨表面上的立体孔组成的 2D 石墨片、3D 分级碳纳米笼等，由于 N、S 的协同作用和独特的结构特征，这些催化材料也具有优异的双功能电化学性能。此外，N、B 掺杂石墨烯气凝胶（N,B-GA），B 和 Cl 双掺杂 CNTs（BClCNTs），N 和 F 掺杂石墨烯（NFG）等也表现出较好的双功能催化活性。

4.3.5 碳-过渡金属复合材料

尽管碳材料比金属和金属氧化物表现出更好的稳定性，但总体催化活性较差，尤其是 OER 活性。因此，研究者开发出了碳-金属氧化物复合材料，它结合了碳和金属氧化物的优点。

纳米结构的碳负载过渡金属原子或金属合金纳米粒子已被广泛探索用于 ORR/OER 电催化。如前所述，杂原子（例如 N）可以进入碳框架，通过电子调制增强电催化活性。此外，这些杂原子还可以进一步作为锚定中心，通过强耦合作用容纳金属原子或金属合金颗粒，形成电催化活性和稳定的 $M-N_x-C$ 基团（图 4-21）。其中，Fe、Co、Ni 及其合金在 ZABs 应用中引起了越来越多的关注。

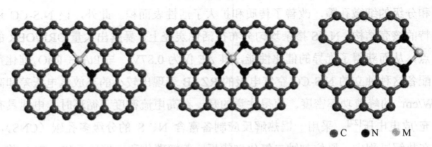

● C　● N　● M

图 4-21　$M-N_x-C$ 的分子结构图[29]

（1）碳-过渡金属单原子复合材料

单原子催化剂（SACs）由于其活性位点的特殊电子结构、高原子利用率和不饱和配位键有助于提高其性能，近年来受到研究者的广泛关注。MOFs 具有多种金属离子和有机配体，通过配位形成多种结构，由于其高度有序的空腔、开放的通道、可调的组成和多功能的结构，已被广泛研究作为自牺牲模板来制造具有突出性能的催化剂。与原始 MOF 相比，MOF 衍生材料在很大程度上继承了原始 MOF 的多孔特性，实现了衍生材料中活性成分的精确调控。由于其独特的结构特征，MOFs 为 SACs 的设计提供了一种有效的模板，MOF 衍生的过渡金属（如 Co、Fe 和 Mn）单原子氧电催化剂在 ZABs 中得到了应用。例如，使用 Co-MOF 通过碳化和酸化在 N 掺杂的多孔碳纳米片阵列中制备单原子钴（Co SA）电催化剂，在晶片阵列中获得的 NC-Co SA 具有分散良好的 Co 单原子，并通过 Co—N 键连接到碳网络。与在 NC 上生长的 Co 纳米粒子相比，具有高密度 $Co-N_x$ 活性中心的 NC-Co SA 电催化剂具有较低的 OER 过电位，表明 Co 金属簇可有效驱动 OER。与简单的碳化和酸化方法不同，将高效的过渡金属单原子材料（TM-SAM）与静电纺丝纳米纤维（ENFs）基底结合可用于构建柔性 RZAB 的高效无黏结剂催化电极。例如，使用沸石咪唑酯骨架（ZIFs）和 ENFs 作为前驱体，在生长在碳纳米纤维（CNF）上的多孔碳片阵列中制备原子分散的 Co-N 位点。在合成过程中，ZIF-Ls 演变为掺杂 N 的碳薄片（NCF），而 ZIF 中的钴离子氮配位单元被原位还原，形成原子分散的 Co-N 位。同时，过量的钴原子聚集形成 Co 团簇，通过酸浸去除 Co 团簇形成 Co SA@NCF/CNF，可用作柔性 ZABs 的空气电极。此外，MOF 衍生的 Co SA 复合物也显示出优异的电催化性能。如原位自牺牲法制备的与 Co SA 和 Co_9S_8 纳米粒子集成的空心碳纳米管（Co SA + Co_9S_8/HCNT），即以 ZnS/ZIF-67 杂化物为模板，经过碳化处理后，其中的 ZnS 自牺牲纳米棒形成管状结构，并作为形成 Co_9S_8 纳米颗粒的硫源。所得 Co SA + Co_9S_8/HCNT 表现出优异的氧电催化活性，其电压差（$\Delta E = E_{j=10} - E_{1/2}$）为 0.705V，小于 $Pt/C + RuO_2$ 的电位差（0.777V）。由 Co SA + Co_9S_8/HCNT 组装的 ZAB 峰值功率密度达到 $177.33mW/cm^2$，远高于 $Pt/C + RuO_2$。在 $1mA/cm^2$ 下，基于 Co SA + Co_9S_8/HCNT 催化剂的柔性 ZAB 在长时间循环后仍保持稳定的充/放电电压，并具有优异的耐久性[30]。

MOFs 衍生的 Fe 基 SACs 中，$Fe-N_6$、$Fe-N_4$ 和 $Fe-N_2$ 配位通常是影响氧电催化性能的主要活性组分，Fe-N-C 是 MOF 衍生的过渡金属单原子电催化剂材料中最具代表性的一种。实验和 DFT 计算证明了单分散的 Fe-N-C 单原子催化剂中两个相邻 Fe-N-C 位点对 ORR 的邻近效应，这对于更全面了解 SACs 的工作原理至关重要。

各种 MOFs 衍生的 Fe 基 SACs 也得到了广泛的研究。例如，使用 ZIF-8 合成单原子 Fe-N$_x$-C 电催化剂，方法是以 FeSO$_4$ 作为 Fe 前驱体，1,10-邻菲啰啉（Phen）作为有机配体，通过与 Fe^{2+} 配位形成有机复合物（Fe-Phen），在 ZIF-8 生长过程中，将 Fe-Phen 原位封装到纳米笼中，热解得到 Fe-N$_x$-C 单原子催化剂。在 RZABs 中 Fe-N$_x$-C 表现出较好的 ORR/OER 催化活性，初始过电位为 0.92V，在 10mA/cm^2 下可以稳定运行超过 250h。此外，采用 Fe-N$_x$-C 制备的全固态 ZABs 的开路电压为 1.49V，循环寿命达 120h。用合适的 MOF 对铁基 SACs 进行修饰或优化形貌也有利于提高活性中心的利用率，从而提高 ZABs 的性能。例如，研究者通过二氧化硅诱导的 MOF 模板化方法修饰孤立的单原子铁位点，SiO$_x$ 包覆的 MOF 可能产生向外的吸附力，导致 MOF 前驱体发生各向异性热收缩，形成了悬空屋檐结构的 Fe/OES（图 4-22）。在热解过程中，十二面体的平面发生塌陷，但 ZIF-8 的边缘得以保留。同时，Fe^{3+} 被所得的 N 掺杂碳还原，并与相邻的氮/碳原子键合而形成 Fe-N$_4$-C 位点。该悬空结构催化剂表现出优异的 ORR 性能，可与先进的 Pt/C 催化剂相媲美。该催化剂用于 RZAB 可实现 807.5mA·h/g（以 Zn 计）的高容量（理论容量为 820mA·h/g，以 Zn 计），超高峰值功率密度（186.8mW/cm^2）和能量密度（962.7W·h/kg，以 Zn 计）。优异的电催化性能与其悬垂形态密切相关，丰富的边缘结构提供了更多的三相界面，增强了反应物到单原子铁位点的质量传输性能，增加了活性位点的利用率[31]。

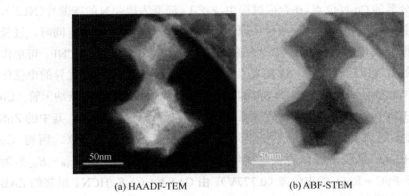

(a) HAADF-TEM   (b) ABF-STEM

图 4-22   Fe/OES 的 HAADF-TEM 和 ABF-STEM 照片

    研究表明，引入第二种金属原子可以进一步提高单原子催化剂的活性，双金属单原子催化剂引起了人们的关注。例如，通过热解多巴胺涂层的 MOFs 材料合成了氮掺杂空心碳纳米立方体负载原子极二元 Co-Ni 位点复合材料 CoNi-SAs/NC，得益于多孔导电碳框架中丰富的单原子活性位点和双原子结构的协同效应，所得 CoNi-SAs/NC 复合物具有优异的 ORR/OER 双功能催化活性，ORR 的 $E_{1/2}$ 为 0.76V，在达到 10mA/cm^2 电流密度时的 OER 过电位为 340mV，两者之间的电压差为 0.81V，低于许多已报道的非贵金属基电催化剂和贵金属 Pt/C-IrO$_2$ 催化剂。将 CoNi-SAs/NC 用作 RZAB 的空气正极，所组装的电池充电/放电效率为 59.4%，并且经过 95 次的充放电循环后几乎没有明显的电压变化[32]。

（2）碳-过渡金属团簇复合材料

SACs 中单原子金属的表面积显著增加，其表面自由能也随之急剧增加，在催化氧电反应过程中，大量金属原子容易团聚，从而导致催化剂失活。同时，SACs 的负载量有限，远远不能满足实际应用的需要。已经证明过渡金属团簇（如 Fe、Co、Ni）嵌入碳基体对催化 ORR/OER 也表现出了较高的活性。ZIFs 是常用的合成 Co 掺杂含 N 碳材料的模板，例如，以 ZIF-67 作含 N 碳质前驱体，在二氧化硅纳米颗粒和石墨碳氮化物（g-C$_3$N$_4$）的存在下，通过高温热解制备含 Co 纳米颗粒的富 N 中空碳笼复合材料（Co@NHCC），材料具有大量的中孔和 910.71m^2/g 的高比表面积。用作 RZABs 的空气电极时，其开路电压高达 1.49V，放电峰值功率密度高达 248mW/cm^2。循环 12h 后，充放电电压差仅增加 0.1V[33]。

由于 ZIF-67 和 ZIF-8 的拓扑结构和晶胞参数相似，有研究者探索了利用这些 MOFs 的杂化材料制备过渡金属掺杂碳复合材料。例如，通过热解含 Co 和含 Zn 双金属 MOF 材料合成 MO-Co@NC（M = Zn 或 Co）。非活性锌在开发高活性双功能氧催化剂中具有重要的作用。当前驱体中含有 Zn 时，ORR 的吡啶 N 表面含量、OER 的 Co-N$_x$ 表面含量和 Co^{3+}/Co^{2+} 比值均可提高，同时还可获得高孔隙率和高电化学活性表面积。此外，Zn 基和 Co 基物种之间的协同效应可以促进高温（大于 700℃）下复合材料中的多壁碳纳米管（MWCNT）的生长，有利于 ORR/OER 过程中的电荷转移。优化后 CoZn-NC-700 电极的 ORR 活性与 Pt/C 电极相当，OER 活性优于 IrO$_2$。用作 RZAB 的正极时，电池的工作电压约 1.22V，比容量约 578mA·h/g（以 Zn 计），能量密度约 694W·h/kg（以 Zn 计）。此外，CoZn-NC-700 电池的充放电循环耐久性也优于含有 20%（质量分数）Pt/C 和 IrO$_2$ 混合物的电池。以核壳金属-有机框架 ZIF-8@ZIF-67 为模板合成的双壳杂化纳米笼 NC@Co-NGC，其外壳是 ZIF-67 衍生的 Co-N 掺杂石墨碳（Co-NGC），内壳是 ZIF-8 衍生的 N 掺杂微孔碳（NC），将高活性的 Co-NGC 壳整合到坚固的 NC 空心框架中，增强了扩散动力学，表现出优异的双功能电催化活性。DFT 计算表明，Co-NGC 壳层的高催化活性是由于 Co 纳米粒子、石墨碳和掺杂 N 物种之间的协同电子转移和再分配。在 Co-NGC 结构中，决速中间体 OOH* 在高密度未配位空心 C 原子的强而有力的吸附是实现优异的双功能电催化活性的重要决定步骤。该双壳杂化纳米笼对 RZAB 表现出优异的 ORR/OER 电催化活性和耐久性，其 ΔE（$E_{j=10} - E_{1/2}$）值为 0.82V[34]。

（3）碳-过渡金属合金复合材料

金属合金中的多种金属组分往往具有协同作用，还可提供多种活性位点，促进电催化反应。CoNi、FeNi 或 FeCo 等与碳材料结合的双金属合金被认为比金属具有更高的活性和稳定性。同时，金属合金与碳的复合材料中的合金颗粒可以提高石墨化程度，促进碳化过程中的电子转移，而碳载体可以防止合金颗粒的酸腐蚀、表面氧化和团聚，从而使得催化剂在运行过程中保持高活性和高稳定性。例如，在 NH_3 气氛下，以 $Ni(Ac)_2$、$Fe(Ac)_2$、壳聚糖（CS）和 NaCl 为原料，通过溶解-重结晶-热解工艺将 Ni_3Fe 纳米颗粒嵌入 N 掺杂的 2D 多孔石墨碳薄片中，制备捆绑型 Ni_3Fe/N-C 双功能催化剂 [图 4-23（a）]。选择 CS 作碳源不仅因其具有丰富的碳原子，而且还是一种强大的螯合剂，很容易与 Ni^{2+} 和 Fe^{2+} 等过渡金属离子形成络合物，Ni^{2+}/Fe^{2+} 可以在分子维度上均匀分布在 CS 骨架中。热解后，CS 转化为多孔碳，而金属阳离子被还原为 Ni_3Fe 合金纳米颗粒 [图 4-23（b）]。由于 Ni_3Fe 颗粒和多孔 N 掺杂碳之间的协同作用，以及具有高 BET 表面积（447.0 m^2/g）的 2D 多孔碳片，Ni_3Fe/N-C 可以提供更多的催化活性位点，并促进反应过程中的质量传递（即氧气和电解质）和电子传递，表现出高的双功能 ORR/OER 活性和稳定性，ΔE（$\Delta E = E_{j=10} - E_{j=3}$）为 0.84V。$Ni_3Fe$/N-C 片材作正极的 RZAB 具有高电池效率和长循环寿命，电池循环 105 次（420h）后的过电位为 0.98V，电压效率为 51.8%。在 10mA/cm^2 下的比容量为 528mA·h/g（以 Zn 计），对应的能量密度约为 634W·h/kg（以 Zn 计）[35]。

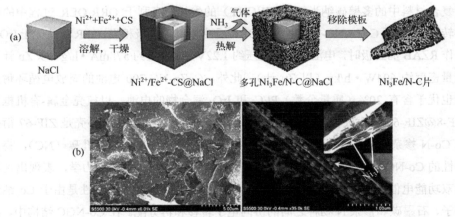

图 4-23　Ni_3Fe/N-C 的合成过程示意图（a）和 Ni_3Fe/N-C 的 SEM 照片（b）

MOF 衍生的 FeCo 合金在氧电催化方面得到了广泛的研究。例如，通过将客体铁离子引入核壳 Zn@Co-MOFs 前驱体中，随后进行原位热解，将核壳 Zn@Co-MOFs

热解形成的开式碳笼自组装成绣球状 3D 超结构，该结构由 FeCo 合金纳米颗粒修饰的碳纳米管连接。该材料作为 ZABs 的空气电极催化剂表现出良好的性能，具有 787.9mA·h/g 的超高容量和 1012W·h/kg 的高能量密度，峰值功率密度达 190.3mW/cm²。其优异的 ORR/OER 电催化性能归因于有利于快速电子转移和有效传质的分级多孔超结构、Fe/Co 之间的协同效应以及金属纳米颗粒和金属-N_x 物种的催化活性位点。

以无定形 ZIF-6 纤维作为前驱体，首先合成介孔 N 掺杂石墨烯（MNG）化合物，然后用石墨烯包覆的 CoFe 合金纳米粒子修饰 MNG 制得 MNG-CoFe，在 ZABs 中由 MNG-CoFe 组装的空气电极显示出高功率密度和循环耐久性，并且非晶 MOF 衍生的 MNG 比高结晶 MOF 衍生的 N 掺杂碳（MNC）具有更高的催化活性，这归因于 MNG 具有更高的电导率、石墨化度和高的比表面积。另一项研究将普鲁士蓝类似物 $Co_3[Fe(CN)_6]_2 \cdot nH_2O$（Co-Fe PBA）静电纺到聚丙烯腈（PAN）纳米纤维上，得到复合的 Co-Fe PBA@PAN 纳米纤维，在 Ar 气氛下将其热解合成 N 掺杂碳纳米纤维包覆 FeCo 合金纳米颗粒（FeCo-NCNFs）复合材料。800℃下煅烧的 FeCo-NCNFs-800 具有最高的双功能电催化性能，ORR（$E_{1/2}$）和 OER（$E_{j=10}$）的电压差为 0.869V。基于 FeCo-NCNFs-800 空气正极催化剂的 ZAB 具有 74mW/cm² 的高功率密度和高循环稳定性（循环 125 次，42h）。ORR/OER 的双功能活性归因于一维纤维结构、FeCo 合金纳米颗粒、Co-N（吡啶 N）活性位点和众多介孔结构的协同作用[36]。Liu 等[37]利用 CoFe 双金属普鲁士蓝构建了石墨烯缠绕的 CNTs 包裹 CoFe 合金复合材料（CoFe/N-GCT）。在碳化过程中，CoFe 双金属普鲁士蓝分解成 CoFe 合金催化三聚氰胺原位形成 CNTs，得到 CNTs 包覆 CoFe 合金纳米粒子的结构，而同步被还原的氧化石墨烯与 CNTs 纠缠在一起，形成三维复合结构。XRD 证明金属粒子为 $Co_{0.3}Fe_{0.7}$ 合金。CoFe/N-GCT 具有优异的 ORR/OER 双功能催化活性，将其作为 ZAB 的空气正极组装液态 ZAB，在 10mA/cm² 的电流密度下循环 1600 次后（大约 267h），充放电电压差从 0.80V 仅增加到 0.82V，具有优异的循环稳定性。组装的柔性固态 ZAB 在 2mA/cm² 下稳定循环超过 15h，优于目前大多数用过渡金属氮化物、碳化物和合金制备的固态 ZABs。进一步研究复合材料的 ORR/OER 催化活性来源表明，低电位下进行的 ORR 过程主要发生在 Fe 物种的表面，而高电位下进行的 OER 过程主要发生在 Co 物种的表面，Fe 与 Co 的协同作用使 CoFe/N-GCT 具有更好的双功能电催化活性。

最近报道了一种特殊结构的 NPC/FeCo@NCNT 催化剂，其中 FeCo 颗粒嵌入 N 掺杂碳纳米管（NCNT）内部，N、P 共掺杂碳（NPC）层包覆在 N 掺杂碳纳米管外。具体合成方法是：利用三聚氰胺、氧化石墨烯（GO）、聚苯乙烯球（PS）、$FeCl_3$ 和

Co(NO$_3$)$_2$ 之间的强复杂相互作用形成三聚氰胺-GO-PS-Fe-Co 复合物，煅烧该复合物时，PSs 分解产生的含碳气体在零价 Fe 和 Co 的催化作用下反应生成碳材料，使石墨烯片卷曲形成 CNT，并在 CNT 中生成节点。同时，三聚氰胺的热解导致 N 掺杂到 CNT 的石墨化结构中，形成竹节结构的 NCNT。该催化剂对 OER/ORR 均表现出理想的电催化活性，当电流密度为 10mA/cm^2 时，OER 过电位为 0.34V，ORR 起始电位为 0.92V。铁钴颗粒、N 掺杂碳纳米管、氮磷共掺杂碳之间的相互耦合作用是提高 NPC/FeCo@NCNT 催化性能的关键因素。在另一项工作中，以 2,2-联吡啶-5,5-二羧酸（H$_2$bpydc）作为富氮有机配体，通过简单的回流方法首先将 CoFe-MOF 生长在薄层 C$_3$N$_4$ 纳米片的表面，制备 CoFe-MOF/C$_3$N$_4$ 纳米片。进一步在氮气气氛下热解 CoFe-MOF/C$_3$N$_4$，最终得到富含 CoFe 双金属活性位点和高含量石墨化 N 的 N 掺杂石墨化碳纳米片包覆的 CoFe 纳米合金（CoFe@NC/NCHNSs）电催化剂。在这一策略中，H$_2$bpydc 由于具有丰富的官能团，不仅作为链条稳定 CoFe 合金，还可以转化成 N 掺杂碳壳保护合金，避免合金腐蚀和流失。薄层 C$_3$N$_4$ 纳米片可以作为牺牲模板和 N 源，有利于控制 CoFe 合金的尺寸，防止热解过程中 CoFe 合金颗粒的团聚。Co 和 Fe 的引入分别具有锚定 N 物种和促进石墨化 N 生成的重要作用，因此，CoFe 双金属的引入对高含量石墨 N 的形成起到了至关重要的促进作用。由于其丰富的 CoFe 合金位点和高含量的石墨化 N 掺杂碳的协同效应，CoFe@NC/NCHNSs-700 催化剂具有优异的 ORR/OER。其中，ORR 的 $E_{1/2}$ 为 0.92V，在电流密度 10mA/cm^2 下 OER 过电位为 285mV。基于 CoFe@NC/NCHNSs-700 组装的液态 RZAB 表现出了 1.49V 的开路电压，并且在 260mA/cm^2 下达到了 184mW/cm^2 的超高功率密度；组装的固态 RZAB 展现出 1.46V 的开路电压和 125mW/cm^2 的高功率密度[38]。

此外，将具有特殊花状结构和原子级分散 Fe/Co 位点的 FeCo-NC 材料用于可控沉积超小 NiFe 水滑石纳米点（NiFe-ND），制得具有优异 ORR/OER 性能的双功能催化材料 NiFe-ND/FeCo-NC。FeCo-NC 本身具有三维立体花状介孔结构和丰富的 N/O 功能位点，可以实现对 NiFe-ND 尺寸的有效控制（直径约 4nm），使得制备的特殊复合材料的 OER/ORR 活性位暴露度达最大值。电化学测试表明，NiFe-ND/FeCo-NC 在 0.1mol/L KOH 电解液中，其 ORR 的 $E_{1/2}=0.85$V，OER 的 $E_{j=10}=1.66$V。复合材料优良的 OER 活性来源于电化学过程中产生的丰富的 Ni(Fe)OOH 活性相。采用 NiFe-ND/FeCo-NC 组装的 RZAB 具有较小的充放电电压差和持久的循环稳定性[39]。

（4）碳-过渡金属氧化物复合材料

金属氧化物，包括 Mn、Co、Ni 和 Fe 氧化物，由于其固有的活性、低成本、环境友好、资源丰富和结构灵活等优势，同时金属氧化物组成和结构灵活性为调节其电催化性能提供了很好的机会。然而，金属氧化物在制备过程中由于高温退火而产生团聚，导致其导电性差，比表面积有限，阻碍了其在氧催化方面的应用。将金属氧化物与纳米结构碳载体的集成，为 ORR/OER 过程中电子传递和质量扩散提供了有效的导电网络和可达表面积。在纳米碳中金属氧化物与杂原子掺杂剂之间可以产生协同效应，促进其电催化性能的提高。例如，将空心 Co_3O_4 纳米球嵌入柔性碳布上的 N 掺杂碳纳米壁阵列中，制得的 NC-Co_3O_4/CC 具有较高的双功能电催化活性和稳定性。空心 Co_3O_4 纳米球的不规则形状是由碳金属界面之间的纳米级柯肯达尔（Kirkendall）效应引起的，呈现出高密度的缺陷（台阶和晶界）。这些缺陷赋予足够的活性中心和较短的离子扩散距离，而 N 掺杂碳覆盖层提供了高导电性和稳定性。使用 NC-Co_3O_4/CC 作柔性空气阴极的 ZAB 具有 1.44V 的高开路电压、387.2mA·h/g 的容量和出色的循环稳定性。Co_3O_4 原子层与 N 掺杂的还原氧化石墨烯 rGO 强耦合组成介孔 Co_3O_4/Nr-GO 混合纳米片，Co_3O_4 纳米片与 N-rGO 纳米片的原位复合显著提高了复合材料的导电性，有利于 ORR/OER 过程中的电子传输；同时二者间的强烈耦合、协同作用改变了复合材料的电子结构，加速了氧物种的吸附/脱附过程；复合材料的原子级厚度、介孔特性不仅有利于更多活性位点的暴露，而且利于加快传质过程。以该复合纳米片作为催化剂的柔性线状 ZAB 表现出优异的性能，能量密度高达 649W·h/kg，在 $3mA/cm^2$ 的充放电电流密度下，放电电压为 1.2V，充电电压为 2V[40]。

与纯 Co_3O_4 相比，掺杂 N、S 和 P 的 Co_3O_4 的 MOF 衍生杂化碳材料显示出更高的电化学活性。例如，通过碳化直接生长在泡沫镍上的 ZIF-67 制备由 Co_3O_4 纳米颗粒和碳物种组成的多孔纳米线阵列，该杂化材料用作 ZABs 的空气催化剂，表现出 $118mW/cm^2$ 的高峰值功率密度，具有良好的运行稳定性。通过使用精心设计的 MOFs 前驱体，将空心 Co_3O_4 纳米球嵌入柔性碳布上的 N 掺杂碳纳米壁阵列中（NC-Co_3O_4/CC），该材料具有优异的 OER/ORR 催化性能。在碳化过程中，碳洋葱式包覆的 Co 纳米颗粒在纳米尺度上抑制了 Kirkendall 效应，促进了不规则空心 Co_3O_4 纳米球的形成。NC-Co_3O_4/CC 直接用作柔性全固态 ZAB 的无添加剂空气阴极，具有 1.44V 的高开路电压和 387.2mA·h/g 的大容量，并且具有卓越的循环稳定性和机械灵活性，明显优于基于 Pt 基和 Ir 基 ZABs。

在另一项工作中，以 Co-MOF 作为前驱体，采用了一种 MOF-on-MOF 的电极构筑方法，制备了 3D-on-2D 多维度自支撑结构的 Co_3O_4 纳微阵列。在该研究中，基于 Co^{2+} 金属中心与 2-甲基咪唑配体络合自组装形成的 Co-MOF 在水和甲醇中会分别形成 2D 树叶状 Co-MOF 和 3D 十二面体形状的 Co-MOF 这一特点，在表面处理的碳布纤维上（CC）构筑了 3D-on-2D 结构的 Co-MOF 阵列前驱体（ZIF-L-D/CC）。通过碳化过程，Co-MOF 的有机配体被热解碳化，同时金属中心 Co^{2+} 通过碳热还原反应被转化为单质 Co，再通过氧化将内部单质 Co 原位氧化成 Co_3O_4，形成 Co_3O_4 纳米颗粒均匀分散在 3D-on-2D N 掺杂碳基体的阵列结构（ZIF-L-D-Co_3O_4/CC）。相对于单个 MOF 结构或者 MOF-on-MOF 的核壳结构而言，这种 3D-on-2D 多维度自支撑的结构可使氧正极同时拥有高活性物质载量和丰富电化学活性位点，从而进一步提高了 ZABs 的能量密度。将 ZIF-L-D-Co_3O_4/CC 作为柔性固态 ZAB 的正极，电池具有 1.461V 的高开路电压、815mA·h/g（以 Zn 计）的高比容量、1010W·h/kg（以 Zn 计）的高能量密度以及优越的循环稳定性和机械柔性[41]。

除了 Co_3O_4 之外，氧化锰由于其可变的几何结构也是一种很有前途的氧电催化材料。为了提高单一氧化锰的导电性，以 ZIF-67 负载超薄 MnO_2 空心纳米线作为前驱体，热解得到直径可控的 MnO@Co-N/C 纳米材料。MnO 和多孔 Co-N/C 之间的协同效应为 ZABs 提供了优异的电化学性能，甚至优于 Pt/C 和 RuO_2 混合催化剂。以双金属-有机骨架作为前驱体，在多孔石墨-碳多面体中制备了异质 MnO/Co 界面（MnO/Co/PGC），与 MnO_2 同 MOF 简单混合制备金属氧化物/碳复合材料不同，该研究强调了氧电催化中异质界面的协同作用。原位生成的 Co 纳米晶不仅可以形成高导电性的异质界面，克服 OER 活性差的缺点，而且可以促进石墨碳的形成。由于异质结构的形成，所得 MnO/Co/PGC 具有优异的 OER/ORR 催化活性和循环稳定性，使用该材料组装的 ZAB，峰值功率密度为 172mW/cm^2，比容量为 872mA·h/g，优于市售混合 Pt/C‖RuO_2 催化剂。在三维石墨烯气凝胶上负载高度分散的 Ni-MnO 纳米复合颗粒，并将该体系用于催化碱性条件下 ZAB 的 OER/ORR。在 Ni、MnO、三维石墨烯气凝胶三者的协同作用下，该体系对 OER/ORR 的电催化活性和稳定性超过了 Pt/C-RuO_2，并在 RZAB 中表现出高的功率密度、能量密度及长循环稳定性[42]。优异的 ORR 电催化活性主要来自 rGO 负载的 MnO；rGO 负载的 Ni 对 OER 有很高的本征催化活性，同时 Ni 与 MnO 中的 O 原子作用形成 Ni—O 键，即 MnO 能促进高活性 OER 反应位点的形成，起到助催化剂的作用；3D 多孔 rGO 气凝胶不仅有利于液体电解质、氧和电子的传输，而且起到固定金属颗粒的作用。

（5）碳-其它过渡金属化合物复合材料

1）碳-过渡金属氧化物或氢氧化物

利用特定条件下的双金属协同耦合相互作用，在多壁 N 掺杂碳纳米管上（NCNT）嵌入纳米结构的无定形双金属 Fe/Co 氢氧化物/氧化物纳米颗粒（FeCo-DHO/NCNTs，10~20nm）。通过直接成核、生长和锚定，Fe/Co 双氢氧化物/氧化物纳米粒子（FeCo-DHO）均匀镶嵌在 NCNTs 表面，提供了较高的电接触面积。无定形 FeCo-DHO 纳米粒子与 NCNT 的强相互作用极大地促进了电荷转移和传质，在充放电过程中具有较高的化学稳定性和耐腐蚀性。FeCo-DHO/NCNTs 表现出优异的双功能 ORR/OER 活性和稳定性，$E_{j=10}$ 与 $E_{1/2}$ 之间的电位差为 0.69V，当 FeCo-DHO/NCNTs 用作液态和准固态 ZABs 的催化剂时，实现了优异的充放电性能和超长的循环寿命[43]。金属氢氧化物可以通过阴离子调制进一步改性，以获得更好的催化活性和导电性。在室温下将 Co 基氢氧化物前驱体浸入具有高浓度 S^{2-} 的溶液中，利用金属硫化物和金属氢氧化合物溶度积的差异，S^{2-} 连续取代固相中的 OH^-，使 Co 基氢氧化物转化为羟基硫化物 $Co_3FeS_{1.5}(OH)_6$，并且羟基硫化物可以精确复制氢氧根前驱体的形貌，从而避免了以往在高温材料加工过程中硫化物的强烈团聚。$Co_3FeS_{1.5}(OH)_6$ 的 OER/ORR 催化活性优于商用 Ir/C 和 Pt/C 催化剂，$E_{j=10} = 1.588V$ 和 $E_{1/2} = 0.721V$。将其用作 ZABs 的空气电极催化剂时，在 20mA/cm² 的充放电电流密度下表现出低过电位（0.86V）、高的比容量（898mA·h/g）和长的循环寿命。

层状双氢氧化物 LDHs 作为一种典型的二维材料，长期以来一直被用于氧电化学反应，特别是 OER 过程。通过简单的水热反应，将 NiFe-LDH 原位生长在 MOF 衍生的碳网络（MCN）上，形成的复合材料 MCN-LDH 用作 RZABs 空气电极的催化剂，其中 MCN 为 ORR 的活性中心，MCN 和 LDH 的相互作用提高了 OER 活性。原位生长的 LDH 在电池循环过程中减缓了碳载体的腐蚀，MCN-LDH 组装的可充电 RZAB 可以在 10mA/cm² 的电流密度下连续工作超过 100h 而没有明显的性能损失，是使用 Pt/C-RuO₂ 催化剂寿命的 3 倍。利用絮凝作用，将原子级厚度的 CoNi-LDH 纳米片负载到带负电的 rGO 纳米片上。CoNi-LDH 具有大的表面积，rGO 载体导电性好，以 CoNi-NS/rGO 为氧电催化剂组装的 RZABs 表现出良好的双功能活性和循环稳定性。此外，采用在掺杂石墨烯基体上垂直生长 LDHs 纳米片的方法可以暴露更多活性位点。例如，采用直接成核、生长和锚定路线在 N 掺杂氧化石墨烯（N-GO）上生长三元 NiCoFe 层状双氢氧化物（NiCo^{III}Fe-LDH），制备的 Ni₂Co^{III}Fe-LDH/N-GO 阵列具有高价态的 Co^{3+} 和 3D 开式结构，有助于减少 LDHs 的堆叠、扩大比表面积、暴露更多数量的 Ni 活性位点和 Fe 活性位点。比较每个样品的 OER 和 ORR 电催化活性和 Tafel 斜率，发现垂直生长的结构、较高的电子导电性和更易接触的 Ni₂Co^{III}Fe-LDH/N-GO 活性位点的综合作用是提高双功能催化活性的主要原因[44]。

2）碳-过渡金属硫化物

将硫化钴掺入 N 和 S 共掺杂的碳纳米结构中，可以大大提高 ORR/OER 的催化活性。例如，利用含 S、N 的 Co-MOFs 作为前驱体，经热解处理实现一步 S、N 掺杂，掺杂比例精确可控，在石墨碳中形成共存的 $Co/Co_9S_8/Co_3S_4$ 纳米晶体，具有可控表面积和孔结构。该催化剂在 RZAB 中表现出优异的 ORR/OER 活性以及较高的功率密度和良好的耐久性。进一步选用对苯二甲酸（H_2BDC）和 4,4′-[磺基二硫代双(4,1-亚苯基)]二吡啶（SPDP）两种配体与可溶性钴盐构筑 N、O、S 三掺杂原子混配型钴基金属-有机框架材料 Co-MOF，并经直接碳化制得 N、O、S 三掺杂多孔碳材料包裹 Co_9S_8 纳米颗粒的复合纳米材料 Co_9S_8@TDC。Co_9S_8 纳米粒子的固有活性和杂原子掺杂的碳壳促进了 OER/ORR 的催化性能，900℃下碳化得到的 Co_9S_8@TDC-900 在电流密度为 $10mA/cm^2$ 时，OER 的过电位为 330mV（vs. RHE），ORR 的 $E_{1/2}$ 为 0.78V（vs. RHE）。Co_9S_8@TDC-900 用作 RZAB 的空气电极催化剂，表现出高达 1.50V 的开路电压和长期充放电稳定性[45]。

除了硫化钴外，硫化钼的研究在 ORR 电催化方面也颇为引人注目。由 2D MoS_2 纳米片垂直包覆 MOF 衍生的 3D 类石墨烯 N/C 异质结构的电催化剂 Mo-N/C@MoS_2，具有新的 Mo-N 界面相和三相活性位点：MoS_2 纳米片边缘裸露的活性位点、Mo-N 界面耦合中心的活性位点和 N/C 框架中邻近碳原子的 N 诱导活性位点[46]。复合材料具有优异的电催化活性和稳定性，电流密度为 $10mA/cm^2$ 下 OER 的过电位为 0.39V，ORR 的 $E_{1/2} \approx 0.81V$。将该催化剂用作 RZAB 正极催化剂时，在 $5mA/cm^2$ 电流密度下的效率达到了 63.9%，在全固态 RZAB 中的开路电压达到了 1.34V。电池的能量密度高达 846.07W·h/kg（以 Zn 计），为理论能量密度的 77.9%。Mo-N/C@MoS_2 优异的电催化性能应归因于各化学组分间的协同效应和独特的三相活性位点；此外，分层孔隙结构和高比表面积提升了扩散和质量传输能力，也是电催化剂性能提高的一个重要原因。通过 DFT 理论计算进一步表明，Mo-N 是最佳的活性位点，对 Mo-N/C@MoS_2 的催化性能有着非常重要的影响。

研究表明，由双金属过渡金属化合物和杂原子掺杂的碳质材料组成的混合电催化剂，由于其快速的界面电子转移和来自双金属原子与氮掺杂碳的耦合协同效应而表现出增强的双功能 ORR/OER 活性。例如，原位生长在石墨化碳氮化物（g-C_3N_4）纳米片上的 $NiCo_2S_4$ 纳米晶和导电碳纳米管组成的复合材料 $NiCo_2S_4$@g-C_3N_4-CNT 中，双金属 Ni/Co 活性位点与 g-C_3N_4 丰富的吡啶 N 之间的电子转移以及与 CNTs 耦合的协同作用促进了可逆氧电催化。理论计算证明，吡啶 N 对双金属 Ni/Co 原子具有独特的共激活作用，同时降低了它们的 d 带中心位置，有利于氧中间体的吸附/脱附特征，加速了反应动力学。此外，导电碳纳米管的集成为有效的界面质量和电荷转移提供了多孔的三维网络。因此，优化后的 $NiCo_2S_4$@g-C_3N_4-CNT 杂化材料在催化 ORR/OER 方面表现出优异的活性和稳定性。

3）碳-过渡金属磷化物

由于磷化物与硫化物具有相似的催化性能，也有一些关于金属磷化物/碳复合材料的研究。与基于过渡金属硫化物的氧电催化剂相比，磷化物显示出更高的催化活性，但稳定性有限，而 MOF 为这一问题提供了解决方案。例如，通过热解双氰胺和 MOFs，将 Co/CoP 颗粒嵌入碳纳米管（N-CNT）穿透的分层氮掺杂碳多面体（HNC）上，得到 Co/CoP-HNC 复合材料。交织的 N-CNT 网络促进了多面体之间的界面接触，并提供了远距离导电性。嵌入 N-CNT 中的 Co 纳米颗粒可以提供 ORR 活性，而暴露的 Co 纳米颗粒磷酸化后，在 HNC 侧壁上形成的 CoP 纳米颗粒对 OER 具有高度催化活性。Co/CoP-HNC 作为 RZABs 的空气正极，在 100 次循环后仍具有较高的循环效率、较低的过电位和稳定的电压平台。

微/纳米胶囊凭借着高裸露的表面、可功能化修饰的壳以及较大的容纳空间，在储存、催化和药物传输等领域引起广泛关注。然而，目前已报道的胶囊材料多数是封闭结构，极大阻碍了物质传输和内表面的展露。为此，研究者以三维单晶 MOF（FeNi-MIL-88B）作模板，在水热条件下添加辅助配体组装得到新型 MOF 胶囊，其壁上存在可供物质自由进出的纳米"开口"。对该 MOF 胶囊和三聚氰胺混合物进行热解和磷化，成功制备由碳纳米管链接的碳胶囊，其同样具有较大"开口"以及多孔壁上镶嵌有磷化铁镍电催化活性位点。碳骨架与高度表面暴露的磷化物位点之间的协同效应使得该功能化碳网络材料（FeNiP/NCH）呈现出优异的 OER/ORR 电催化性能。以该材料为催化剂，组装的 RZAB 功率密度峰值为 250mW/cm^2，可稳定运行 500h[47]。

4.4 锌负极

4.4.1 锌负极材料

RZABs 的负极活性物质是金属锌或者锌合金（比如 Zn 与 Ga、In、Pb、Bi、Sn 等一种或多种元素的合金）的粉末或小颗粒。锌电极的制备方法主要有压成法、涂膏法、烧结法、电沉积法和化成法等。现在一般将锌粉或锌合金粉与适量凝胶剂（交联的羧甲基纤维素、交联的聚丙烯酸、聚丙烯酸的钾盐和钠盐等）混合均匀后，加入 25%～35%含氧化锌的氢氧化钾电解液以及其它一些添加剂等调制成锌膏，然后将锌膏黏结到集流体上制成锌负极。

4.4.2 锌负极存在的问题

RZABs 的空气电极和锌电极都存在诸多问题，阻碍了其商业化进程。目前国内外研究主要集中在空气电极上，而对锌负极的研究相对有限。与 RAM 和 RZNBs 电池类似，大多数 RZABs 仍采用高浓度 KOH 溶液作电解液，因此，锌负极在强碱溶液中的限制问题仍然是制约锌-空气电池性能的一个重要因素，电池的失效通常是由于锌负极失效而不是空气电极失效，因为空气电极的循环寿命通常比锌负极长得多。理论上，RZABs 两电极间的电压为 1.65V（vs. SHE），但实际上其放电电压普遍低于 1.2V，并且充电电压达到 2V 以上，会直接导致 RZABs 的库仑效率低于 60%。其主要原因是锌电极在电池使用过程中存在枝晶生长、形变、钝化和析氢腐蚀等关键问题（详细见第 2 章），削弱了 RZABs 的放电性能，降低了保质期和循环寿命，从而限制了其实际应用。近年来，研究者针对锌负极的上述问题进行了大量改性研究。

4.4.3 锌负极的改进

（1）添加剂改性

电极添加剂可以通过促进 ZnO 在锌电极上的溶解/沉积、提高氢过电位以抑制枝晶形成、减少腐蚀等途径改善 RZABs 的性能。目前，电极添加剂可分为三种类型：电极结构添加剂、无机缓蚀剂和有机添加剂。

1）电极结构添加剂

电极结构添加剂如乙炔黑、石墨、活性炭、炭黑、氧化石墨烯等被广泛应用于锌电极中，以增加电极的导电性。例如，用添加质量分数为 2% 导电炭黑（super-P）的多孔锌电极作负极，组装的 RZABs 在 6mol/L KOH 电解液中的比容量为 776mA·h/g，功率密度为 20mW/cm²，与纯锌负极相比，其活性物质利用率提高了 27%，主要归因于 super-P 炭黑充当了放电产物 ZnO 之间电子传导的桥梁，使更多的活性物质能够参与充放电循环[48]。此外，通过研究乙炔黑和人工石墨混合导电剂对 RZABs 性能的影响发现，混合导电剂之间的协同作用使得电池具有更高的容量保持率和更长的循环寿命。

2）无机缓蚀剂

锌和某些金属的合金作为电极材料能显著改善锌负极的电化学性能，如铅、镉、铟、锡、铝、铋等金属具有比锌更高的 HER 过电位，与锌组成合金能显著抑制锌负极的析氢腐蚀。也有研究表明，这些金属不仅能提高锌负极的电导率，促进其表面电荷的均匀分布，还能作为锌沉积的基体。汞、铅、镉具有高的析氢过电位，缓蚀效果好，但因其毒性大，对环境和人体都会造成伤害，所以使用受到限制。金属铟具有低电阻率、高柔软性和高化学稳定性，析氢过电位较高且亲锌性好，加入锌颗粒中能降低粒子间的接触电阻，是目前使用最广泛的一类替代汞的缓蚀剂。采用机械球磨法制备的 Zn-Bi 合金作锌负极时，其放电容量保持率最高达 99.5%（纯锌负极仅有 74%），而且 HER 也得到很大程度的抑制。这是因为，铋的存在不仅使析氢电位正移，还能诱导基底效应并在电极内建立电子传导路径，有效抑制自放电反应并提高活性物质的利用率。除了二元合金之外，也有三元合金、四元合金的相关报道，其原理和二元合金基本相同，体现了金属之间的协同效应。

一些金属氢氧化物和金属氧化物可以通过改变锌在电解液中的电化学沉积行为抑制锌枝晶的生长和电极形变。金属氢氧化物，如 $Ca(OH)_2$、$Mg(OH)_2$ 等可与 $Zn(OH)_4^{2-}$ 形成不溶化合物，将锌元素以固体形式析出并附着在锌负极表面，确保锌在充放电过程中快速高效转化，降低锌电极的放电产物在电解液中的溶解度，减小锌电极的形变。金属氧化物，如 Bi_2O_3、Ti_2O_3、In_2O_3、SnO 和 CuO 等也用于减缓锌枝晶的生长。这些氧化物在锌沉积前先被还原形成纳米级金属导电网络，增强锌负极的电子导电性并改善电流分布，使金属锌规则沉积，避免枝晶生长。例如，将 0.5%（质量分数）的 CuO 与 Zn 粉混合，制备的 CuO-Zn 复合负极可同时缓解锌枝晶的形成和析氢腐蚀，提高了锌负极的可逆性。原因是在还原反应过程中，具有较高还原电位的 Cu^{2+} 在 Zn^{2+} 之前被还原为金属 Cu，Cu 作为沉积 Zn 的基底，诱导 Zn 沿其表面呈三维聚集生长，形成均匀的球形沉积，有效抑制了锌枝晶的形成。同时，Cu 的析氢过电位高于 Zn，掺有 CuO 的 Zn 电极具有较好的抗腐蚀性能。

采用粉末烧结技术制备的 Zn-Sn 合金电极在 $0.5mA/cm^2$ 下循环 400h 后无枝晶生成，同时还提高了电极的耐腐蚀性。理论计算表明，这些优势归因于 Zn-Sn 表层均匀的电荷分布。基于 Zn-Sn 合金负极的 RZAB 具有良好的功率密度、倍率性能和循环寿命。Cu-Zn 合金（黄铜）作负极也可有效抑制枝晶的生长，亲锌的 Cu 位可以显著增强 Zn^{2+} 的吸附，从而促进 Zn^{2+} 在其表面均匀成核，提高 Zn 沉积/溶解的可逆性。此外，Cu 对 HER 的本征惰性可以有效地缓解析氢和腐蚀。

Aremu 等[49]研究了不同负极添加剂对 RZABs 枝晶生长及 HER 的抑制作用，其中，质量分数分别为 30% Zn、3% Bi_2O_3、10% K_2S 和 5% PbO 的添加剂（ZBKP），其余为 6mol/L KOH 水溶液和质量分数为 1.88%聚丙烯酸胶凝剂，制备的锌负极表现出最高的循环稳定性，没有形成枝晶或钝化，腐蚀速率最低。添加铋抑制了枝晶的形成，而硫化物形成的导电通路抑制了放电期间电极的钝化，PbO 抑制了氢气的析出，并进一步抑制了 ZnO 的形成，从而延长了电池的循环寿命。

3）有机添加剂

一类有机添加剂具有枝晶生长抑制作用，如聚乙二醇（PEG）、聚甲基丙烯酸甲酯（PMMA）、全氟表面活性剂（FSN）等，这些添加剂吸附在锌快速生长的部位，缓解电极表面 Zn 沉积的不均匀性，从而抑制锌枝晶生长。另一类有机添加剂的主要作用是减缓锌电极的腐蚀。随着对缓蚀剂研究的深入，人们对其结构和介电性质与缓蚀性能之间的关系也有了一定的认识。吸附理论认为，有机缓蚀剂通过物理或化学作用吸附在电极表面，形成起物理屏障作用的吸附层，从而达到缓蚀作用；电化学理论认为，有机缓蚀剂吸附在电极表面，占据了电极表面腐蚀反应的活性位点，提高了阴极反应或阳极反应的活化能，从而达到缓蚀效果。其中，杂环化合物与表面活性剂是常用的一类有机缓蚀剂。对于杂环类锌缓蚀剂，其结构中常常需要有 N、O、P、S 等杂原子或 π 电子体系，使其更容易吸附在锌的表面，吸附作用越强，缓蚀效果也越好。表面活性剂类锌缓蚀剂主要通过其亲水和疏水基团的作用来达到缓蚀目的。亲水端吸附在锌表面，疏水端通过形成疏水层降低锌附近 H_2O 和 OH^- 的浓度来达到缓蚀的目的。一般来说，亲水端与锌结合得越稳定、疏水端的疏水性越强，缓蚀效果越好。

聚氧乙烯基团亲水性好且耐酸碱、稳定性高，从结构和性质来看非常适合用作锌电极的缓蚀剂。聚乙二醇（PEG）是最简单的含聚氧乙烯基的化合物，也是最常见的有机缓蚀剂之一。研究表明，PEG400 能强烈地吸附在锌负极表面，其缓蚀性能优于 PEG200 和 PEG600。咪唑具有环状结构，其含有的 sp^2 杂化 N 原子和 C═C含有的孤对电子能与锌离子形成配位键，进而形成配合物吸附在锌电极表面，起到缓蚀的作用。癸烷基(八)氧乙烯醚磷酸酯钾盐（PEE）也有比较好的缓蚀效果，可使析氢量减少 70.6%，缓蚀效率达 78.7%。缓蚀剂的缓蚀效果受其结构和浓度的影响。浓度太低，在锌表面形成的保护膜薄而导致缓蚀效率低；浓度太高，缓蚀剂分子间相互作用导致在锌表面吸附不均匀，也会使缓蚀效率下降；亲水链短，有利于缓蚀剂在锌表面的吸附，增强缓蚀效率，但亲水链太短会导致缓蚀剂溶解度低，无法在锌表面形成致密的吸附层，缓蚀效率下降。

（2）表面修饰

近年来，负极表面改性方法因其成本低、简单、实用而得到了广泛的研究。理想的锌负极保护层应具有一些关键特性，如良好的电子/离子导电性、优良的亲锌性和高的电化学/机械稳定性。到目前为止，人们已经研究了多种材料来构建保护锌负极的人工界面层。

1）碳基材料保护涂层

碳基材料具有良好的导电性和优异的稳定性，被广泛用作锌负极的改性保护涂层。例如，碳涂层包覆的 ZnO 负极（ZnO@C）可以有效提高相应锌电池的可逆性，均匀的多孔碳保护层作为成核位点和储层，能够从电解质中捕获 Zn^{2+}，并引导 Zn 均匀沉积。此外，通过氧化石墨烯（GO）与金属 Zn 的自发反应制备了还原氧化石墨烯（rGO）修饰的 Zn 负极，该负极能有效降低局部电流密度，促进 Zn 均匀电沉积。

考虑到单一碳纳米材料的亲锌性不足，研究者将亲锌的金属基材料引入碳涂层。例如，通过金属 Zn 还原 GO，以及 Sn^{4+}/Cu^{2+} 与 Zn 的置换反应，在 Zn 箔上构建了 Sn、Cu 双金属/还原氧化石墨烯包覆层（SnCu/rGO）作为锌负极的保护层[50]。rGO 的引入不仅提高了 Zn 沉积的电活性面积，显著降低了局部电流密度，而且提供了一种柔性基底，减少了电池充放电过程中的体积变化。包覆层中的 rGO 可以引导锌沉积的横向生长，避免了枝晶的形成。同时金属 Sn 和 Cu 的协同引入进一步提高了电极表面的亲锌性，抑制了副反应。此外，致密均匀的 SnCu/rGO 涂层可以有效地保护 Zn 负极免受水或空气的侵蚀。因此，与纯 Zn 负极相比，由 rGO-SnCu/Zn 电极组装的 RZAB 表现出高循环稳定性、低界面电阻和小的极化电压等增强性能。

2）金属氧化物涂层

锌颗粒表面覆盖一层金属氧化物涂层可以防止锌粒子直接与碱性电解质相互作用，也是抑制 HER 的一种方法。研究表明，这种表面涂层比单纯在电极中添加金属氧化物粉末能更有效地抑制 HER。如在锌颗粒表面包覆 Al_2O_3、Bi_2O_3 和 In_2O_3 等涂层，其中，Al_2O_3 涂层锌负极的析氢量最小，表明 Al_2O_3 抑制 HER 的效果最好。0.25% Al_2O_3 涂层的 Zn 负极材料在 $25mA/cm^2$ 下放电时间超过 10h，而原始 Zn 负极放电时间仅为 7h。因此，经过表面处理的 Zn 电极可以减少 HER 引起的自放电，增加放电容量。

Schmid 等[51]使用氧化铋基非晶态功能玻璃粉末对 Zn 颗粒涂层，制备了质量分数为 3.2% 的 Bi_2O_3-ZnO-CaO 涂层 Zn 电极。选择非晶玻璃粉末是因为不同阳离子在非晶氧化物网络内分布均匀，Bi_2O_3 作为玻璃体系的成网剂，CaO 为网络改性剂，中间氧化物 ZnO 可以增加活性物质的数量，并形成 Zn^{2+} 通道。在 6mol/L KOH 溶液中，非晶态玻璃粉末涂层中的阳离子与 OH^- 化学结合，其中 Ca^{2+} 与 OH^- 的化学结合建立了涂层的溶胀能力并形成凝胶，涂层的溶胀性为 OH^- 传输提供了保证。未涂层的锌电极放电期间在电极表面形成了片状氧化锌，而 3.2% Bi_2O_3-ZnO-CaO 涂层 Zn 电极充电后没有观察到片状物或枝晶。导电 Bi 通路的形成，以及放电产物 ZnO 被固定在可溶胀的涂层内并在涂层周围积聚，减少了锌电极的钝化和锌酸盐的溶解，提高了可充电性。涂层锌电极在过量电解质中稳定循环 20 次，而未涂覆的锌仅实现了 1 次完全放电。涂层锌颗粒的累积锌利用率可以提高到 465%，相比之下，未涂层锌的利用率仅为 85%。

3）AEI 涂层

Miyazaki 等[52]首次提出了通过阴离子交换离聚物（AEI，由碳氢聚合物骨架和季铵盐官能团组成）改性来抑制 Zn 枝晶形成的想法。将由氧化锌粉、聚偏二氟乙烯、炭黑、碳纤维和 AEI 组成的浆料涂覆在 Cu 集流体上，经干燥、辊压，然后在电极顶部浇筑 AEI。AEI 改性提高了 ZnO 电极的放电容量（约 550mA·h/g）和充放电效率（85%），并有效抑制了枝晶的形成。这是由于离子通过 AEI 的选择性渗透，AEI 膜仅允许 OH 和 H_2O 传输到电极表面，阻断了$[Zn(OH)_4]^{2-}$从锌电极附近向电解液主体的迁移，过量的$[Zn(OH)_4]^{2-}$在电极表面以 ZnO 的形式析出，在充电过程中被还原生成锌，消耗的$[Zn(OH)_4]^{2-}$从 ZnO 中再生，从而缓解了锌枝晶的形成。基于上述研究，通过在锌丝负极周围涂覆均匀的 AEI 涂层，将$[Zn(OH)_4]^{2-}$直接限制在 AEI 层和锌丝电极之间的界面处，以防止$[Zn(OH)_4]^{2-}$迁移到本体电解质中。ZnO 直接在锌丝和 AEI 之间的界面处生成，避免了 Zn 向 ZnO 转化过程中引起的电极体积膨胀，同时还阻止了随着循环次数增加而导致的电极形状的变化、枝晶的形成以及活性负极材料的损失。

除了上述两种方法外，通过电化学 Zn 沉积、原位 LDH 生长、聚合物渗透和交联路线，集成负极和凝胶聚合物电解质（GPE），开发了一种负极-GPE 集成 MXene/Zn-LDH-array@PVA 的复合材料，并将此用于高性能柔性 ZAB。材料中高度定向的亲水性 CoNi-LDH 阵列与 PVA（聚乙烯醇）链充分交联，有效降低了 PVA 聚合物的结晶度，并提供了快速的离子扩散通道，从本质上降低了离子传输能垒，显著提高了 LDH-array@PVA GPE 的离子电导率、保水能力和机械柔韧性。此外，优化的 MXene/Zn-LDH-array@PVA 的负极-GPE 集成界面表现出优异的界面相容性和稳定性，有效降低了界面阻抗，促进了界面离子转移动力学，有助于 Zn 的均匀沉积，从而抑制锌枝晶的形成。MXene/Zn-LDH-array@PVA 柔性 RZAB 具有长达 50h 的循环寿命和 92.3mW/cm^2 的高功率密度[53]。

（3）高表面积/3D 电极结构

通过对电极结构设计提高锌电极表面电流密度分布的均匀性，降低锌沉积的过电位，可以从根本上抑制枝晶的生长。例如，用金属粉末烧结法制备的具有三维立体结构的泡沫锌电极，具有比表面积大、孔隙相互连通等特点，非常有利于电流的均匀分布，从而起到抑制枝晶生长的作用。多孔金属泡沫因其具有高表面积和机械刚性常用作锌电极的集流体，如泡沫铜等。将锌活性物质加载到多孔金属泡沫的高度发达的孔隙中（通常为 95%或更高），也可均匀电流分布，抑制枝晶生长。但由于难以在整个金属泡沫厚度上实现厚而均匀的锌沉积，致使电池的体积容量密度比理论值低几倍。Parker 等人[54]制备了一种新型 3D Zn 海绵结构电极［图 4-24（a）］，该电极能够在高电流密度下运行 80 次充放电循环，实现 89%的锌利用率。图 4-24（b）为充电/放电过程中常规粉末复合电极和 3D 海绵 Zn 电极中 ZnO 电沉积的示意图。粉末复合电极由于循环过程中颗粒间的连接性导致其区域性的高局部电流密度，促进了枝晶的形成。与之形成对比，3D 海绵 Zn 充放电循环后保持其原有结构，所形成的 ZnO 均匀分布在空隙内，防止了循环时电极的形变和枝晶形成。

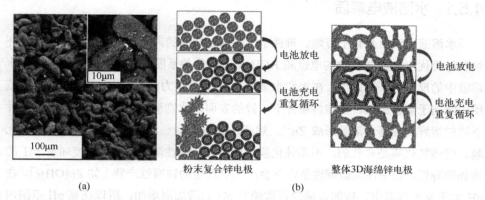

图 4-24　3D 锌海绵电极的 SEM 照片（a）以及在充电/放电过程中，ZnO 在常规粉末-
复合电极（左）和 3D 海绵锌电极（右）中的溶解-沉积示意图（b）

Deckenbach 等[55]制备了 MOF-5 衍生的 ZnO/C 复合材料，纳米 ZnO 颗粒被包裹在分级结构的多孔碳基体中，这种独特的 3D 结构提高了锌的可及性，同时碳宿主的离子筛分特性抑制了 ZnO 纳米颗粒的溶解。ZnO/C 复合负极通过解决电极钝化、ZnO 溶解和枝晶形成的问题，促进了 ZnO 的可逆转化。与传统金属锌箔和金属锌粉负极相比，ZnO/C 复合负极的再充电能力显著提高，峰值放电容量为 267mA·h/g（32.6% DOD），在 60 次循环中保持了较高的放电容量。

值得注意的是，使用高表面积锌电极的一个缺点是析氢速率随着暴露表面积的增加而增加，这会导致自放电增加、电池充电时的库仑效率下降。因此，在开发大表面积锌电极时，应同时关注氢析问题。

4.5　电解液

与电极材料相比，电解液在 RZABs 中的作用往往被低估。电解液对电池的容量保持、倍率能力、循环效率等方面都有重要影响。选择合适的电解液体系是有效提高锌阳极的可充电性、实现锌阳极长循环寿命的关键。随着人们对高性能、耐用、柔韧、可充电的 ZAB 的广泛关注，电解液的发展面临着巨大的挑战和机遇。到目前为止，碱性水溶液由于其优异的离子导电性和界面性能，仍然是 RZABs 最常用的电解液，解决锌电极在碱性电解液中相关问题的方法主要聚焦在向电解液或负极中加入添加剂。

然而，最近的研究热衷于开发替代电解质体系，例如水溶液中性电解质以及包括有机电解质、固态离子导电介质和室温离子液体在内的非水电解质也受到了人们的关注。

4.5.1 水溶液电解质

水溶液电解质具有不可燃、毒性小、价廉、较高的离子导电性、易于使用、环境友好等优点。第 2 章中的电位随 KOH 浓度变化关系图（图 2-10）给出了锌在水溶液中的反应和平衡条件，在水和水溶液中，Zn 是热力学不稳定的，在整个 pH 范围内倾向于溶解析氢。在酸性条件下，锌的表面氧化物都不稳定，因此，酸性条件下锌的溶解度很高，溶解形成 Zn^{2+}。然而，pH 在 3.8~5.8 范围内可能会出现氧化膜，但该氧化膜是多孔的，不是钝化膜。由于锌在酸性溶液中的溶解度随着 pH 的增加而降低，在中性或微碱性条件下会产生更稳定的锌腐蚀产物［如 $Zn(OH)_2$］。在 pH 大于 9 的溶液中，锌的溶解度再次随着 pH 的增加而增加，所以在高 pH 范围内更容易形成 $Zn(OH)_4^{2-}$。

由于锌的电化学性能随溶液 pH 的变化而不同，因此水溶液电解质相应地分为碱性（$Zn + 2OH^- \Longleftrightarrow ZnO + H_2O + 2e^-$）、中性（$Zn \Longleftrightarrow Zn^{2+} + 2e^-$）和酸性（$Zn \Longleftrightarrow Zn^{2+} + 2e^-$）。众所周知，在 RZABs 中碱性电解液比酸性或中性电解液应用得更广泛。然而，RZABs 的锌电极在所有电解液体系中都有局限性，每种体系都有其自身的优点和缺点。

（1）碱性电解液

传统上，已开发利用的二次锌基储能体系多采用碱性水溶液作电解液，例如 RAM 电池、RZNBs 和 RZABs。最常用的电解液是含有 KOH、NaOH 和 LiOH 的碱性水溶液。其中，KOH 具有快速的电化学动力学和较高的溶解度，并且溶液表现出最高的离子电导率和最低的黏度，因此被广泛用于 RZABs 中。锌电极的性能与电解液紧密相关，这主要是因为锌的反应能力随电解液变化而改变，或者说随溶液的 pH 变化而改变。为了获得优异的离子电导率和动力学行为，通常使用 KOH 浓度为 20%~40% 的电解液。在室温下，质量分数为 30% 的 KOH 溶液具有最大电导率（约 640mS/cm）、快速锌反应动力学和对锌放电产物［$Zn(OH)_2/Zn(OH)_3^-/Zn(OH)_4^{2-}/ZnO$］的高溶解度。由于锌电极在碱性电解液中的热力学不稳定性及 ZBAs 开放式的结构特点，以强碱溶液作电解液的 ZBAs 除了锌电极的限制问题外，还需解决不溶性碳酸盐沉淀、电解液挥发和吸湿问题。

1）锌电极的限制问题

采用碱性电解液的 RZABs 主要问题仍然是锌的溶解和析氢腐蚀，以及锌的溶解导致的钝化、枝晶生长和电极形变等问题。因为在碱性电解液中锌电极上的反应基本相同，所以 RAM 电池、RZNBs 有关锌电极的改进方法和理论也可借鉴用于促进 RZABs 的性能。碱性电解液中加入添加剂是缓解 RZABs 锌电极上述问题的有效方法。例如，为了阻止 HER、抑制锌电极腐蚀，可将无机或有机缓蚀剂添加到碱性电解液中，增加负极析氢过电位或在锌电极表面形成吸附层。常用的无机缓蚀剂如铅、锑、铟、铋、镉、镍和镓等的化合物，有机缓蚀剂如酒石酸、柠檬酸和琥珀酸等，氟表面活性剂也是提高析氢过电位的有效添加剂；硅酸盐（SiO_3^{2-}）、十二烷基苯磺酸钠等添加剂可以有效抑制电极表面钝化；为了减少锌溶解而导致的枝晶生长和电极形变等问题，添加氢氧化钙 [$Ca(OH)_2$]、氟化物（KF）、磷酸盐（K_3PO_4）、砷酸盐（K_3AsO_4）、硼酸盐（K_3BO_3）或碳酸盐（K_2CO_3）等降低电解液中的锌浓度，抑制锌的再分配，减少电极的形变和枝晶生长。添加 ZnO 可以降低水的活性，降低电极表面附近锌酸盐的离子溶解度，促进锌活性物质 ZnO 的形成，因而保持电极形貌，促进电池的可充性。此外，水的活性降低也会抑制电池充电时的 HER。

电解液中加入有机添加剂可以通过影响锌电极电沉积过程中的电化学性能提高电极的可逆性。例如，EDTA、吐温 20 和酒石酸等有机添加剂可以抑制 RZABs 充放电过程中锌枝晶的形成和锌电极腐蚀，预防枝晶形成的顺序为：EDTA＞吐温 20＝酒石酸。聚乙二醇（PEG200）在较宽的浓度范围内（100～10000μL/L）对锌枝晶的生长有抑制作用，且 PEG200 的浓度越大抑制效果越明显。电解液中添加阴离子表面活性剂十六烷基三甲基溴化铵（CTAB）后，发现 CTAB 能使锌在沉积过程中形成较小的球形颗粒，促使其均匀沉积，从而抑制枝晶的形成。

2）不溶性碳酸盐沉淀

不同于其它可充锌基电池，由于 RZABs 不能在密封条件下工作，碱性电解液容易吸收空气中的 CO_2，CO_2 与 OH⁻反应生成不溶性碳酸盐或碳酸氢盐，导致碳酸盐的沉积。反应方程式如下：

$$CO_2 + OH^- \Longleftrightarrow HCO_3^- \tag{4-26}$$

$$HCO_3^- + OH^- \Longleftrightarrow CO_3^{2-} + H_2O \tag{4-27}$$

碳酸化过程导致电解液的离子导电性降低；空气电极微孔堵塞而阻碍 O_2 进入，正极性能劣化；电解液黏度增加，O_2 向电解液扩散困难，不利于双功能空气电极的 ORR 过程。目前，抑制碱性电解液碳酸化的主要方法有：①采用 CO_2 吸附剂过滤器通过化学或物理吸附从空气中除去或降低 CO_2 含量，可提高双功能空气电极的循环性能。例如，采用 LiOH 和 LiOH-$Ca(OH)_2$ 等固体吸附剂，通过物理吸附和化学吸附过程去除 RZABs 进料气体中的 CO_2。也可以利用伯胺或仲胺与 CO_2 的高反应速率，使用哌嗪（PZ）、羟乙基乙二胺（AEEA）和乙醇胺（MEA）等化学吸收去除 CO_2。②向碱性电解液中添加离子液体和/或共晶溶剂减缓 CO_2 传输。③将 K_2CO_3 掺入电解液，减少生成碳酸盐物种的动力学。研究表明，向高浓度 KOH 电解液中添加摩尔分数约 30% 的 K_2CO_3 可以延长 RZABs 的寿命。

3）水的影响

电解液蒸发或吸收环境水分是水溶液金属-空气电池性能另一重要影响因素。这种现象与电解液体系的蒸气压及邻近环境空气的水分压差有关。在相对湿度高的环境中过量的水积聚可能导致空气电极被"淹没"，由于氧气不容易通过水扩散，影响 O_2 向催化剂活性中心传输，导致正极电化学活性损失。此外，随着电解液被稀释，离子导电性下降，引起较高的内阻。另一方面，电解液中水分蒸发导致的过度水损失浓缩了电解质，对放电反应具有不利的影响。考虑到电解液体积和组成、锌含量以及气体扩散程度，适当的电池设计有助于优化内部水平衡。例如，采用聚合物对电解液改性，水被捕集进电解液，通过凝胶化电解液系统可以最大限度地减少失水，从而提高电池的性能和寿命。也可以采用硅烷膜，保护防止干涸和水淹。此外，研究者设计了一种具有疏水和亲水孔的空气电极结构。亲水孔隙中至少部分充满了液态电解液、吸湿材料和 OH^-，使水蒸气与环境的交换受到限制，吸湿材料用于控制系统的湿度。该系统在数千小时的运行时间内没有出现与水蒸发相关的重量损失。

（2）中性电解液

由于碱性电解液存在的诸多问题，人们开始关注开发中性水溶液电解质 RZABs。相对于碱性电解液，中性电解液的主要优势在于可以避免电解质碳酸盐化，减少枝晶的形成，进而提高 RZABs 的循环寿命。这是因为中性电解液中几乎不吸收 CO_2，锌的溶解度也低。可以用 KCl、KNO_3、Na_2SO_3、Na_2SO_4 和 K_2SO_4 等溶液调节电解液的 pH 在 7 左右，或者用 NH_4NO_3、NH_4Cl 等铵盐可将电解液的 pH 调至 5 左右，也被视为接近中性电解液。锌在含有各种不能被锌还原的阴离子的中性溶液中的溶解机制如式（4-28）～式（4-30）。

$$Zn + H_2O \rightleftharpoons Zn(OH) + H^+ + e^- \qquad (4\text{-}28)$$

$$Zn(OH) \rightleftharpoons ZnO + H^+ + e^- \qquad (4\text{-}29)$$

$$ZnO + H_2O \longrightarrow Zn^{2+} + 2OH^- \qquad (4\text{-}30)$$

用作中性电解液的前驱体盐可以分为氯化物基电解质和其它可溶性盐。水溶性中性电解质通常由一种或更多种化合物组成。

1）氯化物基电解液

研究表明，一次 ZABs 最适合的中性电解液为 5mol/L NH_4Cl 溶液。RZABs 体系中使用水溶性氯化物基电解液在电池充电时氯化物产生如式（4-31）的副反应，不利于电池的 OER，降低总充电效率。

$$2Cl^- \longrightarrow Cl_2(g) + 2e^- \qquad E_0 = 1.36V \qquad (4-31)$$

Cl_2 的产生是简单的化学反应，对电池容量没有贡献，因此，不期望 Cl_2 的析出比 OER 更容易。Cl_2 的产生导致如式（4-32）的 HClO 和 HCl 等酸形成，此外，次氯酸盐离子根据不同条件可分解为氯化物、氧化氯物种，甚至可分解为自由溶解的氯气。

$$H_2O + Cl_2 \longrightarrow HCl + HClO \qquad (4-32)$$

一些无机添加剂如氯化钴（$CoCl_2$）、氧化铱（IrO_2）或可溶性锰盐可用来降低 Cl_2 析出。在有机化合物中，可采用尿素与 Cl_2 反应产生无害气体产物（N_2、CO_2 和 H_2）。水溶性氯化物基电解质适合于在水溶液中产生可溶性氯化物盐的阳离子，如 Zn^{2+}、NH_4^+、Na^+ 或其它阳离子。另一方面，一些氯化物盐，如氯化锡、氯化铅、氯化汞、氯化镉和氯化铋等可以改善 RZABs 中的 HER 过电位。以氯化物溶液为电解液（pH = 6）的 RZABs 的放电/充电过程如式（4-33）～式（4-36）。

电池放电时，

正极反应：
$$2H^+ + 1/2O_2 + 2e^- \longrightarrow H_2O \qquad (4-33)$$

负极反应：
$$Zn \longrightarrow Zn^{2+} + 2e^- \qquad (4-34)$$

电池充电时，

正极反应：
$$H_2O + 2Cl^- \longrightarrow 2HCl + 1/2O_2 + 2e^- \qquad (4-35)$$

负极反应：
$$ZnCl_2 + 2H^+ + 2e^- \longrightarrow Zn + 2HCl \qquad (4-36)$$

放电时不同条件下形成的锌络合物组成不同，这取决于溶液组成。热力学计算预测在 Zn^{2+}-NH_3-Cl^--H_2O 体系中锌的形态与 pH、氨浓度和氯浓度的关系表明，放电反应的锌负极产物可以是 $ZnCl_2 \cdot 4Zn(OH)_2$、$ZnCl_2 \cdot 2NH_3$、ZnO 和 $Zn(OH)_2$，这取决于 NH_4Cl 浓度、水含量、温度、pH 和氯化锌配合物的溶解度。EOS Energy Storage LLC 公司的中性水溶液电解质专利中，电解质中 $ZnCl_2$ 和 NH_4Cl 的含量均为 10%～20%（质量分数），其它盐如 LiCl 为 5%，为了缓冲电解液，添加质量分数为 1%～2% 的其它混合物，如柠檬酸铵、醋酸铵或氯化铵。Goh 等[56]首次报道了工作在中性水溶液电解质体系下的 RZAB。使用的电解质组成为：0.51mol/L $ZnCl_2$、2.34mol/L NH_4Cl、1000mg/kg PEG 和 1000mg/kg 硫脲，pH 为 6，PEG 和硫脲为电解质添加剂。电池在超过 1000h 和数百个充放电循环中仅有少量锌枝晶形成，并且没有碳酸盐生成。后续研究的 RZAB 在 5mol/L NH_4Cl、35g/L $ZnCl_2$ 和 1000mg/kg 硫脲，pH 为 7

的电解质中运行 90 天。目前研究的中性电解质体系的 RZAB 主要由 $ZnCl_2/NH_4Cl$ 电解质、金属锌负极和负载有 MnO_x 催化剂的双功能空气电极构成，然而，为了详细了解该系统的电化学性能，以及评估其实际的应用潜力，还需要进行更多的工作。

2）其它可溶性盐中性电解液

由其它可溶性盐组成的中性电解液，例如，硫酸盐、硝酸盐、碳酸盐、四氟硼酸盐、甲基磺酸盐、高锰酸盐、六氟磷酸盐、硼酸盐或磷酸盐单独或混合盐。高氯酸盐是电化学和腐蚀研究中广泛用作支撑电解质的另一种中性介质。在各种金属表面上的自发溶解期间，ClO_4^- 被还原为 Cl^- 和 OH^-［式（4-37）］。这种锌腐蚀期间的还原反应为 OH^- 的产生提供了另一种来源。

$$ClO_4^- + 4H_2O + 8e^- \longrightarrow Cl^- + 8OH^- \tag{4-37}$$

由于式（4-37）涉及 8 个电子，导致反应非常复杂，任何稳定的中间体或副反应产物都可以形成。高氯酸盐还原时形成的可能中间体是氯酸盐 $Zn(ClO_3)_2$、亚氯酸盐 $Zn(ClO_2)_2$ 和次氯酸盐 $Zn(ClO)_2$，这些盐都是可溶性组分，不会对钝化层产生影响，但高氯酸盐离子对金属有腐蚀性。

4.5.2 非水溶液电解质

水溶液电解质限制电池寿命的主要问题包括电解质蒸发、环境湿度的吸入、电化学窗口窄和金属阳极热力学稳定性差等。与含水电解质相比，非水电解质的主要优点在于，可弥补水溶液电解质的一些缺陷，如枝晶形成、钝化、碳酸盐化、析氢和导致电解质干涸的水分蒸发。此外，它们还可以提供广阔的电化学窗口和更高的热稳定性。

（1）凝胶聚合物电解质

凝胶聚合物电解质（GPEs）是将液体电解质与聚合物基质结合而形成的介于液体和固体之间的中间状态的一种电解质，既具有液体电解质离子电导率高的特点，又拥有固体电解质的安全性能，成为近年来开发的液体电解质替代品之一。其组成包括聚合物基体、有机溶剂和导电盐，环境温度下的离子电导率在 $10^{-4} \sim 10^{-3} S/cm$ 范围内。溶剂和盐包裹在聚合物基体中以防止逸出，因此，GPEs 不存在水溶液电解质的泄漏和干涸问题。GPEs 还具有良好的黏结性能、机械强度和电化学稳定性。GPEs 广泛使用的基质包括聚环氧乙烷（PEO）、聚甲基丙烯酸甲酯（PMMA）、聚丙烯腈（PAN）和聚偏二氟乙烯（PVDF）等多种聚合物。

碳酸丙烯酯（PC）、碳酸乙烯酯（EC）和二甲基亚砜（DMSO）是常用的质子溶剂。然而这些溶剂具有挥发性，且易燃，不能应用于开放式体系的 RZABs。可以选择沸点高于 300℃、蒸气压低于有机溶剂、分子量为 250 或 400 的聚醚类作溶剂，例如聚乙二醇二甲醚（PEGDME）具有比 PC 高一个数量级的锌盐溶解能力，将 PEGDME 溶剂与具有非常大的阴离子的锌盐组合使用可提供高溶解度和高离子电导率，如 $Zn(TFSI)_2$ 或 $Zn[N(SO_2CF_3)_2]_2$ 等。PEGDME 的蒸气压非常低，并且可与一系列聚合物如聚偏氟乙烯-共六氟丙烯（PVDF-HFP）和 PMMA 互混，因此 PEGDME 可以作为锌离子导电聚合物电解质的溶剂用于 RZABs。

（2）固体聚合物电解质

固体聚合物电解质（SPEs）由高分子主体物和金属盐两部分复合而成。静电力是金属离子和聚合物极性基团之间相互作用的主要原因，从而形成配位键。聚合物-金属离子相互作用受官能团特征（即聚合物主链距离和组成）、支化度、金属阳离子的电荷和性质、反离子和分子量的影响。SPE 系统不含溶剂，电导率低于 GPE 系统。其它常用的 SPEs 如聚碳酸酯醚、PAN 和 PEO 等。在 ZABs 中，SPEs 或薄膜电解质与目前使用的其它电解质相比存在优势，包括提高能效、电可充能力、保质期和工作温度范围。SPEs 是基于含有杂原子大分子的离子导电固体，允许一种或多种盐在外加电场的存在下溶解和扩散。此外，与传统液体或固体电解质相比，SPEs 具有一定变形性的良好机械强度、操作简单、允许制成薄膜、减少与电极腐蚀相关的问题，并具有延长电池寿命、避免电池泄漏以及消除空气电极"淹没"等优点。SPE 的主要缺点是室温下低的离子电导率和锌盐溶解度、高界面电阻以及在电极和 SPE 之间易形成 ZnO 钝化层，限制了进行反向充电反应的能力。离子传导机制理论研究表明，具有更多无定形结构和较低玻璃化转变温度的聚合物可以具有较高的离子电导率。

（3）室温离子液体

室温离子液体（RTILs）由一个大的不对称阳离子和弱配位阴离子组成，在室温附近或室温下为液体。RTILs 具有热稳定性好、离子导电率高（0.1～30mS/cm）、电化学稳定窗口宽（通常介于 4.5～5.5V）和蒸气压低等优点，此外，非质子 RTILs 具有避免氢析出和改变金属沉积物形态的能力。因此，RTILs 被认为是替代传统碱性水溶液电解质和挥发性有机溶剂的具有前景的电解质。

离子液体（ILs）的分类主要考虑阴离子及与水反应的容易性。第一代 ILs 是基于卤素铝盐阴离子如 $[AlCl_4]^-$，对水分敏感，需要在无水条件下处理。第二代 ILs 基于的阴离子如四氟硼酸盐（$[BF_4]^-$）或六氟磷酸盐（$[PF_6]^-$），不与水反应，但可吸收湿度，导致其物理和化学性质的改变。现代 ILs 由更疏水的阴离子组成，如双三氟甲基磺酰亚胺（[TFSI]）或全氟烷基磷酸酯（[FAP]），与第一代和第二代 ILs 相比，它们对水分的敏感性更低。

RTILs 的物理化学性能在很大程度上取决于离子的性质。例如，1-丁基-3-甲基咪唑双三氟甲磺酰亚胺盐（[MMP][TFSI]）和 1-丁基-1-甲基吡咯烷双三氟甲磺酰亚胺盐（[BMP][TFSI]）中锌的氧化还原反应显示出比 1-乙基-3-甲基咪唑双三氟甲磺酰亚胺盐（[EMI][TFSI]）或 1-丁基-1-甲基吡啶二氰胺盐（[BMP][DCA]）更好的可逆性。另一方面，Zn^{2+} 盐的阴离子不同，Zn 的沉积电位也不同。这是因为涉及的复合阴离子 $Zn(X)_a^{b-}$ 会影响 Zn/Zn^{2+} 的热力学，其中 "X" 可以是混合阴离子，a 是与锌配位的阴离子数，b 是复合物上产生的电荷数。

双氰胺（[DCA]）基 ILs 因其具有低黏度和高电导率、是金属离子的良好溶剂、可电沉积锌等特点，已成为涉及 Zn^{2+} 电化学研究的主要焦点。[EMI][DCA] 作为 RZABs 的潜在电解质，在大量水的存在下提供较高的充放电性能和良好的循环效率。在 ILs 中沉积和溶解锌的能力取决于阴离子，因此阴离子的性质是锌电化学循环的关键。Xu 等[57]报道在 [TFSI] 阴离子基 RTIL 中，Zn^{2+} 存在的电极反应为单步骤 2 电子转移过程。而 [DCA] 阴离子基 RTIL 中，形成 Zn^{2+} 和 [DCA] 络合离子，将电极反应转变为两步单电子过程，反应式如下。

$$Zn(DCA)_x^{(x-2)-} + e^- \rightleftharpoons Zn(DCA)_x^{(x-1)-} \tag{4-38}$$

$$Zn(DCA)_x^{(x-1)-} + e^- \rightleftharpoons Zn + x(DCA)^- \tag{4-39}$$

RZABs 暴露于空气中，H_2O 可被易吸湿的电解质吸收。因此，为实现开式空气条件下稳定电解质体系，对 RTIL 中掺杂少量水进行研究。结果表明，将水加入 RTIL 可以降低电解质黏度和 Zn 沉积所需的活化过电位，并有助于稳定循环。例如，将少量水添加到 [BMP][TFSI] 中，加入的水分子可以与 [TFSI]$^-$ 通过氢键相互作用，形成 [TFSI]$_2$-H_2O 团簇，质量分数 2% 是自由水形成的临界浓度。

结合水可以提高 Zn/Zn^{2+} 氧化还原可逆性和 Zn 物种扩散系数，进而提高 Zn/Zn^{2+} 氧化还原反应速率。与无水 BMP-TFSI 相比，在添加质量分数为 2.0% 水的 BMP-TFS 中，Zn 物种的扩散系数和 Zn/Zn^{2+} 氧化还原反应的交换电流密度都增加了约 70%。而过量的水则会干扰 Zn^{2+} 的氧化还原反应。

ILs 的缺点是要求高纯度，甚至痕量杂质也会影响其物理性质，如黏度、熔点、电化学窗口等。此外，合成 ILs 存在环境问题，且价格高，这些问题阻碍了其商业应用。

（4）室温深共晶溶剂

深共晶溶剂（DESs）又称为共晶离子液体，是一种新型的类离子液体，除具有传统 ILs 类似的物理和化学性质外，还具有许多独特的性质和优点，如成本低、易于制备、良好的生物可降解性和生物相容性。有望成为价廉且绿色的 RTILs 替代品。DESs 为离子溶剂，由固体盐混合物和络合剂组成，制备非常简单，在 80℃ 下加热搅拌混合组分直至形成均匀透明的液体即可。DESs 的形成机理是络合溶剂（通常是氢键供体 HBD）与阴离子相互作用。因此，其有效尺寸增加，屏蔽了与阳离子的相互作用，进而导致混合物熔点降低。DESs 的熔点随着阳离子不对称性增加而降低，冰点受不同带负电反离子的氢键强度的影响。DESs 的通式为 $R_1R_2R_3R_4N^+X^- \cdot Y^-$，其中 $R_1R_2R_3R_4N^+X^-$ 为季铵盐。依据 Y 不同，DESs 分为不同的类型：

Ⅰ 型 DES：Y = MCl_x，M = Zn、Sn、Fe、Al、Ga；

Ⅱ 型 DES：Y = $MCl_x \cdot yH_2O$，M = Cr、Co、Cu、Ni、Fe；

Ⅲ 型 DES：Y = R_5Z，Z = —$CONH_2$、—COOH、—OH。

第四种 DES 被定义为金属氯化物和 HBD 的混合物。DESs 可提供或接受电子或质子形成氢键，赋予其优异的溶解性能，因此 DESs 能够溶解各种金属氧化物。高黏度是 DESs 的缺点之一，ILs 黏度在 $0.01 \sim 0.5 Pa \cdot s$ 变化，而 DESs 黏度范围为 $0.05 \sim 8.500 Pa \cdot s$。黏度值取决于 DES 组分特性、温度和水含量，使用小阳离子或氟化 HBD 可形成低黏度的 DES。乙酰胺基共晶溶剂具有良好的供体和受体能力、大的偶极矩和高介电常数，已被用于开发锌离子导电的 DES 电解质。基于乙酰胺和高氯酸锌以及乙酰胺、尿素和锌盐的三元混合物已作为 RZABs 的优良电解质。

（5）熔盐电解质

熔盐电解质较水溶液或有机电解质有几方面好处：熔盐电解质有较高的理论分解电压（高达 3V），在电池运行过程中稳定，不易分解，电化学窗口较宽，突破了水溶液电解质受水分解电压（约 1.23V）的限制，避免了水分解析氢问题；电导率高，比水溶液电解质至少高 1 个数量级，比有机电解质高几个数量级；具有较低的蒸气压，高温下损失小，避免了电解质干涸问题。此外，熔盐电解质可以在高于锌熔点的温度下工作，避免了电池充电时锌枝晶的产生，熔盐具有较低的黏度和较高的离子迁移和扩散速度，电极反应快，无须贵金属作阴极催化剂，同时内阻低，很少发生极化，电流密度高。

作为电解质，熔盐需要在其熔点以上的温度下处于熔融的液态，因此，熔盐熔点要尽可能低，电池可在相对低的温度下运行，减缓因高温对电池材料的特殊要求。此外，还应对锌盐或氧化锌具有良好的溶解度、对电池材料腐蚀性低、不与阳极沉积的锌反应、来源广泛、成本低等。

熔融碳酸盐作为电解质已被成功应用于熔盐碳酸盐燃料电池（MCFC）中，但是单一的碳酸盐 Li_2CO_3、Na_2CO_3 和 K_2CO_3 熔点均较高，不适合直接用于 RZABs，将三者按三元 $Li_2CO_3-Na_2CO_3-K_2CO_3$ 相图中共熔点组成进行混合可获得较低的熔点，显著降低电池工作温度。笔者采用 $Li_{0.87}Na_{0.63}K_{0.50}CO_3$ 熔点较低的混合碳酸盐，同时每千克混合碳酸盐添加 3mol NaOH 或 KOH 和 1mol ZnO 作为电解质，构建了熔盐 ZAB，在 550℃下电池实现了稳定充放电循环。110 个循环的平均充电电压介于 1.40～1.56V 之间，平均开路电压在 1.28～1.40V 之间，平均放电电压在 1.02～1.09V 之间，电流效率在 96.9%以上[58]。

熔盐锌-空气电池，因为较高的工作温度，在一定程度上限制了其广泛应用，目前并未获得广泛关注，同时高温使得电池需要保温层，增加电池的重量（降低能量密度），熔盐 ZABs 适合于大规模储能应用，而不适合作为动力电池。另外，需要高温密封材料对电池熔盐进行密封，密封材料与熔盐接触，要经受高温熔盐的侵蚀。熔融电解质管理也是需要考虑的问题之一，需要进一步解决因电解质迁移和挥发带来的电解质损失问题。

综上所述，通常水性电解质系统因其对环境无害、价格低廉，是 RZABs 的首选电解液，特别是强碱电解液。中性电解液配方的 RZABs 是一种新兴技术，具有很高的应用潜力。应注意开发合适的锌电极结构和缓冲系统，以尽量减少电极/电解质界面上发生的剧烈 pH 变化，并减少放电产物的钝化过程，系统研究添加剂以避免氢和氯的析出。为了避免锌电极水性电解质中的局限性，作为替代方法近年来开发了 RZABs 用非水电解质。在上述几种类型的非水电解质系统中，SPEs 由于导电率低，以及一些易燃易挥发的 GPEs，不宜用于 RZABs。基于 RTILs 的电解质体系与其它非水电解质体系相比具有低蒸气压、高热稳定性和高离子电导率，但 RTILs 要求高纯度，而且价格昂贵，限制了其工业应用。因此，比 RTILs 更便宜和更环保的 DESs 是 RZABs 有前途的替代电解质。非水电解质的开发应解决锌的溶解性、离子导电性，尽量减少或避免使用挥发性和有毒溶剂和化合物，对于固体聚合物电解质还应改善充放电期间电极/电解质的接触。

4.6 隔膜

采用双功能空气电极的 RZABs 对隔膜材料提出了更加苛刻的要求。隔膜不仅要充当抑制锌枝晶生长的屏障，还要承受空气电极上产生的过氧化物离子的化学攻击。虽然隔膜是 RZABs 的重要组成部分，但与电池的其它部分相比，隔膜并没有得到应有的重视。目前使用的隔膜大多并不是专门为 RZABs 设计的，它们通常来自锂基电池。RZABs 中的隔膜除了抑制枝晶外，还应在较宽的工作电位窗口（≥2.5V）内保持电化学稳定性，在强碱性电解液（pH≥13）中保持稳定，并具有低电阻和高离子导电性，以及在电解质中能够膨胀而不影响其机械强度。理想的隔膜还应具有精细的多孔结构，允许 OH 通过，同时阻挡可溶性 $Zn(OH)_4^{2-}$，避

免 $Zn(OH)_4^{2-}$ 穿过隔膜对空气电极产生不利影响，增加电池极化，导致电池容量衰减。

到目前为止，商业和试验上使用最为广泛的 RZABs 隔膜是聚烯烃类微孔膜。最为典型的是美国 Celgard（Polypore）公司生产的一系列商用电池隔膜，例如 Celgard 5550、Celgard 3501、Celgard 3401 等适用于 RZABs 的复合聚烯烃类隔膜。其中，Celgard 5550 以干法拉伸聚丙烯（PP）微孔膜为基体，层压 PP 熔喷非织造布材料和表面活性剂涂层，厚度为 110μm 左右，隔膜具有电解液润湿快且电解液保留性好，同时具有强度高、抗穿刺能力强的特点。虽然聚烯烃类隔膜的化学稳定性使其在电池隔膜领域的适用性非常广泛，但因其孔径大，无法限制 $Zn(OH)_4^{2-}$ 的交叉，从而导致极化增加，降低了电池的长期耐久性。为解决这一挑战，已经开发出各种隔膜，包括阴离子交换膜（AEM）或阳离子交换膜（CEM）、组合膜和静电纺丝纳米纤维膜等。这些膜的每一种都具有不同的优点和缺点，影响 RZABs 性能。

根据其形貌，膜可以划分为多孔膜和非多孔（致密）膜两类。多孔膜由带有明确孔尺寸（0.2nm～约 20μm）的固体基体构成，依靠孔径的大小机械筛分；而非多孔膜依靠膜内溶液扩散机理进行离子传输。用于 RZABs 的隔膜主要有多孔膜和离子交换膜。其中，多孔膜包括相转换膜、静电纺丝纳米纤维膜、改性多孔膜和无机膜；离子交换膜包括 AEM 和 CEM。

4.6.1 多孔膜

前面所述的 Celgard 系列商业膜均属于多孔膜，这类膜的孔径均大于溶剂化 $Zn(OH)_4^{2-}$ 的尺寸，因此，$Zn(OH)_4^{2-}$ 能够透过膜扩散至空气电极。$Zn(OH)_4^{2-}$ 透过 Celgard 3501 和 Celgard 5550 的扩散系数分别为 $3.2×10^{-11}m^2/s$ 和 $1.1×10^{-5}m^2/s$。尽管两种膜具有相同的孔隙度（55%）和孔径（64nm），但 $Zn(OH)_4^{2-}$ 扩散系数差异非常大。原因是：Celgard 3501 仅涂有涂层，而 Celgard 5550 为层压涂层膜，具有 PP/PE/PP 三层结构。据报道一起使用两个孔径为 50nm 的 Celgard 3401 膜表现出较低的 $Zn(OH)_4^{2-}$ 扩散系数（$6.9×10^{-12}m^2/s$）。其它膜包括纤维膜，例如玻璃纸也被用作 RZABs 的隔膜，发现玻璃纸膜的 $Zn(OH)_4^{2-}$ 扩散系数（$6.7×10^{-12}m^2/s$）低于 Celgard 3501。玻璃纸膜的孔径（约 3～10nm）较小，并且带更多的负电荷，较小的孔径和荷负电对带负电荷的 $Zn(OH)_4^{2-}$ 的透过具有选择性。但也有报道玻璃纸膜在 Zn/MnO_2 电池中使用时完全没有锌酸盐阻挡作用。

（1）相转换膜

除了商业多孔膜之外，文献报道了各种复合多孔膜。相转换过程是在适当载体上浇筑均相聚合物溶液（聚合物和溶剂），然后浸入含有非溶剂（通常为水）的凝聚浴中，转换成两相（富聚合物和富液体相）。相转换是迄今最通用的制备多孔膜的方法，工艺简单，易于大规模生产。Wu 等[59]制备的 PVA/聚氯乙烯（PVC）多孔膜，在 RZABs 中表现出稳定的充电电压，这归因于膜的高离子电导率（37.1mS/cm）和大孔结构（60～180nm）。因此，充电期间电池电压极化小，改进了电池的电流效率（70%～80%）和循环寿命（50 个循环）。采用溶液浇筑方法制备的具有均匀结构的固相 PVA/PAA（聚丙烯酸）膜，随 PVA 与 PAA 的比例不同，这些膜的室温离子电导率达到 140～300mS/cm，随 PAA 含量增加膜的离子电导率提高。当使用 PVA/PAA（10∶7.5）膜以 C/10 倍率放电，RZAB 的容量利用率高达 90%，功率密度达 50mW/cm^2。

（2）静电纺丝纳米纤维膜

静电纺丝是通用的膜制备技术，广泛用于制备大比表面积、小纤维直径和孔尺寸的膜。用此方法制备的膜称为静电纺丝纳米纤维膜。互相缠绕的纤维提供膜的整体性和机械强度。鲜有静电纺丝纳米纤维基膜用于 RZABs 的报道。Lee 等[60]以 PEI（聚醚酰亚胺）为原料，静电纺丝制备隔膜基布，经过强碱处理后再浸渍 5% PVA 水溶液，干燥处理后得到 RZABs 的复合隔膜 ERC。与商业隔膜 Celgard 3501 相比，ERC 有着更好的离子选择透过性。ERC 复合隔膜的离子选择透过性原理并非通过隔膜孔径尺寸实现的，隔膜在电解液中首先会溶胀，电解液存在于随机纠缠 PVA 链的自由体积中，尺寸较小的 OH$^-$ 可以通过自由体积中的电解质传输，而尺寸较大的 Zn(OH)$_4^{2-}$ 则被阻止。ERC 隔膜的 Zn(OH)$_4^{2-}$ 扩散系数几乎为 Celgard 3501 的四分之一，提高了 RZAB 的循环容量。ERC 基电池的第 2 次放电容量（约 213mA·h/g）几乎是 Celgard 3501 膜（约 34mA·h/g）的 7 倍。此外，采用静电纺丝技术制备的间规聚丙烯（syn-PP）纳米纤维膜，与 Whatman 滤纸相比，基于 syn-PP 膜的 RZAB 的放电容量提高了 40%以上。

（3）改性多孔膜

为了防止 Zn(OH)$_4^{2-}$ 渗透穿过多孔聚合物膜，通过表面改性方法对膜进行优化。主要包括纳米颗粒充填复合膜、离子选择性聚合物涂覆多孔膜和磺化多孔膜等。

① 复合膜　复合膜是采用无机颗粒堵塞多孔膜的膜孔方法降低 Zn(OH)$_4^{2-}$ 的透过率。复合膜中的无机纳米颗粒可在制备过程中掺杂进入聚合物基质中，也可在膜制备后用纳米颗粒充填/涂覆多孔膜。这两种方法旨在防止 Zn(OH)$_4^{2-}$ 的迁移。这些技术已经广泛用于 LIBs，但用于 RZABs 的文献报道不多。由聚砜膜和氧化锆组成的 ZIRFON PERL 膜（孔径为 130nm）已被用于 ZAB 液流电池，ZIRFON PERL 基电池表现出 50%以上的循环效率，在 25mA/cm^2 下循环 100h 后性能没有改变。Kiros[61]

使用 Al(OH)$_3$、CaF$_2$、Mg(OH)$_2$ 和 Mn(OH)$_2$ 改性 Celgard 3401 膜。由于这些无机化合物的溶解度非常低，凝胶化/沉积后，它们被夹在两层 Celgard 3401 膜之间。其中，用 0.03g/cm^2 的 Mn(OH)$_2$ 涂覆的 Celgard 3401 几乎完全阻止了 Zn(OH)$_4^{2-}$ 的渗透。然而，Mn(OH)$_2$ 的用量较高时颗粒会堵塞膜孔，膜的欧姆阻抗显著增加。因此，为使其在 RZABs 中有效使用，要求以最佳量的不溶颗粒涂覆多孔膜，且不导致膜电阻明显增大。Nanthapong 等[62]以 MCM-41 无机纳米颗粒为原料，采用溶液浇铸法制备 MCM-41/PVA 复合 RZABs 隔膜，尝试通过引入 MCM-41 纳米颗粒抑制 Zn(OH)$_4^{2-}$ 的透过。尽管改性使膜的电解质吸收和离子电导率得到改善，但没有起到抑制 Zn(OH)$_4^{2-}$ 交叉的作用，因此，ZnO 在空气电极处析出而导致电池过早极化。

② 离子选择性聚合物涂覆多孔膜　降低 Zn(OH)$_4^{2-}$ 组分透过的另一种方法是在多孔膜上涂覆一层离子选择层。该涂层允许 OH$^-$ 透过膜，减小 Zn(OH)$_4^{2-}$ 迁移至正极室，同时不明显影响离子电导率。此外，膜的多孔部分可以作为机械支撑，并根据其尺寸的排斥效应作为阻止 Zn(OH)$_4^{2-}$ 通过的额外屏障。商业玻璃纸 350PØØ、Celgard 5550 和 3501 等可以作为基体。例如，Hwang 等[63]采用自由基聚合使 1-[(4-乙烯基苯基)甲基]-3-丁基咪唑氢氧基(EBIH)和甲基丙烯酸丁酯(BMA)单体共聚制备了阴离子交换聚合物(PEBIH-PBMA)包覆层，将其涂覆到 Celgard 5550 膜上，制备的双层膜用于 RZABs。研究表明，涂层后膜的厚度没有增加，表明高黏度聚合物溶液可能渗透到基体层的多孔结构中。与 Celgard 5550 膜相比，透过改性膜迁移至正极室的 Zn(OH)$_4^{2-}$ 降低了 96% 以上，提高了电池的耐久性，循环次数由改性前的 37 次增加至 104 次。除了电池寿命增加约 3 倍之外，改性膜电池比未改性膜电池表现出更高的初始能量效率。

③ 磺化多孔膜　一些商业多孔膜因其疏水性降低了膜孔对 KOH 水溶液的润湿性，通常采用膜表面改性的方法增强其润湿性。磺化是将磺酸基团引入膜表面提高聚合物的亲水性。例如，用浓硫酸磺化商业无纺 PP/PE 膜（厚度 = 0.2mm，孔隙度 = 60%～70%）制备的具有高离子导电性磺化膜，可有效提高膜的表面亲水性。在 25℃下，质量分数为 32% 的 KOH 溶液中，磺化膜的离子电导率（17.5mS/cm）几乎是未磺化膜（8.8mS/cm）的 2 倍，因此，基于磺化膜的 RZAB 具有更高的功率密度（38mW/cm^2 vs. 20mW/cm^2）。但与原膜相比，磺化膜的拉伸强度降低 21%，热电阻降低 4%。机械强度下降归因于硫酸的表面刻蚀效应，导致纤维直径减小和聚合物分子量下降[64]。

（4）无机膜

无机膜是指由陶瓷、氧化镁、氧化铝和氧化钛等无机材料制备的膜。因无机膜具有良好的碱性化学稳定性，也可用作 RZABs 的隔膜。Saputra 等[65]制备了具有六边形有序、紧密的孔结构，厚度约为 5μm，孔径为 2.2nm 的 MCM-41 膜。由于 MCM-41 膜的亲水性以及高表面积和高孔体积密度特性，它还充当电解质基体或储层。MCM-41 膜作为 RZABs 隔膜表现出良好的性能，最大功率密度为 32mW/cm^2 和最大能量密度为 300W·h/L，与等尺寸的商业 Zn-空气纽扣电池相当。但 MCM-41 隔膜也存在碱性电解液中二氧化硅基六方晶格结构的稳定性问题。研究发现，如果 MCM-41 结构中的 KOH 的浸渍量可以控制在 20%，则碱侵蚀的影响最小。

4.6.2 离子交换膜

研究者们试图通过离子交换膜来实现 RZABs 中的离子选择性透过。离子交换膜主要有阴离子交换膜、阳离子交换膜和非离子交换膜三种。在 RZABs 中，阴离子和阳离子交换膜应用较多。

（1）阴离子交换膜（AEMs）

AEMs 是带有负电基团的隔膜，主要有季铵基团、氨基和亚胺等基团。AEMs 能够提供 OH$^-$ 通道，保证 OH$^-$ 的通过率，尽可能抑制 Zn(OH)$_4^{2-}$ 的通过。例如，聚砜膜在 RZABs 中可有效防止 Zn(OH)$_4^{2-}$ 从负极向正极透过，放电容量是使用 Celgard 5550 膜电池的 6 倍。用二甲基十八烷基[3-(三甲氧基硅基)丙基]氯化铵（DMOAP）改性天然纤维素纳米纤维制备柔性、高电导率（30℃时，21mS/cm）纳米多孔膜 2-QAFC，该膜具有纤维素的重复葡萄糖单元，水保持能力可达 96.5%，各向异性膨胀度较低为 1.1，而参比的商用 A201 膜的各向异性膨胀度为 4.4，水吸收率为 44.3%。与 A201 基电池相比，2-QAFC 膜电池具有较高的放电容量和更稳定的电压。

Zhang[66]将季铵化（QA）基团分别引入纤维素纳米纤维（FC）和氧化石墨烯（GO）基底，形成多层交联网状结构，制备了一种层压结构的 QA 功能化 FC/GO 膜（QAFCGO）。其中 FC 提供了丰富的亲水基团，引入 GO 可提高离子导电性，大体积季铵基团为水分子提供了纳米通道。复合膜的电解液含量高且具有低的各向异性溶胀度，其 OH$^-$ 离子电导率在室温下高达 33mS/cm。与商业 A201 膜相比，基于 QAFCGO 的 RZAB 表现出更好的可再充电性和稳定性。例如，在 60mA/cm^2 的电流密度下，基于 QAFCGO 电池的充电电压比基于 A201 的电池低 291mV，而放电电压比 A201 电池高 154mV。基于 QAFCGO 电池的峰值功率密度（44.1mW/cm^2）也高于后者（33.2mW/cm^2）。

Abbasi 等[67]以聚苯醚（PPO）为聚合物骨架，分别使用三甲胺（TMA）、1-甲基吡咯烷（MPY）和 1-甲基咪唑（MIM）为季铵化试剂引入季铵基团，制备了三种阴离子交换膜 PPO-TMA、PPO-MPY 和 PPO-MIM。其中聚合物为疏水骨架，季铵基团为亲水基团。PPO-TMA 膜室温下 OH$^-$离子电导率为 0.17mS/cm，吸水率为 89%（质量分数），并可有效阻止 $Zn(OH)_4^{2-}$ 透过。而且，在 30℃下，7mol/L KOH 溶液中表现出至少 150h 的优异稳定性。PPO-TMA 基 RZAB 具有较低的 $Zn(OH)_4^{2-}$ 扩散系数（$1.9 \times 10^{-14} m^2/s$）和较高的放电比容量（约 800mA·h/g，以 Zn 计）。

膜内形成亲水/疏水微相分离结构是提高 AEMs 离子电导率的有效手段。嵌段共聚物和通过长间隔链的阳离子功能化已被用于设计具有相分离结构的 AEMs。例如，采用戊二醛和吡咯-2-甲醛作为交联剂开发了由 PVA/瓜儿胶羟丙基三甲基氯化铵（PGG-GP）组成的 AEMs，该 AEMs 具有亲水/疏水微相分离结构和大离子簇，表现出高 OH$^-$离子电导率（室温下 123mS/cm）和良好的尺寸稳定性。PGG-GP 基柔性全固态 RZAB 在 48mA/cm^2 下的功率密度最高达 50.2mW/cm，在 2mA/cm^2 下稳定循环 9h[68]。

（2）阳离子交换膜

CEM 由含有磺酸基（—SO$_3$H）、羧基（—COOH）等酸性基团的聚合物构成，最典型的是杜邦公司生产的 Nafion 质子交换膜。该质子交换膜为全氟磺酸型，含有大量—SO$_3$H 基团，可以在溶剂中为阳离子提供通道，抑制阴离子的传输。由于质子交换膜在溶剂中可以溶胀，因此 OH$^-$也可以迁移通过。同时根据唐南效应原理，质子交换膜并非只传导质子，同时还能传导 OH$^-$，这是因为除了离子迁移以外，OH$^-$可以通过与水分子之间的氢键作用，将水分子上的质子传导至 OH$^-$，由此通过质子交换膜传导。然而将 Nafion 膜应用于 RZAB 时，即使在较小的电流下充放电，极化电位也很高，Nafion 膜并不适合作碱性 RZAB 隔膜。但 Nafion 膜的荷负电基团可以阻止 $Zn(OH)_4^{2-}$迁移，可用其提高 RZAB 隔膜的选择性。例如，将 Nafion 膜混入静电纺丝 PVA/PAA 纳米纤维基质中，制备的厚度为 24μm 的聚合物混合电解质膜（PBE）用于 RZAB，有效阻止了 $Zn(OH)_4^{2-}$的透过，同时 OH$^-$导电性仅稍有降低。相对于 Celgard 3501 膜，PBE 膜电池（2500min 以上）具有比 Celgard 3501 膜电池（900min）更好的循环稳定性。

由前述可知，隔膜在实现离子选择通过性的同时，还要保证 RZAB 隔膜的吸液性能，尽可能保证 OH$^-$通过。通过对隔膜引入碱性基团为 OH$^-$提供通道，改变隔膜结构阻止 $Zn(OH)_4^{2-}$通过，目前是实现离子选择透过性的有效途径。

4.6.3 Zn 枝晶生长抑制膜

为了减少或避免锌枝晶的形成和生长，尽可能延长电池寿命，目前已经采用了在电解质和电极中添加添加剂、改变锌电极结构、优化电解质性能和选择合适的隔膜等方法。然而，尽管隔膜在延缓锌枝晶形成方面起着重要作用，但关于其作用的报道却不多。

有研究表明，选择性离子交换膜或优化的多孔膜可以平衡阳极附近的离子浓度，膜内交联离子通道可以均匀电流密度的分布，进而抑制枝晶形成，提高电池的循环稳定性。例如，以聚乙烯醇（PVA）和聚氯乙烯（PVC）为原料用溶液流延法制备的 PVA/PVC 微孔膜，孔径范围为 60～120nm，该膜具有优异的热稳定性能、力学性能和电化学性能。在电池测试中，在 0.1C 充电倍率和 0.2C 放电倍率模式下，进行了 50 个循环后隔膜才被刺穿，展现出了一定的耐枝晶穿透能力。此外，浸渍 PVA 的静电纺丝聚醚酰亚胺膜和浸渍全氟磺酸聚合物（Nafion 521）的复合 PVA/聚丙烯酸纳米纤维膜，在 6 mol/L KOH 的碱性 RZAB 循环过程中性能均优于 Celgard 3501。

通过静电纺丝技术在碳布表面制备由聚乙烯醋酸乙烯酯/碳粉（PEVA-C）纳米纤维复合材料组成的界面层。纳米纤维均匀分布在碳布电极上，由它们堆叠而产生的空隙赋予界面层空气交换性，PEVA-C-10.4（碳含量）表现出优异的疏水性，进而提高了凝胶电解质在 RZABs 中的保水能力，避免了因缺水而导致的锌枝晶向电解液内部生长。得益于 PEVA-C 的高导电性、透气性和疏水性，组装的 RZAB 表现出 230h 的长循环寿命，而没有界面层的电池只有 16h 的短循环寿命[69]。

参考文献

[1] Fu J, Cano Z P, Park M G, et al. Electrically rechargeable zinc-air batteries: progress, challenges, and perspectives[J]. Adv mater, 2017, 29(7): 1604685.

[2] Lee D U, Xu P, Cano Z P, et al. Recent progress and perspectives on bi-functional oxygen electrocatalysts for advanced rechargeable metal-air batteries[J]. J Mater Chem A, 2016, 4(19): 7107-7134.

[3] Suen N T, Hung S F, Quan Q, et al. Electrocatalysis for oxygen evolution reaction: recent development and future perspective[J]. Chem Soc Rev, 2017, 46(2): 337-365.

[4] Norskov J K, Rossmeisl J, Logadottir A, et al. Origin of the overpotential for oxygen reduction at a fuel-cell cathode [J]. J Phys Chem B, 2004, 108(46): 17886-17892.

[5] Greeley J, Stephens I E L, Bondarenko A S, et al. Alloys of platinum and early transition metals as oxygen reduction electrocatalysts[J]. Nature Chem, 2009, 1: 552-556.

[6] Chen C, Kang Y J, Huo Z Y, et al. Highly crystalline multimetallic nanoframes with three-dimensional electrocatalytic surfaces[J]. Science, 2014, 343(6177): 1339-1343.

[7] Mosa I M, Biswas S, El-Sawy A M, et al. Tunable mesoporous manganese oxide for high performance oxygen reduction and evolution reactions[J]. J Mater Chem A, 2016, 4(2): 620-631.

[8] Ling T, Yan D Y, Jiao Y, et al. Engineering surface atomic structure of single-crystal cobalt (Ⅱ) oxide nanorods for superior electrocatalysis[J]. Nat Commun, 2016, 7: 12876.

[9] Yin J, Li Y X, Lv F et al. NiO/CoN porous nanowires as efficient bifunctional catalysts for Zn-air batteries[J].

ACS Nano, 2017, 11(2): 2275-2283.

[10] Park M G, Lee D U, Seo M H, et al. 3D ordered mesoporous bifunctional oxygen catalyst for electrically rechargeable zinc-air batteries[J]. Small, 2016, 12(20): 2707-2714.

[11] Yu M H, Wang Z K, Hou C, et al. Nitrogen-doped Co$_3$O$_4$ mesoporous nanowire arrays as an additive-free air-cathode for flexible solid-state zinc-air batteries[J]. Adv Mater, 2017, 29(15): 1602868.

[12] Cheng F Y, Shen J A, Peng B, et al. Rapid room-temperature synthesis of nanocrystalline spinels as oxygen reduction and evolution electrocatalysts[J]. Nature Chemistry, 2011, 3(1): 79-84.

[13] Zhang Y Q, Li M, Hua B, et al. A strongly cooperative spinel nanohybrid as an efficient bifunctional oxygen electrocatalyst for oxygen reduction reaction and oxygen evolution reaction[J]. Appl Catal B Environ, 2018, 236: 413-419.

[14] Suntivich J, Gasteiger H A, Yabuuchi N, et al. Design principles for oxygen-reduction activity on perovskite oxide catalysts for fuel cells and metal-air batteries[J]. Nat Chem, 2011, 3(7): 546-550.

[15] Vignesh A, Prabu M, Shanmugam S. Porous LaCo$_{1-x}$Ni$_x$O$_{3-\delta}$ nanostructures as an efficient electrocatalyst for water oxidation and for a zinc-air battery[J]. ACS Appl Mater Interfaces, 2016, 8(9): 6019-6031.

[16] Cui Z M, Fu G T, Li Y T, et al. Ni$_3$FeN supported Fe$_3$Pt intermetallic nanoalloy as a high performance bifunctional catalyst for metal-air battery[J]. Angew Chem, 2017, 56(33): 9901-9905.

[17] Qian L, Lu Z Y, Xu T H, et al. Trinary layered double hydroxides as high-performance bifunctional materials for oxygen electrocatalysis[J]. Adv Energy Mater, 20155(13): 1500245.

[18] Yin J, Li Y X, Lv F, et al. Oxygen vacancies dominated NiS$_2$/CoS$_2$ interface porous nanowires for portable Zn-air batteries driven water splitting devices[J]. Adv Mater, 2017, 29(47): 1704681.

[19] Tian G L, Zhang Q, Zhang B S, et al. Toward full exposure of "active sites": Nanocarbon electrocatalyst with surface enriched nitrogen for superior oxygen reduction and evolution reactivity[J]. Adv Funct Mater, 2014, 24(38): 5956-5961.

[20] Tian G L, Zhao M Q, Yu D S, et al. Nitrogen-doped graphene/carbon nanotube hybrids: in situ formation on bifunctional catalysts and their superior electrocatalytic activity for oxygen evolution/ reduction reaction[J]. Small, 2014, 10(11): 2251-2259.

[21] Yang H B, Miao J W, Hung S F, et al. Identification of catalytic sites for oxygen reduction and oxygen evolution in N-doped graphene materials: Development of highly efficient metal-free bifunctional electrocatalyst[J]. Sci Adv, 2016, 2(4): e1501122.

[22] El-Sawy A M, Mosa I M, Su D, et al. Controlling the active sites of sulfur-doped carbon nanotube-graphene nanolobes for highly efficient oxygen evolution and reduction catalysis[J]. Adv Energy Mater, 2016, 6(5): 1501966.

[23] Lei W, Deng Y P, Li G R, et al. Two-dimensional phosphorus-doped carbon nanosheets with tunable porosity for oxygen reactions in zinc-air batteries[J]. ACS Catal, 2018, 8(3): 2464-2472.

[24] Zhang J T, Zhao Z H, Xia Z H, et al. A metal-free bifunctional electrocatalyst for oxygen reduction and oxygen evolution reactions[J]. Nat Nanotechnol, 2015, 10: 444-452.

[25] Li R, Wei Z D, Gou X L. Nitrogen and phosphorus dual-doped graphene/carbon nanosheets as bifunctional electrocatalysts for oxygen reduction and evolution[J]. ACS Catal, 2015, 5(7): 4133-4142.

[26] Wang Q D, Li Y M, Wang K, et al. Mass production of porous biocarbon self-doped by phosphorus and nitrogen for cost-effective zinc-air batteries[J]. Electrochim Acta, 2017, 257: 250-258.

[27] Zhao Z, Yuan Z K, Fang Z S, et al. In situ activating strategy to significantly boost oxygen electrocatalysis of commercial carbon cloth for flexible and rechargeable Zn-air batteries[J]. Adv Sci, 2018, 5(12): 1800760.

[28] Pei Z X, Li H F, Huang Y, et al. Texturing in situ: N,S-enriched hierarchically porous carbon as a highly active reversible oxygen electrocatalyst[J]. Energy Environ Sci, 2017, 10(3): 742-749.

[29] Zhu Y P, Guo C X, Zheng Y, er al. Surface and interface engineering of noble-metal-free electrocatalysts for efficient energy conversion processes[J]. Accounts Chem Res, 2017, 50(4): 915-923.

[30] Li Y Z, Cao R, Li L B, et al. Simultaneously integrating single atomic cobalt sites and Co$_9$S$_8$ nanoparticles into hollow carbon nanotubes as trifunctional electrocatalysts for Zn-air batteries to drive water splitting[J]. Small, 2020, 16(10): 2070053.

[31] Hou C C, Zou L L, Sun L M, et al. Single-atomiron catalysts on overhang-eave carbon cages for high-performance oxygen reduction reaction[J]. Angew Chem Int Edit, 2020, 59(19): 7384-7389.

[32] Han X P, Ling X F, Yu D S, et al. Atomically dispersed binary Co-Ni sites in nitrogen-doped hollow carbon nanocubes for reversible oxygen reduction and evolution[J]. Adv Mater, 2019, 31(49): e1905622.

[33] Wu J H, Hu L J, Wang N, et al. Surface confinement assisted synthesis of nitrogen-rich hollow carbon cages with Co nanoparticles as breathable electrodes for Zn-air batteries[J]. Appl Catal B-Environ, 2019, 254: 55-65.

[34] Liu S H. WangY Z, Zhou S, et al. Metal-organic-framework-derived hybrid carbon nanocages as a bifunctional electrocatalyst for oxygen reduction and evolution[J]. Adv Mater, 2017, 29(31): 1700874.

[35] Fu G T, Cui Z M, Chen Y F, et al. Ni$_3$Fe-N doped carbon sheets as a bifunctional electrocatalyst for air cathodes[J]. Adv Energy Mater, 2017, 7(1): 1601172.

[36] Yang L J, Feng S Z, Xu G C, et al. Electrospun MOF-based FeCo nanoparticles embedded in nitrogen-doped mesoporous carbon nanofibers as an efficient bifunctional catalyst for oxygen reduction and oxygen evolution reactions in zinc-air batteries[J]. ACS Sustain Chem Eng, 2019, 7(5): 5462-5475.

[37] Liu X, Wang L, Yu P, et al. A stable bifunctional catalyst for rechargeable zinc-air batteries: iron-cobalt nanoparticles embedded in a nitrogen-doped 3D carbon matrix[J]. Angew Chem Int Ed, 2018, 57(49): 16166-16170.

[38] Wang S J, Wang H Y, Huang C Q, et al. Trifunctional electrocatalyst of N-doped graphitic carbon nanosheets encapsulated with CoFe alloy nanocrystals: The key roles of bimetal components and high-content graphitic-N[J]. Appl Catal B-Environ, 2021, 298: 120512.

[39] Wang Y Y, Zhang G X, Ma M, et al. Ultrasmall NiFe layered double hydroxide strongly coupled on atomically dispersed FeCo-NC nanoflowers as efficient bifunctional catalyst for rechargeable Zn-air battery[J]. Sci China Mater, 2020, 63(7): 1182-1195.

[40] Li Y B, Zhong C, Liu J, et al. Atomically thin mesoporous Co$_3$O$_4$ layers strongly coupled with N-rGO nanosheets as high-performance bifunctional catalysts for 1D knittable zinc-air batteries[J]. Adv Mater, 2018, 30(4): 1703657.

[41] Zhong Y T, Pan Z H, Wang X S, et al. Hierarchical Co$_3$O$_4$ nano-micro arrays featuring superior activity as cathode in a fexible and rechargeable zinc-air battery[J]. Adv Sci, 2019, 6(11): 1802243.

[42] Fu G T, Yan X X, Chen Y F, et al. Boosting bifunctional oxygen electrocatalysis with 3D graphene aerogel-supported Ni/MnO particles[J]. Adv Mater, 2018, 30(5): 1704609.

[43] Wu M J, Wei Q L, Zhang G X, et al. Fe/Co double hydroxide/oxide nanoparticles on N-doped CNTs as highly efficient electrocatalyst for rechargeable liquid and quasi-solid-state zinc-air batteries[J]. Adv Energy Mater, 2018, 8(30): 1801836.

[44] Zhou D J, Cai Z, Lei X D, et al. NiCoFe-layered double hydroxides/N-doped graphene oxide array colloid composite as an efficient bifunctional catalyst for oxygen electrocatalytic reactions[J]. Adv Energy Mater, 2018, 8(9): 1701905.

[45] Zhao J Y, Wang R, Wang S, et al. Metalorganic framework-derived Co$_9$S$_8$ embedded in N, O and S-tridoped carbon nanomaterials as an efficient oxygen bifunctional electrocatalyst[J]. J Mater Chem A, 2019, 7(13): 7389-7395.

[46] Amiinu I S, Pu Z H, Liu X B, et al. Multifunctional Mo-N/C@MoS$_2$ electrocatalysts for HER, OER, ORR, and Zn-air batteries[J]. Adv Funct Mater, 2017, 27(44): 1702300.

[47] Wei Y S, Zhang M, Kitta M, et al. A single-crystal open-capsule metal-organic framework[J]. J Am Chem Soc, 2019, 141(19): 7906-7916.

[48] Masri M N, Mohamad A A. Effect of adding carbon black to a porous zinc anode in a zinc-air battery[J]. J Electrochem Soc, 2013, 160(4): A715-A721.

[49] Aremu E O, Park D J, Ryu K S. The effects of anode additives towards suppressing dendrite growth and hydrogen gas evolution reaction in Zn-air secondary batteries[J]. Ionics, 2019, 25(9): 4197-4207.

[50] Zhao H M, Chi Z Z, Zhang Q W, et al. Dendrite-free Zn anodes enabled by Sn-Cu bimetal/rGO functional protective layer for aqueous Zn-based batteries[J]. Appl Surf Sci, 2023, 613: 156129.

[51] Schmid M, Willert-Porada M. Zinc particles coated with bismuth oxide based glasses as anode material for zinc air batteries with improved electrical rechargeability[J]. Electrochim Acta, 2018, 260: 246-253.

[52] Miyazaki K, Lee Y S, Fukutsuka T, et al. Suppression of dendrite formation of zinc electrodes by the modification of anion-exchange ionomer[J]. Electrochemistry, 2012, 80(10): 725-727.

[53] Hui X B, Zhang P, Li J F, et al. In situ integrating highly ionic conductive LDH-Array@PVA Gel electrolyte and MXene/Zn anode for dendrite-free high-performance flexible Zn-air batteries[J]. Adv Energy Mater, 2022, 12(34): 1-10.

[54] Parker J F, Chervin C N, Nelson E S, et al. Wiring zinc in three dimensions re-writes battery performance-dendrite-free cycling[J]. Energy Environ Sci, 2014, 7(3): 1117-1124.

[55] Deckenbach D, Schneider J. A 3D hierarchically porous nanoscale ZnO anode for high-energy rechargeable zinc-air batteries[J]. J Power Sources, 2021, 488: 229393.

[56] Goh F W T, Liu Z L, Hor T S A, et al. A near-neutral chloride electrolyte for electrically rechargeable zinc-air batteries[J]. J Electrochem Soc, 2014, 161(14): A2080-A2086.

[57] Xu M, Ivey D G, Xie Z, et al. Electrochemical behavior of Zn/Zn(II) couples in aprotic ionic liquids based on pyrrolidinium and imidazolium cations and bis (trifluoromethanesulfonyl)imide and dicyanamide anions[J]. Electrochim Acta, 2013, 89: 756-762.

[58] Liu S Z, Han W, Cui B C, et al. A novel rechargeable zinc-air battery with molten salt electrolyte[J]. J Power Sources, 2017, 342: 435-441.

[59] Yang C C, Yang J M, Wu C Y. Poly(vinyl alcohol)/poly(vinyl chloride) composite polymer membranes for secondary zinc electrodes[J]. J Power Sources, 2009, 191(2): 669-677.

[60] Lee H J, Lim J M, Kim H W, et al. Electrospun polyetherimide nanofiber mat-reinforced, permselective polyvinyl alcohol composite separator membranes: a membrane-driven step closer toward rechargeable zinc-air batteries[J]. J Membr Sci 2016, 499: 526-537.

[61] Kiros Y. Separation and permeability of zincate ions through membranes[J]. J Power Sources, 1996, 62(1): 117-119.

[62] Nanthapong S, Kheawhom S, Klaysom C. MCM-41/PVA composite as a separator for zinc-air batteries[J]. Int J Mol Sci, 2020, 21(19): 197052.

[63] Hwang H J, Chi W S, Kwon O, et al. Selective ion transporting polymerized ionic liquid membrane separator for enhancing cycle stability and durability in secondary zinc-air battery systems[J]. ACS Appl Mater Interfaces, 2016, 8(39): 26298-26308.

[64] Wu G M, Lin S J, Yang C C. Preparation and characterization of high ionic conducting alkaline non-woven membranes by sulfonation[J]. J Membr Sci, 2006, 284(1-2): 120-127.

[65] Saputra H, Othman R, Sutjipto A G E, et al. MCM-41 as a new separator material for electrochemical cell: Application in zinc-air system[J]. J Membrane Sci, 2011, 367(1/2): 152-157.

[66] Zhang J, Fu J, Song X, et al. Laminated cross-linked nanocellulose/ graphene oxide electrolyte for flexible rechargeable zinc-air batteries [J]. Adv Energy Mater, 2016, 6(14): 1600476.

[67] Abbasi A, Hosseini S, Somwangthanaroj A, et al. Poly(2,6-dimethyl-1,4-phenylene oxide)-based hydroxide exchange separator membranes for zinc-air battery [J]. Int J Mol Sci, 2019, 20(15): 153678.

[68] Wang M, Xu N N, Fu J, et al. High-performance binary cross-linked alkaline anion polymer electrolyte membranes for all-solid-state supercapacitors and flexible rechargeable zinc-air batteries[J]. J Mater Chem A, 2019, 7(18): 11257-11264.

[69] Chen Z Y, Yang X, Li W Q, et al. Nanofiber composite for improved water retention and dendrites suppression in flexible zinc-air batteries[J]. Small, 2021, 17(39): e2103048-e2103048.

第5章
水系锌离子电池

5.1 概述

　　水系锌离子电池（aqueous zinc-ion batteries，AZIBs）是近年来迅速发展起来的一种新型绿色二次电池。与锂离子电池相比，除了在电池安全方面具有极大优势外，还具有锌资源丰富、成本低、与水兼容、可在空气中组装以及无毒环保等优点。与其它电池储能技术相比，AZIBs 更适用于固定式储能，包括电网或小型电网、家用电池和其它分布式电源等。

5.1.1 水系锌离子电池的发展概况

　　AZIBs 的发展最早可以追溯到 20 世纪 80 年代，1986 年，Yamamoto 等[1]以锌片为负极，MnO_2 为正极，弱酸性的 $ZnSO_4$ 水溶液为电解液，组装了可充 $Zn-MnO_2$ 电池，在短期循环中证明了 Zn^{2+} 在 MnO_2 中存储的可逆性，抑制了锌负极表面 ZnO 等副产物的生成，电池循环性能得到一定提升。后续的研究发现，电池循环过程中 Mn^{4+} 还原为 Mn^{3+}，同时产生了尖晶石相的 $ZnMn_2O_4$ 和碱式硫酸锌 $Zn_4(OH)_6SO_4 \cdot 5H_2O$（ZHS）等中间相。但此后关于使用中性/微酸电解液作为 $Zn-MnO_2$ 电池的报道很少。直到 2012 年，清华大学康飞宇团队率先揭示了水溶液中 Zn^{2+} 在 MnO_2 隧道结构中的可逆嵌入/脱出机理，并首次提出了锌离子电池的概念。随后，AZIBs 受到了研究人员的广泛关注，各种形态的 MnO_2 材料被用作 AZIBs 的正极，同时，包括普鲁士蓝类似物、钒基氧化物和有机化合物等材料也被广泛研究，新型正极材料不断被开发。早期关于正极材料的研究主要集中在二氧化锰和普鲁士蓝类似物上。基

于 Mn^{4+}/Mn^{3+} 之间的氧化还原反应，二氧化锰具有高达 308mA·h/g 的理论容量和约 1.35V 的中等放电电压。然而，因放电过程中 Mn^{3+} 的歧化反应而引起的 Mn^{2+} 溶解，使其容量迅速衰减，循环稳定性差。普鲁士蓝类似物虽然晶体结构稳定，且放电电压高达约 1.7V，但其容量低于 100mA·h/g。钒基氧化物由于其开放的晶体结构以及多种价态（+2~+5），其容量通常可超过 300mA·h/g，甚至高达 500mA·h/g，但平均放电电压只有约 0.8V。考虑到环境友好性和可持续性，最近基于各种活性官能团（如 C═O 和 C═N）的有机化合物因其具有高达约 300mA·h/g 的可逆容量和约 1.0V 适中的放电电压，也被用作 AZIBs 的正极材料。从能量密度角度考虑，二氧化锰、钒基氧化物和有机化合物是 AZIBs 更有希望的正极材料。

除了高性能正极材料的开发，目前对 AZIBs 的研究还包括 Zn 负极的改性、电解液的优化及新型电解液的开发等。对负极的研究主要集中在提高长期循环过程中锌沉积/溶解的可逆性及抑制枝晶的生长。电解液的研究主要包括加入各种添加剂、调整浓度和应用凝胶电解质等。为了提高 AZIBs 的性能，近年来，可穿戴电子器件和柔性屏的蓬勃发展推动了对可任意弯曲或卷曲的先进柔性储能器件的不断研究，已涌现出大量实验室规模的柔性 AZIB 创新设计。

5.1.2 水系锌离子电池的特点与挑战

尽管 AZIBs 在近 10 年里蓬勃发展，但总体上还处于研究的初级阶段，其储能机理比较复杂，电化学性能还有很大的改进空间，距离大规模商业应用还有一定差距，仍然面临着以下科学挑战：

① 正极材料溶解　AZIBs 的几种主要正极材料在循环过程中均存在活性材料溶解问题，特别是 Mn 基化合物和 V 基化合物。Mn 基化合物溶解是由循环过程中的不可逆相变和歧化反应引起的，会导致容量衰减。V 基化合物溶解与循环过程中可溶性中间体的生成有关，循环时间越长，溶解越严重。因此，在低电流密度下循环时会加快 V 基化合物的容量衰减，而在高电流密度下的快速充放电可以减缓 V 基化合物的溶解。可以通过提高电解液的浓度、添加相关的盐或对电极材料进行表面包覆等策略有效抑制 Mn 基和 V 基化合物正极材料的溶解。普鲁士蓝类似物在电池运行中也存在溶解问题，溶解程度与其相态有关，立方相类似物比非立方相更易溶解。因此，通过选择合适的制备方法可以减少普鲁士蓝类似物的溶解。

② Zn^{2+} 的高静电斥力导致其嵌入正极材料过程动力学缓慢　AZIB 作为一种多价离子电池，有多个电子参与氧化还原反应，理论上应具有较高的比容量，但与单价离子相比，Zn^{2+} 具有较高的电荷密度，使其与正极材料之间存在较强的静电斥力，

导致 Zn^{2+} 扩散动力学缓慢,容易在晶格中积累,当主体材料中积累的 Zn^{2+} 量达到临界值时,可能会发生一些不可逆的相变,导致容量下降。此外,在深度充放电循环时,一定数量的 Zn^{2+} 容易被宿主晶格中的电负性原子捕获,也会使后续循环过程中的结构不稳定和容量降低。将金属离子或水分子引入正极材料的层中,通过缓冲 Zn^{2+} 的高电荷密度,降低电极界面电荷转移的活化能,可缓解 Zn^{2+} 与正极材料之间的静电相互作用。缺陷工程可以降低 Zn^{2+} 周围的电子密度,促进离子扩散和电子转移,实现 Zn^{2+} 的快速可逆存储。

③ 电极-电解液界面间的去溶剂化损失　Zn^{2+} 在电解液中以水合 Zn^{2+} 的形式存在,当其嵌入正极材料时,水合 Zn^{2+} 必须在正极和电解液间的界面处脱溶剂或部分脱溶剂。溶剂化 Zn^{2+} 与溶剂化鞘之间的强相互作用增加了去溶剂化的难度,从而导致去溶剂化损失。因此,电极/电解液界面处水合 Zn^{2+} 的去溶剂化是影响电极反应动力学的主要因素。通过调节正极的润湿性迫使水合 Zn^{2+} 去溶剂化,或调整溶剂化壳层减少 Zn^{2+} 与溶剂化壳层之间的相互作用,均可促进 Zn^{2+} 在正极材料中的嵌入,同时减少去溶剂化损失。

④ 长期循环过程中产生电极副产物　钒基材料和锰基材料在循环过程中都观察到碱式硫酸锌 $Zn_4(SO_4)(OH)_6 \cdot nH_2O$(ZSH)的存在,产生的原因是放电时电解液的 pH 随着 H^+ 的消耗而增加,导致在正极表面形成 ZSH,随着充电过程中的 pH 降低,ZHS 副产物会可逆溶解在电解液中。虽然在充放电过程中 ZHS 的可逆产生/溶解对后续循环中锌离子的嵌入不会产生显著的影响,但 ZHS 的电导率低,不利于电子转移、电化学阻抗的增加。循环过程中 ZHS 的持续积累将不可避免地引起电解液的永久消耗,还会导致电极表面的体积膨胀,降低正极材料的稳定性。构建多孔结构的电极以提供更多的 Zn^{2+} 反应活性位点,降低阻抗,并且其多孔结构可以容纳更多的副产物,在一定程度上可以缓解副产物对电化学过程的不良影响。

⑤ 电化学窗口狭窄,限制能量密度　与有机电解质相比,水系电解质的电压窗口较窄(约 1.23V),限制了 AZIBs 的能量密度。电极材料的工作电压应位于 HER 和 OER 的电压范围内。Zn/Zn^{2+} 电极的标准电极电位为 -0.76V(vs. SHE),金属 Zn 在水系电解质中溶解/沉积时不会发生显著的析氢反应。AZIBs 研究最多的正极材料 MnO_2 和 V 基氧化物的平均输出电压分别为 1.3~1.4V 和 0.8~0.9V,远低于 LIBs(>2V)。为了实现更高的能量密度,需要更高的输出电压。通过调整电解液 pH 范围和浓度、加入添加剂来增加 OER 的过电位等均可抑制 OER,实现更高的工作电压。

⑥ 锌负极的腐蚀和钝化　Zn 在水溶液中热力学不稳定,在整个 pH 范围内都容易溶解。在中性或微酸性电解液中,析氢反应或质子插入会产生更多的 OH^-,随

后，Zn^{2+} 与 OH^- 自发反应生成锌氢氧化物或锌酸盐副产物，消耗有限的电解液，使新鲜锌发生钝化。不可逆腐蚀导致锌负极自放电，而钝化则增加了锌负极的电荷转移电阻，导致容量衰减和循环性能变差。

此外，正极材料的低导电性会减慢反应动力学，Zn 负极在循环充放电过程中仍会产生少量的枝晶，存在短路的风险。H^+/Zn^{2+} 共嵌入正极材料产生的副反应问题，电解液中锌盐、添加剂及其浓度对电极的电化学性能和储能机理影响不明确等都是需要进一步研究克服的问题。

5.2 水系锌离子电池的储能机理

AZIBs 由正极、负极、电解液和隔膜四部分组成。其工作原理与 LIBs 相似，通过 Zn^{2+} 在正负极间的穿梭，实现能量的存储与转化。但由于 AZIBs 正极结构多样，其储锌机制较为复杂且仍存在争议，不同种类正极材料的储锌特性不尽相同，体现在工作电压窗口、动力学行为、倍率性能、循环稳定性和放电比容量等方面。锌离子在不同材料中的存储机理大体上可分为：Zn^{2+} 嵌入/脱出机制、H^+/Zn^{2+} 共嵌入/脱出机制、化学转化反应机制、溶解-沉积机制和有机配位反应机制。不同的反应热力学和动力学导致不同的反应机理。

5.2.1 Zn^{2+} 的嵌入/脱出机制

Zn^{2+} 在宿主材料中可逆嵌入/脱出是最常见的储能机制，类似于传统的可充电"摇椅" LIBs，涉及 Zn^{2+} 在正极和 Zn 负极之间的迁移。在弱酸性电解液中，放电时，负极锌快速溶解到电解液中生成 Zn^{2+}，电解液中的 Zn^{2+} 沿浓度梯度扩散，作为载流子嵌入正极材料中，正极得到电子，氧化态降低。在随后的充电过程中，Zn^{2+} 从正极材料中脱出并进入电解液中，在电场的作用下迁移至负极表面，并发生还原反应，Zn^{2+} 被还原为金属 Zn，沉积在锌负极上。反应式如下：

负极：$$Zn \rightleftharpoons Zn^{2+} + 2e^- \tag{5-1}$$

正极：$$M + xZn^{2+} + 2xe^- \rightleftharpoons Zn_xM \tag{5-2}$$

总反应：$$xZn + M \rightleftharpoons Zn_xM \tag{5-3}$$

式中，M 代表正极材料。通常，具有孔道结构、层状结构、开放式骨架结构的材料能为 Zn^{2+} 提供足够的嵌入和扩散空间，是 ZIBs 的理想正极材料。如锰氧化物、钒氧化物、普鲁士蓝等多种正极材料都是在这种机制下工作的。

隧道型材料包括一些锰氧化物和钒氧化物。对于锰基隧道型材料来说，一般发生的是 Zn^{2+} 在隧道内的可逆脱嵌反应。研究发现，Zn^{2+} 嵌入不同晶体构型的 MnO_2 会使其晶型发生不同形式的转变。Zn^{2+} 嵌入 $\alpha\text{-}MnO_2$ 可使其晶体结构转变为层状 Zn_xMnO_2，在充电过程中 Zn^{2+} 可逆脱出，晶体结构又可逆转变回 $\alpha\text{-}MnO_2$ 的原有隧道结构。Zn^{2+} 嵌入 $\beta\text{-}MnO_2$ 同样使晶体结构转变为层状结构，但 Zn^{2+} 可逆脱出时结构转变则不可逆。Zn^{2+} 嵌入 $\delta\text{-}MnO_2$ 时可保持其层状结构，而 Zn^{2+} 嵌入 $\gamma\text{-}MnO_2$ 则会使晶体结构发生复杂的转变。除了 MnO_2，许多其它锰基正极材料也具有 Zn^{2+} 嵌入/脱出机理。$\alpha\text{-}Mn_2O_3$ 在充放电过程中存在结构转换，在放电时，随着 Zn^{2+} 的嵌入，$\alpha\text{-}Mn_2O_3$ 转变为层状的 Zn-birnessite（水钠锰矿）相，对应于 Mn^{3+} 还原为 Mn^{2+} 的过程。在充电时，Zn-birnessite 相将还原为 $\alpha\text{-}Mn_2O_3$，伴随着 Mn^{2+} 氧化为 Mn^{3+} 的过程[2]。Mn_3O_4 在第一次充放电过程中也存在结构转换，Mn_3O_4 中 Mn^{3+} 氧化成 Mn^{4+}，Mn^{2+} 被氧化成 Mn_5O_8，接着 Mn_5O_8 通过 Mn^{2+} 溶解到电解液中并嵌入 H_2O 将其转化为水钠锰矿。由于电化学氧化得不彻底，Mn_5O_8 在第一次充电时与水钠锰矿共存。在随后的放电过程中，Zn^{2+} 嵌入水钠锰矿层间，形成了 Zn-birnessite，同时，一部分 Mn^{4+} 被还原为 Mn^{3+}。此后，层状结构进行可逆的充放电，如图 5-1 所示。

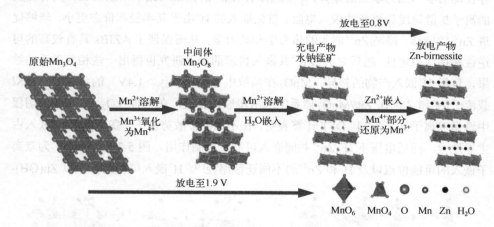

图 5-1　Mn_3O_4 第一次循环时的反应路径

相比于锰基材料，同为隧道结构的 B 型 VO_2（2×2 隧道）具有更好的结构稳定性，其大尺寸的隧道结构为 Zn^{2+} 扩散提供了有效的路径。其它多种钒基氧化物的储能机制均基于 Zn^{2+} 嵌入/脱出机制，如 V_2O_5、$Na_{0.33}V_2O_5$、$Na_2V_6O_{16} \cdot 3H_2O$ 等。对于普鲁士蓝类似物，其隧道结构具有良好的机械稳定性，较大的间隙位点可以容纳多种离子，即使是溶剂化形式的离子也可容纳。因此，普鲁士蓝类似物通常呈现的也是可逆 Zn^{2+} 嵌入/脱出机制。

5.2.2　Zn²⁺/H⁺（或 H₂O）共嵌入/脱出机制

H^+ 的离子半径较小，与 Zn^{2+} 之间的静电相互作用较弱，且 H^+ 作为微酸水系电解液中的关键组分，理论上可参与离子的嵌入/脱出反应。研究发现，Zn^{2+}/H^+ 共嵌入更倾向于发生在氧化物中，如在 MnO_2 正极中存在 Zn^{2+}/H^+ 共嵌入/脱出反应机制。Sun等[3]在炭纤维纸（CFP）上采用原位沉积 MnO_2 制备了 $MnO_2@CFP$ 正极材料，以该材料组装的 $Zn//\varepsilon\text{-}MnO_2$ 电池表现出高度可逆性。在 6.5C 下稳定工作 10000 次循环，每个循环的容量衰减率仅为 0.007%。并且最早在 $Zn//\varepsilon\text{-}MnO_2$ 体系中发现了连续 H^+/Zn^{2+} 可逆共嵌入现象。通过分析不同放电深度的离子扩散动力学发现，由于 H^+ 和 Zn^{2+} 的嵌入动力学不同，H^+ 和 Zn^{2+} 依次嵌入正极材料。在低放电深度区间［放电平台约为 1.4V（vs. Zn^{2+}/Zn）］，电池表现出快速的扩散动力学，对应于 H^+ 的嵌入过程；而且深度放电区间［放电平台约为 1.3V（vs. Zn^{2+}/Zn）］，电池的扩散动力学明显减慢，对应于 Zn^{2+} 的嵌入。同时，放电过程中副产物 $MnOOH$ 和 $ZnMn_2O_4$ 的形成也支持了 $MnO_2@CFP$ 正极经历先嵌入 H^+ 再嵌入 Zn^{2+} 的储能机制。由于 H^+ 和 Zn^{2+} 存在动力学和热力学上的差异，有报道称 H^+/Zn^{2+} 的共嵌入比单一嵌入 Zn^{2+} 具有更大的离子扩散速度和更低的嵌入电阻。首先插入的 H^+ 由于其半径和价态更小，能够促进 Zn^{2+} 的转移，提高 Zn^{2+} 嵌入的热力学和动力学，从而保证了 AZIBs 具有较高的可逆性和循环稳定性。随后对 H^+/Zn^{2+} 共嵌入机理的深入研究也得出一些相互矛盾的结果，包括 H^+ 嵌入产物的差异，MnO_2 在高放电电位区域（>1.4V）的状态等。与双载流子 H^+ 和 Zn^{2+} 在 $Zn//MnO_2$ 体系中的两步嵌入相反，在水合 VO_2（$H\text{-}VO_2$）阴极中遵循双离子嵌入机制。DFT 计算表明，在不同的扩散势垒下，高电压下 H^+ 嵌入占主导地位，而低电压下 H^+/Zn^{2+} 共同嵌入可能起控制作用。图 5-2（a）、（b）为双离子嵌入的可能位点以及 H^+ 和 Zn^{2+} 的不同迁移路径[4]。H^+ 嵌入可视为 Zn^{2+} 以 $Zn(OH)_2$

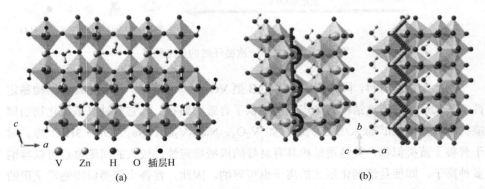

图 5-2　Zn^{2+}/H^+ 共嵌入的可能位点（a）和 H^+（左）和 Zn^{2+}（右）在 $H\text{-}VO_2$ 中的迁移路径（b）

形式的间接存储，因为 H^+ 嵌入/脱出伴随着 $Zn(OH)_2$ 的可逆出现。除了离子电荷载流子外，水分子也随着 Zn^{2+} 的嵌入而参与氧化还原反应。例如，$Zn_{0.25}V_2O_5$ 正极允许电解液中的 H_2O 进入层空间以稳定其结构，并协同发生 H_2O 的拓扑脱嵌。水分子嵌入 V_2O_5 层导致层间距扩大，放电时，从金属锌负极剥离的 Zn^{2+} 很容易嵌入膨胀的 2D $Zn_{0.25}V_2O_5$ 通道，伴随着氧化物的还原和层间水分子的最终脱出。逆反应在电荷的作用下发生，水分子进入通道空间，促进 Zn^{2+} 从层状结构中扩散出来。

5.2.3 化学转化反应机制

与离子脱嵌反应相比，化学转化反应在理论上具有更直接的电荷转移，往往具有更高的容量。转化反应通常包括不同相的转化，不涉及 Zn^{2+} 或 H^+ 的嵌入/脱出。Pan 等[5]首次提出了转化反应机理，发现在弱酸性的 $ZnSO_4 + MnSO_4$ 电解液中，α-MnO_2 会与水中的 H^+ 形成 $MnOOH$，而为了平衡溶液电荷，在放电时多余的 OH^- 会与 $ZnSO_4$ 和 H_2O 反应，在正极表面生成碱式硫酸锌 $ZnSO_4[Zn(OH)_2]_3 \cdot xH_2O(ZHS)$ [式（5-6）]。充电时 ZHS 会逐渐溶解，同时 $MnOOH$ 也会恢复为初始的 MnO_2，电极反应式如下：

正极：
$$H_2O \Longrightarrow H^+ + OH^- \tag{5-4}$$
$$MnO_2 + H^+ + e^- \Longrightarrow MnOOH \tag{5-5}$$
$$1/2Zn^{2+} + OH^- + 1/6\ ZnSO_4 + x/6H_2O \Longrightarrow 1/6\ ZnSO_4[Zn(OH)_2]_3 \cdot x\ H_2O \tag{5-6}$$
负极：
$$1/2Zn \Longrightarrow 1/2Zn^{2+} + 2e^- \tag{5-7}$$

实际上，上述转化反应机理与单纯的质子插层类似。Lee 等[6]针对 $Zn//\alpha$-MnO_2 体系提出了真正意义上的化学转化反应机理，给出了对 ZHS 的形成和 α-MnO_2 储能过程的解释。发现放电时电解液中锰离子浓度呈上升趋势，充电时呈下降趋势，而锌离子浓度则呈现出相反的趋势，这表明存在 α-MnO_2 在放电时还原溶解为锰离子以及充电时锰离子被氧化沉积到正极的过程。此外，原位 pH 检测也证实电解液的 pH 值在放电过程中会因 OH^- 的产生而上升。在电解液中加入 $MnSO_4$ 作为添加剂被证实可以抑制 MnO_2 的溶解，从而提高循环稳定性。Chao 等[7]在高电压 $Zn//MnO_2$ 体系中也发现了基于化学转化的反应过程。认为 $Zn//MnO_2$ 电池的多重氧化还原反应与电压有很强的关联性。在 0.8~2.2V 电压窗口范围内，电池的放电过程可分为三个阶段：在高电压的 D1 区（2.0~1.7V），MnO_2 主要发生由 Mn^{4+} 还原为 Mn^{2+} 的反应；在 D2 区（1.7~1.4V），部分 MnO_2 与 H^+ 发生化学转化反应生成 $MnOOH$；而在 D3 区（1.4~0.8V），发生 Zn^{2+} 嵌入反应。总结反应式如下：

D1：$\qquad$ $MnO_2 + 4H^+ + 2e^- \rightleftharpoons Mn^{2+} + 2H_2O$ $\qquad$ （5-8）

D2：同式（5-5）

D3：$\qquad$ $MnO_2 + 0.5Zn^{2+} + e^- \rightleftharpoons Zn_{0.5}MnO_2$ $\qquad$ （5-9）

这些转换型正极材料通常表现出多电子转移的氧化还原反应，并且与插层型材料相比可以提供更高的容量，因为它们可以在放电过程中被充分还原。此外，与具有插层机制的 AZIB 相比，基于这种转化反应的 AZIB 可以提供平坦的放电/充电平台，并具有良好的倍率性能。

5.2.4　溶解/沉积机制

近些年提出的溶解/沉积机制是基于 MnO_2 可逆溶解/沉积的行为而实现电池的充放电，传统的嵌入/脱出机制在 Mn^{4+}/Mn^{3+} 氧化还原过程中只利用了 1 个有效电子转移，而溶解/沉积机制的电化学反应过程转移的有效电子数为 2，其理论容量和理论电压分别可达 $616mA \cdot h/g$ 和 $1.991V$（vs. Zn^{2+}/Zn），均高于嵌入/脱出机制。溶解/沉积机制与电解液的 pH 有密切关系，MnO_2/Mn^{2+} 之间的转化会随着 pH 的降低而逐渐加强。通过添加 H_2SO_4 将电解液 pH 降低至 1 左右，实现了 MnO_2/Mn^{2+} 较为充分的可逆转化。在充电过程中，游离的 Mn^{2+} 在正极集流体表面失去 2 个电子转变成了 MnO_2，在这个过程中会不断生成 H^+。而在放电时，正极表面的 MnO_2 获得 2 个电子重新转变为 Mn^{2+}。整个反应过程如下式所示：

正极：$\qquad$ $Mn^{2+} + 2H_2O \rightleftharpoons MnO_2 + 4H^+ + 2e^-$ $\qquad$ $E^\ominus = 1.228V$ $\qquad$ （5-10）

负极：$\qquad$ $Zn^{2+} + 2e^- \rightleftharpoons Zn$ $\qquad$ $E^\ominus = -0.763V$（vs. SHE） $\qquad$ （5-11）

总反应式：

$\qquad$ $Zn^{2+} + Mn^{2+} + 2H_2O \rightleftharpoons Zn + MnO_2 + 4H^+$ $\qquad$ $E = 1.991V$（vs. Zn^{2+}/Zn）（5-12）

得益于这种独特机理的 $Zn//MnO_2$ 电池在高酸度环境下的比容量高达约 $570mA \cdot h/g$、输出电压约为 $1.95V$（vs. Zn^{2+}/Zn），能量密度为 $1100W \cdot h/kg$[8]。这种溶解/沉积储能机制除了在强酸性电解液中有过报道外，在弱酸性电解液中也观察到了 MnO_2 的溶解/沉积过程。$Zn//MnO_2$ 电池在首圈放电过程中，MnO_2 与 H_2O 反应生成 Mn^{2+} 和 OH^- 而提高电解液的 pH 值，此时 OH^- 会立即与周围的 $ZnSO_4$ 发生反应生成 ZHS，该过程将消耗 MnO_2 周围大量的 H_2O，抑制后续循环过程中 MnO_2 的溶解；在首圈充电过程中，新生成的 ZHS 与 Mn^{2+} 反应生成 birnessite-MnO_2。在后续循环中，birnessite-MnO_2 代替 MnO_2 成为主体材料，继续通过溶解/沉积反应进行储能。这种溶解/沉积机制主导了整体的能量存储过程，贡献大部分的比容量，而

H^+/Zn^{2+}嵌入/脱出反应只限于发生在残留的未溶解的MnO_2中，且在整个过程中其容量贡献较小。经过酸洗去除电极表面的放电产物 ZHS 后重新组装成电池并进行了非原位充放电测试，发现 ZHS 通过控制活性水的方式抑制了溶解反应的进行，使得整个系统难以达到理论容量。但 ZHS 也吸收了溶液中大量生成的OH^-，促进循环反应的持续进行，其复杂的作用机制仍待探索。

相比于传统的嵌入/脱出机制，溶解/沉积储能机制合理利用了难以避免的锰溶解问题。此外，H^+/Zn^{2+}的嵌入/脱出过程也会发生在未充分溶解的MnO_2中，只是对容量的贡献值较小。同时，MnO_2在弱酸性电解液中发生溶解/沉积时，也可观察到一种嵌锌的层状锰氧化物（$ZnMn_3O_7 \cdot 3H_2O$）的存在。这种MnO_2的溶解/沉积和H^+/Zn^{2+}的嵌入/脱出共存现象说明了这两种机制可能普遍共同存在于 AZIBs 体系，只是对于容量的贡献值不同。

5.2.5　有机配位反应机制

与普通层状、隧道型或三维开放骨架材料不同，一些具有丰富的可与Zn^{2+}成键的有机聚合物可以通过与Zn^{2+}配位反应，实现Zn^{2+}的存储而提供可逆的容量。例如，三角形大环菲醌（PQ-△）作为一种高效的 AZIBs 正极材料，每个 PQ-△分子中存在 6 电子转移反应，PQ-△在放电过程中完全还原为阴离子态（PQ-△$^{6-}$），证明了Zn^{2+}与二酮基团之间具有良好的配位作用；同时还发现，水合Zn^{2+}中的水分子可以通过降低去溶剂能和削弱库仑斥力来显著降低界面电阻。

MOFs 材料由于其结构和组成的高度可调性、丰富的活性位点和多功能性，已在 ZIBs 应用领域取得了一些进展。实验研究和理论计算表明，具有较大一维通道的 2D 导电 MOF 材料$Cu_3(HHTP)_2$中的喹啉结构和铜都是氧化还原中心，能提供Zn^{2+}的配位点。此外，基于钒的 MOF（MIL-47）正极材料对Zn^{2+}的脱嵌具有良好的结构可逆性。V 2p 峰在充电状态和放电状态之间没有明显的变化，这意味着在能量传递过程中，有机部分发生的是配位过程而不是Zn^{2+}的嵌入反应。除了 MOFs 材料，二维共价有机骨架（COFs）由于具有可调的结构和良好的孔隙率，也被证明能够进行可逆的Zn^{2+}存储。由 2,5-二氨基氢醌二盐酸盐（HQ）和 1,3,5-三甲酰基间苯三酚（TP）合成的 HQ-TP-COF 正极材料，HQ-TP 中的 C=O 和 N—H 官能团能够与Zn^{2+}配位，实现能量的释放/储存。

有机高分子正极材料因其结构和功能的高度可调性在 ZIBs 领域也占有越来越重要的地位，尽管有机高分子正极的分子结构多种多样，但这些材料的工作机理主要是特定的电负性位点与Zn^{2+}发生配位反应，如醌类结构、相邻的 C=O 位点、

N—H 官能团等。通过有机合成手段调整配位基团的距离以适应 Zn^{2+} 的大小，高分子材料即可被开发或改性为可行的 ZIBs 正极材料。此外，具有较低库仑排斥力和较高有机基团结合力的 H^+ 也有可能插入正极中，在放电时产生额外的容量，这在设计高分子正极材料时也应引起特别的关注。然而，有机高分子正极材料容易发生溶解或结构降解，从而导致储能性能下降，这是迫切需要解决的问题之一。

5.3　水系锌离子电池的正极材料

作为 AZIBs 的重要组成部分，正极材料是实现电池高倍率、高容量目标的关键因素。AZIBs 正极材料需要具有较高的可逆充放电容量和良好的循环稳定性，同时，还要求具有资源丰富和环境友好的特性。具体需要满足以下特性：①适用于 Zn^{2+} 可逆嵌入/脱出的适当结构（包括隧道结构和层状结构）；②卓越的结构稳定性，可承受数千次循环，并具有可接受的容量保持率；③合适的工作电压和电化学稳定性；④高能量和功率密度。

目前，AZIBs 正极材料主要采用储能电池技术中常见的离子存储材料，包括以下几类：①锰基化合物，尤其是 MnO_2 拥有高氧化还原电位（约 1.3V），单电子理论比容量也高达 308mA·h/g；②钒基化合物，其中层状结构的 V_2O_5 和含水的双层结构，成为了离子迁移的快速通道，此外，离子配位方式的多样性也使得钒系材料结构种类丰富多样；③普鲁士蓝衍生物，其中包含混合价态的阳离子，最为常见的为铁氰化铁，其通常为面心立方体结构，具有三维开放的骨架和大的离子嵌入位置，可以实现离子的快速扩散；④有机化合物，主要包括醌类化合物和导电聚合物等，具有重量轻、成本低、多电子反应和电压窗口可调节等特点；⑤层状过渡金属硫化物。

5.3.1　锰基化合物正极材料

在众多 AZIBs 正极材料中，成本低、无毒性、资源丰富的锰基化合物由于具备高容量、高能量密度和高工作电压等特性，是 AZIBs 商业应用过程中的首选正极材料。

（1）MnO_2

自从碱性 Zn-Mn 电池问世以来，MnO_2 正极材料就得到了广泛的研究。过渡金属锰元素具有未充满的 d 轨道，存在 Mn^{2+}、Mn^{3+}、Mn^{4+}、Mn^{7+} 等不同价态，使其具有优异的离子存储性能。其中，以 +4 价存在的 MnO_2 材料易制备、资源丰富、价格低廉和环境友好，适合大规模生产，在多种电化学体系中得到了广泛研究和应用，如锌-锰电池、锂离子电池和超级电容器等。不同于商业化的碱性一次电池中正极 MnO_2 反应生成 $Mn(OH)_2$ 和 $MnOOH$ 不可逆产物，在弱酸性水系电解液中，MnO_2 能够可逆地进行电化学反应，也是 AZIBs 电池最先采用的正极材料。

如第 2 章中表 2-1，二氧化锰具有 α、β、γ、ε、λ、δ、R 和 T 等多种晶型。在这些晶体结构中，每个 Mn^{4+} 被 6 个相邻的氧离子包围，形成基本八面体单元 MnO_6，这些单元通过周期性共享顶点/边进行连接，不同连接可以形成不同的晶体结构类型，大致分为三类：隧道结构、层状结构和尖晶石（3D）结构。与锂/钠离子电池储能机理不同，锰基 AZIBs 反应机理复杂且颇具争议。AZIBs 在充放电过程中主要涉及四种储能机理：Zn^{2+} 嵌入/脱出机理、化学转化反应机理、H^+/Zn^{2+} 共嵌入/脱出机理以及溶解/沉积反应机理。

1）隧道结构 MnO_2

多种晶型的 MnO_2 均具有隧道结构，晶型不同它们的隧道大小也不同，包括（2×2）隧道型 α-MnO_2、（1×1）隧道型 β-MnO_2、（1×1）和（1×2）隧道型 γ-MnO_2、（1×2）隧道型 R-MnO_2。其中具有较大的（2×2）隧道结构的 α-MnO_2，其沿着 c 轴具有四个共边的 MnO_6 八面体单元。与其它晶型的 MnO_2 相比，合适的隧道尺寸使之兼具 Zn^{2+} 的扩散能力和结构稳定性，因此，α-MnO_2 成为目前研究最广泛的 MnO_2 正极材料。Xu 等[9]报道了 α-MnO_2 在弱酸性 $Zn(NO_3)_2$ 电解液中 Zn^{2+} 的嵌入/脱出行为，证明放电时 Zn^{2+} 会嵌入 α-MnO_2 正极中形成 $ZnMn_2O_4$，充电过程为其逆反应，在电流密度为 200mA/g 时实现了 $210mA \cdot h/g$ 的高比容量，表明在 α-MnO_2 中 Zn^{2+} 嵌入/脱出行为的高度可逆性。

β-MnO_2 由八面体 MnO_6 单链通过共享顶点构成，沿 c 轴形成（1×1）隧道结构，是 MnO_2 晶型中热力学最稳定的一种晶体结构。然而，由于其狭窄的隧道，不利于 Zn^{2+} 的扩散。但 Islam 等[10]设计了一种暴露（101）面的 β-MnO_2 纳米棒，这种独特的棒状形态有助于 Zn^{2+} 嵌入/脱出。利用原位 X 射线衍射技术可观察到 β-MnO_2 在首次经历 Zn^{2+} 嵌入时，（101）晶面的峰值略向较低的角度移动，并在完全充电后恢复，不存在明显的结构畸变。该电极材料在 100mA/g 电流密度下实现了 $270mA \cdot h/g$ 的高比容量。近年来，研究人员利用缺陷工程、材料复合等策略，通过改变材料晶格结构或调节活性位点等方式，显著提高了 β-MnO_2 的电化学性能。

γ-MnO_2 实际上是介于 β-MnO_2 和 R-MnO_2 之间的共生体，因其具有（1×1）和（1×2）的混合隧道，结构的无序性导致其具有较低的结晶度，同时存在较多缺陷，较 β-MnO_2 有更好的 Zn^{2+} 扩散能力。Zn^{2+} 嵌入 γ-MnO_2 会使晶体结构发生复杂的转变，Alfaruqi 等[11]通过原位 X 射线吸收近边结构（XANES）、同步 X 射线衍射、非原位

TEM 和 ICP-AES 分析，对 γ-MnO_2 放电/充电过程中的结构演化进行了全面的研究。在放电初期，随着 Zn^{2+} 的嵌入，部分原始的 γ-MnO_2 经历了从隧道结构向尖晶石结构 $ZnMn_2O_4$ 的相变。在放电中期，随着 Zn^{2+} 继续嵌入剩余隧道结构的 γ-MnO_2 中，形成同为隧道结构的 γ-Zn_xMnO_2。在放电后期，随着 Zn^{2+} 的进一步嵌入，一些剩余隧道结构的 γ-Zn_xMnO_2 会打开结构框架，进一步转化为层状的 L-Zn_yMnO_2。经过 Zn^{2+} 的完全嵌入，尖晶石结构的 $ZnMn_2O_4$、隧道结构的 γ-Zn_xMnO_2 和层状的 L-Zn_yMnO_2 三种相结构同时存在。在随后的充电状态下，所有的相几乎会完全恢复到 γ-MnO_2 结构。

不同隧道型结构导致了电化学性能的差异，较大隧道的 MnO_2 具有更快的 Zn^{2+} 扩散能力。虽然隧道型 MnO_2 表现出优异的 Zn^{2+} 扩散能力和结构稳定性，但是隧道结构限制了 MnO_2 的储锌能力，影响了 MnO_2 材料的比容量。此外，隧道型 MnO_2 在充放电过程中还存在结构相变，固有结构的塌陷不可避免地导致容量的衰减。

2）层状结构 MnO_2

层状结构的 δ-MnO_2 通过共享边的方式将 MnO_6 八面体排列成一种片状结构，水钠锰矿层间距一般在 0.7nm 左右。由于结构中部分 MnO_6 八面中心 Mn 原子缺失，或者部分 Mn^{3+} 替代 Mn^{4+} 形成八面体，使 δ-MnO_2 结构中存在大量的负电荷。因此，这些薄片之间的层间可以容纳水分子或水合阳离子，起到平衡层间电荷、防止结构坍塌的作用。通过嵌入不同的水分子和水合阳离子，可以得到不同层间距的层状结构。其中，水钠锰矿型层状 MnO_2 具有一层水分子，而布塞尔矿型结构（层间距一般为 1.1nm）的层状 MnO_2 中具有两层水分子。

层状 δ-MnO_2 具有相对较大的层间距和更快的 Zn^{2+} 扩散能力，有利于 Zn^{2+} 的储存和运输，可能是最理想的 MnO_2 正极材料。但是，电化学反应时容易发生层间相变，导致结构坍塌。例如，对 Zn^{2+} 在层状纳米 δ-MnO_2 中的充放电行为研究发现，Zn^{2+} 嵌入时 δ-MnO_2 会转变成尖晶石型 $ZnMn_2O_4$ 和层状 δ-Zn_xMnO_2。之后的研究证明，在 $Zn(TFSI)_2$ 电解液中，首次快速充电时 Zn^{2+} 会嵌入 δ-MnO_2 中，但并不会引起明显的相变。而后续的反应过程是由 H^+ 参与的转换反应主导，这种机制实现了电池稳定的高容量，4000 次循环后仍有 93% 的容量保持率。此外，δ-MnO_2 结构的质子吸附能较低，可允许 H^+/Zn^{2+} 共嵌入电极材料结构中，同时其较大的层间距可满足 Zn^{2+} 更快的扩散和储存[12]。

3）尖晶石结构 MnO_2

尖晶石结构的 λ-MnO_2 和 ε-MnO_2，由通过四面体和八面体连接的三维（3D）隧道构成，也称 3D 型的 MnO_2。λ-MnO_2 中四面体和八面体分别被 Mn^{2+} 和 Mn^{3+} 占据，没有隧道或层，属于紧密堆积。这也导致 λ-MnO_2 储锌能力差，用作 ZIBs 正极材料的研究较少。ε-MnO$_2$ 由软锰矿和斜方锰矿共生而成，属于六方软锰矿，为六方晶系。由共面 MnO$_6$ 和 YO$_6$ 八面体（Y 表示空位）组成的亚稳相，呈现六角对称性，Mn^{4+} 随机占据了八面体位置的 50%。因尖晶石 MnO$_2$ 的结构紧密堆积，其容量衰减往往不是因结构的相变所致。ε-MnO$_2$ 被报道存在溶解/沉积机理，并表现出优异的比容量。

（2）其它锰基氧化物

1）MnO

MnO 中锰元素的价态为 +2 价，是锰元素的最低价态氧化物，又称氧化亚锰，其晶体结构与 NaCl 相似。常见的 MnO 在空气中不能稳定存在，很容易被空气中的 O$_2$ 氧化为其它高价态的锰氧化物。MnO 晶体结构理论上并不适合 Zn^{2+} 的嵌入，但是 MnO 在首次充电过程中，有利于诱导形成锰缺陷，从而激活 MnO 的电化学性能。锰缺陷的形成将为 Zn^{2+} 的迁移提供较低的能垒，从而促进 Zn^{2+} 从 MnO 宿主中可逆嵌入/脱出，使得 MnO 表现出优异的电化学性能。

2）Mn$_2$O$_3$

Mn$_2$O$_3$ 是一种具有双石结构的锰基氧化物。如图 5-3（a）所示，Mn^{3+} 为八面体配位，每个氧离子被 4 个锰离子包围，这种结构也可视为 Mn 的紧密堆积排列。康飞宇团队发现 Mn$_2$O$_3$ 正极的电荷存储机理是在 Zn^{2+} 的嵌入/脱出过程中 Mn^{3+} 和 Mn^{2+} 的跃迁。在放电过程中，初始的 Mn$_2$O$_3$ 随 Zn^{2+} 的嵌入而转变为层状锌水钠锰矿相，这与 Mn^{3+} 还原为 Mn^{2+} 的过程相对应，水分子可能在锰氧化物的结构重建及可再充电行为中起关键作用。在充电过程中，当 Zn^{2+} 从基体中脱出时，锌水钠锰矿相会被还原为 Mn$_2$O$_3$，并伴随着 Mn^{2+} 氧化为 Mn^{3+}。Mn$_2$O$_3$ 随着 Zn^{2+} 的嵌入会发生由斜方晶系向层状相的结构相变，使本处于储能结构劣势的 Mn$_2$O$_3$ 拥有更好的 Zn^{2+} 扩散速率和储锌容量。但是，结构转变带来的溶解现象仍不可避免。

3）Mn$_3$O$_4$

Mn$_3$O$_4$ 是锰的一种混合价态氧化物。Mn$_3$O$_4$ 中锰元素的价态既有 +3 价也有 +2 价，一般认为该氧化物是由 MnO 和 Mn$_2$O$_3$ 两种晶体结构混合而成。如图 5-3（b）所示，Mn$_3$O$_4$ 具有尖晶石结构，Mn^{3+} 和 Mn^{2+} 分别占据着尖晶石结构八面体和四面体的位置。Mn$_3$O$_4$ 作为 ZIBs 正极材料时，通常在最初的 10 个循环内充电容量会逐渐增加，这与 MnO$_2$ 不同。Mn$_3$O$_4$ 在不存在 Zn^{2+} 的初始充电过程中，Mn$_3$O$_4$ 中的 Mn^{3+} 首先被氧化为 Mn^{4+}，同时，Mn^{2+} 溶解在电解液中，最终生成了 Mn$_5$O$_8$。当深度充电至 1.9V 时，Mn^{2+} 的溶解和 H$_2$O 的嵌入进一步将 Mn$_5$O$_8$ 转化为层状结构的水钠锰矿。在放电过程，锌离子嵌入水钠锰矿的层中，导致锌水钠锰矿的形成，进而使得其从第 2 次循环开始充电容量增加。因此，锌水钠锰矿中锌离子的脱嵌和在充电过程中水钠锰矿的形成是导致容量增加的原因。Mn_3O_4 在第 1 次循环充放电过程中转变成层状结构，随后由层状结构进行可逆充放电。Mn_3O_4 在循环过程中不会反复转换相结构，有利于结构的稳定。

4）$ZnMn_2O_4$

具有尖晶石结构的 $ZnMn_2O_4$ 也可被用于 AZIBs，其结构类似（1×1）隧道型 MnO_2，隧道空间全部被 Zn 占据，Zn 和 O 形成 ZnO_4 单元，如图 5-3（c）所示。研究表明，阳离子缺陷型 $ZnMn_2O_4$ 尖晶石作为 AZIBs 的新型正极材料时，大量的阳离子空位使其在 50mA/g 时具有 150mA·h/g 的可逆比容量，并且在 500mA/g 的高电流密度下循环 500 次后容量保持率高达 94%[13]。

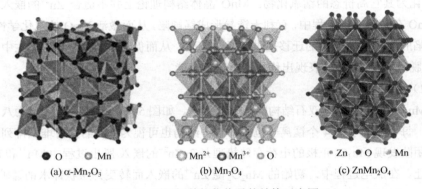

| ● O | ● Mn | | ● Mn^{2+} | ● Mn^{3+} | ● O | | ● Zn | ● O | ● Mn |
| (a) α-Mn_2O_3 | | | (b) Mn_3O_4 | | | | (c) $ZnMn_2O_4$ | | |

图 5-3　不同锰基氧化物晶体结构示意图

（3）锰基材料存在的问题和优化策略

各种锰基氧化物作为 ZIBs 的正极材料具有高比容量（高于 300mA·h/g）、优异的速率性能和超长寿命（高达 10000 次循环）。然而，锰基电极的商业化仍然受到其固有材料缺陷和性能下降的限制。虽然，不同价态的锰基材料可能具有截然不同的电化学特性。但是，均存在以下几个共性问题：①锰基材料本身导电性差，电子传导率低，导致其充放电倍率性能较差；②在充放电过程中，正极活性物质因歧化反应而溶解在电解液中，导致电池容量衰减；③许多晶型的锰基材料晶体结构不稳定，Zn^{2+} 在其中扩散时可能导致不可逆的相变，甚至发生结构坍塌，循环稳定性差；④Zn^{2+} 在锰基正极材料嵌入/脱出过程中，与宿主离子之间产生强静电相互作用，导致 Zn^{2+} 扩散动力学缓慢；⑤电荷在正极的传输过程中，电压过高时电极会发生析氧副反应，同时 H^+ 的增加还会加速负极的 HER，降低了 AZIBs 的库仑效率；⑥电池在长期循环过程中会产生副产物。锰基材料在循环过程中观察到碱式硫酸锌 $Zn_4(SO_4)(OH)_6 \cdot nH_2O$ 的存在，产生的原因是随着 H^+ 的消耗而使电解液的 pH 升高，并且随着充电过程中的 pH 降低，ZHS 副产物将可逆溶解在电解液中。ZHS 的产生会导致电极表面的体积膨胀，降低正极材料的稳定性。针对上述问题，主要通过元素掺杂、表面修饰、复合材料改性、客体预嵌、结构设计和缺陷工程等方法对锰基材料进行改性。

1）元素掺杂

异质元素与 MnO_2 具有不同的电子构型，可以调节材料的表面形态，诱导结构发生转变，极大地影响电极材料的结构和电化学性能。此外，利用 Mn 与异质元素的键合作用，可增强晶体结构的稳定性，防止其在相变过程中发生坍塌，提高 MnO_2 正极的电荷存储性能。

稀土元素具有特殊的 4f 电子构型，可与 MnO_2 相互作用，调节其表面形态。例如，采用水热法制备 Ce 掺杂 α-MnO_2 纳米棒正极材料，研究表明，Ce 掺入了 MnO_2 的主体晶格，并诱导 MnO_2 从 β 相转变为 α 相。三种锰的表面平均氧化状态（AOS）按 α-MnO_2（3.53）＜Ce-MnO_2（3.75）＜β-MnO_2（3.98）的顺序增加，与未掺 Ce 的 β-MnO_2 相比，掺入 Ce 后的 AOS 较低，是由 MnO_2 的相变所致，但在相同相态（α 相）下，掺 Ce 显著提高了 MnO_2 的 AOS。Zn^{2+} 嵌入/脱出过程中的相关电化学反应是由锰氧化还原激发的，因此，锰的高氧化态有利于提高其比容量。此外，与 β-MnO_2 电极相比，在 MnO_2 结构中掺杂 Ce 可以有效提高 Zn^{2+} 的扩散系数，有利于 Zn^{2+} 的快速可逆迁移，因而具有较高的倍率性能。基于改性 β-MnO_2 制备的 Zn//MnO_2 电池可在 5C（1C = 308 mA/g）的电流密度下实现 134mA·h/g 的可逆容量[14]。

除了稀土元素外，利用氧化还原反应将 V 掺杂到纳米 MnO_2 中，这种 V 掺杂 MnO_2 的平均晶粒尺寸小于原始 MnO_2，增大了活性材料的比表面积和反应活性位点数量，有效提高了材料的导电性。此外，掺杂微量的 Ni、La、Ca 等也可以降低电荷转移电阻，改善 MnO_2 的导电性，提升电池的电化学性能。

Co 改性 δ-MnO_2 纳米片用作 ZIBs 负极材料时表现出优异的自恢复行为[15]。Mn 位点允许将 Co 基物质（例如 Co^{2+} 和 Co^{3+}）引入 δ-MnO_2 纳米片中。分散良好的 Co 物质可改善电荷转移的动力学，其催化作用促进了活性锰化合物的电化学沉积，实现了锰氧化物在充放电过程中的动态有效自恢复。此外，Co^{3+} 掺杂 δ-MnO_2 还可以降低电荷转移电阻，提高倍率性能。Co 和 Ni 共取代的 $ZnMn_2O_4$ 纳米颗粒中，Co 和 Ni 掺入八面体位点取代 $ZnMn_2O_4$ 中的 Mn，导致更大的晶格参数，促进 Zn^{2+} 的扩散，并且还可以通过抑制 Mn^{3+} 的 Jahn-Teller 畸变来稳定材料的尖晶石结构。Ni 掺杂到 Mn_3O_4 中，Ni^{2+} 更倾向于占据 Mn_3O_4 中的八面体空隙位置，在 Mn_3O_4 晶体中足够的 Ni 取代可以减小带隙，从本质上提高电子电导率。

氟掺杂是一种常见的改善电极电化学储能的方法。它不仅可以诱导缺陷的生成，

提供更多的 Zn^{2+} 电化学活性位点，其极高的电负性和对离子的吸附能力还能有效调节电极性能，促进 Zn^{2+} 的嵌入/脱出行为。对 F 掺杂 MnO_2 的性能研究表明，F 掺杂不仅增强了电子导电性，而且降低了表面反应活化能。同时，Mn—F 键引起的"钉扎效应"构建了一种活性高且稳定的晶格框架，提供快速的离子传输通道。得益于低极化、快速动力学和可逆反应过程，$Zn//F-MnO_2$ 电池在 0.6C 的电流密度下实现了高达 311.6mA·h/g 的比容量，并且在 5C 下经过 1200 次循环后仍无明显的容量衰减[16]。

2）表面修饰

表面修饰通常包括表面涂层或表面包覆，作为保护正极的有效途径，可以缓解正极活性物质溶解和结构塌陷等问题，增强电极表面稳定性，从而提高电池循环性能。碳包覆可以改善锰氧化物的导电性，例如，将 rGO 包覆的 $\alpha-MnO_2$ 材料（MGS）用作 AZIBs 的正极，均匀包覆的 rGO 提高了 MnO_2 纳米线的导电性。用电感耦合等离子体（ICP）分析在 2mol/L $ZnSO_4$ 电解液中锰的溶解行为发现，在放电过程中，Zn//MGS 电池电解液中 Mn 的浓度比原始 $Zn//MnO_2$ 电池中低，说明 rGO 涂层的存在有效抑制了电池循环过程中 MnO_2 的溶解。因此，Zn//MGS 电池在 0.3A/g 下经过 100 次循环后仍具有 382.2mA·h/g 的容量，这是目前所研究的 AZIBs 正极材料中的最高比能量。并具有良好的长期循环稳定性，在 3A/g 下循环 3000 次后容量保持率可达 94%[17]。在碳材料中掺杂 N 可引入一些结构缺陷，能够进一步提升碳材料的反应性和导电性。采用一步水热法合成的 N 可掺杂石墨烯（NG）包覆超细纳米粒子 $ZnMn_2O_4$ 复合材料（$ZnMn_2O_4$/NG），NG 为 $ZnMn_2O_4$ 纳米粒子提供了一种更为有效的电子传输途径，还具备稳定材料结构的作用，使其在循环过程中能承受更大的体积膨胀。得益于协同效应和优良的电子传导能力，复合材料在 100mA/g 时的最大放电容量为 221mA·h/g，在 1A/g 下循环 2500 次后容量保持率为 97.4%[18]。

导电聚合物不仅具有较高的导电性、优异的化学稳定性和较强的电荷储存能力，还具有环境友好、成本低廉等特性，导电聚合物应用在表面修饰中也可以避免活性物质的溶解。例如，采用水热法制备的聚苯胺（PANI）包覆 MnO_2 和 rGO 的复合气凝胶 MnO_2/rGO/PANI 作为 AZIBs 的正极材料表现出优越的性能。一方面，由相互连接的石墨烯纳米片组成的致密骨架可以有效提高导电率和扩散速率；另一方面，rGO 和聚苯胺紧密包覆的 MnO_2 可抑制 Mn 的溶解，提高 ZIBs 电极材料的速率性能和循环稳定性。得益于其组成和结构特征，MnO_2/rGO/PANI//Zn 水溶液电池在 0.1A/g 电流密度下的比容量为 241.1mA·h/g，远高于对照样品 MnO_2/rGO 电极的 178.8mA·h/g 和 MnO_2 电极的 177.4mA·h/g，在 1A/g 下循环 600 次后容量保持率为 82.7%[19]。此外，聚（3,4-二氧乙基噻吩）（PEDOT）涂层修饰 MnO_2、$ZnMn_2O_4$

等也可抑制锰溶解和结构崩塌，保证较高的载流子传输速率。

3）复合材料改性

研究表明，构建两相复合材料对于提高电极的电化学性能具有重要意义。两相复合材料的协同效应有利于继承相应单相材料的优点，另外，引入多相化合物将增加界面面积，从而提供额外的离子储存位置，并改善电子和离子导电性。具有逐步氧化还原反应的两相还可以有效地减少深度固态扩散，从而缓解离子嵌入/脱出过程中的应力。例如，微球结构的复合材料 $ZnMn_2O_4/Mn_2O_3$ 由于拥有超大的比表面积，增加了材料与电解液的接触面积，有助于 Zn^{2+} 的扩散，并且缩短了其在固相中的扩散距离，提高复合材料在高倍率下的循环性能。初始充放电过程中，由于 $ZnMn_2O_4$ 中的 Zn^{2+} 受到高静电排斥力，充放电容量较低，但随着 Mn^{3+} 向 Mn^{2+} 的还原，并嵌入 $\alpha\text{-}Mn_2O_3$ 的主体材料中，Zn^{2+} 的放电容量明显增加，展现了复合材料良好的协同效应。同时，$ZnMn_2O_4$ 将经历向层状 Zn-水钠锰矿相的转变，在之后的循环过程中，表现出优异的循环稳定性。锰基氧化物复合其它金属氧化物也被报道，如采用 MOFs 为前驱体合成的具有微束结构的 Mn_2O_3/Al_2O_3 复合材料，Al_2O_3 能有效抑制 Mn^{3+} 歧化反应引起的 Mn^{2+} 溶解，材料在 1.5A/g 下循环 1100 次后仍有 118mA·h/g 的容量，而纯 Mn_2O_3 的容量只有 20mA·h/g，复合材料具有更高的容量和优异的循环稳定性[20]。

碳纤维、石墨烯、碳纳米管和碳布等材料电导率高，化学稳定性优异，在其表面电沉积 MnO_2 可以制备出高性能电极材料，有效提高离子/电子的传输速率，是常用的复合碳材料。其中碳纤维具有特殊的离子/电子传输通道和定向收集电子的功能，且对于水系介质具有较低的电化学活性和较宽的电压窗口。同时碳纤维还可起到支撑作用，防止电极结构崩塌，提高电池的循环稳定性。例如，在碳纳米纤维（CNFs）表面原位生长垂直排列的 MnO_2 纳米片结构，导电的 CNFs 与 MnO_2 紧密接触形成的互连网络显著提高了正极材料的离子/电子转移动力学，且层间的结晶水起到了结构支撑作用，维持了活性材料内部结构的稳定。同时，超薄的 MnO_2 纳米片增大了电极与电解液界面的接触面积，有效增加了反应活性位点。在 200mA/g 的电流密度下实现了 297mA·h/g 的高放电容量，经过 700 次循环后仍保留有 221mA·h/g 的容量[21]。经过优化改性制备的碳材料能够显著提高自身的物理化学性能，从而进一步改善电池性能。例如，通过 MOFs 模板制备的具有多孔骨架的氮掺杂碳锰基正极材料 $MnO_x@N\text{-}C$，得益于材料的多孔性、独特掺氮导电碳网络结构和电解液中 Zn^{2+} 和 Mn^{2+} 的协同作用，表现出了优良的电化学性能。由 $\alpha\text{-}MnO_2$ 和具有三维多孔泡沫结构的碳纳米管（CNTs）复合而成的薄膜材料 $\alpha\text{-}MnO_2@CNT$ 也能有效改善离子/电子扩散动力学，赋予电极材料更快的离子扩散速率和更优异的导电性。

4）客体预嵌

不可逆的非平衡相变以及嵌入层结构的不稳定性会导致电池容量衰减，影响电池性能。通过在具有层状结构的 MnO_2 中预嵌入客体，如水分子、有机分子和无机金属离子等，能够为 Zn^{2+}/H^+ 的嵌入/脱出提供稳定的内部结构，缓解在嵌入/脱出过程中引起的结构崩塌，优化晶体结构，同时减弱 Zn^{2+} 与 MnO_2 之间的静电相互作用，提高载流子的扩散速率。相比于其它具有隧道结构的 MnO_2 晶型，δ-MnO_2 具有较宽的层间距，更适合预嵌入客体，是大多数预嵌入策略选择的宿主材料之一。

① 水分子预嵌　研究表明，结晶水不仅增大了层间距，还可有效屏蔽客体离子与宿主骨架之间的静电相互作用，使客体离子在宿主材料中的扩散加快，有助于在循环过程中提高宿主结构的稳定性。Nam 等[22]通过水溶液电化学转化合成了一种具有层间高结晶水含量（质量分数 10%）的层状二氧化锰电极材料 cw-MnO_2。层间结晶水可以有效屏蔽 Zn^{2+} 与主体骨架之间的静电相互作用，从而促进 Zn^{2+} 扩散，同时维持主体框架的结构稳定性，延长循环性能。由于这些"水"效应，cw-MnO_2 在 100mA/g 时表现出 $350mA \cdot h/g$ 的可逆容量，在 AZIB 中具有良好的循环和倍率性能。DFT 计算和扩展 X 射线吸收精细结构谱（EXAFS）分析表明，在 Zn^{2+} 嵌入时，Zn 更倾向于八面体配位的三角共享（TCS）位点，形成了"哑铃"结构的八面体配位 Zn-Mn 对，稳定的 Zn-Mn 哑铃结构在 MnO_2 的可持续循环和优异的倍率性能中起着重要作用。

② 金属阳离子预嵌　将金属阳离子 K^+、Na^+、La^{3+} 等作为客体嵌入 MnO_2 会占据特定的晶格位点，或增大电极的晶格间距，并与 Zn^{2+} 发生相互作用，改变正极的导电性。例如，Na^+ 和 H_2O 嵌入 δ-MnO_2 稳定了其层状结构，以 Na^+ 和 H_2O 为柱撑，中间层具有 0.72nm 的间隙，激活了 δ-MnO_2 接近理论值的本征高性能。用于 ZIBs 的正极材料时具有极高的倍率性能和稳定性，充放电循环 10000 次后，容量保持率高达 98%[23]。La^{3+} 预嵌纳米 δ-MnO_2 材料（LMO）可有效降低 Zn^{2+} 与 MnO_2 间的相互作用力，改善 Zn^{2+} 的嵌入/脱出动力学行为，使其具有更大的储锌容量、更快的反应速率和可逆的氧化还原反应；同时 La^{3+} 还能对晶体结构起到支撑作用，防止循环过程中发生结构崩塌，增大层间距，降低 Zn^{2+} 的嵌入阻抗。LMO 正极在 100 mA/g 下实现了 $375.9W \cdot h/kg$ 的容量密度。

③ 有机聚合物分子预嵌　有机聚合物分子，如 PANI 和聚吡咯也已成功预嵌入层状锰和钒氧化物（M_xO_y）。例如，PANI 插层于纳米层状 MnO_2，使其层状结构稳定性得到提高，避免了 MnO_2 相变和水合阳离子反复脱嵌造成的结构坍塌，该复合材料在 200mA/g 电流密度下循环 200 次放电容量仍达到 $280mA \cdot h/g$；且在 2A/g 放电电流密度下循环 5000 次后容量能够保持在 $125mA \cdot h/g$。

虽然客体嵌入MnO_2被普遍认为可以扩大层间距、促进载流子的嵌入/脱出，并提高结构稳定性。然而，有研究发现引入的金属阳离子会通过物理阻塞和静电排斥作用阻碍载流子在隧道中的扩散，说明当隧道中被预先填充了不易去除的金属阳离子时，可能会大大降低载流子嵌入/脱出速率。因此，在设计客体预嵌改性MnO_2正极时，应综合考虑外来离子对于载流子传输的阻碍作用和其对于稳定材料结构的贡献等，从而开发出更优异的电极材料。

（5）结构设计

① 纳米结构设计　纳米结构设计是优化电极进行能量存储和转换的通用策略。由方程$t = L^2/D$（t为扩散时间，L为扩散长度，D为扩散常数）可知，离子扩散时间t与扩散长度L密切相关。因此，离子扩散速率可以通过使用尺寸小的纳米材料来改善。纳米结构电极材料主要通过以下两个方面改善AZIBs中的Zn^{2+}存储：一是减少离子传输的扩散路径，实现快速Zn^{2+}扩散，从而获得良好的倍率性能；二是高比表面积扩大了电解液和电极之间的接触面积，增加了Zn^{2+}存储的活性位点。例如，以氧化石墨烯为还原剂和自牺牲模板，通过在GO上原位还原$KMnO_4$制得超薄δ-MnO_2纳米片，厚度约为$2\sim4nm$的层状δ-MnO_2纳米片继承了氧化石墨烯的二维层状形貌。电化学阻抗谱测试发现，具有纳米片结构的δ-MnO_2的电荷转移电阻（46Ω）远小于纳米球δ-MnO_2（223Ω），这可能是因为离子在超薄纳米片中的扩散路径小于纳米球（$50nm$），所需的扩散时间更短。在$100mA/g$电流密度下循环100次的可逆容量为$133mA \cdot h/g$，在$500mA/g$电流密度下容量为$86mA \cdot h/g$，远优于δ-MnO_2微球。放电过程遵循H^+和Zn^{2+}两步共插入δ-MnO_2层的机理[24]。2D单原子层纳米MnO_2在水平和垂直方向上提供相互交联的离子传输通道，相较于多层纳米MnO_2，单层纳米MnO_2具有更短的离子扩散路径，可实现更快的电子/离子传输速率。此外，具有纳米尺寸的活性材料更容易适应离子嵌入/脱出时所发生的体积变化，有效防止相变造成的结构坍塌，如利用电化学沉积法制备的α-MnO_2纳米纤维/碳纳米管复合材料α-MnO_2/CNTHMs，其独特的复合结构有助于提高电极材料的电化学稳定性。再加上纳米纤维α-MnO_2（α-MnO_2NFs）与CNTs之间形成了一种紧密排列的网络结构，两者之间的协同作用提供了更多可快速转移电荷的通道和丰富的反应活性位点，有效改善了活性材料的电荷转移动力学，从而提高了电池的倍率性能。

需要注意的是，尽管纳米材料具有诸多优势，但仍存在诸如热稳定性下降、表面副反应多等问题。如纳米颗粒由于具有非常高的比表面积和表面能，容易团聚，导致接触电阻升高，也可在循环过程中发生电化学团聚现象，降低电池容量，同时还会增加电极与电解液之间发生副反应的概率。此外，纳米结构的电极材料相比于普通电极材料具有更窄的电化学稳定窗口。因此，在设计纳米结构改性电极材料时，需综合考虑纳米材料的优势和劣势来设计高性能的 AZIBs 正极材料。

② 多孔结构设计　以碳纤维纸（CFP）、碳纤维布（CFC）、碳纤维毡（CFF）和不锈钢焊接网（SSWM）等作为三维基体，利用原位生长/沉积的方式在其上负载正极材料，可制得无黏结剂的自支撑复合电极。三维基体不仅可以提高电极的导电性，还可以为活性材料形成稳定的多孔结构提供支撑，部分基体还可以用于柔性电池。此外，无黏结剂大大减少了材料的阻抗。例如，以沸石咪唑酯骨架材料 ZIF-67 为自牺牲模板，利用水热法将由 MnO_2 纳米片组装的空心多面体锚定在碳布（CC）上，形成的中空多面体结构材料 MnO_2/CC 具有以下独特的优点：空心多面体由厚度约为 10nm 的超薄纳米片亚基组成，为 Zn^{2+} 的存储提供了更多的活性位点；相邻纳米片之间的开放空间不仅可以促进电解质的渗透，还可以缩短离子的扩散路径，从而增强扩散动力学和表面/界面特性；活性材料与碳布之间的强附着力有助于整个电极的结构稳定性。MnO_2/CC 在 1.0A/g 下具有 212.8mA·h/g 的初始比容量，循环 300 次后比容量仍保持在 263.9mA·h/g[25]。在不锈钢网上原位生长 Mn_3O_4 制备的 SSWM@Mn_3O_4 复合材料具有由超薄纳米片组成的多层纳米花结构，有利于 Zn^{2+} 的迁移和扩散。得益于无黏结剂导电基底，SSWM@Mn_3O_4 电极具有更低的电化学反应阻抗和更小的扩散阻抗。

6）缺陷工程

① 氧空位　DFT 计算和实验研究证明，阴离子缺陷可促进离子扩散和电子转移，从而实现快速可逆的 Zn^{2+} 存储。氧空位（V_O）是一种重要的阴离子缺陷，常用于修饰锰氧化物的表面化学和几何构型。在尖晶石 $ZnMn_2O_4$ 中引入 V_O 会诱导半导体的转变，通过改变费米能级附近的电子结构来实现导电特性。Zn^{2+} 在 V_O 附近的迁移能垒（0.24eV）低于没有 V_O 的能垒（0.39eV），使得 Zn^{2+} 很容易穿过 V_O 而不被俘获，从而促进 Zn^{2+} 快速扩散。另一项研究表明，V_O 还会影响 δ-MnO_2 对 Zn^{2+} 的吸附行为，在具有 V_O 的 δ-MnO_2 正极中，Zn^{2+} 吸附的吉布斯自由能显著降低（约 0.05eV）。由于吉布斯自由能低，与无缺陷的 MnO_2 相比，含 V_O 的 MnO_2 表现出更有利的 Zn^{2+} 吸附/解吸。此外，形成 Zn—O 后有更多的电子可离域进入电极，有助于提高 δ-MnO_2 的容量，MnO_2 正极在 0.2A/g 的电流密度下具有 345mA·h/g 的高容量，并在 100 次循环中保持 99%的容量[26]。DFT 计算和实验结果表明，Zn^{2+} 和 H^+ 在有/没有 V_O 的情况下共插入 β-MnO_2 的动力学不同。H^+ 与相邻 O 原子反应并插入理想 β-MnO_2 中所需能量比 Zn^{2+} 低约 1.63eV，这种差异归因于 Zn^{2+} 的尺寸比 H^+ 大。通过引入 V_O，由于 H^+ 插入 β-MnO_2 所需的能量减少，电化学过程被加速。

② 阳离子空位　阳离子空位可以减弱静电相互作用，使电子易于传导，促进离子扩散，并有利于电荷转移。DFT 计算表明，Mn 空位处电子密度增加，产生 Mn

空位可以赋予表面较低的能垒，从而促进反应过程。具体反应途径为：H^+首先吸附到MnO_2的O位点上生成OH^-，随后H^+吸附发生在附近的Mn位点，吸附的H^+与OH^-结合生成水。对于该过程，无空位的MnO_2需要克服1.07eV的能垒，而含Mn空位的MnO_2仅需要克服0.49eV的较低能垒。最后，结构自发分解。这种现象表明Mn空位具有促进反应动力学过程的能力，与实验测量的较低过电位相对应。此外，部分态密度（PDOS）分析表明，与原始MnO_2相比，具有Mn空位的MnO_2中O的p带中心更接近费米能级。因此，具有Mn空位的MnO_2中的电子转移动力学更快，从而促进了电化学过程[27]。

在MnO骨架中引入Mn空位后，费米能级的电荷密度增加，这可能有助于电导率的提高。此外，与具有均匀电荷分布的完美MnO不同，在含有Mn空位的MnO内，电子倾向于在Mn空位周围聚集。由于电子积累形成的强静电场，Zn^{2+}被吸引到Mn空位上。Zn^{2+}分别与含/不含Mn空位的MnO相互作用的模拟结果表明，Zn^{2+}嵌入不含Mn空位的MnO导致其结构大部分被破坏，原因是窄通道（≈0.29nm）不足以使Zn^{2+}嵌入其中。相反，Zn^{2+}可以很容易储存到含Mn空位的MnO中而不会造成结构损伤，因为Mn空位会产生更大的通道和更容易接近的活性位点，从而实现快速反应动力学和高电化学活性。此外，在完美尖晶石$ZnMn_2O_4$中，Zn^{2+}从一个四面体位置迁移到另一个四面体位置时，需要通过一个未被占据的八面体位置。因此，来自八面体位点的相邻Mn阳离子的巨大静电排斥阻碍了Zn^{2+}的迁移，导致Zn^{2+}扩散缓慢。将Mn空位引入$ZnMn_2O_4$中，由于尖晶石中丰富的Mn空位降低了静电势垒，使Zn^{2+}更容易扩散，提高了Zn^{2+}的迁移率和反应动力学。

5.3.2 钒基化合物正极材料

钒（V）作为一种过渡金属元素，储量丰富，其核外电子结构为$3d^34s^2$，具有半填满的d电子壳层。V的常见化合价为+2、+3、+4、+5，对应的钒基氧化物依次为VO、V_2O_3、VO_2和V_2O_5，同时还有一些混合价态的钒氧化物，如V_6O_{13}、V_4O_9、V_3O_7等。钒基氧化物可以发生多电子转移的氧化还原反应，表现出较高的容量性质。而且，与MnO_2的基本结构单元为MnO_6八面体不同，V的配位多面体有多种，从四面体到四方锥体、三角双锥体、方锥体、正八面体和扭曲八面体等，为Zn^{2+}的嵌入/脱出提供了多种途径。尤其具有多种开放式结构的钒基材料，因其有利于Zn^{2+}的嵌入/脱出，近年来被广泛用于AZIBs体系中，展现出较高的储锌性能。

（1）V_2O_5

1998年，V_2O_5气凝胶首次被报道可以进行可逆Zn^{2+}脱嵌。而直到2016年，钒基材料逐渐成为 ZIBs 正极材料的研究热点。V_2O_5 属于斜方晶系，是一种典型的层状钒基化合物，由 V—O 键连接而成的四方锥 $[VO_5]$ 通过边和角共享形成 V_4O_{10} 层，层与层之间依靠范德华力结合构成层状结构（图 5-4），层间距为 0.44nm，远大于 Zn^{2+} 的半径 0.074nm，有利于 Zn^{2+} 的嵌入/脱出。在充放电过程中，V_2O_5 发生 2 电子氧化还原反应（$V^{5+} + 2e^- \rightleftharpoons V^{3+}$），可以提供高的理论储锌容量（589mA·h/g）。V_2O_5 在储锌过程中通常存在两个明显的充放电平台。放电时，Zn^{2+} 嵌入 V_2O_5 层间，V^{5+} 被还原为 V^{4+}，对应于 0.8V 左右的电压平台；随着 Zn^{2+} 的继续嵌入，部分 V^{4+} 被还原为 V^{3+}，对应于约 0.4V 的电压平台。充电时相反，发生 Zn^{2+} 的脱出反应，V^{3+} 被氧化为 V^{4+} 和 V^{5+}。然而，实验室合成的纯 V_2O_5 正极材料只能实现较低的容量。与活性材料溶解相关的电极退化和较差的电子导电性被认为是 V_2O_5 性能不佳的原因。

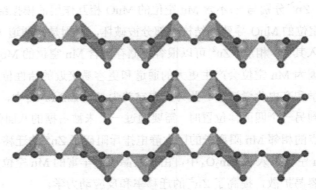

图 5-4　V_2O_5 晶体结构示意图[28]

由于 Zn^{2+} 与 V_2O_5 晶体结构间存在较强的静电相互作用，导致 Zn^{2+} 嵌入/脱出过程的可逆性和动力学性能受限。同时 V_2O_5 的电子导电性较差，结构稳定性低，易于溶解在低浓度的水系电解液中，用作 AZIBs 的正极材料，通常呈现出较低的放电电压平台（约 0.8V）和不能令人满意的循环性能（<1000 圈）。近年来，已经开发出多种改性方法来克服上述缺点，从而改善 AZIBs 的电化学性能。

设计不同微观形貌的 V_2O_5 可以改善电池的动力学性能。例如 V_2O_5 多孔片、V_2O_5 中空球以及纳米结构的 V_2O_5，包括零维的纳米球、一维的纳米管、二维的纳米片和三维的多孔结构纳米材料等。通过纳米结构的设计，一方面增大电极与电解液之间的接触面积，另一方面缩短了 Zn^{2+} 的传输距离，使得电池性能显著提升。

将纳米结构的 V_2O_5 与高导电性的碳材料［石墨烯、碳纳米管、乙炔黑（AB）等］

复合，也为增强正极电化学性能提供了有效途径。例如，采用水热法合成的 V_2O_5@AB 纳米片，与传统的 V_2O_5 纳米片相比，相邻的两层纳米片之间被均匀分散的乙炔黑隔开，有效解决了纳米片的堆叠问题，充分发挥出纳米片的结构优势，缩短 Zn^{2+} 扩散路径，提高离子扩散速率；而且 AB 作为常用的导电添加剂，能够提高 V_2O_5 的导电性。该正极材料在 0.1A/g 的电流密度下具有高达 452mA·h/g 的比容量，即使在 30A/g 的高电流密度下仍有 268mA·h/g 的比容量，具有优异的倍率性能；同时，在 10A/g 的电流密度下，经过 5000 次循环后的容量保持率高达 92%，表现出良好的循环性能[29]。

V_2O_5 的水合物 $V_2O_5·nH_2O$ 由两个[VO_6]八面体层构成，呈现特殊的双层结构。水分子通常处于两层之间，其支撑作用可提供更大的层间距（>1.0nm），使得 Zn^{2+} 的脱嵌过程更加容易进行；同时，层间水分子作为电荷屏蔽介质也可以减小 Zn^{2+} 的有效电荷密度，从而减弱 Zn^{2+} 溶剂化作用，提高 Zn^{2+} 的嵌入速率。

（2） VO_2

VO_2 具有 d^1 电子体系，存在多种不同的晶型，主要包括热力学稳定的金红石型 VO_2（R）和单斜晶系 VO_2（M），亚稳的四方晶系 VO_2（A）和单斜晶系 VO_2（B）、VO_2（C）、VO_2（D）等。尽管化学式相同，但它们的晶体结构和电子结构却完全不同，且比较复杂。其中，亚稳态的 VO_2（B）具有隧道结构，如图 5-5（a）所示，该结构是由变形的[VO_6]八面体基本单元通过角共享形成链接 V_4O_{10} 双分子层，并且在此结构中沿着 b 轴和 c 轴方向存在隧道结构，这种隧道结构能够使锌离子可逆嵌入/脱出，并且与 V_2O_5 的层状结构相比具有更高的稳定性。

① VO_2（B） 单斜晶系开放结构的 VO_2（B）是由变形的[VO_6]八面体通过共角和共边方式构成的隧道结构 [图 5-5（b）]，具有最大的隧道截面积（0.82nm²）。由于其容量大、离子扩散通道短、氧化态多等特点，被认为是锌离子电池极具发展前景的正极材料。Park 等[30]首先发现了 VO_2（B）作为 Zn^{2+} 嵌入主体的可行性，并采用第一性原理计算结合实验研究，揭示了锌离子电池中可逆 Zn^{2+} 存储的反应机制。他们首先采用低温溶剂热法合成出 VO_2（B），并将其与 rGO 复合形成 VO_2(B)/rGO，以克服自身导电能力弱的缺点。复合前后 VO_2（B）的晶体结构不会改变，仍然是由上下相对的 2 个 [VO_6] 八面体共用顶点形成[VO_6]双层，然后与其它的 [VO_6] 八面体通过共边的方式沿（011）方向堆叠，产生宽 0.3725nm、高 0.4083nm 的隧道，为 Zn^{2+} 提供传输路径。为了确定具有最低自由能的 Zn^{2+} 的稳定位点和扩散路径，他们根据键价和（BVS）能量图预测出结构中存在四个 Zn^{2+} 嵌入位点，分别为 Zn_C、Zn_{A1}、Zn_{A2}、$Zn_{C'}$ [图 5-5（c）]。在此基础上，又依据第一性原理计算分析了 VO_2（B）的相变反应和理论氧化还原电势。结果表明，Zn_xVO_2（B）（0≤x≤0.5）在 Zn^{2+}

的嵌入/脱出过程中经历了一个 $x \approx 0.12$ 的中间相，预测的氧化还原电位约为 0.61V（vs. Zn^{2+}/Zn），与实验结果相近。研究发现，当 Zn^{2+} 嵌入 VO_2（B）结构时，Zn_{A2} 被认为是最优的储锌位点，Zn^{2+} 在 Zn_{A2} 位点之间扩散所需的活化能约为 0.586eV，表明 Zn^{2+} 容易迁移到 VO_2（B）晶体结构中。VO_2（B）在循环过程中会生成惰性的副产物 ZHS，影响活性正极材料的电子传导，加速容量衰减。200 次循环后，VO_2（B）的容量保持率为 40%。相比之下，VO_2(B)/rGO 经 200 次循环后容量保持率为 80%，并且保持了原来的 VO_2（B）结构。

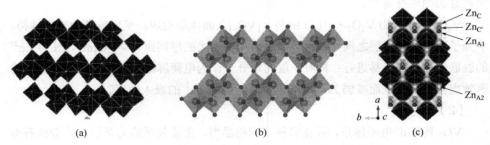

图 5-5 VO_2 晶体结构示意图（a），VO_2（B）的晶体结构[28]（b）和
VO_2（B）结构中可能的 Zn^{2+} 位点（c）

② VO_2（D）   亚稳态单斜晶系的 VO_2（D），其结构呈现出无限曲折的链状网络，由一条交变共享边的扭曲［V(1)O_6］八面体组成的链，通过角共享氧原子与另一条由［V(2)O_6］八面体组成的单链连接而成［图 5-6（a）］。所形成的三维骨架结构可作为 Zn^{2+} 扩散的有效途径。例如，采用简易的无模板水热法制备的 VO_2（D）空心纳米球，球体直径约为 400nm，外壳厚度约为 50nm，所有球体表面粗糙，由众多纳米棒堆积而成。薄的外壳和大的内部空腔利于 Zn^{2+} 快速扩散到电极材料的中空内部，从而提高了 VO_2（D）电极材料的利用率。该正极材料在 0.1A/g 的电流密度下表现出 408mA·h/g 的高放电比容量，在 20A/g 的高电流密度下仍有 200mA·h/g 的比容量，表现出良好的倍率性能。同时还具有超高的循环稳定性，在 3mol/L $Zn(SO_4)_2$ 电解液中，10A/g 电流密度下实现了高达 30000 圈的超长循环使用寿命，远远超过已报道的其它钒基材料。进一步研究 Zn^{2+} 的嵌入/脱出反应对 VO_2（D）结构的影响发现，在充放电过程中 VO_2（D）转变为 $V_2O_5 \cdot xH_2O$，其中的结晶 H_2O 结构有助于静电屏蔽金属离子，因此导致有效的离子扩散和优异的倍率性能。同时在电极表面会发生可逆的 $Zn_4SO_4(OH)_6 \cdot xH_2O$ 沉淀/溶解反应，这可能与电解液的 pH 变化有关，由此推断出 Zn^{2+} 和 H_2O 会一同在电极材料中进行可逆的嵌入/脱出过程，可以实现较快的动力学[31]。

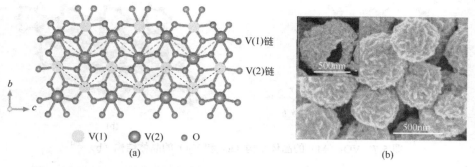

图 5-6   VO₂（D）的晶体结构（a）和 VO₂（D）空心纳米球的 SEM 照片（b）

③ VO₂（M）   如图 5-7（a），VO₂（M）由扭曲的 $[VO_6]$ 八面体构成，其中 $[VO_6]$ 八面体交错排列并且通过共用 O 原子连接成网状，形成长约 0.318nm 的隧道。与 VO₂（B）相比，VO₂（M）具有更致密的隧道和更高的空间利用率，便于离子迁移，重要的是可以通过对 VO₂（B）进行简单的热处理来获得 VO₂（M），这表明 VO₂（M）具有更好的热稳定性。最近，研究者制备了与碳纳米管复合的 VO₂（M）/CNT 薄膜正极，并且探究了不同的温度条件和碳含量对该电极材料结构和电化学性能的影响[32]。他们将含有 90mg CNT 的样品分别在 400℃、600℃、800℃温度条件下退火，可以得到 3 种不同的钒氧化物，分别为 V₂O₅、VO₂（M）、V₂O₃；对于不同碳含量样品的研究揭示了高碳含量的重要作用：CNT 不仅可以促进离子的扩散，而且能够增强 VO₂（M）晶体结构的应变能力。VO₂（M）/CNT 薄膜在 2A/g 时具有 248mA·h/g 的比容量，而在 20A/g 时仍然保持 232.6mA·h/g。在 20A/g 的条件下，经 5000 次循环后容量保持率可达 84.5%。合理设计具有三维多孔结构的 VO₂ 颗粒有利于电解质的扩散，缓冲离子插入时的应变，减少副产物形成的附带效应。此外，借助通过物理化学和电化学表征以及价键理论（VB）对 VO₂（M）正极中 H^+ 的脱嵌过程进行了研究。与传统的 Zn^{2+} 脱嵌过程相比，H^+ 脱嵌机制的特点主要表现在：a. 反应过程中，正极 VO₂（M）的体积效应较小，V 原子的价态变化也不明显；b. 电解液的 pH 反复变化，导致 $Zn_4SO_4(OH)_6 \cdot xH_2O$ 存在沉淀/溶解平衡；c. H^+ 的扩散速率比 Zn^{2+} 更快，表现出更优异的倍率性能。该研究为设计高性能钒基 AZIBs 正极提供了新思路。许多钒基 AZIBs 正极材料在低电流密度下具有较高的容量，但是在高电流密度下的容量则普遍较低，这可能是由于高电流密度下离子扩散速率无法达到要求，限制了其实际应用。因此，开发具有稳定结构的新型钒基正极材料，或者对现有材料进行修饰（例如与导电材料复合），引入 H^+ 的脱嵌反应，有望实现电池的超高倍率性能。

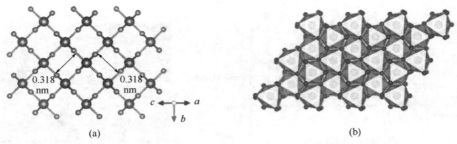

图 5-7　VO$_2$（M）的晶体结构（a）和 V$_2$O$_3$ 的晶体结构（b）[28]

（3）V$_2$O$_3$

在环境温度下，V$_2$O$_3$ 的晶体结构为菱形刚玉型结构，其中钒原子形成 3D V-V 链，钒位点周围的氧原子形成扭曲的八面体 [图 5-7（b）]。V$_2$O$_3$ 的 3D V-V 骨架开放式隧道结构，有利于阳离子的嵌入，因此也被认为是高容量电化学储能材料。2019年，V$_2$O$_3$ 首次用作 AZIBs 的正极材料，在以 3mol/L Zn(CF$_3$SO$_3$)$_2$ 为电解质构建的 Zn//V$_2$O$_3$ 电池中，研究了基于 Zn^{2+} 迁移的 AZIBs 系统电荷存储机制。在初始状态下，浸泡在电解液中的原始 V$_2$O$_3$ 的结构通过 H$_2$O 插层调整，扩大了 Zn^{2+} 嵌入的通道。随着放电/充电反应的进行，Zn^{2+} 嵌入/脱出 Zn$_x$V$_2$O$_3$·nH$_2$O 的过程是高度可逆的。实验结果与 DFT 计算结果均表明，Zn^{2+} 附近电荷增加，同时 Zn 和 O 原子之间的电子数也增加。此外，Zn 原子周围的 O 原子附近的电荷从一侧转移到另一侧，表明 Zn^{2+} 优先与 O 原子结合。V 原子附近的少量电子增加表明 V 部分还原。插入 Zn^{2+} 后，V$_2$O$_3$ 的高能部分和低能部分之间的能隙变窄，说明掺杂后电子的局域化程度更高。此外，插入 Zn^{2+} 时，原子之间的距离减小，电子云重叠，电子和原子的相互作用增强，从而促进了电池的循环稳定性。

（4）客体预嵌 V 基氧化物

大量研究表明，Zn^{2+} 嵌入/脱出的内部间距狭窄和导电性较差是钒氧化物正极容量损失的主要原因。将水分子、金属阳离子、有机分子等客体预嵌入正极材料的方法在调控晶面间距、优化电子能带结构、提升反应动力学和循环稳定性等方面具有独特的优越性。

1）水分子预嵌

在 AZIBs 体系中，钒基材料的合成及应用环境大部分以水溶液为主，水分子对材料结构及性能的影响不容忽视。例如，通过溶胶凝胶法合成的 V$_2$O$_5$·nH$_2$O/石墨烯复合材料（VOG）作为 AZIBs 正极材料，V$_2$O$_5$·nH$_2$O 纳米线骨架通过 rGO 支撑形成板状结构，结构水分子的含量 n = 1.29。该材料在 350 ℃下退火可得到不含结构水的 VOG （记为 VOG-350）。在 3mol/L Zn(CF$_3$SO$_3$)$_2$ 电解液中，对这两种正极材料进行电化学测试表明，VOG 比 VOG-350 具有更优异的倍率性能和循环稳定性。当电流密度从 0.3A/g 增加至 15A/g，前者的比容量仅降低了 14%（由 372mA·h/g 降至 319mA·h/g），即使在 30A/g 的高电流密度下仍然可以提供 248mA·h/g 的放电容量，并且在 6A/g 的电流密度下循环 900 次后仍有 71%的容量保持率。而 VOG-350 在 6A/g 时的初始容量约为 157mA·h/g，循环 50 次后容量降至 78mA·h/g。他们还系统研究了 H_2O 分子在 Zn^{2+} 嵌入/脱出过程中的作用。XRD 结果显示，将 VOG 浸入 $Zn(CF_3SO_3)_2$ 电解液并充电至 1.3V 后，晶面间距从 1.26nm 缩小到了 1.04nm（图 5-8）。结合魔角旋转核磁共振谱分析可知，在充电状态下，层间嵌入的水分子、电解液离子（$CF_3SO_3^-$ 和 Zn^{2+}）与晶格氧之间形成了氢键，拉近了层间距离。当放电至 0.2V 时，水合 Zn^{2+} 的嵌入使层间距扩大至 1.35nm。在这种机制的作用下，VOG 的 Zn^{2+} 扩散系数、能量密度以及倍率性能均明显优于不含结构水的 VOG-35[33]。

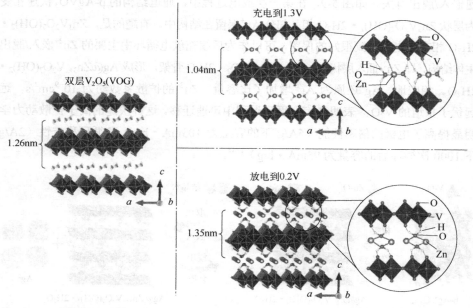

图 5-8　原始 VOG、充电至 1.3V 和放电至 0.2V 后 VOG 的晶体结构

同样，其它水分子预嵌的钒基氧化物，如层状结构的 $V_5O_{12}·6H_2O$、$V_3O_7·H_2O$ 以及隧道状结构的 V_6O_{13} 等也表现出了优异的电化学储锌能力。结合 DFT 计算可以得知，在充放电过程中，结构水分子的溶剂化作用"屏蔽"了 Zn^{2+} 的部分电荷，使其与晶格氧之间的相互作用减弱，同时扩大了离子扩散通道，使 Zn^{2+} 迁移能垒降低，反应动力学行为得到增强。

2）阳离子预嵌的 V 基氧化物

水分子预嵌可以促进锌离子的扩散，但充放电过程中 V_2O_5 的结构劣变仍会导致容量的迅速衰减，使得循环稳定性变差。金属阳离子预插层已被证明具有"柱效应"，可增强层状结构并抑制"晶格呼吸"，从而提高循环稳定性。众多金属阳离子预嵌的 V 基氧化物正极材料也相继被报道，如 MVO_3、M_xVO_4、MV_2O_5、$M_xV_2O_7$、MV_3O_8、MV_3O_{16} 等。

① MVO_3　偏钒酸盐 MVO_3（M = Li^+、Na^+、K^+或 Ag^+等）已被研究用作 ZIBs 的正极材料。例如，单斜通道结构的钒酸银（β-$AgVO_3$），其结构包含由锯齿状共享边的 VO_6 八面体组成的数个$[V_4O_{12}]_n$双链。V_4O_{12}双链由 AgO_6 八面体连接在一起，并由 Ag_2O_5 和 Ag_3O_5 方锥体紧密连接，形成理想的开放式 3D 网络。研究 β-$AgVO_3$ 作为 AZIBs 正极材料的储能机制表明，电极氧化还原反应与 Zn^{2+} 在主体结构中的可逆嵌入/脱出有关。如图 5-9，在第一次放电过程中，通道结构的 β-$AgVO_3$ 快速相变为层状 $Zn_3V_2O_7(OH)_2 \cdot 2H_2O$ 相，部分 Ag^+ 保留在结构中。有趣的是，$Zn_3V_2O_7(OH)_2 \cdot 2H_2O$ 相在充电后得到很好的保留，可以作为后续充放电循环中主要的 Zn^{2+} 嵌入/脱出主体结构。即 Zn^{2+} 插入层状 Ag@$Zn_3V_2O_7(OH)_2 \cdot 2H_2O$ 骨架，形成 Ag@$Zn_{3+x}V_2O_7(OH)_2 \cdot 2H_2O$。相应地，$Ag^+$ 还原为 Ag^0 增加了比容量。Zn^{2+}的扩散系数约为 $10^{-9} cm^2/s$，远远优于报道的 V_2O_5，表明 Zn^{2+} 在循环过程中迅速迁移。这种快速的离子扩散动力学明显提高了电极的倍率性能（5A/g 下的容量为 103mA·h/g）和循环稳定性（2A/g 下 1000 次循环后的容量为 95mA·h/g）[34]。

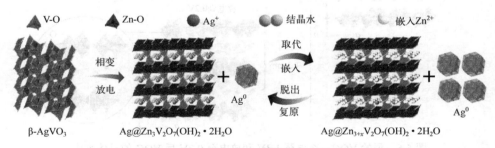

图 5-9　β-$AgVO_3$ 的 Zn^{2+}储能机理示意图

② $M_xV_2O_5$　自从 2016 年，Nazar 团队首次合成出层状的 $Zn_{0.25}V_2O_5 \cdot nH_2O$ 并将其作为 AZIBs 的正极材料，表现出较高的容量（约 300mA·h/g）和良好的循环性能（>1000 圈）以来，在 V_2O_5 层间预先插入金属离子已经成为一种常用的提高其结构性能和电化学性能的有效策略，并得到广泛的关注和研究。到目前为止，研究人员已设计将多种金属离子（包括碱金属离子 Li^+、Na^+、K^+，碱土金属离子 Ca^{2+}、

Mg^{2+}，过渡金属离子 Ag^+、Zn^{2+} 等）插入 V_2O_5 层间，合成出一大批结构独特、性能优异的钒酸盐类衍生物。预先嵌入的金属离子可以作为柱撑提高结构稳定性，实现充放电过程中 Zn^{2+} 快速可逆的嵌入/脱出。

在各种类型的 $M_xV_2O_5$ 中，$Na_{0.33}V_2O_5$（NVO）是一种典型的有前途的正极材料，如图 5-10（a）所示，该材料包含三种不同类型的 V 位点，分别记为 V(1)、V(2) 和 V(3)。其中 V(1)O$_6$ 八面体形成锯齿形链，V(2)O$_6$ 沿 b 轴形成双链。[V_4O_{12}]$_n$ 层由氧原子连接，沿（001）平面形成二维层状结构，层间插入 Na^+。2D 层通过 V(3)O$_5$ 和共享边的氧原子连接，提供 3D 隧道结构，有利于嵌入 Zn^{2+}。如图 5-10（b），Zn^{2+} 插入后导致具有多氧化态相共存。[V_4O_{12}]$_n$ 层间嵌入的 Na^+ 充当"柱撑"，并在 Zn^{2+} 嵌入/脱出时稳定 3D 隧道结构。此外，Na^+ 的嵌入显著提高了 NVO 的电导率。NVO 正极在 0.1A/g 时的初始放电容量为 367.1mA·h/g，并在 1000 次循环后容量保持率仍高达 93%[35]。优异的性能应归因于 NVO 稳定的层状结构以及较高的导电性。此外，其它金属阳离子预嵌的 V_2O_5 正极材料，如 $K_{0.5}V_2O_5$、$Ca_{0.25}V_2O_5$、$Ag_{0.33}V_2O_5$、$Ag_{0.4}V_2O_5$ 等的电化学性能也明显优于纯 V_2O_5。

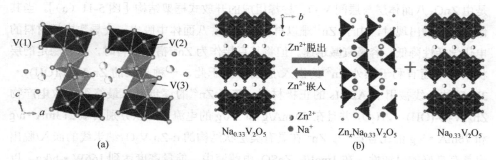

图 5-10　NVO 的晶体结构（a）和 NVO 电极储存 Zn 的机理示意图（b）

考虑到引入过量金属离子会导致材料质量增加，比容量降低，研究者探究了微量过渡金属离子 Fe^{2+}、Co^{2+}、Ni^{2+}、Mn^{2+}、Zn^{2+} 和 Cu^{2+} 等的嵌入对 V_2O_5 结构稳定性、导电性以及离子扩散行为的影响。采用水热法将一系列过渡金属离子预先插入 V_2O_5 层间，得到 $T_xV_2O_5$·nH_2O（TVO，T = Fe、Co、Ni、Mn、Zn、Cu），然后在 300℃下退火得到 $T_xV_2O_5$·nH_2O-300（TVO-300）。以 CuVO 为例，分析不同 Cu 含量的材料退火所得复合物 $Cu_xV_2O_5$ 的 XRD 测试结果发现，Cu 含量会影响（001）晶面间距。退火时 $Cu_{0.05}$VO 中（001）晶面间距会缩小，而 $Cu_{0.1}$VO 和 $Cu_{0.2}$VO 则基本保持恒定，这意味着 V_2O_5 中添加 0.1 摩尔比的 Cu 即可提高其结构稳定性和结晶度。同时 Cu^{2+} 的嵌入使部分 V^{5+} 还原成 V^{4+}，提高了导电性和离子扩散能力。$Cu_{0.1}V_2O_5$·$0.08H_2O$ 在 10A/g 下循环 10000 次后具有 180mA·h/g 的比容量，容量保持率为 88%；

在 20A/g 的大电流下循环 3000 次后仍可保持 122mA·h/g 的容量，远远优于相同条件下未插入金属离子的 V_2O_5[36]。为了最大程度降低预嵌离子的摩尔质量对整体比容量的影响，还研究了 Li^+ 预嵌的 $Li_xV_2O_5·nH_2O$（LVO）正极材料。研究表明，在 250℃ 空气煅烧后的 LVO-250 具有不规则纳米层堆积的絮状形貌，结晶性较高。Li^+ 的嵌入保持了 $V_2O_5·nH_2O$ 结构的完整性并使（001）晶面间距从 1.20nm 扩大至 1.38nm，更有利于 Zn^{2+} 的扩散。得益于 Li^+ 较小的摩尔质量以及 LVO 较大的层间距，其 0.5A/g 电流密度下的比容量高达 470mA·h/g，并在 10A/g 下循环 1000 次后容量仍可达 192mA·h/g。同理，将摩尔质量较小的 NH_4^+ 作为结构柱撑也取得了良好的效果，$NH_4V_4O_{10}$ 表现出较大的晶面间距（0.98nm）和理想的锌离子扩散系数（$1.79×10^{-9}～1.27×10^{-8}cm^2/S$），其中 NH_4^+ 与 V_4O_{10} 层间形成的 N—H…O 氢键网络有效地提升了结构稳定性，因此可以在 1A/g 的电流密度下贡献 361.6mA·h/g 的高比容量，并能以 10A/g 的电流密度稳定循环 1000 次以上。

③ $M_xV_2O_7$ 在钒基材料中，Zn^{2+} 与晶格之间较强的静电作用通常会诱导不可逆相变的发生，致使一些新相如 $Zn_3V_2O_7(OH)_2·2H_2O$ 的生成。$Zn_3V_2O_7(OH)_2·2H_2O$ 是由 ZnO_6 八面体层与层间 $V_2O_7^{2-}$ 柱撑组成的开放式框架结构［图 5-11（a）］。当其作为副产物出现时，由于 Zn^{2+} 难以再次从 ZnO_6 八面体中脱出，会导致电极材料的电化学活性降低，容量衰减迅速。但将其直接作为 Zn^{2+} 宿主材料时，这种稳定的层状结构反而有利于额外 Zn^{2+} 的嵌入/脱出。基于此，一种超长的 $Zn_3V_2O_7(OH)_2·2H_2O$ 纳米线被用于 AZBIs 的正极材料，随着 Zn^{2+} 的逐步嵌入最终得到放电产物 $Zn_{4.9}V_2O_7(OH)_2·2H_2O$，并且在 50 mA/g 和 3A/g 的电流下可以分别贡献 213mA·h/g 和 76mA·h/g 的比容量[37]。Zn^{2+} 在具有类层状结构的 $α-Zn_2V_2O_7$ 纳米线的嵌入/脱出也具有良好的可逆性，在 1mol/L $ZnSO_4$ 电解液中，能量密度达到 166W·h/kg，以 4A/g 的电流密度循环 1000 次以后仍保持 85% 的容量。$Cu_3V_2O_7(OH)_2·2H_2O$ 则表现出了在钒酸银中常见的还原置换反应机制：Zn^{2+} 的嵌入促使 Cu^{2+} 还原为金属 Cu^0，同时生成新相 $Zn_{0.25}V_2O_5·H_2O$，当 Zn^{2+} 脱出时则恢复至 $Cu_3V_2O_7(OH)_2·2H_2O$ 结构，仅有少量的 Cu^0 颗粒保留。这种置换方式既保证了晶体结构的总体稳定性，又通过原位生成的 Cu^0 形成了导电网络，有效地提升了整个电极的循环稳定性和倍率性能。

④ $M_xV_2O_8$ 在层状 $M_xV_3O_8$ 钒酸盐结构中，V_3O_8 层由共角的 VO_6 八面体和 VO_5 三角双锥通过共享氧原子组成，层与层之间由金属离子 M（Li^+、Na^+、K^+ 等）连接并作为稳定结构的柱撑，图 5-11（b）为 NaV_3O_8 的晶体结构图。研究单斜晶系 LiV_3O_8 在 Zn^{2+} 嵌入/脱出时经历的相转变过程表明，整个放电过程分为两个阶段（图 5-12），在放电初期，Zn^{2+} 逐渐占据 Li（2）位点形成 $ZnLiV_3O_8$ 相，而在放电后期占据 Li（3）位点形成 $Zn_yLiV_3O_8$（$y>1$）相，充电过程则随 Zn^{2+} 的脱出完成从 $Zn_yLiV_3O_8$ 到 LiV_3O_8

的逆向转变。LiV_3O_8 中钒离子的层状结构和多种氧化态变化促进了 Zn^{2+} 的储存和转移，在 133mA/g 的电流密度下循环 65 次后，平均放电容量为 172mA·h/g，库仑效率接近 100%[38]。系列层状结构 NaV_3O_8 纳米材料也被用作 ZIBs 的正极材料。研究表明，与隧道结构的 $Na_{0.76}V_6O_{15}$ 相比，二维层状结构的 $Na_{1.25}V_3O_8$ 和 $H_{0.5}Na_{0.5}V_3O_8·2H_2O$ 因其具有更为高效的 Zn^{2+} 扩散路径而表现出更高的离子扩散系数，进而具有更高的比容量。尽管 Zn^{2+} 的嵌入会造成其结构破坏，导致一定的容量衰减，但 $Na_{1.25}V_3O_8$ 在 4.0A/g 的电流密度下仍然能循环高达 2000 次。

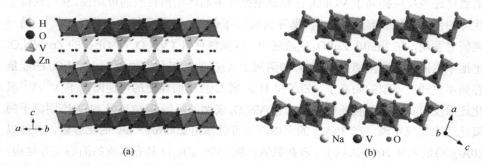

图 5-11　$Zn_3V_2O_7(OH)_2·2H_2O$ 的晶体结构（a）和 NaV_3O_8 的晶体结构（b）

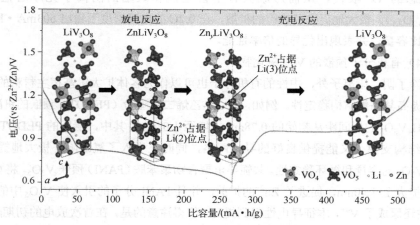

图 5-12　Zn^{2+} 在 LiV_3O_8 阴极中的插层机理

3）阴离子预嵌的 V 基氧化物

近年来，应用于 AZIBs 的钒基材料大都基于钒离子的氧化还原反应，平均工作电压普遍低于 1.0V，能量密度较低，仍无法达到实际应用需求。为了提高电池的工作电压和能量密度，引入阴离子氧化还原机制是一种有效的策略。要想解锁钒氧化物中的氧使其参与反应，需要对 V—O 共价键进行弱化，使 O 的电荷密度增加，电化学活性得到增强。考虑到引入键能更低的 P—O 共价键可以提升 V_xO_y 层中 O 的相对电荷密度，选择层状 $VOPO_4$ 作 ZIBs 的正极，采用高浓度 21mol/L $LiN(CF_3SO_2)_2$/1mol/L $Zn(CF_3SO_3)_2$ 作电解液，将 O^{2-} 的析出反应电位提高到了约 2.6V，远高于 O^{2-} 氧化还原的理论电位。电池在高压区间实现了高度可逆的 O^{2-}/O^- 氧化还原过程，将平均工作电压提升至 1.56V，几乎是传统钒基 ZIBs 的两倍。此外，氧的氧化还原反应提供了约 27% 的额外容量，使其能量密度从 160W·h/kg 提高到 217W·h/kg。氧的氧化还原反应提高了 $VOPO_4$ 在充放电循环中晶体结构转换的可逆性，从而获得了优异的倍率性能和高达 1000 次循环的长循环寿命，容量保持率高达 93%[39]。另一项研究发现，在 2mol/L $ZnSO_4$ 电解液中，以氮氧化钒（VN_xO_y）为正极的 $Zn//VN_xO_y$ 电池中也同时存在阳离子（V^{3+}）和阴离子（N^{3-}）的氧化还原反应。VN_xO_y 的能量存储不仅通过典型的阳离子（Zn^{2+} 和 H^+）嵌入/脱出而伴随的可逆阳离子 V^{3+}/V^{2+} 氧化还原反应实现，而且还通过 OH^- 在 VN_xO_y 表面的吸附/释放以及 N^{3-}/N^{2-} 阴离子的氧化还原反应实现，在 30A/g 的大电流下可以输出 200mA·h/g 的比容量，并能以 20A/g 稳定循环 2000 次以上。岩盐氮氧化钒（$VN_{0.9}O_{0.15}$）具有紧凑的面心立方结构，原本不利于 Zn^{2+} 的扩散，但经过首次充电的电化学活化后，部分高价态的 N^{3-} 会被低价态的 O^{2-} 取代，从而形成具有丰富空位和缺陷的阴离子无序岩盐结构（$VN_{0.2}O_{2.1}$），极大地促进了 Zn^{2+} 的扩散，在 0.2C 的电流密度下输出 603mA·h/g 的超高比容量，并表现出优异的倍率性能。

4）有机分子预嵌的 V 基氧化物

除了阴、阳离子外，中性的有机分子也可以作为客体扩大钒基宿主材料的层间距，提高其晶体结构稳定性。例如，聚 3,4-乙烯二氧噻吩（PEDOT）预嵌的钒酸铵，使 $NH_4V_3O_8$ 的层间距从初始的 0.78nm 扩增至 1.08nm。其中，层间的 PEDOT 既能作为结构支撑，又能提供良好的导电网络，同时还引入了氧缺陷，极大地提升了 $NH_4V_3O_8$ 的容量和循环稳定性。共轭导电聚合物聚苯胺（PANI）预嵌 V_2O_5，将（001）晶面扩大至 1.40nm，促进了 Zn^{2+} 的扩散，并且 PANI 分子的引入使 V_2O_5 中的部分 V^{5+} 被还原成了 V^{4+}，本征导电性得到提高。值得注意的是，在首次放电的初期阶段，Zn^{2+} 的嵌入会诱导副反应产物 $Zn_3(OH)_2(V_2O_7)\cdot 2H_2O$ 的生成，但在放电完成阶段却检测不到该相的存在，说明该产物只能在某一特定的 Zn^{2+} 浓度范围内保持热力学稳定。

如前所述，磷酸根离子以及水分子的预嵌可使层状结构的 $VOPO_4\cdot 2H_2O$ 获得较高的 Zn^{2+} 嵌入电压和较宽的晶面间距。但在锌离子嵌入/脱出过程中，其结构变化严重，容量衰减较快。为了解决这一问题，将聚吡咯（PPy）预嵌入 $VOPO_4\cdot 2H_2O$，显著提高了其循环性能和倍率性能。与其它有机分子预嵌使层间距扩大的结果不同，PPy-VOPO$_4$（0.67nm）表现出了比 VOPO$_4$·2H$_2$O 更小的晶面间距（0.74nm）。这是因为与水分子相比，PPy 分子与 VOPO$_4$ 层间的结合作用更强，形成的结构更稳定。由此可知，晶面间距不一定与材料的电化学性能呈线性关系，在保证正极宿主结构稳定的前提下，一定程度的晶面间距缩小并不会影响 Zn^{2+} 的扩散能力。另一项研究将十二烷胺分子引入 V-O 层中，得到了 C$_{12}$-VO$_x$ 纳米管。与传统的层间距调控机制不同，经过放电初期的原位活化后，C$_{12}$-VO$_x$ 逐渐转变为层状结构的 Zn$_3$V$_2$O$_7$(OH)$_2$·2H$_2$O 和非晶相的 Zn$_n$-VO$_x$-C$_{12}$，并且随着 Zn^{2+} 的进一步嵌入，最终完全转化为非晶相的 Zn$_n$-VO$_x$-C$_{12}$。而在充电过程中，随着 Zn^{2+} 的脱出，层状结构的 Zn$_3$(OH)$_2$(V$_2$O$_7$)·2H$_2$O 能够得以恢复。在这种转化/嵌入机制下，C$_{12}$-VO$_x$ 能够以 2.4A/g 的电流密度稳定循环近 1000 次，并且具有 242.5W·h/kg 的高能量密度[40]。

（5）聚阴离子型钒基化合物

具有 Na 超离子导体（NASICON）结构的磷酸钒盐 M$_x$V$_2$(PO$_4$)$_3$（A＝Li、Na、K）晶体结构中，每 2 个 [VO$_6$] 八面体和 3 个[PO$_4$]四面体通过共用顶点 O 原子的方式进行连接，形成一个 [V$_2$(PO$_4$)$_3$] 结构基元，然后再通过 [PO$_4$] 与其它 [V$_2$(PO$_4$)$_3$] 连接起来，构成开放的三维骨架，可以提供稳定的位点和离子迁移通道。M$_3$V$_2$(PO$_4$)$_3$ 晶体结构存在 2 种不同化学环境的容纳金属离子占据位：一类是六配位环境，位于八面体位置的 6b（M1）位点；另一类是八配位环境，位于四面体位置的 18e（M2）位点。如图 5-13（a），在 Na$_3$V$_2$(PO$_4$)$_3$ 晶体结构中，每个单元中 1 个 Na$^+$占据 M1 位，2 个 Na$^+$占据 M2 位；充放电过程中 M2 位的 2 个 Na$^+$进行可逆的嵌入/脱出反应，发生 2 个电子的转移，表现出高达 117.6mA·h/g 的比容量。该材料在钠离子电池中具有广泛的应用。Zn^{2+}的离子半径（0.075nm）比 Na$^+$（0.102nm）的更小，所以将 Na$_3$V$_2$(PO$_4$)$_3$ 用于 ZIBs 在理论上是可行的。特别是，M$_x$V$_2$(PO$_4$)$_3$ 结构可以提供比相应的钒氧化物更高的氧化还原电位，这是由于 PO$_4^{3-}$聚阴离子的强诱导作用和强 P—O 键，有助于提高能量密度。将碳包覆的 Na$_3$V$_2$(PO$_4$)$_3$ 纳米颗粒［Na$_3$V$_2$(PO$_4$)$_3$/C］用作 AZIBs 的正极材料，在 0.5mol/L Zn(CH$_3$COO)$_2$ 的弱酸性电解液中，首次充电时，两个 Na$^+$从 Na$_3$V$_2$(PO$_4$)$_3$ 中脱出，形成脱钠相 NaV$_2$(PO$_4$)$_3$，产生 1.40V 左右的电压平台；随后在放电时，Zn^{2+}嵌入脱钠相中，产生另一新相 Zn$_x$NaV$_2$(PO$_4$)$_3$，呈现出一个较低的电压平台（约 1.25V）；后续的充放电过程，可以观察到两个接近的电压平台（1.05V/1.28V），仅发生 Zn^{2+}的可逆嵌入/脱出反应。图 5-13（b）、（c）为充放电过程中 Na$_3$V$_2$(PO$_4$)$_3$ 正极材料的相变示意图。该电池体系表现出良好的电化学性能，在 0.5C 的电流密度下，首次循环的放电容量为 97mA·h/g，其中前 10 次的容量衰减较快，这可能是由 Zn^{2+}嵌入导致晶格畸变，活性位点损失；在之后的循环中容量衰减变慢，100 圈之后放电容量减至 72mA·h/g（容量保持率为 74%）[41]。此后，通过 XRD、TEM 和元素分布分析技术对 $Zn_xNaV_2(PO_4)_3$ 的结构进一步分析发现，Zn^{2+} 的嵌入可能导致 NASICON 结构中离子的占据位点发生变化。在最近的研究中，将脱钠相 $NaV_2(PO_4)_3$ 直接用作 AZIBs 的正极材料，通过多种分析技术证实了 Zn^{2+} 的嵌入可以激活 NASCION 结构的 M1 位点，Zn^{2+} 和 Na^+ 在 $Zn_xNaV_2(PO_4)_3$ 晶格中的混合占据、协同迁移，可以稳定晶体结构，并且提高材料的力学性能和导电性，从而表现出优异的电化学性能。

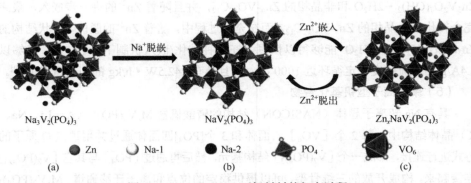

图 5-13　$Na_3V_2(PO_4)_3$ 正极材料的相变过程

将具有强电负性的 F^- 引入 NASICON 型结构中，制备的碳包覆 $Na_3V_2(PO_4)_2F_3$（即 $N_3VPF@C$）作正极材料，碳膜功能化的 Zn（即 CFF-Zn）作负极，2mol/L $Zn(CF_3SO_3)_2$ 作电解液，组成 AZIBs 电池。使 $Na_3V_2(PO_4)_2F_3$ 的工作电压提升至 1.62V，在 1A/g 的电流密度下，循环 4000 次后容量保持率高达 95%。这可能是 $N_3VPF@C$ 正极与 CFF-Zn 负极共同作用的结果：一方面，$Na_3V_2(PO_4)_2F_3$ 框架中 $[VO_4F_2]$ 八面体、$[PO_4]$ 四面体的有序排列和堆叠为 Zn^{2+} 提供了大量的扩散通道，并且强电负性的 F 元素的引入使得结构更加稳定。此外，在首次充电时，电解质 $Zn(CF_3SO_3)_2$ 在高电压区（约 1.8V）氧化分解为 ZnF_2、$ZnCO_3$ 等不溶产物，覆盖于正极表面，形成正极电解质界面（SEI 膜）。在之后的充放电过程中，正极表面的 SEI 膜可以有效抑制正极材料的溶解和减少水的分解，利于长期循环。另一方面，包覆碳膜的 Zn 负极可以有效抑制循环过程中的枝晶生长，为整个电池的循环使用提供了有利条件。

（6）具有缺陷工程的钒基材料

杂原子掺杂或产生空位是调节电极材料的电导率和电化学反应活性的有效方法。阳离子掺杂可以大力促进主体材料中的阳离子有序化，从而最大限度降低离子迁移的能垒，缓解电极材料固有的结构不稳定性。鉴于此，研究者用 Al^{3+} 取代 $VO_{1.52}(OH)_{0.77}$ 中的 V^{3+}，形成了强 Al—O 键，有助于提高材料隧道结构的稳定性。

与未掺杂 Al 相比，$V_{1-x}Al_xO_{1.52}(OH)_{0.77}$ 具有更高的放电容量和电化学稳定性。Al 掺杂的层状 $V_{10}O_{24}\cdot12H_2O$ 作为 AZIBs 的正极材料也起到了类似的作用，原位 XRD 和 XPS 结果表明，当 Zn^{2+} 首次从结构中脱嵌时，通路完全打开。在完全放电状态下 V^{5+} 还原为 V^{4+}，当电池充电至 1.6V 时，V^{4+} 氧化为 V^{5+}。第 1 次放电/充电循环后 H_2O 与 Zn^{2+} 结合形成 $Zn(H_2O)_6^{2+}$，并在充电/放电过程中在主体材料中可逆嵌入/脱出。Al 掺杂增强了 $V_{10}O_{24}\cdot12H_2O$ 层状结构的稳定性，有利于电化学性能的提高，在 5A/g 下循环 3000 次后容量保持率高达 98%的，而未掺杂 Al 的纯 $V_{10}O_{24}\cdot12H_2O$ 的容量保持率只有 64%[42]。

此外，氧空位已被证明在提高材料的导电性和改善材料的反应动力学方面具有一定的优势。采用一步固相烧结法合成含氧空位的钒酸钾/无定形碳纳米带三维网络复合材料（C-KVO|O_d），作为 AZIBs 正极材料展现出优异的电化学性能。C-KVO|O_d 的恒电流充电/放电（GCD）曲线中出现了两个电压平台，表明存在多步 Zn^{2+} 嵌入/脱出反应机制。C-KVO|O_d 正极在 0.2A/g 下表现出 385mA·h/g 的可逆容量，并在 20A/g 的高电流密度下仍能保持 166mA·h/g 的容量，表现出良好的倍率性能，电压平台也能很好地保持。DFT 计算表明，通过在 KVO 晶格中引入氧空位，在氧空位附近吸附 Zn^{2+} 的吉布斯自由能从 $-1.55eV$ 显著增至 $-0.22eV$，氧空位结构中 Zn^{2+} 的扩散势垒低于完美结构中的扩散势垒，同时，非晶态碳网络能够实现电子的快速转移，并为 Zn^{2+} 的存储提供了额外的活性位点。上述两个因素的协同作用使 Zn^{2+} 能够在 C-KVO|O_d 材料中快速嵌入/脱出[43]。这表明更多的电子可能有助于材料的电子离域，从而促进了 Zn^{2+} 的快速存储和高倍率性能。为此，研究者提出从 V_6O_{13} 晶格中提取氧阴离子可提高电导率，消除 Zn^{2+} 与主体材料之间的强相互作用，并增加 Zn^{2+} 通道的数量，从而提高 Zn^{2+} 反应动力学以实现高容量。

5.3.3 普鲁士蓝类似物正极材料

普鲁士蓝类似物（PBAs）又称过渡金属六氰铁酸盐，是一类具有开放式框架结构的材料，属于 Fm-3m 空间群，其结构存在大量交叉的隧道和空隙，可供多种金属离子甚至溶剂化的金属阳离子快速嵌入和脱出，被应用于多种金属离子电池体系。化学通式为 $MFe(CN)_6$（M = Fe、Co、Ni、Cu、Mn 等）的 PBAs 简写为 MHCFs，具有典型的面心立方结构。如图 5-14 所示，Fe（Ⅲ）与 C 原子成键，M 与 N 原子成键，分别形成 FeC_6 和 MN_6 八面体，两种八面体通过 C≡N 键桥连形成开放的三维骨架，具有丰富的活性反应位点和较高的结构稳定性。Zn^{2+} 在 PBAs 中的嵌入/脱出过程受到杂原子（如碱金属原子）和水分子的影响，这些杂原子通常存在于 PBAs

的间隙位置。因此，PBAs 的通式为 $A_xM[M'(CN)_6]_y\cdot zH_2O$，其中 A 为碱金属（如 Na、K），M 为过渡金属（如 Mn、Fe、Co、Ni、Cu、Zn、In），M'通常为 Mn 或 Fe，$0\leqslant x\leqslant 2$，$y<1$，通过改变金属（M）可制备不同类型的 PBAs。理论上，1mol PBA 可以实现 2mol 的电子转移，因为它含有两个氧化还原活性中心：M^{2+}/M^{3+} 和 Fe^{2+}/Fe^{3+} 电对。然而，常规合成过程中容易形成 $Fe(CN)_6$ 的晶格缺陷和空位，削减了 PBAs 中的活性位点。

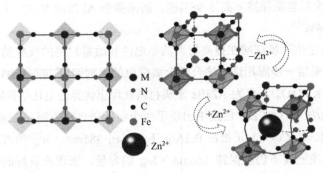

图 5-14 普鲁士蓝类似物 $MFe(CN)_6$（M = Fe、Co、Ni、Cu、Mn）与 Zn^{2+} 嵌入/脱出示意图

MHCFs 基于过渡金属的氧化还原反应实现金属阳离子的脱嵌过程，相较于锰基与钒基化合物，该类材料的最大优势在于工作电压平台较高，有的甚至可以达到 1.7V，而且 MHCFs 的放电电位可通过过渡金属元素的比例进行调节。但是在水系电解液中，MHCFs 结构中一般仅有单一的反应活性位点被激活，实际放电容量只有约 $60mA\cdot h/g$，远远低于其理论容量，限制了其应用。迄今为止，已经研究了具有典型立方结构的 NiHCF、CuHCF 和 FeHCF 以及具有菱面体骨架的 ZnHCF 作为 ZIBs 的正极材料。

（1）ZnHCF

$Zn_3[Fe(CN)_6]_2$(ZnHCF)是首次被用作 AZIBs 正极材料的 MHCFs，材料晶体结构如图 5-15 所示。该材料以 Fe^{2+}/Fe^{3+} 作为氧化还原电对，通过充放电过程中 Fe 元素价态的升降实现 Zn^{2+} 在三维结构框架中的嵌入/脱出，由于其特有的三维空间结构，可以允许离子从 a、b、c 三个轴的方向进行脱嵌，可以保证电化学反应的快速进行。但由于制备的 ZnHCF 晶格中存在大量的 $Fe(CN)_6$ 空位，典型的立方结构不稳定，会转变为菱形结构。然后，ZnN_4 四面体而不是 ZnN_6 八面体通过 $C\equiv N$ 桥与 FeC_6 八面体连接，形成一个开放的 3D 框架，该结构可实现 Zn^{2+} 的嵌入/脱出。ZnHCF 在不同电解液（0.5mol/L Na_2SO_4、0.5mol/L K_2SO_4、1mol/L $ZnSO_4$）中的循环稳定性研究表明，ZnHCF 在 Na_2SO_4 和 K_2SO_4 电解液中不稳定，会解离生成$[Fe(CN)_6]^{3-}$或$[Fe(CN)_6]^{4-}$，电解液颜色由无色变为浅黄色；而在 $ZnSO_4$ 电解液中则相当稳定，保持无色。ZnHCF在 1mol/L $ZnSO_4$ 电解液中具有 1.7V（vs. Zn^{2+}/Zn）的高放电电压，虽然在 1C 时放电容量只有 65.4mA·h/g，但获得了 100W·h/kg 的能量密度，在 2.5C 下循环 100 个周期后的容量保持率为 81%[44]。

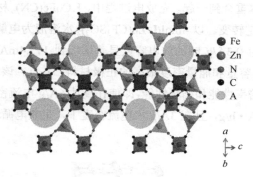

图 5-15　ZnHCF 的晶体结构

（2）CuHCF

铁氰化铜（CuHCF）其分子式为 $CuFe(CN)_6$，有研究报道了将其作为 ZIBs 的正极材料时 Zn^{2+} 的可逆脱嵌行为，虽然在 1mol/L $ZnSO_4$ 水溶液中仅能提供 56mA·h/g的可逆容量，但在后续的报道中，CuHCF 在 20mmol/L $ZnSO_4$ 电解液表现出 1.73V的高工作电压，并且研究了 Zn^{2+} 嵌入/脱出对 CuHCF 层间距的影响及锌电极表面析氢反应情况。当 Zn^{2+} 嵌入 CuHCF 中，两个低自旋 Fe(Ⅲ)同时转换成低自旋 Fe(Ⅱ)。电流密度为 60mA/g 时，循环 100 圈后，容量保持率为 96.3%。当电流密度分别为150mA/g、300mA/g 和 600mA/g 时，容量保持率分别为 96.1%、90% 和 81%；快速循环后，电流密度再次降为 60mA/g，容量保持率高达 100%[45]。这表明，AZIBs 在不影响电极材料稳定性的前提下可以迅速充放电。进一步研究发现，循环过程中的容量衰减与材料的溶解无关，而是来源于材料的相变。随着 Zn^{2+} 的嵌入，CuHCF的材料结构和相会发生转变，Cu^{2+} 或 Zn^{2+} 会部分替代 B 位点上的 Fe^{2+}/Fe^{3+}，形成一种新的无序相。

（3）CoHCF

虽然 MHCFs 能够以 Fe^{2+}/Fe^{3+} 氧化还原过程实现 Zn^{2+} 的脱嵌，且具有放电电压高的特点，但是其电子转移数少，为 $0.6e^-$，即仅可嵌入 0.3 个 Zn^{2+}，而且材料中存在的非活性 Zn 和 Cu 也降低了其容量密度，导致低放电容量。因此，如何同时激活$A_xM[M'(CN)_6]_y$·zH_2O 结构中的 M 和 M′，实现 $2e^-$ 的转移过程，从而提高 MHCFs的放电容量至关重要。近期，通过从 $KCoFe(CN)_6$ 立方体中提取 K^+，制备了可基于

Co^{3+}/Co^{2+} 和 Fe^{3+}/Fe^{2+} 两种氧化还原反应活性电对的 3D 开放式 $CoFe(CN)_6$ 框架。首次充电过程中 K^+ 会脱出，在随后放电过程中，因电解液中 Zn^{2+} 浓度比 K^+ 高出几个数量级，Zn^{2+} 会替代 K^+ 逐步嵌入 $KCoFe(CN)_6$ 晶格中。同时，Zn^{2+} 嵌入/脱出过程中，$KCoFe(CN)_6$ 发生 Co^{3+}/Co^{2+} 和 Fe^{3+}/Fe^{2+} 的氧化还原反应（图 5-16），且两个氧化还原反应的放电平台基本重合到一起。充放电过程中，$KCoFe(CN)_6$ 材料的晶体结构发生单斜/立方晶系的可逆转变。以 4mol/L $Zn(CF_3SO_3)_2$ 水溶液为电解液，在 1.75V 输出电压下，电流密度为 0.3A/g 时的放电容量显著增加到 173.4mA·h/g，这是目前报道的 MHCFs 中放电容量和能量密度最高的正极材料。并且，该水系 $Zn//CoFe(CN)_6$ 电池还具有优异的倍率性能和循环性能，即使在高达 6A/g 电流密度下的放电容量依然可以保持 109.5mA·h/g，且在 3A/g 大电流密度下，充放电循环 2200 次后容量基本保持不变[46]。

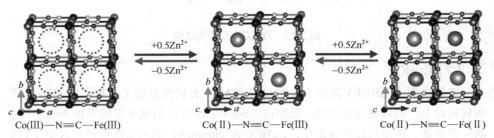

图 5-16　Zn^{2+} 在 $CoFe(CN)_6$ 框架中可逆嵌入/脱出示意图

MHCFs 虽然放电电位较为理想，但是放电容量低是限制其进一步发展的主要原因。而且 MHCFs 干燥失水后晶体结构会从立方型结构转变为斜方或六方相结构，而非立方结构相在水溶液电解液中易溶解，从而影响其储 Zn^{2+} 能力。此外，电解液中 Zn^{2+} 的浓度以及相应阴离子对 CuHCFs 的稳定性有显著影响，Zn^{2+} 浓度较高会加速相变中间物种的老化过程，影响正极材料的稳定性。

（4）性能优化策略

1）PBAs 复合材料

如上所述，ZIBs 中 PBAs 扩散控制的离子嵌入过程通常存在倍率性能差的问题。为了解决这一问题，已尝试与其它正极材料形成复合材料以提高倍率性能和容量。例如，采用原位共沉淀法制备的 2D 氧化锰（MnO_2）纳米片包覆三维 ZnHCF 纳米立方体（ZnHCF@MnO_2）。这种独特的排列方式改变了 Zn^{2+} 的存储机制，形成了嵌入的 ZnHCF 核与赝电容性锰氧化物外壳的独特结构，通过降低扩散控制的限制实现了嵌入过程和氧化还原反应的结合，提高电池性能的协同效应。复合材料在 0.5mol/L $ZnSO_4$ 电解液中和 0.1A/g 的电流密度下的容量为 118mA·h/g，在 1.4~1.9V （vs. Zn^{2+}/Zn）电压范围内循环 1000 次后，平均工作电压约为 1.7V，容量保持率约为 77%[47]。具有 3D 晶体框架的 ZnHCF 主要充当 Zn^{2+} 宿主，而超薄 MnO_2 纳米片在物理上防止结构松散，增强了 ZnHCF 的结构稳定性。高初始放电容量是由于两种组分之间的协同效应，特别是在放电过程中，Zn^{2+} 会嵌入 MnO_2 层和 ZnHCF 骨架中。充电时，大部分 Zn^{2+} 将释放到两种组分之间的间隙中，在活性材料的界面处形成 Zn^{2+} 储层。因此，在随后的充放电循环中，Zn^{2+} 扩散路径缩短，从而提高了倍率性能。

2）混合电解质

为了解决 PBAs 中 Zn^{2+} 嵌入可逆性差的问题，研究人员在 ZIBs 中引入了杂化离子电解质的概念，其中嵌入正极的电荷载流子离子比 Zn^{2+} 的离子半径更小或电荷数更低。例如，在 1mol/L Na_2SO_4/0.01mol/L H_2SO_4 电解液中将 CuHCF 与电沉积 Zn 负极进行充放电循环，改善了电解液的可及性，在 300mA/g 下循环 500 次后容量保持率达到 83%。研究表明，Na^+ 可以可逆嵌入 CuHCF 的开放晶体骨架中，并且 Na^+ 嵌入优于 Zn^{2+}，减少了 Zn^{2+} 对 CuHCF 中 Fe^{2+} 的有害取代。NiHCF 在 500mmol/L Na_2SO_4 电解质中的放电容量为 76.2mA·h/g，平均放电电压高达 1.5V，1000 次循环后的容量保持率为 81%。类似的研究也表明，通过在锌基电解质中添加 Na^+ 以便优先嵌入 Na^+ 而不是 Zn^{2+}，减轻了 CuHCF 的相变[48]。

虽然 PBAs 作为 ZIBs 正极材料可以使工作电压高达 1.8V，但考虑到实际应用，其较低的容量还需进一步改进。由于嵌入能力取决于可用于反应的 Fe^{2+} 位点的数量，因此，PBAs 基 ZIBs 的容量不理想可能与多价离子氧化还原的不完全活化和利用有关。此外，PBAs 在长期循环过程中不可避免的相变仍然是一个问题。总之，关于 Zn^{2+} 在 PBAs 中的电化学嵌入的研究仍处于起步阶段。尽管在提高放电容量方面取得了进展，但如何有效抑制 PBAs 在循环过程中的相变仍需进一步研究。

5.3.4　有机化合物正极材料

有机化合物由于其具有合成灵活、结构多样、重量轻、成本低、资源丰富和对环境友好等独特优势，目前已成为除氧化物正极材料外最具吸引力的正极材料，并逐渐受到关注。通常根据氧化还原反应的电对类型，有机电极材料可分为 n 型、p 型和两极型。n 型有机电极材料首先发生还原反应并结合电解液中的金属阳离子，而 p 型则先发生氧化反应并结合电解液中的阴离子。两极型有机电极材料既可以先发生氧化反应也可先发生还原反应，同时具有 n 型和 p 型材料的特征。

（1）醌类化合物

目前，研究用于储 Zn²⁺ 的 n 型有机电极材料主要为醌酮类化合物，其由弱范德华力构成的分子结构可通过简单的分子重排定向以最小的体积变化适应 Zn²⁺ 快速扩散。与无机材料的常见嵌入机制不同，醌酮类化合物通过羰基上的氧原子与 Zn²⁺ 发生配位反应实现 Zn²⁺ 的储存。在水系电解液中，虽然醌类化合物电极材料的溶解得到了缓解，但含有 Zn 的放电产物却具有可溶性，因此其循环性较差。为了解决醌类电极材料的溶解问题，研究人员主要通过隔膜改性、介孔基质约束和聚合等方法在一定程度上抑制放电产物的溶解问题。

通过对 9,10-蒽醌（9,10-AQ）、9,10-菲醌（9,10-PQ）、1,4-萘醌（1,4-NQ）、1,2-萘醌（1,2-NQ）和杯醌（C4Q）等醌类有机化合物作为 RZIBs 正极材料电化学性能的研究表明，与对位羰基醌化合物相比，邻位羰基醌化合物通常表现出较低的容量和较高的电压极化。这可能是由于邻位羰基引起的空间位阻，限制了 Zn²⁺ 与主要活性位点发生配位反应。其中有 4 个对苯醌结构单元和 8 个羰基的杯醌 C4Q 表现出优异的充放电性能。醌类的能量储存通常基于"离子-配位"机制，活性中心是对位的羰基（C=O），即带正电的 Zn²⁺ 与带负电的羰基氧原子配位，同时羰基发生还原。在 3mol/L Zn(CF₃SO₃)₂ 电解液中，C4Q 在 20mA/g 电流密度下的放电容量可达 335mA·h/g（对应于 3 个 Zn²⁺ 与 6 个羰基反应），放电电压可达 1.0V，高于 V 基氧化物正极材料，而且其充放电平台电压差仅为 70mV，能量效率高达 93%。此外，采用阳离子选择性隔膜还可以在一定程度上抑制放电产物 ZnₓC4Q 的溶解，保护 Zn 负极不受放电产物的毒害。另一种用于可充 AZIBs 的有机正极材料四氯-1,4-苯醌（p-chloranil）通过较弱的分子间范德华力结合在一起，对扩散的阳离子仅产生适度的库仑排斥，有利于 Zn²⁺ 的可逆嵌入/脱出，在 1mol/L Zn(CF₃SO₃)₂ 中放电容量为 200mA·h/g，放电电压可达 1.1V，能量密度超过 200W·h/kg。图 5-17 为 Zn²⁺ 嵌入

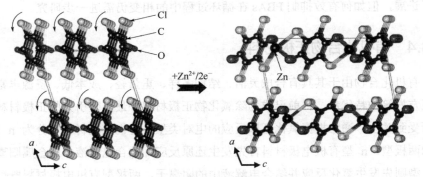

图 5-17　Zn²⁺ 嵌入四氯苯醌结构变化模型

图中的弯曲箭头表示嵌入 Zn²⁺ 时对氯苯胺分子柱的旋转方向

四氯苯醌结构变化模型图，四氯苯醌在可逆储 Zn^{2+} 过程中，其可延展性晶格允许其结构中的 Cl 分子柱发生扭曲旋转，形成 Zn^{2+} 嵌入通道，从而减少循环过程中的体积变化。灵活的结构使其充放电电压极化很小，仅为 50mV，能量效率可达约 95%[49]。然而，进一步研究发现，虽然该材料在充放电循环过程中不存在溶解的问题，但其与 Zn^{2+} 结合过程中会发生相变，造成容量衰减。因此，研究人员进一步将其限域到介孔碳材料 CMK3 的纳米通道中限制其充放电产物的形核和生成，从而有效提高了其循环稳定性。

为了解决具有 C═O 和/或 C—O 官能团的醌类化合物的易溶解和不稳定问题，采用具有氧化还原活性的三角形大环菲醌（PQ-△）作为正极材料，其具有独特的刚性几何结构和层状超结构。研究表明，结合了 H_2O 分子的 Zn^{2+} 可以嵌入 PQ-△ 有机正极中，因此，正极与电解液之间的界面阻抗也得到了有效降低。DFT 计算表明，界面阻抗的降低主要源于水合 Zn^{2+} 去溶剂化能的降低。水合 Zn^{2+} 的可嵌入性和三角形稳定结构共同促使 PQ-△ 有机正极表现出高的可逆容量和优异的循环寿命。在 3mol/L $Zn(CF_3SO_3)_2$ 电解液中具有高达 $225mA\cdot h/g$ 的可逆容量，稳定循环 500 次后容量保持率高达 99.9%。具有高安全性、高比容量的芘四酮（pyrene-4,5,9,10-tetraone，PTO）也被用作 AZIBs 的正极材料，在放电过程中，电解液中的 Zn^{2+} 与 PTO 上的羰基 O 原子配位，充电过程与之相反。Zn^{2+} 与正极材料可逆配位的机理使之具有类似超级电容器的极快反应动力学。该材料在 2mol/L $ZnSO_4$ 电解液中，在 0.04A/g 电流密度下，放电容量可达 $336mA\cdot h/g$。此外，PTO 还具有良好的放电倍率性能，在 20A/g 充电电流密度下，充电 20s 后的放电容量可达 113mA/g。而且以 3A/g 的电流密度循环 1000 次，其放电容量仍能够保持在 $145mA\cdot h/g$。值得注意的是，PTO 及其放电产物在水系电解液中溶解度均较低，因此，可采用常规玻璃纤维作为隔膜。随后，研究者又以硫杂环醌四氧二苯并噻蒽-5,7,12,14-四酮（DTT）作为 ZIBs 的正极材料，在 2mol/L $ZnSO_4$ 电解液中，0.05A/g 下显示出 $210.9mA\cdot h/g$ 的可逆容量。DTT 可以同时容纳 H^+ 和 Zn^{2+}，实现 Zn^{2+} 和 H^+ 的共存储过程。放电产物 $DTT_2(H^+)_4(Zn^{2+})$ 中的 Zn^{2+} 与相邻 DTT 分子的 C═O 基团结合，可以显著地提高其结构稳定性，而且，DTT 及其放电产物溶解度极低，使得正极材料具有很高的稳定性。构筑的 DTT//Zn 电池表现出超过 23000 次的超长循环寿命，容量保持率高达 83.8%[50]。

（2）聚苯胺化合物

近年来，导电聚合物如 PANI 已被探索用作 ZIBs 的有机正极，并显示出优异的性能。然而，这种材料需要高酸性环境才能产生足够的氧化还原反应，与可快速溶解在浓酸中的锌金属负极不兼容。Shi 等[51]通过将甲基苯甲酸和苯胺共聚形成 PANI-S 对 PANI 进行改性，并将其作为 AZIBs 的正极材料。为了在聚合物主链附近保持较高的局部 H$^+$ 浓度，引入—SO$_3^-$ 官能团作为掺杂剂和质子储存器，从而获得最佳反应动力学。还原过程如图 5-18 所示，其中带电 PANI-S 中的一半 N 被氧化（—NH$^+$—、—N=或—NH$^+$=），质子化的 N 被电解质中的—SO$_3^-$ 或 SO$_4^{2-}$ 平衡。质子化的 N 比非质子化的—N=可能更易接受电子，因此，质子化的 N 首先在还原过程（R1）中还原为—NH—，从而释放外部 SO$_4^{2-}$ 以平衡电荷。同时，引入的—SO$_3^-$ 保留在聚合物上，并与电解液中的 Zn^{2+} 和 H$^+$ 相互作用，在聚合物主链附近形成低 pH 环境。在此过程中，氧化的—N=通过 H$^+$ 与释放的—SO$_3^-$ 相互作用或在还原过程中被带负电的电极吸引的 H$^+$ 内部质子化为—NH$^+$—，这使得它们可用于第二步（R2）的还原。遵循该机制，PANI-S 在 1mol/L ZnSO$_4$ 中输出高达 180mA·h/g 的容量，并在 10A/g 的电流密度下实现超过 2000 次循环的长寿命，库仑效率接近 100%。同样，具有丰富氧基团的氧化石墨烯也可以作为局部质子储层，缓解 PANI 的质子化。GO 的含氧官能团在水性电解质中释放 H$^+$，使 GO 成为有机酸。该研究表明，由于 GO 的掺入，PANI 主链上大部分 N 被质子化，这进一步提高了循环期间的电荷转移能力。

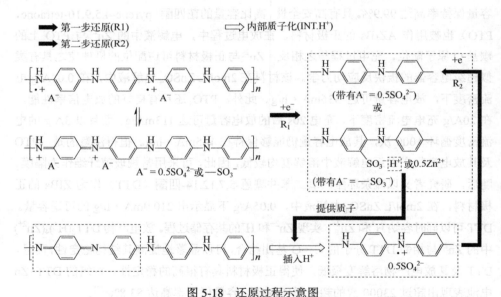

图 5-18 还原过程示意图

右侧仅绘制了聚合物链的 PANI 片段

有机电极材料已广泛应用于 ZIBs 中，为各种共轭有机化合物作为 Zn^{2+} 存储材料提供了良好的研究基础，而且有机电极材料具有较高的放电电压和容量，并且其结构还具有多样化特点，使其有望成为具有良好应用潜力的正极材料。但由于大多数有机化合物导电性差，在高功率密度应用中不具有竞争力，其性能较钒基和锰基正极材料仍有较大差距。此外，对有机物电极材料的储能机制仍缺乏深入研究，继续深入挖掘新型有机材料，寻找可以抑制有机材料在水中溶解的有效策略，是未来的研究重点。

（3）性能优化策略

1）与碳材料复合

将有机醌正极与导电碳材料结合是提高其机械强度和电化学性能的有效方法。例如，将交联聚多巴胺（PDA）接枝在导电碳纳米管上，PDA/CNT 材料经过初始稳定期后（20 次循环），显示出良好的循环性能，500 多次循环后仍保持 96% 的稳定容量。电极反应是一个界面反应过程，类似于电化学电容器中的过程，其反应机理为 PDA 中的邻苯二酚与邻醌之间的氧化还原反应，并且伴随 Zn^{2+} 吸附/解吸。通过水热反应制备的聚邻苯二酚/石墨烯（PC/G）正极材料，在初始放电/充电过程中，该复合材料上的羟基转化为羰基，羰基在放电过程中与 Zn^{2+} 配位形成有机金属化合物 $C_6H_4O_2Zn$。在充电过程中 $C_6H_4O_2Zn$ 可分解为 Zn^{2+} 和 1,2-苯醌。因此，充电产物由苯醌、一些残留的 PC 和 $C_6H_4O_2Zn$ 组成。邻位羰基通过烯醇化反应与 Zn^{2+} 配位，避免了正极结构的破坏，石墨烯有助于提高复合正极材料的导电性。得益于其复合结构，PC/G 正极材料在 50mA/g 时具有 355mA·h/g 的高比容量，在 1A/g 的条件下循环 3000 次后仍保持其初始容量的 74.4%[52]。

2）双离子氧化还原活化

双离子氧化还原反应使电池能够达到更高的工作电压、倍率性能和出色的可循环性。与仅遵循阳离子嵌入/脱出的标准摇椅电池相比，双离子电池能够吸收阴离子以平衡氧化过程中的电子损失，从而提供额外的容量。为此，研究者开发了结合 Zn^{2+} 嵌入/脱出和双离子机制的锌/聚苯胺水溶液电池，采用聚苯胺/碳毡（PANI/CFs）作为阴极，1mol/L $Zn(CF_3SO_3)_2$ 为电解液。由于制备的聚苯胺为半氧化态，其中存在掺杂（＝NH$^+$—）和未掺杂（＝N—）的氮。在第一次放电过程中，PANI 中的 ＝NH$^+$— 获得电子还原为 —NH—，Cl$^-$ 从聚苯胺中去除。同时 PANI 中的 ＝N— 被还原为 —N$^-$—，可以与 Zn^{2+} 相互作用。在接下来的充电状态下，PANI 中的 —N$^-$— 被氧化为 ＝N— 而释放出 Zn^{2+}。此外，聚苯胺中的 —NH— 被氧化为 ＝NH$^+$—，氧化后的 PANI 与 $CF_3SO_3^-$ 之间通过较强的氢键相互作用进行电荷补偿。即充电时 $CF_3SO_3^-$ 与氧化态的 PANI 相互作用，放电时 Zn^{2+} 与还原态的 PANI 相互作用，Zn/PANI 电池实现了 Zn^{2+} 嵌入/脱出和双离子杂化机制，在 5A/g 下循环 3000 次后仍表现出 82mA·h/g 的高容量，容量保持率为 92%，工作电压接近 1.1V。该电池可以制备成柔性软包或电缆形式，并在各种弯曲状态下表现出优异的电化学性能[53]。

将 1,4-双（二苯基氨基）苯（BDB）用作 AZIBs 正极材料，当来自电解液的阴离子可逆嵌入/脱出以平衡电荷时，BDB 中的 2 个叔 N 中心在充放电过程中分两步氧化/还原。值得注意的是，氧化的 BDB 在较低电压下催化水氧化，通过使用高度浓缩的"盐包水"电解液来抑制这种副反应，以确保电池的最佳库仑效率。在这种"盐包水"电解液中，盐含量非常高，以至于离子会抑制水的自由运动。因此，电池工作电压窗口可以扩大到 0.4~2.1V，BDB 正极材料约为 $2e^-$ 氧化还原过程，能够提供 125mA·h/g 的可逆放电容量，平均工作电压为 1.25V，对应的能量密度约为 155W·h/kg。此外，BDB 不溶于电解液，但氧化后的 BDB^{2+} 可能溶解在"盐包水"电解液中。为了解决这一问题，在阴极上使用带有部分负电荷官能团的纤维素纳米晶体（CNC）膜来稳定氧化产物并抑制其溶解，使电池在 6C（1C = 130mA/g）下循环 1000 次后能够实现 75%的容量保持率，并且还具有接近 100%的库仑效率和优异倍率性能。

5.3.5　层状过渡金属硫化物正极材料

过渡金属二硫属化物（TMDs）是一类具有类似于石墨的独特层状结构的材料，其中相邻层通过较弱的范德华力相互作用层叠在一起。TMDs 中的层间通道允许嵌入客体离子，而不会产生显著的结构畸变。

（1）硫化钒

作为 TMD 家族的典型成员，VS_2 沿 c 方向具有 0.576nm 的大层间距（S-V-S）（图 5-19）[54]，有利于 Zn^{2+} 的嵌入/脱出。此外，VS_2 具有金属特性，其电导率为 $5.0×10^2$ S/m，据预测它比 MoS_2 和石墨提供更快的离子扩散。2017 年首次报道层状 VS_2 纳米片用作 AZIBs 的正极材料。在 VS_2 的晶体结构中，每个 V 原子都被 6 个通过共价键连接的 S 原子包围。在放电过程中，Zn^{2+} 嵌入 VS_2 骨架中，该过程可分为 VS_2 在 0.82~0.65V 之间转变为 $Zn_{0.09}VS_2$，然后在 0.65~0.45V 之间再相变到 $Zn_{0.23}VS_2$。当电池充电时，Zn^{2+} 脱出，材料结构恢复为 VS_2。非原位 TEM 和 XRD 分析表明，VS_2 的层间空间能够很好地容纳 Zn^{2+} 的嵌入，沿 c 轴的最小膨胀为 1.73%，同时沿 a 轴和 b 轴有较小收缩。VS_2 正极材料的电化学反应如下：

$$VS_2 + 0.09Zn^{2+} + 0.18e^- \Longrightarrow Zn_{0.09}VS_2 \tag{5-13}$$

$$Zn_{0.09}VS_2 + 0.14Zn^{2+} + 0.28e^- \Longrightarrow Zn_{0.23}VS_2 \tag{5-14}$$

在弱酸性的 $ZnSO_4$ 电解液中，VS_2 正极可在 0.05A/g 的电流密度下提供 190.3mA·h/g 的容量，并表现出良好的倍率性能和循环稳定性，在 200 次循环后保持 98%的容量。这可能是由于 VS_2 结构中不含氧，Zn^{2+} 在脱嵌过程中所受到的静电相互作用较钒基氧化物小，扩散速率会加快；同时，较大的内层间距可以减弱 Zn^{2+} 嵌入对于正极晶体结构的影响。

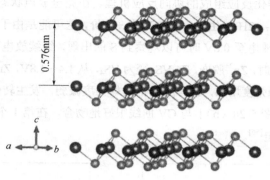

图 5-19 VS_2 的晶体结构示意图

采用水热法在不锈钢网（SS）上直接生长 VS_2，由纳米片组成的 VS_2 纳米花沉积在 SS 网状基底上，形成高度分级的网状结构。制得的 VS_2@SS 电极比浆液涂覆的 VS_2 电极具有更高的锌离子存储能力。在 0.4～1V 电压范围内，在 0.5A/g 时的初始容量为 149mA·h/g。当电流密度从 0.1A/g 增加到 2A/g 时，可以保持 133mA·h/g 的容量。在前 10 个循环中，电极逐渐激活后，容量增加到 178mA·h/g，这是由于 $ZnSO_4$ 电解液逐渐渗透到内部的 VS_2 纳米片使其参与电极反应。此外，VS_2@SS 电极在 500 次循环中仍能保持 165mA·h/g 的容量。相比之下，VS_2 浆液涂覆电极的容量迅速下降[55]。

作为另一种硫化钒，VS_4 是一种直链化合物，由连接到两个相邻 V 原子的 S_2^{2-} 二聚体组成。VS_4 因其链间距离（0.583nm）远大于 Zn^{2+} 的离子直径、相邻链之间的范德华相互作用弱以及由 S_2^{2-} 基团引起的高 S 含量而被认为是有前途的 AZIBs 正极材料。有研究采用水热法将 VS_4 锚定在还原氧化石墨烯上，制备出 VS_4@rGO 复合材料，并将此材料用作 AZIBs 的正极材料，在 1A/g 的电流密度下具有 180mA·h/g 的容量，并且在 165 次循环后容量保持率为 93.3%。该复合材料还显示出高倍率性能，当电流密度从 0.2A/g 增加到 2A/g 时，仍保持 83.7% 的容量。该研究将优异的性能归因于 VS_4 具有独特的链式结构，其具有适合快速离子嵌入的大型开放隧道，以及 rGO 的高电导率。然而，S_2^{2-} 基团的存在，使其用作电极材料时通常表现出复杂的反应机理。图 5-20（a）为 VS_4@rGO 在 0.5mV/s 扫描速率下的 CV 曲线，首次充放电时，仅存在一个氧化峰（1.53V），可能是 VS_4@rGO 正极的电化学活化过程；而在后续充放电过程中，存在两对明显的氧化还原峰（0.54/0.67V，0.89/1.01V），对

应于 Zn^{2+} 的脱嵌反应，并且 1.53V 处的氧化峰逐渐增至 1.62V，对应于复杂的转化反应。通过进一步分析正极在第 3 圈时不同充放电状态下的 XRD 测试结果，证明了由脱嵌反应和转化反应组成的协同反应机理。在完全放电状态（0.35V）下，有新相 $Zn_3(OH)_2V_2O_7 \cdot 2H_2O$ 生成，其中 V 为 +5 价，这可能是由于电子从 V^{4+} 转移至 S_2^{2-}。并且从 1.8V 放电至 0.8V 时可以观察到 S 的出现，继续放电有 Zn_xVS_4 的产生。在 0.35～0.8V 充电时，Zn^{2+} 脱嵌，Zn_xVS_4 变为 VS_4，从 1.4～1.8V，$Zn_3(OH)_2V_2O_7 \cdot 2H_2O$ 和 S 对应的衍射峰强度增加，而 VS_4 的衍射峰强度减弱，发生转化反应。前 3 个循环的 GCD 曲线 ［图 5-20（b）］与 CV 曲线很好地吻合，在第 1 个循环周期激活后，GCD 曲线变得稳定[56]。

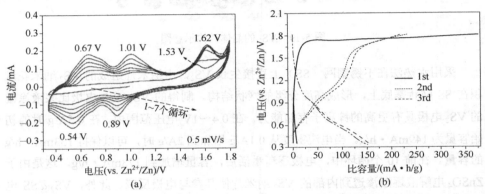

图 5-20　VS_4@rGO 在 0.5mV/s 时的 CV 曲线（a）和 VS_4@rGO 在 0.1A/g 时的充放电曲线（b）

硫化钒固有的特性，如金属特性、具有大内部层间距以及电负性低等，使得此类材料具有高的导电率以及与金属离子间低的静电相互作用等优点，在下一代金属离子电池高性能电极中有巨大的应用潜力。但是，仍存在结构坍塌和缓慢的动力学问题，它们在能量存储方面的研究仍处于起步阶段，需要设计高效的合成策略并进一步研究这些材料的电荷存储机理和电化学特性。

（2）MoS_2

与其它 ZIBs 正极相比，MoS_2 的标准层间距离为 0.31nm，不能满足 Zn^{2+} 水合物（0.55nm）的嵌入。为了解决这一问题，研究者通过水热反应将氧结合到 MoS_2 骨架（MoS_2-O）中，调节材料的亲水性和层间距。较短的 Mo—O 键和电负性 O 原子可以削弱 MoS_2 层之间的范德华引力，从而将层间距扩大到 0.9nm。此外，氧的加入还降低了 MoS_2 的嵌入能垒，使之成为有效的储能材料。MoS_2-O 在 0.1A/g 时表现出 232mA·h/g 的高比容量，与 MoS_2 的 21mA·h/g 容量相比有了显著的改进，并且 MoS_2-O 中 Zn^{2+} 的扩散速率也比原始 MoS_2 增加了 3 个数量级。在另一项研究中，制备了在碳布上垂直排列的具有扩展层间距（0.7nm）的 MoS_2 纳米片（E-MoS_2）。E-MoS_2 复合材料的 3D 开放网络结构改善了材料与电解液的界面接触，并缩短了 Zn^{2+} 扩散路径。此外，MoS_2 纳米片的扩展层间距降低了离子扩散阻力，导致更快的反应动力学和更低的 Zn^{2+} 嵌入能垒。该正极在 0.1A/g 下输出 202.6mA·h/g 的比容量，600 次循环后容量保持率达 98.6%，表现出良好的循环稳定性 [57]。

除了拓展层间距外，还探索了 MoS_2 的缺陷工程。通过水热法制备富含缺陷的 MoS_{2-x}，然后在惰性气氛下进行热处理，可控创建大量的边缘位点和硫空位。Zn^{2+} 优先嵌入这些边缘位点和硫空位，与结晶 MoS_2 相比，显著提高了可逆容量。电池在 1A/g 下循环 1000 次后仍可提供 88.6mA·h/g 的可逆容量，容量保持率为 87.8%，表现出良好的 Zn^{2+} 储存电化学性能。富含缺陷的 MoS_{2-x} 提供了另一种提高 MoS_2 电化学性能的有效方法。

5.3.6 代表性正极材料总结

图 5-21 显示了不同正极材料的比容量与放电电压的关系[58]。在几种典型的正极材料中，锰基氧化物显示出较高的工作电压和倍率性能，但其在循环过程中因歧化反应而发生溶解，循环寿命有限。电解液中添加 Mn^{2+}（如 $MnSO_4$）可抑制 MnO_2 电极的溶解。与锰基氧化物相比，钒基氧化物具有更高的倍率性能和更长的循环寿

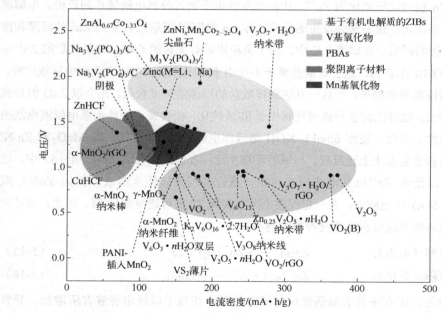

图 5-21 ZIBs 各种正极材料的比容量与放电电压的关系

命，但其放电电压普遍偏低，在 AZIBs 中的平均工作电压仅为 0.8V，严重限制了其实际应用。通过引入聚阴离子或氟可以增加钒基氧化物的放电电压，例如，$M_3V_2(PO_4)_3$（M = Li、Na）和 $Na_3V_2(PO_4)_2F_3$ 的放电电压可达 1.5V，但因其分子量较大而使电池容量明显降低。应进一步提高钒基正极材料的工作电压和比容量。PBAs 的平均工作电压可达 1.5V，但其电化学性能较差，比容量低，循环寿命有限（约 200 次循环）。原因是随机分布的 $Fe(CN)_6$ 空位会破坏 Fe—CN—M 键之间的电子传导，从而导致倍率性能差。因此，可通过减少晶格缺陷提高其电化学性能。与 AZIBs 相比，有机电解质 ZIBs 表现出更高的工作电压和适中的放电容量，但其倍率性能较差和循环寿命有限，这可能与离子扩散速度快、Zn 在温和的水系电解液中沉积/溶解的可逆性高有关。

5.4　锌负极

5.4.1　锌沉积/溶解的热力学与动力学机理

在水系电解液中，Zn 在不同环境下表现出不同的电化学特性。通常，在放电时，金属 Zn 被电化学氧化为 Zn^{2+}，由此产生的电子通过外部电路转移到正极。电解液的 pH 值决定了接下来会发生的反应，即 Zn 的沉积/溶解过程受到 Zn^{2+} 的活度和溶液 pH 值的影响。在碱性介质中，由于负极附近有大量的 OH^-，与氧化后的 Zn^{2+} 形成 $Zn(OH)_4^{2-}$ 配合物。这些锌酸盐离子不仅由于浓度梯度从电极表面向电解液扩散，导致活性物质的损失，而且一旦达到锌酸盐的局部溶解度极限，还会以 ZnO 的形式脱水析出。这种沉淀会导致树枝状生长和/或钝化，损害使用碱性水系电解液电池的可充电性。因此，使用 6mol/L KOH 溶液作电解液的 Zn-空气、Zn-MnO₂ 和 Zn-Ni 电池负极都会发生上述反应。与碱性环境相比，在弱酸性介质（pH = 4～6）中，该 pH 窗口允许 Zn^{2+} 以其电离形式存在。通过使用弱酸性水溶液，例如 ZnSO₄ 或 $Zn(CF_3SO_3)_2$ 作电解质，在一定程度上可以实现 Zn 的可逆沉积/溶解。因此，通过以下反应对电池进行再充电变得更加容易。

$$溶解（放电）: \qquad Zn(s) \longrightarrow Zn^{2+}(aq) + 2e^- \qquad\qquad (5-15)$$

$$沉积（充电）: \qquad Zn^{2+}(aq) + 2e^- \longrightarrow Zn(s) \qquad\qquad (5-16)$$

但是，H^+ 在中性和弱酸性电解液中的活性相较于碱性电解液有所增加，导致 HER 氧化还原电位随着电解液 pH 的降低而升高。溶液 pH = 10 时的 HER 电位理论计算值为−0.59V（vs. SHE），而 pH＝4 时的 HER 电位理论计算值为−0.236V（vs. SHE），因此，在酸性电解液中更容易发生 HER。从热力学角度，酸性电解液中的 HER 电位理论计算值比 Zn 的还原电位（−0.76V vs. SHE）高得多，意味着在 Zn^{2+} 沉积之前将会发生 HER，即热力学上对 HER 更有利。但是，Zn 电极具有较高的 HER 过电位，在动力学上可以阻止 HER 在其表面上发生，使得实际 HER 电位显著降低，通常情况下 Zn 沉积反应与 HER 可能会同时发生。Zn 负极 HER 过电位的大小很大程度上与电极上施加的电流密度大小有关，大电流密度情况下 HER 更容易发生。HER 导致库仑效率下降，产生的气体可能引起电池鼓胀甚至开裂，造成电解液的泄漏。

锌负极上不均匀的 Zn 沉积主要源于在重复的溶解/沉积过程中不均匀的成核和晶体生长。Zn 的电沉积过程包括离子迁移、电化学反应和电结晶三个步骤，其沉积形态受热力学、动力学和锌离子扩散之间的竞争影响。根据经典成核理论，新的固相的成核需要克服一个自由能垒，它是表面自由能和体积自由能竞争的结果。稳定晶核形成后，结晶逐渐长大。一般来说，生长和成核之间的竞争取决于电场分布的均匀性（电场分布）和电沉积的速度。电极表面电场分布不均匀，界面处的 Zn^{2+} 会优先沉积在活性较高的部位，导致电极表面的不均匀成核和生长，这些晶核又加剧了界面电场和离子通量的不均匀分布，促进了锌枝晶的形成。锌枝晶尖端处的电场强度远高于其它部位，加速了枝晶进一步长大。此外，在大电流密度下的电沉积的速度快，受扩散过程限制，且存在临界电流密度效应，枝晶生长更为严重。研究金属锌在 1mol/L $ZnSO_4$ 中性电解液中的电沉积形态表明，在 $1mA/cm^2$ 的低电流密度下，Zn 沉积主要受热力学控制，沉积产物呈现纳米片随机堆叠的苔藓状；电流密度增大至 $10 mA/cm^2$ 时，具有较高表面能量的高指数晶面得到发育，Zn 晶体的各晶面同时生长，沉积过程逐渐由动力学主导，金属 Zn 呈现致密的块状沉积；而在 $100mA/cm^2$ 大电流密度下，沉积过程出现严重的极化现象，转变为扩散控制，金属锌沉积产物呈现枝晶形貌[59]。因此，金属锌在中性电解液中的电沉积过程受多种因素控制，包括晶体热力学、动力学和锌离子的扩散。

锌在中性或弱酸电解液中，Zn^{2+} 和 H_2O 发生相互作用，形成溶剂化结构的 $Zn(H_2O)_6^{2+}$。这种溶剂化结构的存在一方面使锌离子需要克服更高的成核势垒，成核中心相应减少，促进枝晶的形成。另一方面 $Zn(H_2O)_6^{2+}$ 通过金属—OH_2 键诱导电子从水分子向阳离子转移，减弱 O—H 键，加剧 Zn 金属负极处的水分子分解，形成 H_2 和 OH^-，导致在局部碱性环境中形成 ZnO_2^{2-} 或 $Zn(OH)_4^{2-}$，进而在 Zn 电极表面生成 ZnO 和 ZHS 等绝缘产物，降低负极的电接触性能，这种情况在小电流密度下更为明显。此外，析出的气体在负极表面的吸附会阻碍 Zn 的成核，造成界面电场分布不均匀和过电位升高，导致 Zn^{2+} 不均匀沉积，使其更容易形成枝晶。

    总之，AZIBs 的 Zn 负极依然存在两个亟须解决的问题：一是 Zn 枝晶生长；二是 Zn 负极界面副反应，如析氢、钝化等。Zn 枝晶生长和界面副反应严重制约 AZIBs 的可逆性和循环寿命。解决 Zn 金属枝晶化生长主要有两种策略：①调控 Zn 金属均匀沉积，抑制枝晶化生长 [图 5-22（a）]；②诱导 Zn 金属外延沉积，避免枝晶化生长 [图 5-22（b）]。除了 Zn 金属枝晶化生长问题，Zn 金属与电解液之间的副反应（析氢、钝化等）同样影响电池性能。

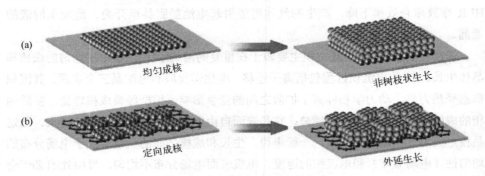

图 5-22　解决锌枝晶生长的策略
（a）均匀成核抑制枝晶生长模式；（b）特殊基底诱导的外延沉积模式[60]

    在目前广泛使用的弱酸性电解液中，由于更高的 H^+ 活度导致 Zn 金属界面上 HER 的热力学趋势更明显。解决 Zn 负极界面副反应一般有两种策略：①在 Zn 负极界面构筑多功能保护层；②电解液改性减少界面自由水含量。

5.4.2　锌阳极的优化设计

    目前，AZIBs 的研究主要集中在对正极材料的改进和开发及储能机理的探讨，而对负极材料的研究相对较少。虽然 AZIBs 的电解液为中性或弱酸性，与碱性电解液相比，大大减弱了对金属锌的腐蚀性，但在循环充放电过程中仍存在着锌枝晶生长、缓慢腐蚀和钝化等一系列问题，导致电池发生短路或胀气，极大降低了其可逆容量与循环寿命，且存在安全隐患，制约了锌离子二次电池的进一步应用。因此，锌负极的优化对提升 AZIBs 性能具有重要意义。

（1）电极主体结构设计

    新型锌负极结构设计被认为是耐受锌枝晶生长、减少副产物形成的有效策略之一。通过锌电极的结构设计，可以降低局部电流密度，促进 Zn^{2+} 的均匀沉积。具体方法包括：构筑 3D 骨架负载的锌负极、锌合金负极和特殊基底导向的外延锌负极。

1) 构筑 3D 框架

通常采用导电性良好的 3D 多孔纳米网络框架结构作为锌连续分布的支撑体，改进电流分布均匀性和电化学活性。3D 多孔网络框架结构具有较大的接触面积，有助于均匀的离子浓度分布，从而限制锌枝晶生长，降低短路风险。包括碳材料（石墨烯泡沫、CNT 网络、碳纤维等）、金属材料（多孔铜、商用泡沫铜、不锈钢网等）、金属有机框架材料（ZIF-8 及其衍生物）、金属碳化物材料等一系列材料可用于构筑 3D 复合锌负极。

研究者采用电沉积的方法在 3D 碳纤维（CFs）基体上原位生长三维锌负极（Zn@CFs），该 3D Zn@CFs 结构具有较低的电荷转移电阻和较大的电活性区域，在锌的溶解/沉积过程中能够承受内部张力和压力并抑制锌枝晶生长，使得 3D Zn@CFs//α-MnO$_2$ 电池在大倍率下具有较高的容量和长期循环稳定性。另一项研究首先通过化学气相沉积法在柔性碳布（CC）上制备随机 CNT 阵列，CC 被互连的 CNT 均匀覆盖，构建了一个 3D 多孔和高导电网络。随后经电沉积，在 CNT 表面形成了厚度为 50～100nm 均匀分布的 Zn 纳米片（记为 Zn/CNT），以解决锌负极的枝晶生长问题。与直接在 CC 上沉积 Zn 的电极相比，CNT 骨架具有高比表面积和良好导电性，使 Zn/CNT 负极具有局域电流密度小、锌成核过电位低、电场分布均匀等优点，有效阻止了电解液复杂的副反应，防止了 Zn 枝晶的产生，从而保证了锌沉积/溶解的均匀性和高可逆性。因此，Zn/CNT 负极的耐久性显著提高，循环寿命可达 200h（≈28% DOD），同时具有较低的电压滞后和无枝晶表面。以 Zn/CNT 为负极的 Zn//MnO$_2$ 全电池在 1000 次循环后的容量保持率为 88.7%，远高于 Zn/CC 负极的 69.3%。电池的容量为 300mA·h/g，能量密度为 126W·h/kg[61]。

MXenes 作为一类新兴的二维无机化合物，由几个原子层厚度的过渡金属碳化物、氮化物或碳氮化物构成。它最初于 2011 年出现，由于 MXene 材料表面存在羟基或末端氧，它们有着过渡金属碳化物的金属导电性，在电化学储能领域得到了广泛的关注。与传统电池不同，该材料为离子迁移提供了更多的通道，大幅提高了离子迁移的速度。研究者采用原位电镀的方法，在 2mol/L ZnSO$_4$ 电解液中，电流密度为 1mA/cm^2 下将 Zn 电沉积到 Ti$_3$C$_2$T$_x$ MXene 纸上，制备具有 3D 层状结构的 Ti$_3$C$_2$T$_x$ MXene@Zn 纸，替代金属锌负极，研究了 Zn 的沉积行为。Zn 箔与 Ti$_3$C$_2$T$_x$ MXene 纸的性能有明显差异。如图 5-23（a）～（d），商用 Zn 箔为光滑的二维平面结构，Zn 沉积 1h 后，表面形成了大量垂直的、锋利的片状 Zn，初始的尖枝晶可能导致电荷的不断累积，这必然会加速枝晶的生长；当沉积时间增加到 10h 时，裸 Zn 表面出现了致密的 Zn 片团块和部分 Zn 片；随着沉积时间延长到 20h，越来越多的杂乱团簇和枝晶聚集在 Zn 箔上，形成了凹凸不平的表面。图 5-23（e）对应的截面 SEM

图像显示形成了疏松而粗大的树枝状结构，锌枝晶的厚度约为 58μm，进一步说明在裸露的 Zn 箔上生长了大量粗糙且垂直的 Zn 枝晶。相比之下，$Ti_3C_2T_x$ MXene 纸结构具有快速的电子传输通道，表面电荷分布相对均匀，如图 5-23（j），经过 20h 的 Zn 沉积，$Ti_3C_2T_x$ MXene 纸的表面保持光滑平整，没有枝晶生长。在图 5-23（f）～（h）中可以清晰地观察到 $Ti_3C_2T_x$ MXene 的特征褶皱，即使在 Zn 沉积 20h 后，也没有观察到明显的突起和丝状物。图 5-23（i）的截面 SEM 图像进一步显示出分层的 $Ti_3C_2T_x$ MXene 结构和厚度约为 2μm 的较薄沉积层。这些结果表明 $Ti_3C_2T_x$ MXene 纸可有效地抑制 Zn 枝晶的生长和演化[62]。

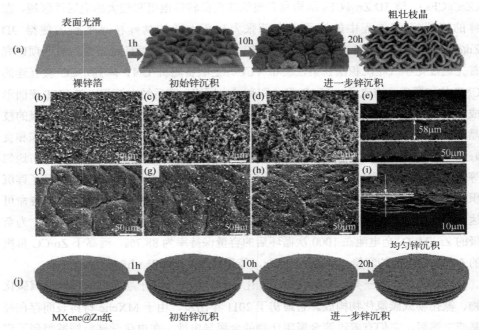

图 5-23　Zn 在（a）锌箔和（j）$Ti_3C_2T_x$ MXene@Zn 纸上沉积的示意图，在（b）～（d）锌箔和（f）～（h）$Ti_3C_2T_x$ MXene@Zn 纸上分别进行 1h、10h 和 20h 锌沉积后的俯视 SEM 图像，沉积 20h 后（e）锌箔和（i）$Ti_3C_2T_x$ MXene@Zn 纸的横截面 SEM 图像

目前 Zn 沉积/溶解的碳基材料已被广泛研究，例如，碳布、石墨毡、碳纳米管纸、碳纳米管纱、石墨烯纤维、石墨烯复合材料和 3D 石墨烯泡沫等，研究表明，在这些碳骨架上，很容易通过电化学沉积获得致密的 Zn 膜，制备 Zn 负极。这些碳基 Zn 负极用于 ZIBs，表现出持久耐用的特性，具有良好的柔韧性，在可穿戴器件方面具有广阔的应用前景。然而，疏水的碳骨架通常会增加界面阻抗，其电子导电性低于初始 Zn，这限制碳基 Zn 负极的动力学。

除了碳基 Zn 负极之外，一些金属网也被广泛用于制备 Zn 负极。Cu 表现出良好的吸收和结合 Zn 的能力，这可以降低 Zn 的成核势垒并提供更多的界面成核位点。例如，在铜网表面制备 Cu-Zn 固溶体界面，随后引入聚丙烯酰胺电解质添加剂来修饰 Zn 负极表面。铜网不仅可以为 Zn 提供结构支撑，还可以通过原位形成的 Cu-Zn 固溶体促进 Zn 的成核。在电极制备和充放电过程中，聚丙烯酰胺作为引导介质诱导 Zn 均匀沉积。Cu-Zn 固溶体具有良好的亲 Zn 性，Zn^{2+} 对聚丙烯酰胺的酰基有很强的选择性吸附，并沿聚合物链转移，使 Zn 在电极表面均匀分布，抑制枝晶形成。该负极稳定运行 350h，即便在较高倍率下也具有较快的电化学动力学。与 MnO_2 正极组装成 ZIBs 全电池后，在 1000mA/g 下循环 600 次后的容量保持率为 98.5%[63]。在化学刻蚀的多孔铜骨架上电沉积锌制得的高稳定 3D Zn 负极，其 3D 多孔铜骨架的高导电性和开放式结构确保其循环时无枝晶生长，加速电化学动力学，降低极化，库仑效率接近 100%。在 3D Zn//3D Zn 对称电池中，该新型结构 Zn 负极稳定运行 350h，寿命显著长于受短路损坏困扰的平面 Zn 箔电极电池。此外，多孔镍纳米管、泡沫铜、泡沫镍等也被用作 Zn 负极基体，这些金属骨架是提高循环性能较有前景的材料，但是这些非活性金属较重，会降低 Zn 负极的比容量。

2）纳米结构的 Zn 合金

除了用于无枝晶 Zn 负极的传统 3D 主体外，纳米结构的 Zn 基合金负极也被开发用于 AZIBs。纳米结构的合金电极提供了丰富的电子和离子传输路径，增加了单位基底面积上的材料负载量，从而提高了电荷存储能力并实现了均匀的 Zn 沉积/溶解。关于均匀的 Zn 沉积/溶解主要有两种机制，一种是固溶体合金，例如，将纳米多孔 Zn-Cu 合金用作 AZIBs 的负极。Zn-Cu 合金和 Zn 之间本征的良好晶格匹配表明其成核能垒和界面自由能较低。高导电性 Cu 的均匀分布有利于避免电荷积聚，减小 Zn 的成核过电位，从而减小初始 Zn 核的尺寸，进一步抑制 Zn 枝晶的形成。这些优点赋予纳米多孔 Zn-Cu 合金负极高的面积比容量和高库仑效率。另一种基于合金的机制是共晶合金化，如使用 Zn 和 Al 交替排列的层状纳米结构的共晶 $Zn_{88}Al_{12}$ 合金作为无枝晶负极，显著改善了 AZIBs 的电化学性能。虽然 Al^{3+}/Al 的标准平衡电位（−1.66V vs. SHE）远低于 Zn^{2+}/Zn，但在 Al 薄片上形成 Al_2O_3 壳层可防止 Al 溶解，从而允许在水溶液电解质中选择性电化学溶解/沉积 Zn。它们独特的电化学行为使 Zn 和 Al 薄片在充电/放电过程中发挥不同的作用：前者提供 Zn^{2+} 电荷载流子，而后者作为 2D 承载骨架来容纳 Zn 镀层［图 5-24（a）］。绝缘的 Al_2O_3 壳阻止了电子从 Al 到 Zn^{2+} 的转移，因此在 Al/Al_2O_3 薄片周围形成正静电屏蔽而没有 Zn^{2+} 还原，原位形成核壳结构的 Al/Al_2O_3 层状纳米形貌，进而引导锌的后续生长

［图 5-24（b）］。共晶 $Zn_{88}Al_{12}$ 合金具有低过电位和高库仑效率，在无氧 $ZnSO_4$ 水溶液电解质中无枝晶锌沉积/溶解超过 2000h。使用共晶 $Zn_{88}Al_{12}$ 合金作负极、K_xMnO_2作正极材料的 ZIB 全电池在高倍率下提供了约 230W·h/kg 的能量密度（基于 K_xMnO_2的质量），并在超过 200h 充放电循环后保持了约 100% 的容量，显著优于基于单金属 Zn 负极的电池。此外，通过调节负极和正极质量比为 3:1，电池的整体能量密度可达到 142W·h/kg（基于负极和正极的总质量）[64]。

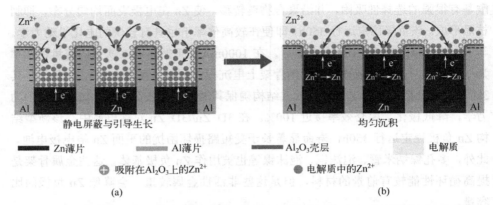

图 5-24　共晶 Zn-Al 合金在 Zn 溶解过程中原位产生核壳夹层模式，以引导后续 Zn 沉积（a）以及与绝缘 Al_2O_3 屏蔽相关的 Al/Al_2O_3 夹层有助于 Zn 的均匀沉积（b）

3）纳米阵列结构

一些纳米阵列结构也是解决 Zn 可逆性差问题和实现高倍率性能的有效途径之一。例如，金属 Zn 纳米片阵列负极，其超薄介孔 Zn 阵列具有高表面积的单晶层状结构，支持离子直接快速迁移，提高 Zn^{2+} 存储性能。与商业 Zn 箔相比，Zn 阵列负极显示出更高的容量和更低的电荷转移电阻，极化程度更小。由新型层状钒酸锌阴极和金属锌纳米片阵列组装的准固态全 ZIB 表现出优异的循环稳定性，且循环后 Zn 负极没有明显的团聚、粉碎或者枝晶形成。

4）诱导外延电沉积

从调控锌的沉积溶解行为出发，研究者提出了一种调节金属负极成核、生长和可逆性的取向外延电沉积机制。首先在不锈钢电极表面沉积石墨烯，使其外延匹配金属 Zn 的基底（002）面，从而使晶格失配最小，随后在石墨烯外延基底上电沉积金属 Zn。此过程分两个阶段：首先，Zn 在石墨烯表面成核，异质外延生长；当石墨烯表面被 Zn 覆盖，Zn 就在上一层沉积的 Zn 表面继续同质外延生长。锌的结晶取向优先平行于电极，形成板状堆积结构，而非枝晶（图 5-25）。外延沉积 Zn 负极可逆性显著提高，在 $40mA/cm^2$ 下循环 10000 次后库仑效率可保持 99.9%。相比之下，没有石墨烯涂层的电极在循环 8 次后即失效[65]。这种金属可逆外延沉积生长的方法为构建高可逆性的高能量电池提供了一条通用的途径。

图 5-25　Zn 在裸不锈钢上（左）和在石墨烯涂层不锈钢上（右）的
生长模式示意图（a）及相应的 SEM 照片（b）、（c）

（2）表面保护层

引入表面保护涂层是防止负极与电解液直接接触的常用方法，它不仅可以防止负极形状的改变和枝晶生长，而且可以减轻析氢副反应产生，同时有利于离子在锌负极界面的传导，进而提高电池的寿命。表面保护涂层设计可以通过不同的机制调节界面上的电子和离子行为，使锌均匀沉积。考虑到在保护层内通过空间、静电或化学作用调节离子和电子流对防止 Zn 枝晶的形成至关重要，设计表面保护涂层有几个要求：理想的保护涂层应该是致密的，最好是多孔的，通过物理屏蔽和空间约束限制 Zn 枝晶生长；保护涂层应与 Zn^{2+} 的相互作用较弱，使 Zn^{2+} 沉积在锌表面，而不是在保护涂层表面，并与锌箔有良好的接触，避免剥离；保护涂层应具有电化学稳定性和亲水性，以降低离子界面的转移电阻，但不溶于水，在循环过程中形成稳定的膜；保护涂层应具有较高的弹性机械强度，以适应反复循环过程中的体积变化。

取决于特定材料和结构，这些涂层可以产生多种不同的作用，包括：①部分导电纳米颗粒作为异质晶种，诱导锌的均匀沉积；②部分具有高介电常数的金属氧化物涂层可均一化锌负极界面电荷（电子或离子）的分布，抑制锌金属枝晶化生长；③调节界面锌离子扩散行为，抑制界面锌离子无序的二维扩散模式；④作为物理屏障，保护负极，阻隔水和氧扩散到界面，抑制副反应发生。基于以上调节机制的保护涂层主要包括电子导电保护涂层、离子导电保护涂层、多孔/通道保护涂层、高介电常数保护涂层。

① 电子导电保护涂层　电子导电保护涂层可促进表面电子转移,避免电场不均匀。具有高导电性的碳基薄膜已被用作保护涂层,以避免锌金属与电解液直接接触,阻止枝晶生长并延缓副反应。此外,碳材料通常表现出较大的锌沉积成核过电位(亲锌性差),这使得锌优先沉积在碳层/锌界面,因为该区域的电子和离子都更容易获得。此外,碳基保护涂层应该是多孔的,以使电解液能够渗透,并用作从电解液中捕获 Zn^{2+} 的储层,使 Zn^{2+} 通量均匀化并调节锌枝晶/突起的生长。然而,在某些情况下,碳基涂层通常具有丰富的缺陷,这可能会增加与 Zn^{2+} 的结合能,导致锌可能沉积在碳涂层表面。在这种情况下,导电层不能长时间维持,因为在电解液/碳基层之间界面处的锌沉积最终会导致枝晶泛滥,甚至"死锌"。因此,在碳基保护涂层的设计中,无缺陷的碳质材料,如石墨烯和碳纳米管是高性能 AZIBs 的首选。如 Zn 包覆还原性氧化石墨烯(Zn/rGO)负极,rGO 层的引入使电荷分布均匀并提供快速有效的电子转移通道,从而有效抑制 Zn 枝晶的形成,避免低导电性的"死锌",降低了界面电阻。将 Zn/rGO 与 $V_3O_7 \cdot H_2O$/rGO 复合正极组成的 AZIB 具有良好的循环稳定性,1000 次循环后容量保持率高达 79%[66]。另一项研究通过金属 Zn 自发还原氧化石墨烯,随后,还原的 rGO 通过自组装在锌箔表面形成多层薄膜。层状 rGO 具有比表面积大、导电性好、机械稳定性好等独特性能,所制备的 Zn/rGO 负极显著降低了局部电流密度,抑制了 Zn 在枝晶/突起上的优先沉积,释放了 Zn 沉积的残余应力,从而获得了均匀、无枝晶的 Zn 沉积过程。

② 离子导电保护涂层　具有良好离子传导性的功能层已被广泛用作锌负极的保护涂层。一些聚合物是天然离子导体,具有柔韧性,可在锌表面提供均匀的电解质分布,有助于 Zn^{2+} 在保护涂层下方均匀沉积/溶解。例如,研究者通过简单的旋涂方法,在锌表面均匀沉积了一种具有高黏弹性的聚乙烯醇缩丁醛薄膜,这种致密的人造膜不仅通过阻挡锌表面的水来有效防止副反应,而且由于其良好的附着力、亲水性、离子导电性和机械强度,还可以引导膜下方均匀的锌沉积/溶解。受"金属光亮剂"的启发,研究者用聚酰胺(PA)/$Zn(CF_3SO_3)_2$ 溶液涂覆锌箔,形成的 PA 涂层作为锌负极的保护涂层可抑制树枝状锌的生长。PA 层通过细化成核晶粒,限制 Zn^{2+} 的 2D 扩散,增加成核密度,从而使锌沉积致密而光滑。聚酰胺层还可阻止水系电解液中溶解的 O_2 和游离 H_2O 到达锌表面,抑制有害的副反应。

③ 多孔/通道保护涂层　构建多孔人工涂层是另一种通过空间限制来阻止锌枝晶的策略,从而提高锌负极的沉积/溶解稳定性。例如,在 Zn 箔表面涂覆一层纳米多孔 $CaCO_3$ 可提高锌负极的稳定性,使锌对称电池在 836h 内保持优异的沉积/溶解循环行为,且具有较低的极化电势,并抑制了枝晶生长。纳米 $CaCO_3$ 涂层中的孔隙

对锌枝晶的可控生长起着重要作用。致密、光滑、平整的锌箔在经过 100 次沉积/溶解后表面出现大量的微尺寸突起，而纳米 $CaCO_3$ 涂覆的锌箔表面形貌保持光滑多孔，无明显突起。纳米 $CaCO_3$ 涂层孔隙率高，容易被水系电解液渗透，从而在整个锌箔表面形成相对均匀的电解液通量和锌沉积速率。$CaCO_3$ 涂层的纳米孔约束小尺寸锌核是降低电极极化的原因。更重要的是，只有在锌箔表面附近电位足够低（或为负）时的 Zn^{2+} 才能被还原，从而形成自下而上具有位置选择性的锌沉积过程，而不是优先沉积在 Zn 突起/枝晶的尖端，避免了可能导致极化和电池短路的大枝晶的形成。纳米多孔绝缘涂层对电解液迁移的均化作用及锌沉积反应的限域作用，显著增加了负极表面锌沉积/溶解反应的均匀性和稳定性，有效提升了电池的充放电循环寿命，$Zn-CaCO_3\|ZnSO_4 + MnSO_4\|CNT/MnO_2$ 电池充放电 1000 次后，容量比普通锌箔电池高出 42.7%。

　　3D 纳米多孔 ZnO 涂层锌板构建的锌负极（Zn@ZnO-3D）也可以加速 Zn^{2+} 的迁移和沉积动力学，并抑制 HER。其成核电位仅为 42.4mV，电荷转移电阻为 292.7Ω，而裸 Zn 的成核电位为 66.9mV，电荷转移电阻为 1240Ω。此外，Zn@ZnO-3D 去溶剂化能耗低，可有效抑制 HER。Zn@ZnO-3D 负极在 5.0mA/cm² 的电流密度下实现了约 99.55% 的锌利用率和 1000 次循环的长期稳定性（超过 500h，约 1.3% 的 DOD）。以 2mol/L $ZnSO_4$ + 0.1mol/L $MnSO_4$ 为电解液的 Zn/MnO_2 全电池进一步验证了这一特性，在 0.5A/g 下循环 500 次后容量保持率接近 100%，在 1A/g 下循环 1300 次后容量保持率接近 88.23%[67]。

　　多孔 MOF ZIF-7 和 ZIF-8 涂层用于稳定锌负极，其中前者使用 MOF 构建一层过饱和电解液界面，可以调节离子的溶剂化结构，而后者有利于 Zn^{2+} 扩散并由于其亲水性和多孔表面而产生均匀的电荷分布。此外，具有 Zn^{2+} 扩散选择性通道和筛分功能的高岭土也可用作人工保护层。窄的孔径分布使 Zn^{2+} 在受限通道中均匀迁移，从而避免了枝晶的形成。需要注意的是，一些多孔涂层使电解液能够通过孔隙渗透到锌的表面，这使得表面离子分布不均匀。这种涂层只是容纳而不是抑制锌枝晶。调整离子界面传输机制是促进离子传输的另一个有效途径，如 Nafion/Zn-X 沸石形成的有机/无机杂化层，这种有机/无机桥界面将 Zn^{2+} 传输从 Nafion 中的通道传输转变为有机/无机界面中的跃迁机制，从而极大地抑制了副反应和 Zn 枝晶的生长。

　　④ 高介电常数保护涂层　一些具有低电子电导率和高介电常数的金属氧化物是锌负极的良好保护涂层。这种绝缘涂层可以与锌负极建立 Maxwell-Wagner 极化，即由于两个基质界面处的介电常数和电导率不同而引起的极化。Maxwell-Wagner 极化可以抑制 HER 以消除 Zn 腐蚀和 ZnO 致密化，并提供更可控的 Zn^{2+} 成核位点。由于保护涂层的电绝缘性，锌沉积区域被限制在反应界面附近，从而导致平滑的锌沉

积行为。导电性差、介电常数高的 ZrO_2 薄膜作为保护层，可以有效阻止锌负极与电解液的直接接触，从而抑制 HER 副反应和锌腐蚀。此外，ZrO_2 的高介电常数可以提供可控的 Zn^{2+} 成核位点并促进快速的离子传输动力学，从而实现均匀的 Zn 沉积/溶解和 Zn 负极的高稳定性。作为与 ZrO_2 类似的陶瓷绝缘材料，超薄 TiO_2 层也具有类似的锌负极保护作用。然而，由于离子传输受限，这些电化学惰性保护材料会降低锌负极的倍率性能。最近，一种钙钛矿型材料钛酸钡（$BaTiO_3$）被报道作为一种人造固体电解质界面（SEI）层来抑制 Zn 枝晶。$BaTiO_3$ 可以极化，并且其极化可以在外部电场下切换。由于 $BaTiO_3$ 层中的偶极子排列，锌离子在循环过程中在负极/电解液界面处的有序迁移，有助于锌的均匀溶解/沉积和限制锌枝晶的生长。因此，锌负极在 $1mA/cm^2$ 下实现超过 2000h 的可逆 Zn 溶解/沉积过程，对组装的 AZIBs 也显示出提高的循环稳定性，该电池在 2A/g 下循环 300 次可提供接近 100% 的库仑效率[68]。

锌金属阳极在中性或弱酸性电解液中仍然面临包括枝晶形成、腐蚀和析氢等问题。枝晶的形成归因于存在能量上有利的电荷转移位点和不均匀的电场分布。腐蚀包括电化学腐蚀和自腐蚀，电化学腐蚀导致锌从电极上脱落和电极与电解液发生副反应，造成锌的不可逆消耗。析氢是一个复杂的过程，与还原电位、过电位、表面积、电解液的 pH 等有关。为了进一步提高负极性能，需要综合考虑上述问题之间的相互影响。枝晶形成导致的表面积增大会加速析氢过程，而析氢引起的局部 OH^- 浓度增加会促进副产物的形成，进而增加电极的极化，有利于枝晶的形成。虽然一些材料和技术在有效控制锌枝晶和副反应方面取得了成效，但是由于工艺复杂、成本高、材料不易获得等因素，不利于大规模生产，实际应用比较困难，需关注和开发更多可用于工业化的低成本材料和技术，促进含中性或弱酸性电解液的 ZIBs 从实验室向商业化转变。

5.5 电解液

水系电解液作为 AZIBs 的"血液"在正极和 Zn 负极之间为 Zn^{2+} 的快速扩散提供环境，同时电解液还决定电池的电化学窗口、电极反应机制和离子电导率。此外，电解液的选择对于准确评估电极材料和获得优异的电化学性能至关重要。根据电池反应过程，良好的电解液不仅可以通过调节水分解（HER 和 OER）电压来拓宽电压窗口，而且可以作为稳定电极的替代方案。AZIBs 通常采用中性或弱酸性电解液（pH = 3.6～6.0），与碱性电解液相比，因其可抑制锌基副产物的形成而实现更稳定的锌负极。典型 ZIBs 的电解液由锌盐、溶剂，有时还有添加剂组成，AZIBs 电解液常用的锌盐包括无机锌盐［$Zn(NO_3)_2$、$Zn(ClO_4)_2$、$ZnCl_2$、ZnF_2、$ZnSO_4$ 等］和有机锌盐（$Zn(CF_3SO_3)_2$、$Zn[N(CF_3SO_2)_2]_2$）。

5.5.1 AZIBs 电解液的种类

$Zn(NO_3)_2$ 和 $Zn(ClO_4)_2$ 属于氧化性锌盐，其中 $Zn(NO_3)_2$ 中的阴离子 NO_3^- 是强氧化剂，容易腐蚀电极，导致锌箔和正极材料严重腐蚀。而 $Zn(ClO_4)_2$ 由于其 Cl 原子具有高价态（+7），容易被还原为低价态，也被视为氧化剂，但 ClO_4^- 具有稳定的结构，正四面体中心的 Cl 被四个 O 包围，导致反应活性低，氧化性相对较弱。然而在 $Zn(ClO_4)_2$ 电解液中，Zn 箔上易形成 ZnO 薄层，导致 ZIBs 中的反应动力学减慢，并造成 Zn^{2+} 沉积/溶解过电位较大。

与氧化性锌盐相比，卤化锌（如 $ZnCl_2$ 和 ZnF_2）通常与锌负极相容性更好，锌与低氧化性的 Cl^- 和 F^- 发生的副反应较少。然而，ZnF_2 电解质在水中的溶解度低，仅为 86mmol/L，导致电池循环性能较差。相比之下，$ZnCl_2$ 是水溶性最强的无机锌盐之一。然而，狭窄的负极电化学稳定电压窗口［1mol/L $ZnCl_2$ 溶液的析氧电位仅为约 0.75V（vs. Zn^{2+}/Zn）］和连续副反应等缺点限制了其在高性能 AZIBs 中应用的可行性。

有机锌盐 $Zn(CF_3SO_3)_2$ 水溶液具有较宽的电化学窗口和良好的电极相容性。$Zn(CF_3SO_3)_2$ 电解液不仅能够缓解正极材料的溶解问题，而且体积较大的 $CF_3SO_3^-$ 能够减少 Zn^{2+} 溶剂化壳结构中的水分子数量，降低 Zn^{2+} 的溶剂化效应，加快 Zn^{2+} 的传输和电荷转移速率，有利于 Zn^{2+} 在正极材料中的扩散及 Zn 负极的稳定性。此外，研究发现，$Zn(CF_3SO_3)_2$ 电解液浓度对电池充放电性能具有一定影响。$ZnMn_2O_4$ 正极材料在 3mol/L $Zn(CF_3SO_3)_2$ 电解液中的溶解度大大降低，相比于 1mol/L $Zn(CF_3SO_3)_2$，其循环稳定性和库仑效率均有显著提高。但 $Zn(CF_3SO_3)_2$ 成本较高，这在很大程度上限制了其应用。

与上述锌盐电解质不同，微酸性 $ZnSO_4$ 水溶液电解质因其价格低廉、配伍性好而被广泛应用于 AZIBs 中。SO_4^{2-} 基团呈正四面体结构，四个 O 原子位于正四面体四个顶点，S 原子位于正四面体的体心，四个 S—O 键也表现出相似的化学性质，因此 SO_4^{2-} 具有非常稳定的结构。在这种温和的 $ZnSO_4$ 电解质中，Zn 负极的溶解/沉积反应动力学快，锌枝晶生长轻微，腐蚀较弱。但在充放电过程中，由于正负极表面会发生 pH 变化，当 pH 增加时，电极表面则会生成 ZHS。可表示为：

$$4Zn^{2+} + SO_4^{2-} + 6OH^- + 5H_2O \longrightarrow Zn_4(OH)_6SO_4 \cdot 5H_2O \tag{5-17}$$

ZHS 会对电极和电解液界面性质产生影响，目前关于 ZHS 对于正极材料性能影响的研究结果并不一致，部分研究人员认为 ZHS 副产物是造成正极材料初始充放电阶段容量衰减的原因；也有部分学者认为 ZHS 有助于电极的稳定并可以进一步抑制容量的衰减，而且 ZHS 在充放电过程中可逆，可以作为正极材料应用，对性能影响并不明显。因此，ZHS 对正极性能的影响及其作用仍有待进一步深入探究。对于负极 Zn 而言，其表面生成的 ZHS 副产物会降低负极库仑效率，不利于其循环稳定性。

虽然应用 $ZnSO_4$ 或 $Zn(CF_3SO_3)_2$ 水系电解液取得了很大的进步，但在电解液的开发过程中仍存在一些问题，包括正极材料溶解和副产物生成，锌负极枝晶生长、腐蚀和析氢等，导致 AZIBs 库仑效率低、容量衰减快及稳定性差等问题。为了解决这些问题，人们提出了各种优化电解液组成和溶液性质策略，例如加入添加剂、调整浓度和应用凝胶电解质等，以改善界面电化学实现无枝晶化锌沉积。

5.5.2　AZIBs 电解液的优化策略

优化电解液可以产生多种积极作用，例如：①屏蔽初始不均匀锌沉积位点处的电场从而诱导均匀沉积；②通过静电作用调控界面处锌离子的均匀分布；③诱导沉积锌的晶面生长取向；④降低自由水含量抑制 HER 副反应等；⑤改变锌离子的溶剂化结构。电解液的优化有两种途径：应用电解液添加剂和减少电解液中自由水含量。

（1）电解液添加剂

众所周知，AZIBs 的一些正极中间体可溶于水系电解液，导致容量快速衰减。此外，锌枝晶生长严重，导致循环性能不稳定。引入电解液添加剂主要用于解决 AZIBs 中正极和负极的相关问题。添加功能性添加剂被认为是改善电解液和提高电池性能的有效策略。

① 无机添加剂　根据"共离子效应"，在电解液中加入含有与正极材料相同阳离子的盐可以抑制正极材料溶解。例如，在 $ZnSO_4$ 溶液中加入 $MnSO_4$ 能够缓解 Mn^{2+} 从 MnO_2 正极溶解问题已经成为比较普遍的通用做法，因为预添加的 Mn^{2+} 可以改变电解液中 Mn^{2+} 的溶解平衡，抑制 Mn^{2+} 向 Mn^{3+} 的歧化。因此，$ZnSO_4 + MnSO_4$ 电解质显著提高了 Zn-MnO_2 电池的循环稳定性。但需要注意的是，添加剂过少可能无法很好地发挥作用，而过多的添加剂会增加成本，降低电池的整体能量密度。AZIBs 的典型电解液配方是 1mol/L $ZnSO_4$+0.1mol/L $MnSO_4$。同样，在 $ZnSO_4$ 电解液中添加 Na_2SO_4 可以通过改变 $NaV_3O_8 \cdot 1.5H_2O$ 中的 Na^+ 的溶解平衡来稳定正极；添加 Na 盐还可以提高 PBAs 的循环稳定性，在 Na^+ 的存在下，CuHCF 不容易产生相变。

此外，具有较低还原电位的 Na^+（与 Zn^{2+} 相比）可以在枝晶上形成正的静电屏蔽，抑制 Zn^{2+} 沉积到尖端，从而限制锌枝晶的生长。

②　有机添加剂　向电解液中添加有机化合物也是稳定负极和抑制锌枝晶生长的有效策略。例如，向 $Zn(CF_3SO_3)_2$ 水溶液中加入一定量的二乙醚（Et_2O），能够显著提升 Zn-MnO_2 电池的电化学性能。循环过程中，极性的 Et_2O 分子在高的局部电场作用下聚集在锌片表面的尖端部位，并作为静电屏蔽层阻止了 Zn^{2+} 在尖端部位的沉积，促使 Zn^{2+} 向低 Et_2O 浓度的平坦区域迁移，从而抑制锌枝晶的产生。聚乙烯亚胺作为 AZIBs 的电解液添加剂时，倾向于吸附在锌基材表面，使电流分布均匀并抑制锌沉积动力学，从而有利于成核而不是生长。因此，锌沉积的形态从叠层六方大晶体变为致密层，没有优先生长，使锌均匀沉积。聚丙烯酰胺也是调节 Zn^{2+} 分布的有效添加剂。电解液中的聚丙烯酰胺对 Zn^{2+} 有很强的选择性吸附能力，使 Zn^{2+} 沿碳链输送到负极表面，实现了离子分布均匀，限制了枝晶的形成。DFT 计算验证了表面吸附四丁基铵阳离子（TBA^+）对 Zn^{2+} 沉积过程的作用机理，当水合 Zn^{2+} 穿过 TBA^+ 层朝向锌表面时，能垒可能达到约 0.55eV，明显高于不含 TBA^+ 添加剂的电解液。这一现象证明了 TBA^+ 对 Zn^{2+} 扩散的屏蔽作用。此外，加入表面活性剂，如十二烷基硫酸钠、硫脲等，可以抑制氢气（或氧气）的释放，改变锌的耐腐蚀性能，拓宽电压窗口。

（2）调节电解液的浓度

高浓度锌离子电解液被用于提升 AZIBs 的性能。如前所述，Zn^{2+} 与水分子形成 $[Zn(H_2O)_6]^{2+}$ 溶剂化壳层结构。这种结构使得溶剂化的 Zn^{2+} 必须克服较高的能垒才能进行溶解/沉积，增加锌负极的不可逆性。高浓度电解液中游离水分子的数量显著减少，可以改变 Zn^{2+} 的溶剂化结构和阳离子、阴离子的迁移行为，从而抑制正极材料的溶解，也能够使负极避免形成枝晶和副产物，提高负极 Zn^{2+} 沉积/溶解的库仑效率，还可扩大 AZIBs 的电压窗口，有效提高 AZIBs 电化学性能。

$ZnCl_2$ 在水中的溶解度极大，其浓度可达 30mol/kg，而高浓度 $ZnCl_2$ 可改变 Zn^{2+} 溶剂化壳结构、降低水分子活性、拓宽电压窗口并抑制正极材料的溶解。当 $ZnCl_2$ 电解液浓度从 1mol/L 提高到 30mol/L 时，V 基氧化物正极材料的溶解在很大程度上得到了抑制，循环稳定性显著提高，特别是在小电流密度下（50mA/g），循环 100 次容量保持率从 8.4% 提高到了 51.1%，而且正极材料的放电容量从 296mA·h/g 增加到 496mA·h/g，V^{5+}/V^{4+} 氧化还原电位可以提高 0.4V[69]。进一步在 $ZnCl_2$ 电解液中添加 NH_4Cl，通过调节电解液的 pH 值，使具有高放电电位的聚阴离子型化合物 $Na_3V_2(PO_4)_2O_{1.6}F_{1.4}$ 实现稳定循环，其在 25mol/kg $ZnCl_2$＋5mol/kg NH_4Cl 电解液（pH≈7）中，500mA/g 下循环 2000 次的放电容量仍保持在 115mA·h/g。在 1mol/L

Zn(TFSI)$_2$ + 20mol/L LiTFSI（双三氟甲基磺酰亚胺锂）的高浓度电解液中，Zn^{2+}与 TFSI 配位形成紧密的离子对 Zn(TFSI)$^+$而不是 Zn[(H$_2$O)$_6$]$^{2+}$溶剂化壳层。Zn(TFSI)$^+$中的 Zn^{2+}与配体离子之间较弱的相互作用会在电极和电解液的界面处诱导低能垒去溶剂化，从而加快反应动力学并抑制水的分解。此外，由于电荷分布的均匀性增强，浓缩电解液有助于提高库仑效率、缓解副反应并阻止枝晶生长。21mol/kg LiTFSI＋1mol/kg Zn(CF$_3$SO$_3$)$_2$ 能够将电解液电压窗口拓宽到 2.60V（1mol/L ZnSO$_4$ 为 2.4V），这促使聚阴离子型 VOPO$_4$ 正极材料中的 O 得到还原，提高放电电压的同时还额外增加了放电容量。在上述高浓度电解液中，VOPO$_4$ 的放电电压从 0.6V 提升到 1.0V，并且在 500mA/g 下循环 240 次的容量保持率达到 85%，而在 1mol/L Zn(CF$_3$SO$_3$)$_2$ 中则仅为 58%。以 LiTFSI 作为高浓度电解液成分，由于存在大量 Li$^+$，这也会使部分正极材料在充放电过程中存在 Li$^+$的共嵌入/脱出过程，表明 Zn^{2+}和 Li$^+$均参与到电池的电化学过程中。此外，高浓度电解液存在成本较高、电解液黏度大和离子电导率低可能造成的大电流密度放电能力差和功率密度低的问题。

（3）凝胶电解质

AZIBs 采用液态电解质，其离子电导率高达 7～60mS/cm。相比于液态电解质，凝胶电解质离子电导率虽然有所降低，但在溶胶凝胶电解质中，水的活度大大降低，从而可以有效抑制正极材料的溶解、锌负极的腐蚀和钝化以及副产物的生成等。另外，凝胶电解质还具有一定的机械强度和可拉伸性，可以同时作为电解质和隔膜。此外，在某些情况下，凝胶电解质还可以抑制锌枝晶的生长并提高电化学稳定性。因此，在柔性可穿戴储能系统中表现出良好的应用前景。

凝胶电解质由聚合物凝胶和相应的水性电解质组成，其相对良好的力学性能源于聚合物凝胶中的框架和官能团。它们的性能取决于凝胶类别和每种成分的比例。凝胶电解质根据交联强度和交联方式的不同可分为三类：非交联凝胶、物理交联凝胶和化学交联凝胶。

1）非交联凝胶电解质

将水溶性聚合物分散于水溶液中，聚合物链段与水分子之间形成的氢键将大大增加整体的黏度，降低流动性，由此获得无交联的凝胶电解质。非交联凝胶电解质呈非晶态黏性，其成分为含锌盐溶液和聚合物或无机组分。用于凝胶电解质的聚合物包括聚乙烯醇（PVA）、黄原胶、羧甲基纤维素钠（CMC）和气相二氧化硅等。其中，最常用的是 PVA 基凝胶电解质。在 PVA 链段中，羟基是亲水基团，聚合物分子很容易溶于水。PVA 基凝胶电解质的高黏度有利于电解质和电极材料之间的接触以及提高界面的润湿性。例如，使用 PVA/ZnCl$_2$/MnSO$_4$ 凝胶作为电解质，所制备的准固态 Zn-MnO$_2$@PEDOT［聚（3,4-乙二氧噻吩）］电池具有高度的可逆性，在 300

次循环后保持其初始容量（282.4mA·h/g）的 77.7%以上和近 100%的库仑效率，PEDOT 保护层有效地改善了 MnO$_2$ 的循环稳定性。此外，这种柔性准固态 Zn-MnO$_2$ 电池实现了 504.9W·h/kg（33.95mW·h/cm^3）的能量密度和 8.6kW/kg 的峰值功率密度[70]。PVA/ZnCl$_2$ 凝胶电解质与其它正极材料组装的柔性固态锌离子电池也表现出优异的电化学性能，如在生长在碳布上的三维 CNTs 导电网络上先后沉积 MnO$_2$ 和 PEDOT 制得自支撑正极（CMOP）、含氧缺陷型的 ZnMn$_2$O$_4$@PEDOT 正极材料，在碳纳米管纤维（CNTFs）上制得具有分级结构的 V-MOF 正极材料等。此外，采用 PVA/Zn(CF$_3$SO$_3$)$_2$ 凝胶作电解质，与直接在钛基底上生长的二维超薄五氧化二钒纳米片（V$_2$O$_5$-Ti）正极组装的柔性 V$_2$O$_5$-Ti//Zn 电池，其在 4A/g 的高电流密度下比容量为 377.5mA·h/g，能量密度、功率密度分别为 622W·h/kg 和 6.4kW/kg，在 20A/g 下循环 500 次后容量保持率为 68.21%[71]。CMC 基凝胶电解质具有可直接涂在电极上的高黏附性，基于 ZnSO$_4$/CMC 凝胶电解质设计的同轴纤维电池具有 100.2mA·h/cm^3 的高容量和 195.4mW·h/cm^3 的能量密度，并且具有优异的柔韧性，在 90°角弯曲 3000 次后仍能保持初始容量的 93.2%。此外，ZnSO$_4$/CMC 凝胶电解质与在氧化碳纳米管纤维上生长二维 Zn$_3$(OH)$_2$V$_2$O$_7$·2H$_2$O（ZVO）正极组装的纤维 ZIB，在 1A/g 电流密度下循环 2000 次的容量保持率为 88.6%，能量密度、功率密度分别为 71.6mW·h/cm^3 和 7.3W/cm^3，弯曲循环 1000 次容量保持率超过 96%[72]。

ZnSO$_4$ 溶液是 ZIBs 常用的低成本电解质。但 SO$_4^{2-}$ 对 PVA 或 CMC 链有很强的沉淀能力。因此，以 PVA 或 CMC 作分散体很难制得含有高浓度硫酸锌盐的凝胶电解质。黄原胶作为一种阴离子聚合物可实现对盐的高耐受性，使用黄原胶制备的含有 2mol/L ZnSO$_4$ 和 0.1mol/L MnSO$_4$ 的凝胶电解质，电导率高达 16.5 mS/cm，其羧酸基与 Zn^{2+}发生相互作用，消除了盐析作用。基于这种电解质设计的柔性 ZIB 在弯曲 100 次后容量保持率可达 95%。

2）物理交联的水凝胶电解质

非交联凝胶电解质具有一定的流动性，一般机械强度较低，在外力作用下会被损坏和变形。因此，在大多数情况下，相应的电池仍需要隔膜以避免外力作用下的电极短路。通过简单的热处理使聚合物分子内的链段间形成氢键，聚合物骨架可以具有更强的力学性能，由此获得的物理交联水凝胶电解质可以维持较为稳定的形态。

明胶独特的热可逆性，可将其直接涂覆在电极表面原位凝胶形成水凝胶电解质（GHE）。明胶水凝胶体系中的丰富亲水基团（如—OH、—CO 和—NH）形成不同类型的氢键，提供有效的物理交联点。因此，与非交联凝胶电解质相比，GHE 可以形成特定的形状并保持更强的力学性能。GHE 在 40℃以下即可获得，交联后的 GHE 当温度超过 40℃后会具有流动性，然而当继续冷却至室温时又会凝胶化。基于这一特性，电解质与电极之间可以形成紧密的接触。此外，由于聚合物骨架中含有大量的水，GHE 具有相对较高的离子电导率。基于明胶/ZnSO$_4$ 电解质设计的柔性软包 Zn/NVO 电池（NaV$_3$O$_8$·1.5H$_2$O）具有 288mA·h/g 的高容量和优异的倍率性能。此外，明胶电解质与水合 V$_2$O$_5$ 正极组装柔性准固态锌离子电池，在 0.1A/g 电流密度下的比容量为 361mA·h/g，在 1A/g 下循环 300 次容量保持率为 85%[73]。

3）化学交联的水凝胶电解质

物理交联通常作用力相对较弱，在高温或强外力等恶劣的外部环境下网络结构会破坏。与物理交联相比，通过化学交联获得的水凝胶电解质具有优异的稳定性和力学性能，可以同时作为电解质和隔膜，组装的电池能够经受更大程度的变形和外力作用。

具有化学交联的聚丙烯酰胺（PAM）基水凝胶是最有前途的电解质之一。在 PAM 水凝胶基质中，交联点存在于所有链段之间，从而形成高度多孔的框架，具有优异的力学性能。在链段的未交联区域中，酰胺基（—CONH$_2$）等亲水基团通过氢键将水分子捕获在 PAM 多孔框架结构中，促进水的存储和 Zn^{2+} 在电解质中的迁移。2mol/L ZnSO$_4$ 和 0.1mol/L MnSO$_4$ 的 PAM 基电解质，其离子电导率可达 17.3mS/cm，拉伸强度为 273kPa，在 300% 的拉伸应变下，离子电导率仍保持在 16.5mS/cm。基于该电解质设计的 Zn/MnO$_2$ 电池在循环 500 次后容量保持率高达 98.5%。

此外，通过修饰框架上的一些官能团，可以进一步提高水凝胶电解质的电化学性能。例如，纳米原纤化纤维素（NFC）因其丰富的羟基而被广泛用作增强剂。通过在纳米原纤维素分散体中原位聚合丙烯酰胺单体合成了 NFC/PAM 水凝胶电解质，其拉伸应变可达 1400%。特别是，由于羟基和水分子之间存在丰富的氢键，NFC/PAM 水凝胶电解质中的保水性增强。与基于 PAM 的水凝胶电解质相比，NFC/PAM 水凝胶电解质表现出更高的离子电导率（22.8mS/cm）。所得固态 Zn/MnO$_2$ 电池在 1000 次循环后具有稳定的电化学性能，在 4C 时的比容量为 200mA·h/g[74]。通过自由基聚合将 PAM 接枝到明胶链上，并填充到聚丙烯腈（PAN）电纺纤维膜中，制备得明胶-g-PAM 分层凝胶电解质，其离子电导率高达 1.76×10^{-2}S/cm。含有高亲水基团的明胶与高保水能力的 PAM 接枝可以进一步提高明胶-g-PAM 水凝胶的亲水性，而 PAN 纤维膜作为骨架可以提高凝胶的机械强度。基于该电解质的柔性固态 ZIB 可提供 306mA·h/g 的高比容量和稳定的长期循环性能，1000 次循环后容量保持率为 97%。由卡拉胶（IC）和 PAM 合成的单 Zn^{2+} 导电水凝胶电解质（SIHE），将其用作 Zn//V$_2$O$_5$ 电池的电解质。SIHE 通过固定在 IC 聚合物主链上的大量硫酸盐表现出单一的 Zn^{2+} 导电性，Zn^{2+} 转移数为 0.93，离子电导率为 2.15×10^{-3}S/cm。在电池循环过程中，SIHE 确保了均匀的 Zn^{2+} 通量，有效抑制了枝晶的生长。此外，由于电解液中缺乏自由阴离子，避免了锌阳极的钝化。Zn//V$_2$O$_5$ 电池在 2C 下循环 150 次时的稳定容量为 271.6mA·h/g，在 5C 下循环 500 次时容量为 127.5 mA·h/g。

（4）多功能水凝胶电解质

水凝胶电解质在某些聚合物中含有多种官能链。因此，通过引入聚合物链的官能团，可以赋予水凝胶电解质的智能特性，包括自保护、自修复和极端耐受能力。

1）自保护功能凝胶电解质

电池在超快充电/放电过程中或危险条件下会产生大量的热，导致超压和过热，形成爆炸隐患，开发具有自保护功能的智能电化学储能装置可以有效解决这一问题。聚（N-异丙基丙烯酰胺-丙烯酸）（PNA）是一种热敏型聚合物，它在低温下是溶胶态，锌离子可以在其中自由迁移；在高温下，PNA 转变成固体凝胶，因电阻增大阻止了锌离子的迁移，导致电池断路而停止工作。待冷却后，PNA 自发地转变为溶胶状态，电池的电化学性能得以恢复。因此，具有这种电解质的智能 Zn/α-MnO$_2$ 电池可以在不同条件下经历不同的充放电速率，在不同的温度水平下实现动态和可逆的自我保护。与上述溶胶凝胶转变机制类似，另一种在室温下呈固体的温度响应性聚（N-异丙基丙烯酰胺-co-N-甲基丙烯酸丙烯酰胺）（PNIPAM/NMAM）凝胶电解质，常温下为固态，避免了液体泄漏，且体积更小更稳定。随着温度升高，PNIPAM/NMAM 的分子链之间逐渐形成氢键，切断了电解质内部的离子传输通道，并在电解质表面扩散。电解质表面由亲水性变为疏水性，限制了自由离子的运动，25～70℃内容量损失率可达 80%，使容量得到有效控制。这种温度响应性凝胶电解质能够抵抗热失控并实现可逆保护[75]。

2）自修复功能凝胶电解质

具有自修复功能的凝胶电解质可以在损坏后恢复原始性能，实现 ZIBs 的自动修复，显著提高电池的耐久性和使用寿命，减少资源浪费。柔性 ZIBs 的自修复能力可以通过在电解质中引入可逆的离子键、共价键、氢键等相互作用来实现。PVA 基的水凝胶其链上羟基侧基之间存在丰富的氢键，因此可以自愈。

将锌盐加入 PVA 水凝胶基质中，经冷冻-解冻处理后，PVA 在分子链之间形成更多的结晶微畴，这些微畴作为交联点形成多孔网络，有利于电解质离子的传输。这种水凝胶电解质一旦被破坏，会在断裂界面上重新建立氢键而实现完全的自愈合。因此，基于 PVA 的水凝胶电解质即使在多次切割/自愈合循环后仍表现出优良的离子电导率。采用 PVA/Zn(CF$_3$SO$_3$)$_2$ 水凝胶电解质组装的柔性固态 Zn/PANI 锌离子电池，其比容量、功率密度分别为 123mA·h/g 和 5089W/kg，在 1A/g 的电流密度下经 1000 次循环后容量保持率为 97.1%，3 次修复、200 次循环后容量几乎无衰减。

自修复凝胶电解质 ZIB 的开发一直受到严重团聚、不规则卷曲和自卷曲问题的困扰，导致分散性和力学性能差。将甘油引入瓜尔胶（GG）系统构建的空间分子梳解决了这一问题。甘油通过氢键相互作用吸附在 GG 分子链上，抑制碳-碳单键的旋转，梳理和拉直 GG 分子链，使醇羟基活性位点充分暴露并与硼酸盐动态交联，以实现超快的自修复功能。此外，电解液与体系中的活性水分子具有更强的结合能，使 Zn^{2+} 初级溶剂化壳层中的水分子数从 6 个减少到 3.8 个，有利于 Zn^{2+} 在正极材料中的迁移。使用这种电解质组装的 ZIB 切割成两块后可以在 30s 内合并为一块，在 1A/g 下循环 500 次后的容量为 200mA·h/g，在 10A/g 下循环 10000 次后具有高达 98.5% 的容量保持率[76]。

3）防冻凝胶电解质

传统凝胶电解质在零度以下会冻结并失去弹性，严重影响了 ZIBs 的电化学性能和在低温环境中的应用。为了提高水凝胶电解质在零度以下温度环境中的适应能力，将盐溶液引入电解质中。例如，将黄原胶与高浓度的 $ZnCl_2$ 混合，可将其凝固点降低到 −20℃ 以下。基于该电解质的 ZIB 在 −20℃ 下表现出 119mA·h/g 的放电容量，并在 0.5A/g 下循环 450 次后容量保持率为 83%。引入防冻剂多元醇溶剂（如乙二醇、甘油等）也可以提高凝胶电解质的凝固点。例如，将 EG 引入 GG/海藻酸钠（SA）水凝胶中，制备的抗冻型复合凝胶的电导率为 6.19mS/cm，组装的 ZIBs 在 −20℃、0.1A/g 时的容量为 181.5mA·h/g，100 次循环的容量保持率为 80.39%。将 EG 基水性阴离子聚氨酯丙烯酸酯（EG-waPUA）和 PAM 共聚制得双交联水凝胶电解质，水和聚合物之间的强氢键将水分子牢牢地固定在聚合物网络中，从而使凝胶具有抗冻性。此外，侧向关联的 EG-waPUA 聚合物链和具有足够分子内氢键的 PAM 聚合物链的共价相互作用，使水凝胶具有优异的力学性能和良好的低温灵活性。基于这种水凝胶电解质组装的 Zn/MnO_2 电池在 −20℃ 下可提供 80% 的室温容量和约 100% 的库仑效率。硼砂交联 PVA/甘油凝胶电解质（PVA-B-G，B 为硼砂，G 为甘油），甘油与 PVA 链的强烈相互作用有效阻止了整个凝胶网络中冰晶的形成。这种凝胶电解质的凝固点低于 −60℃，即使在 −35℃ 下仍然具有 10.1mS/cm 的高离子电导率和良好的力学性能。基于 PVA-B-G 组装的柔性准固态 $Zn-MnO_2$ 电池，当温度降低到 −35℃ 时仍具有 25.8mW·h/cm³ 能量密度，经 2000 次循环后保持约 90% 的容量[77]。

虽然在凝胶电解质方面取得了进展，但与液体电解质相比，凝胶电解质的离子电导率仍然相对较低，导致倍率性能低，功率密度不理想。除了离子电导率外，凝胶电解质还需要高的机械耐受性，但凝胶电解质力学性能的提高往往会牺牲其离子电导率。因此，必须通过选择新型聚合物基体和合适的锌盐来开发具有优异的离子电导率、增强的力学性能和高工作电压的凝胶电解质，同时通过引入聚合物链的各种官能团来进一步设计具有各种智能特性的水凝胶电解质。

5.6 隔膜

隔膜和集流体也是电池的必要组成部分。隔膜可以看作是电极的延伸，因为它与电极紧密接触，但将正极和负极分开，防止电池短路。此外，它必须具有高离子导电性，但具有电子绝缘性。AZIBs 中最常用的隔膜是玻璃纤维，具有高亲水性和对锌枝晶的容忍度，通常制成几百微米厚的滤纸。然而，显而易见，使用这种厚玻璃纤维隔膜会大大降低电池质量能量密度和体积能量密度，而且，玻璃纤维不具有足够的强度，以便在多次离子传输过程中维持其结构完整。因此，为了进一步提高锌电极及电池体系的电化学性能，迫切期望开发高性能隔膜。

由于离子电导率也是高性能隔膜的一个重要参数，因此在隔膜设计中应考虑调节离子转移。例如，交联聚丙烯腈（PAN）基阳离子交换膜（PAN-S 膜）用作 AZIBs 的隔膜时可以增强阳离子传输和均匀的离子通量分布。由于锌离子浓度更均匀，PAN-S 膜比传统隔膜更能明显抑制枝晶生长，循环负极表面呈现出无枝晶的形态，可有效改进负极性能。研究人员发现，锌在负极表面沉积形成 Zn（100）和 Zn（002）构成的两相结晶结构，对应于表面的垂直相构象和平行相构象。为了引导有利于 Zn（002）的平行相构象沉积，将木质素@Nafion 组合膜用作 ZIBs 隔膜，其中，Nafion 隔膜有助于形成平行于负极表面的平面 ZHS 层，作为有效的固体电解质界面，同时诱导 Zn（002）的沉积。隔膜的优点来自于—SO_3^- 与 Zn^{2+} 的相互作用和调变锌离子配位。相比之下，滤纸型隔膜通常产生 Zn（100）沉积和疏松的 ZHS 突出层，导致容量严重衰减。

与有机电解质中的碱金属（Li、Na 和 K）负极不同，在水系电解液条件下，锌负极表面不能原位形成连续的固体电解质界面（SEI），因为 HER 通常发生在常规阴离子或有机溶剂分解之前。HER 间歇性产生的绝缘副产物导致锌负极上的电荷分布不均匀。因此，在设计高性能锌负极时，除了要考虑 Zn^{2+} 通量的均匀性外，还要考虑电子分布的均匀性。研究者设计了一种基于阴离子金属-有机骨架和还原氧化石墨烯双功能 MOF/rGO 隔膜，阴离子 MOF 在锌阳极表面附近形成了富 Zn^{2+} 层，并通过内部良好的阴离子亚纳米隧道调节均匀的 Zn^{2+} 通量。同时，rGO 在锌负极表面上作为稳定的导电层，不仅降低了集流体上的 Zn^{2+}/Zn 氧化还原能垒，还通过在循环过程中消化"死锌"，提高了锌负极的可逆性。此外，rGO 层通过减小锌表面的微观电位差异，有效缓解电池储存过程中锌负极的腐蚀。采用带有 MOF/rGO 功能夹层的 Janus 隔膜显著提高了锌负极的库仑效率、循环寿命和倍率性能，提高了 Zn//MnO$_2$ 电池的整体性能，在 4A/g 和超过 10kW/kg 的高功率密度下，经过 2000 次循环后其容量保持率接近 100%[78]。

除了合成新型电池隔膜，对商用玻璃纤维隔膜进行表面修饰也可以实现对锌负极界面电场和离子的调控，从而诱导锌金属的均匀沉积，显著改善锌负极电化学性能。例如，采用等离子体增强化学气相沉积（PECVD）技术，在商用玻璃纤维隔膜的一侧直接生长垂直石墨烯（VG）"地毯"，设计了一种独特的 Janus 隔膜。面向锌负极的 3D VG 导电网络，可以实现电场均匀分布，降低负极/电解液界面的局部电流密度。通过简单的空气等离子体处理，提高 VG 表面的氧、氮官能团含量，进而提高 VG "地毯"的亲锌性。如图 5-26（a）所示，传统的电惰性玻璃纤维隔膜在高局域电流密度下，锌离子集中分布在二维平面锌阳极上。而具有导电 3D-VG 结构的 Janus 隔膜将协调离子分布，调节 Zn^{2+} 的平稳扩散，引导 Zn 均匀沉积，从而延迟枝晶的形成［图 5-26（b）］。并且与在锌负极上涂覆缓冲（或保护）层相比，这种超轻薄的 VG 层几乎不影响电池的能量密度[79]。在 $ZnSO_4$ 电解液中，以 V_2O_5 为正极，Zn 为负极，组装了 V_2O_5//Zn AZIBs。采用 Janus 隔膜时，V_2O_5//Zn 电池具有优异的倍率性能和电化学稳定性。在电流密度分别为 0.5A/g、1A/g、2A/g、5A/g 和 10A/g 时，基于 Janus 隔膜的 V_2O_5//Zn 电池比容量分别为 231mA·h/g、200mA·h/g、177mA·h/g、150mA·h/g 和 130mA·h/g。当电流密度回到 0.5A/g 时，仍能恢复 203mA·h/g 的容量，显示出明显优于常规玻璃纤维隔膜的倍率性能。同时，带有 Janus 隔膜的电池具有更低的电荷转移电阻和更高的离子扩散动力学。

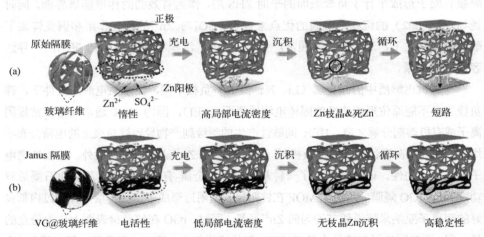

图 5-26　原始玻璃纤维隔膜（a）和 Janus 隔膜降低局部电流密度、均匀离子分布（b）

此外，通过旋涂技术在商用玻璃纤维隔膜的一侧平行生长用磺酸纤维素改性的石墨烯片，构建的 Janus 型隔膜也可用于调控 Zn 的沉积行为。该 Janus 隔膜具备离子选择透过性，仅允许 Zn^{2+} 传输而阻碍 SO_4^{2-} 和 H^+ 传输，有效抑制 HER 和腐蚀等副反应。更重要的是，Janus 隔膜可以持续调控 Zn^{2+} 沿着平行于 Zn（002）面的方向优先生长，阻碍锌枝晶的形成。因此，采用 Janus 隔膜的锌对称电池和全电池表现出优异的电化学性能，在 $10mA/cm^2$ 下锌对称电池可实现超过 1400h 的长循环寿命。基于 $CNT-MnO_2$ 的全电池能在 1A/g 下循环 1900 次后具有高达 95%的容量保持率。此外，采用 Janus 隔膜的 $Zn/NH_4V_4O_{10}$ 软包电池的初始容量为 178mA·h/g，循环 260 次后仍能够提供 157mA·h/g 的容量，容量保持率超过 87%[80]。

  虽然有关 AZIBs 用隔膜的研究较少，但在实际应用中隔膜的作用不容忽视。例如，电池的内阻与隔膜的厚度、孔径和孔隙率有关。由于常用的玻璃纤维易碎，因此研制出具有良好力学性能和柔韧性的功能性隔膜，并提高负极和正极的电化学性能，对 AZIBs 的产业化具有重要意义。

参考文献

[1] Yamamoto T, Shoji T. Rechargeable Zn|ZnSO₄|MnO₂-type cells[J]. Inorg Chim Acta, 1986, 117: L27-L28.

[2] Hao J W, Mou J, Zhang J W, et al. Electrochemically induced spinel-layered phase transition of Mn₃O₄ in high performance neutral aqueous rechargeable zinc battery[J]. Electrochimica Acta, 2018, 259: 170.

[3] Sun W, Wang F, Hou S, et al. Zn/MnO₂ battery chemistry with H⁺ and Zn²⁺ coinsertion[J]. J Am Chem Soc, 2017, 139(9): 9775-9778.

[4] Kundu D, Adams B D, Duffort V, et al. A high-capacity and long-life aqueous rechargeable zinc battery using a metal oxide intercalation cathode[J]. Nat Energy, 2016, 1: 16119.

[5] Pan H, Shao Y, Yan P, et al. Reversible aqueous zinc/manganese oxide energy storage from conversion reactions [J]. Nat Energy, 2016, 1(5): 16039.

[6] Lee B, Seo H R, Lee H R, et al. Critical role of pH evolution of electrolyte in the reaction mechanism for rechargeable zinc batteries[J]. ChemSusChem, 2016, 9(20): 2948-2956.

[7] Chao D, Zhou W, Ye C, et al. An electrolytic Zn-MnO₂ battery demonstrated for high-voltage and scalable energy storage[J]. Angew Chem Int Edit, 2019, 58(23): 7823-7828.

[8] Guo X, Zhou J, Bai C L, et al. Zn/MnO₂ battery chemistry with dissolution-deposition mechanism [J]. Mater Today Energy, 2020, 16: 100396.

[9] Xu C J, Du H D, Li B H, et al. Reversible insertion properties of zinc ion into manganese dioxide and its application for energy storage[J]. Electrochem Solid-State Lett, 2009, 12(4): A61-A65.

[10] Islam S, Alfaruqi M H, Mathew V, et al. Facile synthesis and the exploration of zinc storage mechanism of β-MnO₂ nanorod with exposed (101) planes as a novel cathode material for high performance eco-friendly zinc-ion battery[J]. J Mater Chem A, 2017, 5(44): 23299.

[11] Alfaruqi M H, Mathew V, Gim J, et al. Electrochemically induced structural transformation in a γ-MnO₂ cathode of a high capacity zinc-ion battery system[J]. Chem Mater, 2015, 27(10): 3609-3620.

[12] Jin Y, Zou L F, Liu L L, et al. Joint charge storage for high-rate aqueous zinc-manganese dioxide batteries[J]. Adv Mater, 2019, 31(29): 1900567.

[13] Zhang N, Cheng F Y, Liu Y C, et al. Cation-deficient spinel ZnMn₂O₄ cathode in Zn(CF₃SO₃)₂ electrolyte for rechargeable aqueous Zn-ion battery[J]. J Am Chem Soc, 2016, 138(39): 12894-12901.

[14] Wang J W, Sun X L, Zhao H Y, et al. Superior-performance aqueous zinc ion battery based on structural transformation of MnO₂ by rare earth doping[J]. J Phys Chem C, 2019, 123(37): 22735-22741.

[15] Zhong Y, Xu X, Veder J P, et al. Self-recovery chemistry and cobalt-catalyzed electrochemical deposition of cathode for boosting performance of aqueous zinc-ion batteries[J]. iScience, 2020, 23(3): 100943.

[16] Liu Z X, Qin L P, Chen X Y, et al. Improving stability and reversibility via fluorine doping in aqueous zinc-manganese batteries[J]. Mater Today Energy, 2021, 22: 100851.

[17] Wu B K, Zhang G B, Yan M Y, et al. Graphene scroll-coated α-MnO$_2$ nanowires as highperformance cathode materials for aqueous Zn-ion battery[J]. Small, 2018, 14: 1703850.

[18] Chen L L, Yang Z H, Qin H G, et al. Advanced electrochemical performance of ZnMn$_2$O$_4$/N-doped graphene hybrid as cathode material for zinc ion battery[J]. J Power Sources, 2019, 425: 162-169.

[19] Mao J, Wu F F, Shi W H, et al. Preparation of polyaniline-coated composite aerogel of MnO$_2$ and reduced graphene oxide for high-performance zinc-ion battery[J]. Chin J Polym Sci, 2020, 38(5): 514-521.

[20] Gou L, Mou K L, Fan X Y, et al. Mn$_2$O$_3$/Al$_2$O$_3$ cathode material derived from a metal-organic framework with enhanced cycling performance for aqueous zinc-ion batteries[J]. Dalton Trans, 2020, 49(3): 711-718.

[21] Chen X J, Li W, Zeng Z P, et al. Engineering stable Zn-MnO$_2$ batteries by synergistic stabilization between the carbon nanofiber core and birnessite-MnO$_2$ nanosheets shell[J]. Chem Eng J, 2021, 405: 126969.

[22] Nam K W, Kim H, Choi J H, et al. Crystal water for high performance layered manganese oxide cathodes in aqueous rechargeable zinc batteries[J]. Energy Environ Sci, 2019, 12(6): 1999-2009.

[23] Wang D H, Wang L F, Liang G J, et al. A superior δ-MnO$_2$ cathode and a self-healing Zn-δ-MnO$_2$ battery[J]. ACS Nano, 2019, 13(9): 10643-10652.

[24] Guo C, Liu H M, Li J F, et al. Ultrathin δ-MnO$_2$ nanosheets as cathode for aqueous rechargeable zinc ion battery[J]. Electrochimica Acta, 2019, 304: 370-337.

[25] Wu F F, Gao X B, Xu X L, et al. Boosted Zn storage performance of MnO$_2$ nanosheet-assembled hollow polyhedron grown on carbon cloth via a facile wetchemical synthesis[J]. ChemSusChem, 2020, 13(6): 1537-1545.

[26] Xiong T, Yu Z G, Wu H J, et al. Defect engineering of oxygen-deficient manganese oxide to achieve high-performing aqueous zinc ion battery[J]. Adv Energy Mater, 2019, 9(14): 1803815.

[27] Chao D, Zhou W, Ye C, et al. An electrolytic Zn-MnO$_2$ battery demonstrated for high-voltage and scalable energy storage [J]. Angewandte Chemie International Edition, 2019, 58(23): 7823-7828.

[28] Xu X M, Xiong F Y, Meng J S, et al. Vanadium-based nanomaterials: a promising family for emerging metal-ion batteries[J]. Adv Funct Mater, 2020, 30(10): 1-36.

[29] Wang X Y, Ma L W, Sun J K. Vanadium pentoxide nanosheets in-situ spaced with acetylene black as cathodes for high-performance zinc-ion batteries[J]. ACS Appl Mater Interface, 2019, 11(44): 41297-41303.

[30] Park J S, Jo J H, Aniskevich Y, et al. Open-structured vanadium dioxide as an intercalation host for Zn ions: investigation by first-principles calculation and experiments[J]. Chem Mater, 2018, 30(19): 6777-6787.

[31] Chen L L, Yang Z H, Huang Y G. Monoclinic VO$_2$(D) hollow nanospheres with super-long cycle life for aqueous zinc ion batteries[J]. Nanoscale, 2019, 11(27): 13032-13039.

[32] Zhang L S, Miao L, Zhang B, et al. A durable VO$_2$(M)/Zn battery with ultrahigh rate capability enabled by pseudocapacitive proton insertion[J]. J Mater Chem A, 2020, 8(4): 1731-1740.

[33] Yan M Y, He P, Chen Y, et al. Water-lubricated intercalation in V$_2$O$_5$ • nH$_2$O for high-capacity and high-rate aqueous rechargeable zinc batteries[J]. Adv Mater, 2018, 30(1): 1703725.

[34] Liu H Y, Wang J G, Sun H H, et al. Mechanistic investigation of silver vanadate as superior cathode for high rate and durable zinc-ion batteries[J]. J Colloid Interface Sci, 2020, 560: 659-666.

[35] He P, Zhang G B, Liao X B, et al. Sodium ion stabilized vanadium oxide nanowire cathode for high-performance zinc-ion batteries[J]. Adv Energy Mater, 2018, 8(10): 1702463.

[36] Yang Y Q; Tang Y, Liang S Q, et al. Transition metal ion-preintercalated V$_2$O$_5$ as high-performance aqueous zinc-ion battery cathode with broad temperature adaptability[J]. J Nano Energy, 2019, 61: 617-625.

[37] Xia C, Guo J, Lei Y J, et al. Rechargeable aqueous zinc-ion battery based on porous framework zinc pyro-

vanadate intercalation cathode[J]. Adv Mater, 2018, 30(5): 1705580.

[38] Alfaruqi M H, Mathew V, Song J, et al. Electrochemical zinc intercalation in lithium vanadium oxide: A high-capacity zinc-ion battery cathode[J]. Chem Mater, 2017, 29(4): 1684-1694.

[39] Wan F, Zhang Y, Zhang L L, et al. Reversible oxygen redox chemistry in aqueous zinc-ion batteries[J]. Angew Chem, 2019, 131(21): 7136-7141.

[40] Yang F, Zhu Y M, Xia Y, et al. Fast Zn^{2+} kinetics of vanadium oxide nanotubes in high-performance rechargeable zinc-ion batteries[J]. J Power Sources, 2020, 451: 227767.

[41] Li G L, Yang Z, Jiang Y et al. Towards polyvalent ion batteries: a zinc-ion battery based on NASICON structured $Na_3V_2(PO_4)_3$[J]. Nano Energy, 2016, 25: 211-217.

[42] Li Q, Wei T Y, Ma K X, et al. Boosting the cyclic stability of aqueous zinc-ion battery based on Al-doped $V_{10}O_{24} \cdot 12H_2O$ cathode materials[J]. ACS Appl Mater Interfaces, 2019, 11(23): 20888-20894.

[43] Yang W, Dong L B, Yang W, et al. 3D oxygen-defective potassium vanadate/carbon nanoribbon networks as high-performance cathodes for aqueous zinc-ion batteries[J]. Small Methods, 2020, 4(1): 1900670.

[44] Zhang L Y, Chen L, Zhou X F, et al. Towards high-voltage aqueous metal-ion batteries beyond 1.5 V: The zinc/zinc hexacyanoferrate system[J]. Adv Energy Mater, 2015, 5(2): 1400930.

[45] Trócoli R, La mantia F. An aqueous zinc-ion battery based on copper hexacyanoferrate[J]. ChemSusChem, 2015, 8(3): 481-485.

[46] Ma L T, Chen S M, Long C B, et al. Achieving high-voltage and high-capacity aqueous rechargeable zinc ion battery by incorporating two-species redox reaction[J]. Adv Energy Mater, 2019, 9(45): 1902446.

[47] Lu K, Song B, Zhang Y X, et al. Encapsulation of zinc hexacyanoferrate nanocubes with manganese oxide nanosheets for high-performance rechargeable zinc-ion batteries[J]. J Mater Chem A, 2017, 5(45): 23628-23633.

[48] Gupta T, Kim A, Phadke S, et al. Improving the cycle life of a high-rate, high-potential aqueous dual-ion battery using hyper-dendritic zinc and copper hexacyanoferrate[J]. J Power Sources, 2016, 305: 22-29.

[49] Kundu D, Oberholzer P, Glaros C, et al. An organic cathode for aqueous Zn-ion batteries: taming a unique phase evolution towards stable electrochemical cycling[J]. Chem Mater, 2018, 30(11): 3874-3881.

[50] Wang Y R, Wang C X, Ni Z G, et al. Binding zinc ions by carboxyl groups from adjacent molecules toward long-life aqueous zinc-organic batteries[J]. Adv Mater, 2020, 32(16): 2000338.

[51] Shi H Y, Ye Y J, Liu K, et al. A long cycle-life self-doped polyaniline cathode for rechargeable aqueous zinc batteries[J]. Angew Chem Int Edit, 2018, 57(50): 16359-16363.

[52] Zhang S Q, Zhao W T, Li H, et al. A novel cross-conjugated polycatechol organic cathode for aqueous zinc-ion storage[J]. ChemSusChem, 2020, 13(1): 188-195.

[53] Wan F, Zhang L L, Wang X Y, et al. An aqueous rechargeable zinc-organic battery with hybrid mechanism[J]. Adv Funct Mater, 2018, 28(45): 1804975.

[54] Yu D X, Pang Q, Gao Y, et al. Hierarchical flower-like VS_2 nanosheets—a high rate-capacity and stable anode material for sodium-ion battery[J]. Energy Storage Mater, 2018, 11(9): 1-7.

[55] Jiao T P, Yang Q, Wu S L, et al. Binder-free hierarchical VS_2 electrodes for high-performance aqueous Zn ion batteries towards commercial level mass loading[J]. J Mater Chem A, 2019, 7(27): 16330-16338.

[56] Qin H G, Yang Z H, Chen L L, et al. A high-rate aqueous rechargeable zinc ion battery based on the VS_4@rGO nanocomposite[J]. J Mater Chem A, 2018, 6(46): 23757-23765.

[57] Li H F, Yang Q, Mo F N, et al. MoS_2 nanosheets with expanded interlayer spacing for rechargeable aqueous Zn-ion batteries[J]. Energy Storage Mater, 2019, 19(12): 94-101.

[58] Xu W W, Wang Y. Recent progress on zinc-ion rechargeable batteries[J]. Nano-Micro Lett. 2019, 11(1): 90.

[59] Cai Z, Wang J D, Lu Z H, et al. Ultrafast metal electrodeposition revealed by in situ optical imaging and theoretical modeling towards fast-charging zn battery chemistry [J]. Angew Chem Int Ed, 2022, 61(14): 1-8.

[60] Du W C, Ang E H, Yang Y, et al. Challenges in the material and structural design of zinc anode towards

high-performance aqueous zinc-ion batteries[J]. Energ Environ Sci, 2020, 13(10): 330-3360.

[61] Zeng Y X, Zhang X Y, Qin R F, et al. Dendrite-free zinc deposition induced by multifunctional CNT frameworks for stable flexible Zn-ion batteries[J]. Adv Mater, 2019, 31(36): 1903675.

[62] Tian Y, An Y L, Wei C L, et al. Flexible and free-standing $Ti_3C_2T_x$ MXene@Zn paper for dendrite-free aqueous zinc metal batteries and non-aqueous lithium metal batteries[J]. ACS Nano, 2019, 13(10): 11676-11685.

[63] Zhang Q, Luan J Y, Fu L, et al. The three-dimensional dendrite-free zinc anode on copper mesh with zinc-oriented polyacrylamide electrolyte additive[J]. Angew Chem Int Ed, 2019, 58(44): 15841-15847.

[64] Wang S B, Ran Q, Yao R Q, et al. Lamella-nanostructured eutectic zinc-aluminum alloys as reversible and dendrite-free anodes for aqueous rechargeable batteries[J]. Nat Commun, 2020, 11: 1634.

[65] Zheng J X, Zhao Q, Tang T, et al. Reversible epitaxial electrodeposition of metals in battery anodes[J]. Science, 2019, 366(6465): 645-648.

[66] Shen C, Li X, Li N, et al. Graphene-boosted, high-performance aqueous Zn-ion battery[J]. ACS Appl Mater Inter, 2018, 10(30): 25446-25453.

[67] Xie X S, Liang S Q, Gao J W, et al. Manipulating the ion-transference kinetics and interface stability for high-performance zinc metal anode[J]. Energy Environ Sci, 2019, 13(2): 503-510.

[68] Wu K, Yi J, Liu X Y, et al. Regulating Zn deposition via an artificial solid-electrolyte interface with aligned dipoles for long life Zn anode[J]. Nanomicro Lett, 2021, 13(1): 1-11.

[69] Zhang L, Rodríguez-Pérez, I A, Jiang H, et al. $ZnCl_2$ "water-in-salt" electrolyte transforms the performance of vanadium oxide as a Zn battery cathode[J]. Adv Funct Mater, 2019, 29(30): 1902653.

[70] Zeng Y X, Zhang X Y, Meng Y, et al. Achieving ultrahigh energy density and long durability in a flexible rechargeable quasi-solid-state Zn-MnO_2 battery[J]. Adv Mater, 2017, 2(26): 1700274.

[71] Javed M S, Lei H, Wang Z, et al. 2D V_2O_5 nanosheets as a binder-free high-energy cathode for ultrafast aqueous and flexible Zn-ion batteries[J]. Nano Energy, 2020, (70): 104573.

[72] Pan Z H, Yang J, Yang J, et al. Stitching of $Zn_3(OH)_2V_2O_7 \cdot 2H_2O$ 2D nanosheets by 1D carbon nanotubes boosts ultrahigh rate for wearable quasi-solid-state zinc-ion batteries [J]. ACS Nano, 2020, 14(1): 842-853.

[73] Zhao J, Ren H, Liang Q H, et al. High-performance flexible quasi-solid-state zinc-ion batteries with layer-expanded vanadium oxide cathode and zinc/stainless steel mesh composite anode [J]. Nano Energy, 2019, 62: 94-102.

[74] Wang D H, Li H F, Liu Z X, et al. A nanofibrillated cellulose/polyacrylamide electrolyte-based flexible and sewable high-performance Zn-MnO_2 battery with superior shear resistance[J]. Small, 2018, 14(51): 1803978.

[75] Zhang H, Xue P, Liu J L, et al. Thermal-switching and repeatable self-protective hydrogel polyelectrolytes for energy storage applications of flexible electronics[J]. ACS Appl Energ Mater, 2021, 4(6): 6116-6124.

[76] Liu Q, Chen R P, Xu L, et al. Steric molecular combing effect enables ultrafast self-healing electrolyte in quasi-solid-state zinc-ion batteries [J]. ACS Energ Lett, 2022, 7(8): 2825-2832.

[77] Chen M F, Zhou W J, Wang A R, et al. Anti-freezing flexible aqueous Zn-MnO_2 batteries working at −35℃ enabled by a borax-crosslinked polyvinyl alcohol/glycerol gel electrolyte[J]. J Mater Chem A, 2020, 8: 6828-6841.

[78] Wang Z Q, Dong L B, Huang W Y, et al. Simultaneously regulating uniform Zn^{2+} flux and electron conduction by MOF/rGO interlayers for high-performance Zn anodes[J]. Nano-Micro Lett, 2021, 13(1): 73.

[79] Li C, Sun Z T, Yang T, et al. Directly grown vertical graphene carpets as Janus separators toward stabilized Zn metal anodes[J]. Adv Mater, 2020, 32(33): 2003425.

[80] Zhang X T, Li J X, Qi K W, et al. An ion-sieving janus separator toward planar electrodeposition for deeply rechargeable Zn-metal anodes[J]. Adv Mater, 2022, 34(38): 2205175.